"十二五"职业教育国家规划教材

经全国职业教育教材审定委员会审定

# 水利工程招投标及文件编制

（第二版）

主编 赵旭升
主审 白炳华

中国水利水电出版社
www.waterpub.com.cn

## 内 容 提 要

本书是 2013 年教育部确定的国家级"十二五"规划教材，教材内容根据批准的修订方案进行编写。本书以《中华人民共和国合同法》、《中华人民共和国标准施工招标文件》（2007 年版）、《水利水电工程标准施工招标资格预审文件》（2009 年版）、《水利水电工程标准施工招标文件》（2009 年版）、《水利水电工程标准施工招标文件技术标准和要求（合同技术条款）》（2009 年版）及水利工程建设相关法律法规为依据，结合水利工程招投标管理的实际，介绍了水利工程招投标的程序、方法及具体做法。

本书系统地介绍了水利工程招投标的程序、招投标文件的编写要求和内容、标底与报价的编制、投标报价的技巧和策略，并在招标单元、投标单元配有水利工程招投标案例，便于读者熟悉招投标的工作内容。全书共分 5 个单元，主要内容有建设工程招投标市场、水利工程招标、水利工程投标、水利工程开标、评标与定标及国际工程招投标，招投标单元配有相关案例。

本书可作为高职高专水利类相关专业选用教材，也可供水利工程建设管理、设计、施工、监理、造价咨询等部门工作人员参考。

## 图书在版编目（CIP）数据

水利工程招投标及文件编制 / 赵旭升主编. -- 2版
. -- 北京：中国水利水电出版社, 2016.1 (2021.12重印)
"十二五"职业教育国家规划教材
ISBN 978-7-5170-4086-6

Ⅰ. ①水… Ⅱ. ①赵… Ⅲ. ①水利工程－招标－文件－编制－高等职业教育－教材②水利工程－投标－文件－编制－高等职业教育－教材 Ⅳ. ①TV512

中国版本图书馆CIP数据核字(2016)第025928号

| 书　　名 | "十二五"职业教育国家规划教材<br>**水利工程招投标及文件编制（第二版）** |
|---|---|
| 作　　者 | 主编　赵旭升　　主审　白炳华 |
| 出版发行 | 中国水利水电出版社<br>（北京市海淀区玉渊潭南路1号D座　100038）<br>网址：www.waterpub.com.cn<br>E-mail: sales@waterpub.com.cn<br>电话：（010）68367658（营销中心） |
| 经　　售 | 北京科水图书销售中心（零售）<br>电话：（010）88383994、63202643、68545874<br>全国各地新华书店和相关出版物销售网点 |
| 排　　版 | 中国水利水电出版社微机排版中心 |
| 印　　刷 | 北京市密东印刷有限公司 |
| 规　　格 | 184mm×260mm　16开本　18印张　426千字 |
| 版　　次 | 2010年9月第1版　2010年9月第1次印刷<br>2016年1月第2版　2021年12月第2次印刷 |
| 印　　数 | 2001—4000 册 |
| 定　　价 | **56.00元** |

凡购买我社图书，如有缺页、倒页、脱页的，本社营销中心负责调换

**版权所有·侵权必究**

# 第 2 版前言

本书是根据《教育部、财政部关于实施国家示范性高等职业院校建设计划，加快高等职业教育改革与发展的意见》（教高〔2006〕14 号）、《教育部关于全面提高高等职业教育教学质量的若干意见》（教高〔2006〕16 号）、《教育部关于开展"十二五"普通高等教育本科国家级规划教材第一次推荐遴选工作的通知》（教高司函〔2011〕204 号）等文件精神，以培养学生水利水电工程招投标操作与招投标文件编制的能力为主线，体现时代性、实用性、实践性、创新性的教材特色，是一套面向高职院校水利工程管理类专业关于水利水电工程招投标具体操作的教材。

水利部水建〔1995〕128 号文《水利工程建设项目管理暂行规定》明确规定，水利工程项目建设实行项目法人责任制、招标投标制和建设监理制。我国推行工程建设招投标制，是为了适应社会主义市场经济的需要，促使建筑市场各主体之间进行公平交易、平等竞争，以提高我国水利水电项目建设的管理水平，促进我国水利水电建设事业的发展。

《水利水电工程招投标与标书编制》自 2010 年出版以来，广泛应用于教学和生产实际。随着水利行业招投标管理的不断发展和工程建设法律法规的不断完善，规范的水利工程招投标活动与招投标文件编制工作在水利工程建设管理过程显得尤为重要。本书在原教材的基础上进行修改和完善，新增加了建设市场单元，并对原书单元内容进行了结构上的调整和具体内容的完善，新修订的教材名称改为《水利工程招投标及文件编制》更为妥帖。本书以《中华人民共和国合同法》、《中华人民共和国标准施工招标文件》（2007 年版）、《水利水电工程标准施工招标资格预审文件》（2009 年版）、《水利水电工程标准施工招标文件》（2009 年版）、《水利水电工程标准施工招标文件技术标准和要求（合同技术条款）》（2009 年版）、水利工程建设相关法律法规为依据，结合水利工程招投标管理的实际，介绍了水利工程招投标的程序、方法及具体做法。

本书也是杨凌职业技术学院水利工程学院与中国水利水电建设集团第十五工程局合作办学的特色教材，由杨凌职业技术学院老师及水利工程施工管理一线的高级技术管理人员共同编写。本书编写人员及编写分工如下：绪论、单元1的任务1~任务4、单元2的任务1~任务3、附录由杨凌职业技术学院赵旭升编写；单元2的任务4和单元5由水利部华东勘测设计研究院史济民编写；单元3的任务1和任务2由杨凌职业技术学院卜贵贤编写；单元1的任务5和任务6由杨凌职业技术学院冯旭编写；单元4由杨凌职业技术学院穆创国编写；单元3的任务3~任务5由中国水利水电建设集团第十五工程局赵景文编写。本书由赵旭升担任主编，白炳华担任主审。

本书在编写过程中，参考和引用了有关文献中的部分内容，引用文献未一一全部列出，在此一并表示感谢。

由于编者水平有限，书中难免有不足之处，热忱希望各位读者给予批评指正。

**编者**
2013年12月

# 第1版前言

水利水电工程专业是杨凌职业技术学院"国家示范性高等职业院校建设计划项目"中央财政重点支持的4个专业之一，项目编号为062302。按照子项目建设方案，在广泛调研的基础上，与行业、企业专家共同研讨，在原国家教改试点成果的基础上不断创新"合格＋特长"的人才培养模式，以水利水电工程建设一线的主要技术岗位核心能力为主线，兼顾学生职业迁移和可持续发展需要，构建工学结合的课程体系，优化课程内容，进行专业平台课与优质专业核心课的建设。经过三年的探索实践，本课程建设团队取得了一系列的成果，2009年9月23日顺利通过省级验收。为了固化示范建设成果，进一步将其应用到教学之中，最终实现让学生受益，在同类院校中形成示范与辐射，经学院专门会议审核，决定正式出版系列课程教材，包括优质专业核心课程、工学结合一般课程等，共计16种。

《水利水电工程招标投标与标书编制》是水利水电建筑工程专业的工学结合特长教材，着重讲解水利水电工程招投标的相关知识和法律、法规方面的规定，以及水利水电工程标书编制的方法、技巧和编制案例。

本教材根据杨凌职业技术学院水利工程系示范建设之特色教材——《水利水电工程招标投标与标书编制》教学标准的要求编写，由水利水电建筑工程专业教研室有关老师及水利工程施工一线技术人员共同编写。

在本教材的编写过程中，得到杨凌职业技术学院水利工程系主任拜存有老师、水工教研室卜贵贤老师、冯旭老师、穆创国老师的大力支持，同时对陕西省水利厅定额站站长白炳华高级工程师、中国水利水电集团第十五工程局赵景文高级工程师、水利部华东勘测设计研究院史济民高级工程师的辛勤工作表示感谢。由于编者水平有限，热忱希望各位读者对教材中的错误给予批评指正。

《水利水电工程招标投标与标书编制》课程建设团队

2010年8月

# 目　录

第 2 版前言
第 1 版前言

绪论 ····································································································· 1

## 单元 1　建设工程招投标市场 ······························································· 6
任务 1　我国建设市场概述 ···································································· 6
任务 2　建筑市场的主体与客体 ······························································ 8
任务 3　建筑市场的管理 ····································································· 11
任务 4　国际建筑市场 ········································································ 22
任务 5　招标投标的基本概念 ······························································· 25
任务 6　工程项目招标范围和分类 ························································· 28
思考题 ···························································································· 37

## 单元 2　水利工程招标 ········································································ 38
任务 1　水利工程招标程序 ·································································· 38
任务 2　水利工程招标文件编制 ···························································· 52
任务 3　水利工程招标标底的编制 ························································· 76
任务 4　水利工程招标案例 ·································································· 88
思考题 ·························································································· 124

## 单元 3　水利工程投标 ······································································ 125
任务 1　水利工程投标程序 ································································ 125
任务 2　水利工程投标策略与技巧 ······················································· 135
任务 3　水利工程投标文件编制 ·························································· 141
任务 4　水利工程投标报价 ································································ 144
任务 5　水利工程投标案例 ································································ 148
思考题 ·························································································· 197

## 单元 4　水利工程开标、评标与定标 ···················································· 198
思考题 ·························································································· 210
综合案例分析 ················································································· 211

## 单元 5　国际工程招投标 ··································································· 214
任务 1　国际工程招标投标简介 ·························································· 214
任务 2　国际工程招标 ······································································ 221

任务3　国际工程投标 …………………………………………………………… 240
　　思考题 …………………………………………………………………………… 246
附录1　中华人民共和国招标投标法 ……………………………………………… 247
附录2　中华人民共和国招标投标法实施条例 …………………………………… 255
附录3　水利工程建设项目招标投标管理规定 …………………………………… 271
参考文献 ……………………………………………………………………………… 280

# 绪　论

水利工程建设是我国建设领域最早引进并推广招投标方式的行业。1982年7月鲁布格水电站建设、1986年河南板桥水库复建工程建设的施工招标，在当时都引起强烈反响。此后一系列工程在施工中广泛应用招标投标的方法，取得了良好的社会、经济效益，对建设管理制度的改革和完善起到了极大的推进作用。经过30多年的努力，工程建设项目的招标投标工作取得了很大的成绩。到目前为止，水利工程建设项目的施工招标投标基本已实现全覆盖。正是由于招标投标制度的应用，带动了建设监理制的推广和合同管理制的完善，促进了建设工程项目法人责任制的提出和落实。

随着《中华人民共和国招标投标法》（以下简称《招投标法》）的实施，国家有关条例和政策的颁布以及国家整顿建设市场秩序工作的推进，工程建设项目招标投标的情况近几年又有发展和进步，同时也暴露出一些问题，需要认真对待并加以解决。

## 一、水利工程建设招标投标现状

### 1. 工程建设招标投标方面的有关制度基本建立

水利部2001年10月颁布的《水利工程建设项目招标投标管理规定》（水利部第14号令），标志着根据《招投标法》及国家有关规定且适用于水利工程建设需要的新的招标投标制度开始建立。根据水利部第14号令，水利部又陆续颁布了《水利工程建设项目建设监理招标投标管理办法》、《水利工程建设项目建设重要设备及材料招标投标管理办法》，与其他部委联合颁发了《工程建设项目施工招标投标管理办法》、《工程建设项目勘察设计招标投标办法》、《评标委员会和评标方法暂行规定》等。因此，总体上水利工程建设项目招标投标的制度已经基本建立。为了使工程建设招投标活动更具有操作性，一些省（自治区、直辖市）也出台了一系列地方性法规。

### 2. 工程建设项目招标投标的情况估计

依据《招标投标法》以及《工程建设项目招标范围和规模标准规定》，目前工程建设项目大多数属于必须招标的范围。按照规定，建设项目的勘察设计、施工、监理、重要设备和材料采购均属于招标的范围。但由于种种原因，各专业招标的进展情况并不平衡，其中：工程施工招标投标率、监理招标投标率、限额以上重要设备和材料采购的招标投标率基本达到100%，勘察设计的招标投标目前进展也比较顺利。此外，与项目建设有关的科学研究和模型实验等专项招标投标也有开展。

### 3. 有关招标投标制度落实情况基本估计

由于招标投标有关政策的陆续出台，建设外围环境的变化，以及对招标投标制的不断认识，招标投标制给建设管理带来的益处已经获得共识，因此，在工程建设中实行招标投标制已经从过去主管部门强调以及强制推行，变成为项目法人的一种自觉行动。

随着有关政策的明确，建设项目的招标投标由招标人负责，在工程建设中由项目法人负责也获得普遍认可，项目法人在招标投标中的作用日益明显，同时对项目法人也是一种压力。对于行政主管部门的职能的转变则是一种挑战，对主管部门的管理水平也有了更高的要求。

由于国家政策对于自行招标有严格的条件要求，同时有关部门对于招标投标的程序问题的要求进一步严格，招标投标专业化的作用也比较明显，所以，即使受到一些客观因素的限制，但招标代理正在被普遍被接受，并处在强劲发展中。

建设项目的施工招标投标历史最长，在建设中的作用也很明显，因此，总体上施工招标投标程序上已经比较成熟。自从1999年水利部在重庆召开有关整顿水利建设市场会议以后，对于低价中标的危害性也已获得普遍认可。相对而言，中央项目合同价低于概算已经不十分明显，价格比较合理，投标踊跃。地方项目随着中央投资以及省级投资比例的减小，合同价也随着降低，价格的不合理性增大。有关标底在评标中的作用正在减弱。

材料以及重要设备采购的招标投标虽然起步比施工晚，相比较却是目前最规范的招标投标，这与有关企业的改制以及与主管部门脱钩较早有一定的关系，但主要是材料和设备的质量标准明确，比较容易判断。建设监理的招标投标率较高，但市场招投标行为还不是很规范。勘察设计招标投标由于水利行业具有其他行业不可比的特殊性，以及实际操作确实有不少困难和解决不了的问题，所以对于如何进行勘察设计（特别是设计）的招标投标需要进行大力探索，尽快积累经验。

## 二、工程招标投标存在的主要问题

### 1. 行政干预太多，招标主体错位

个别地方政府的领导人独断专行，无视国家法律法规，严重违反《招投标法》和《水利工程建设项目施工招标投标管理规定》，错误认为自己是一级政府，是理所当然的"法人代表"。所以，在招投标工作中违反操作程序，一手包揽整个工程，混淆招标主体，严重地扰乱了水利建筑市场秩序。

### 2. 编制标底不规范，评标标准不统一

（1）标底编制不规范。一些地区和单位由于建设资金严重不足，在招投标过程中，不按国家规定的预算定额编制标底，标底价大大低于初设批准投资额，从表面看来，地方上的困难似乎解决了，但造成了施工企业、监理单位、设计单位生产经营困难，使企业的经济效益逐年下降，造成恶性循环。

（2）编标人不符合要求。一些地方的业主出于各种原因，在标底的编制中，既不委托有资质的单位来编写，也不找有能力的专家来编写，预先设框框，编套套，致使编制出来的标底无参考价值。

（3）评标标准不统一。目前，水利工程招标项目很多，但是，没有统一的评标标准，每个工程的业主或代理机构都按自己的想法制定评标标准，人为因素太多，很难做到公平和公正。

### 3. 资质审查不严，排斥潜在投标人

一些地方或单位，严重违反国务院批转国家计委、财政部、水利部、建设部《关于加

强公益性水利工程建设管理若干意见的通知》和七部委颁布的《工程建设项目招投标办法》的规定。存在以下问题：

（1）自行确定预审资格条件。有的地方不但自己确定预审资格条件，而且预审资格条件、标准和方法又不在招标公告中载明。

（2）未按规定进行资格审查。将符合条件的、不符合条件的施工队伍全部同意报名、购标书、参加竞标，致使一些不具备水利水电资质的施工队伍被清出投标队伍，引起索赔纠纷。

（3）排斥外地企业。有的地方实行地域限制，搞地方保护主义，排斥外地企业，人为限制投标人的数量。在预审前，就预定中标单位，其余的通通视为不合格，导致一些符合投标资质的施工队伍被排斥在外，不符合投标资质的施工队伍反而中了标，给工程质量埋下了隐患。

4. 评委组成不规范，评标严重违反规定

（1）评委组成严重违反规定。有些工程招投标，评委不是从专家库中抽取的，而是指定部分专家或无技术职称的党政领导人和监督人员参加评委，政府领导既是招标负责人，又是评标委员，甚至有些招投标中的政府工作人员超过评委人数的一半。

在评标分组中，也未按招标文件要求分成三个专业组评标。而是把商务组的评委安排到技术组，而资信组、商务组不安排专家评委参加评标。

（2）评标办法不科学。在某堤防工程评标中，按照地方政府制定的评标办法打出来的分值，在13家投标单位中就有12家基本分为0，只有一家独得12分。显然，这是很不科学的。

（3）评委违规评标。有的评委评标不坚持原则，评标带有倾向性，对有意向性的投标人评分偏高。有的评委为了满足业主的要求，评标分统计出来后，如果意向性的投标人分数不够，重新调整分值，直到中标为止。

5. 制度不健全，监督不到位

（1）制度不完善。《招投标法》虽然出台了好多年，但是，相关的配套措施是在探索中逐步建立的，比较粗，欠完善，不好操作。所以，有的地方和单位在运作过程中就按照自己的需求来制定，很不规范。有的制度即使建立了，也是有章不循、违章不究。

（2）监督乏力。一些单位的领导干部不愿接受别人的监督，把纪检监察部门的监督视为束缚。在招投标中，根本不通知纪检监察部门人员参加。有的纪检监察人员参加了，也只是参加开标会，对招投标工作没有进行全过程监督。有的纪检监察人员对招投标中出现的违纪违规行为听之任之，不提出，不制止，不纠正。有的即使纠正了，也是纠而不力，制约无效。

（3）惩处不严。由于法规监督机制相对滞后，许多相应的配套规定只讲了"不准"，而没有讲违反了怎么办。特别是对行政领导干预招投标的究竟怎么追究不具体。有的地方存在执法不严，失之于宽，失之于软的现象。由于监督乏力，惩处不严，致使在招投标中出现的问题屡禁不止。这些问题严重地违反了《招投标法》，阻碍了招投标工作的顺利进行，在群众中造成了不良影响。

## 三、进一步规范工程招标投标工作的若干建议

1. 改革招投标管理体制，实行"一条龙"服务

（1）建立"水利工程建设项目管理中心"。按照我国现行的管理体制，对招投标活动的行政监督管理是由多个部门负责的。这种多部门的管理格局，虽然有利于发挥有关部门在专业管理方面的长处，但也造成了多头管理难以避免的诸多矛盾和问题，使基层单位难以适从，也容易造成部门垄断的现象。因此，需要对招投标管理体制进行改革，建立适合我国国情的、精干高效的省、市、县三级"管理中心"，把所有水利建设工程招投标行为都纳入这个中心来管理。在服务形式上，要有服务场所、固定地点、设施条件。在服务内容上，对工程的项目报建、招投标、合同审查、质量监督委托、开工报告实行全方位服务。在服务性质上，既是信息咨询，又是集中办公和监督管理。为承包双方提供"一条龙"服务，使工程建设招投标工作在公开、公平、公正的环境和条件下进行。

（2）实行政企分开、机构分设、职能分离。勘察设计、施工单位和工程咨询、工程监理、招标代理等中介服务机构，都要实行政企分开，与行政管理部门脱钩，成为自主经营、自负盈亏、自担风险的法人实体。使各级行政领导无权垄断，无法干预，彻底改变目前这种多部门管理格局和行政垄断、行政干预的现象。

（3）完善健全招投标的相关法律法规。建议修订《招投标法》和《建设工程招投标管理条例》，尽快制定《水利建设工程管理中心管理办法》，为实施招投标行为进入水利建设工程管理中心提供法律依据，真正使水利工程建设项目招投标工作从隐蔽走向公开，从无序进入有序，从无形变为有形。

2. 推广无标底招标，实行低价中标

（1）借鉴先进经验。采取走出去、引进来的办法，借鉴国外、沿海部分城市的经验以及个别地方的经验，在工程项目总承包中推行无标底招标，实行低价中标。业主在招标前做好市场调查，掌握各种工程材料、设备的市场价格，作好低价成本核算，防止报价低于成本价中标。这种评标方法，可以减少中间环节，杜绝暗箱操作，防止泄漏标底，遏制编标、评标中的违纪违规行为，有利于企业公平竞争，维护正常的市场经济秩序，加强企业内部管理。

（2）编制依据必须符合要求。在目前没有实行无标底之前，也必须严格标底编制依据。凡是水利水电工程设计、施工标底的编制，必须按照地方水行政主管部门编制的水利工程设计概（估）算编制规定和水利工程预算定额进行，任何单位和个人都不得违反规定编制标底。

（3）标底不能作为是否中标的直接依据。招标人如编制有标底的，其标底既不能作为决定中标的直接依据，也不能作为决定废标的直接依据。只能依法作为防止串通投标、哄抬标价和分析保价是否合理等情况的参考。

3. 强化招投标管理，严格依法招投标

（1）要增强法律意识。各级水行政主管部门和纪检监察部门，要加强对《招投标法》等法律法规的学习，努力提高整体素质，增强法律意识，增强责任感，牢固树立"百年大计，质量第一"和依法招投标的思想，以对国家、对人民高度负责的精神，把招投标工作

放到重要位置，真正做到知法懂法、自觉守法、严格执法。

（2）严格依法招投标。水利工程建设基础设施项目的勘察设计、施工和主要设备、材料采购都必须按照《招投标法》实行公开招标，确需采取邀请招标和其他形式的，也必须经过项目主管部门批准。水利工程的招标活动必须严格按照《招投标法》和水利部第14号令、《水利工程建设项目验收管理规定》（水利部第30号令）规定的原则、程序、范围等依法进行招标。在招标中，要充分体现公开、公平、公正的原则。对未按规定进行公开招标、未经批准擅自采取邀请招标和其他形式的，不得批准开工。工程监理单位也应通过竞争择优确定。

（3）把好市场准入关。水行政主管部门要结合行业特点，通过制定规章制度、颁布资质等级标准、执法检查，依法加强对水利建设市场的监管。有关部门对参加建设各单位的资质认定和市场准入，必须严格把关。同时，还要对咨询、设计、施工和工程监理执业人员的素质等从严要求。因把关不严造成损失的，应该追究有关部门、领导及监督人员的责任。

4. 加大监督力度，严惩违纪违规行为

（1）建立监督网络。各级纪检监察部门要与有关部门相互配合，建立健全招投标监督机制，加强政府监督、审计监督、社会监督，形成严密的监督网络。把招投标工作置于整个监督网络之中。使违纪者不能违，不想违，不敢违。

（2）加大执法监督的力度。各级纪检监察部门要按照法律法规，坚持依法监督，依规监督，主动监督，自觉监督。根据《招投标法》和《工程建设项目施工招标投标办法》（七部委局第30号令）等法律法规，结合水利工程建设实际，制定出切合实际、便于操作的水利工程建设项目招标投标监督条规及实施办法，明确监察工作的基本原则、具体范围和标准、主要内容、权限、工作方式、重点环节、责任追究等，使监督人员知道怎么监督、监督什么、从什么环节入手。

（3）严厉惩处腐败行为。惩处必须具有威慑力，对玩忽职守、弄虚作假、暗箱操作、分包转包、领导干部干预招投标、违反规定评标等违纪违规行为的单位和个人，要给予严厉的经济惩罚和党纪政纪处分。构成犯罪的，要移交司法机关追究刑事责任。尤其对那些不惜以身试法的，不管是谁，不管职务有多高，能量有多大，都要严惩不贷，绝不手软，使违法违纪者闻之丧胆，望而却步。真正达到查处一案，震慑一片，教育一线的目的。

# 单元1 建设工程招投标市场

## 任务1 我国建设市场概述

"市场"的原始定义是指"商品交换的场所",但随着商品交换的发展,市场突破了村镇、城市、国家,最终实现了世界贸易乃至网上交易,因而市场的广义定义是"商品交换关系的总和"。

建筑市场是建筑活动中各种交易关系的总和。这是一种广义市场的概念,既包括有形市场,如建设工程交易中心,又包括无形市场,如在交易中心之外的各种交易活动及各种关系的处理。建筑市场是一种产出市场,它是国民经济市场体系中的一个子体系。

(1) 建筑活动。按《中华人民共和国建筑法》以下简称《建筑法》的规定,是指各类房屋建筑及其附属设施的建造和与其配套的线路、管道、设备的安装活动。

(2) 各种交易关系。包括供求关系、竞争关系、协作关系、经济关系、服务关系、监督关系、法律关系等。

建筑市场是建设工程市场的简称,是进行建筑商品和相关要素交换的市场。建筑市场是固定资产投资转化为建筑产品的交易场所。建筑市场有有形建筑市场和无形建筑两部分构成,如建设工程交易中心——收集与发布工程建设信息、办理工程报建手续、承发包、工程合同及委托质量安全监督和建设监理等手续,提供政策法规及技术经济等咨询服务。无形市场是在建设工程交易之外的各种交易活动及处理各种关系的场所。

### 一、建筑市场的分类

狭义的建筑市场是指交易建筑商品的场所。由于建筑商品体形庞大、无法移动,不可能集中在一定的地方交易,所以一般意义上的建筑市场为无形市场,没有固定交易场所。它主要通过招标投标等手段,完成建筑商品交易。当然,交易场所随建筑工程的建设地点和成交方式不同而变化。

我国许多地方提出了建筑市场有形化的概念。这种做法提高了招投标活动的透明度,有利于竞争的公开性和公正性,对于规范建筑市场有着积极的意义。

广义的建筑市场是指建筑商品供求关系的总和,包括狭义的建筑市场、建筑商品的需求程度、建筑商品交易过程中形成的各种经济关系等。

改革开放30多年来,我国建筑业得到了持续快速的发展,建筑业在国民经济中的支柱产业地位不断加强,对国民经济的拉动作用更加显著。随着市场经济的发展,建筑施工企业面临着激烈的市场竞争。加入世界贸易组织(WTO),在给中国建筑业带来难得的发展机遇的同时,也带来了不可避免的冲击和挑战。将来要直接面对国际承包商的竞争,国内建筑市场以及参与国际工程承包市场的竞争将会愈发激烈。管理信息化是传统产业获得新生的必由之路。我国建筑企业能否在激烈的市场竞争中立于不败之地，关键在于企业能否为社会提供质量高、工期短、造价低的建筑产品。充分运用信息技术所带来的巨大生产力，提高自身的信息化应用水平和管理水平，应该作为提升建筑行业竞争力的重点，这也是国外优秀建筑企业发展过程中的实践总结。建筑业具有土地垄断性和不可移动性等特点，建设工程产品的生产具有单件性、流动性、地域性、周期长和生产方式多样性、不均衡性，以及受外部约束多等特点。随着建设工程项目的类型和特征的日趋复杂化，建筑产品的精益化，工程服务方式的多样化、市场化的进程，使得建筑企业对建设项目管理的精益程度要求也越来越高。

作为劳动密集型行业，建筑行业提供了大量的就业机会。因此建筑行业运行的良好与否对中国的经济发展和社会稳定有十分重要的意义。实际上，工业发达国家在国民经济核算和统计时均采用了"狭义建筑业"的概念，而在行业管理中均采用了"广义建筑业"的概念。"广义建筑业"涵盖了建筑产品以及与建筑业生产活动有关的所有的服务活动，同时涉及第二产业和第三产业的内容，在WTO中《服务贸易总协定》（GATS）中包含了建筑服务贸易的内容。根据国家统计局2003年5月颁布的《三次产业划分规定》，建筑业属于第二产业。建筑业在国民经济各行业中所占比重仅次于工业和农业，而高于商业、运输业、服务业等行业。随着入世过渡期的结束，我国履行WTO承诺，逐渐消除外资建筑企业进入国内市场的壁垒，我国建筑行业的竞争必将进一步加剧，同时各种内外部因素将会在不同程度上影响我国建筑企业的发展，尤其对国有建筑企业造成的冲击更为严重。如何面对问题，灵活应变，寻找解决办法，是我国建筑企业不能不思考的战略性问题。

## 二、建筑产品的特点

在商品经济条件下，建筑企业生产的产品大多是为了交换而生产的，建筑产品是一种商品，但它是一种特殊的商品，具有与其他商品不同的特点：

（1）建筑产品的固定性及生产过程的流动性。一般的建筑产品均由自然地面以下的基础和自然地面以上的主体两部分组成。基础承受主体的全部荷载，并传给基础，同时将主体固定在地球上。任何建筑产品都是在选定的地点上建造和使用，与选定地点的土地不可分割，从建造开始直至拆除均不能移动。所以，建筑产品的建造和使用地点在空间上是固定的。建筑产品地点的固定性决定了产品生产的流动性。一般的工业产品都是在固定的工厂，车间内进行生产，而建筑产品的生产是在不同的地区，或同一地区的不同现场，或同一现场的不同单位工程，或同一单位工程的不同部位组织工人，机械围绕着统一建筑产品进行生产。因此，是建筑产品的生产在地区之间，现场之间和单位工程不同部位之间流动。

（2）建筑产品的个体性和其生产的单件性。建筑产品地点的固定性和类型的多样性决定了产品生产的单件性。一般的工业产品是在一定的时期内，统一的工艺流程中进行批量生产的，而具体的一个建筑产品应在国家或地区的统一规划内，根据其实用功能，在选定的地点上单独设计和单独施工。即使是选用标准设计、通用构件或配件，由于建筑产品所在地区的自然、技术、经济条件的不同，也是建筑产品的结构或构造、建筑材料、施工组织和施工方法等要因地制宜加以修改，从而使各建筑产品的生产具有单件性。

（3）建筑产品的投资额大，生产周期和使用周期长，而且建筑产品工程量巨大，消耗大量的人力、物力。在建筑产品的生命周期内，投资可能受到物价涨落、国内国际经济形势的影响，因而投资管理非常重要。建筑产品的固定性和体型庞大的特点决定了建筑产品的生产周期长。因为建筑产品体型庞大，使得最终建筑产品的建成必然耗费大量的人力、物力和财力。同时，建筑产品的生产全过程还要受到工艺流程和生产程序的制约，使各专业及各工种间必须按照合理的施工顺序进行配合和衔接。又由于建筑产品地点的固定性，使施工活动的空间具有局限性，从而导致建筑产品生产周期长，占用流动资金大的特点。

（4）建筑产品的整体性和施工生产的专业性。

（5）产品交易的长期性。决定了风险高、纠纷多、应有严格的合同管理制度。

（6）产品生产的不可逆性。

## 任务 2　建筑市场的主体与客体

### 一、建筑市场的主体

建筑市场的主体指参与建筑市场交易活动的主要各方，即业主、承包商和工程咨询服务机构、物资供应机构和银行等。

1. 业主

业主是指既有开发某项工程单项或多项功能的需求，同时必须负责筹集工程建设资金和办理各种准建手续，在建筑市场中发包建设任务，并最终得到建筑产品达到其投资目的的法人、其他组织和个人。他们可以是学校、医院、工厂、房地产开发公司等，或是政府及政府委托的资产管理部门，也可以是个人。在我国工程建设中常将业主称为建设单位、甲方、发包人或项目法人。

市场主体是一个庞大的体系，包括各类自然人和法人。在市场生活中，不论哪类自然人和法人，总是要购买商品或接受服务，同时销售商品或提供服务。其中，企业是最重要的一类市场主体。因为企业既是各种生产资料和消费品的销售者，资本、技术等生产要素的提供者，又是各种生产要素的购买者。

2. 承包商

承包商是指有一定生产能力、技术装备、流动资金，具有承包工程建设任务的营业资格，在建筑市场中能够按照业主的要求，提供不同形态的建筑产品，并获得工程价款的建筑业企业。按照他们进行生产的主要形式的不同，分为勘察、设计单位，建筑安装企业，混凝土预制构件、非标准件制作等生产厂家，商品混凝土供应站，建筑机械租赁单位，以及专门提供劳务的企业等；按照他们的承包方式不同分为施工总承包企业、专业承包企业、劳务分包企业。在我国工程建设中承包商又称为乙方。

3. 中介机构

中介机构是指具有一定注册资金和相应的专业服务能力，持有从事相关业务执照，能对工程建设提供估算测量、管理咨询、建设监理等智力型服务或代理，并取得服务费用的咨询服务机构和其他为工程建设提供服务的专业中介组织。中介机构作为政府、市场、企业之间联系的纽带，具有政府行政管理不可替代的作用。发达市场的中介机构是市场体系成熟和市场经济发达的重要表现。

建筑市场的各主体（业主、承包商、各类中介组织）之间的合同关系如图1-1所示。

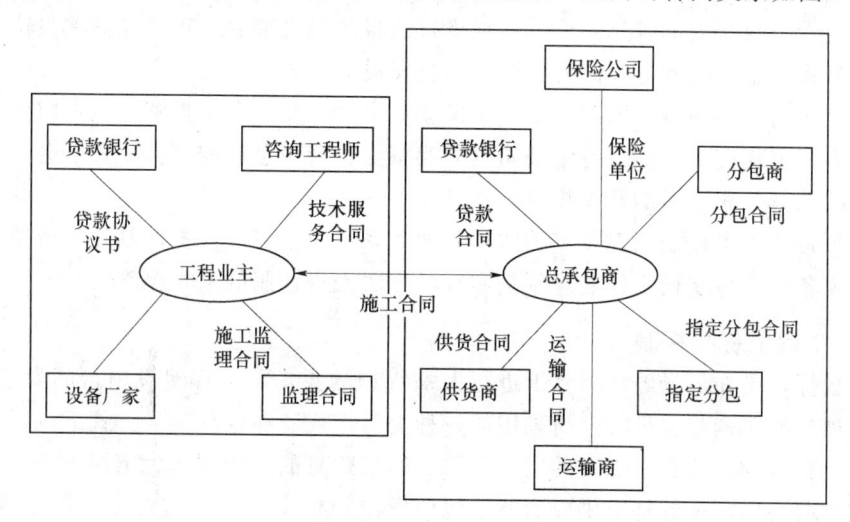

图1-1 建筑市场的各主体之间的合同关系

## 二、建筑市场的客体

建筑市场的客体指建筑市场的交易对象，即建筑产品，既包括有形的产品，如建筑工程、建筑材料、建筑机械、建筑劳务等；也包括无形的产品，如各种咨询、监理等智力型服务。

市场客体是指一定量的可供交换的商品和服务，它包括有形的物质产品和无形的服务，以及各种商品化的资源要素，如资金、技术、信息和劳动力等。市场活动的基本内容是商品交换，若没有交换客体，就不存在市场，具备一定量的可供交换的商品，是市场存在的物质条件。

建筑市场的客体一般称作建筑产品，它凝聚着承包商的劳动，业主以投入资金的方式取得它的使用价值。在不同的生产交易阶段，建筑产品表现为不同的形态。它可以是中介机构提供的咨询报告、咨询意见或其他服务，可以是勘察设计单位提供的设计方案、设计图纸、勘察报告，可以是生产厂家提供的混凝土构件、非标准预制构件等产品，也可以是施工企业提供的最终产品，即各种各样的建筑物和构筑物。

## 三、我国现阶段建筑市场管理体制

### （一）项目法人责任制

为了建立投资约束机制，规范建设单位的行为，建设工程应当按照政企分开的原则组建项目法人，实行项目法人责任制，即由项目法人对项目的策划、资金筹措、建设实施、生产经营、债务偿还和资产的保值增值，实行全过程负责的制度。

（1）项目法人。国有单位经营性大中型建设工程必须在建设阶段组建项目法人。项目法人可按《中华人民共和国公司法》（以下简称《公司法》）的规定设立有限责任公司（包括国有独资公司）和股份有限公司等。

（2）项目法人的设立。新上项目在项目建议书被批准后，应及时组建项目法人筹备组，具体负责项目法人的筹建工作。项目可行性报告经批准后，正式成立项目法人，并按有关规定确保资金按时到位，同时及时办理公司设立登记。

（3）组织形式和职责。国有独资公司设立董事会。董事会由投资方负责组建。有控股或参股的有限责任公司、股份有限公司设立股东会、董事会和监事会。董事会、监事会由各投资方按照《公司法》的有关规定组建。

（4）项目法人责任制与建设工程监理制的关系。①项目法人责任制是实行建设工程监理制的必要条件；②建设工程监理制是实行项目法人责任制的基本保障。

### （二）工程招标投标制

招标投标，是在市场经济条件下进行大宗货物的买卖、工程建设项目的发包与承包，以及服务项目的采购与提供时，所采用的一种交易方式。在这种交易方式下，通常是由项目采购（包括货物的购买、工程的发包和服务的采购）的采购方作为招标方，通过发布招标公告或者向一定数量的特定供应商、承包商发出招标邀请等方式发出招标采购的信息，提出所需采购的项目的性质及其数量、质量、技术要求，交货期、竣工期或提供服务的时间，以及其他供应商、承包商的资格要求等招标采购条件，表明将选择最能够满足采购要求的供应商、承包商与之签订采购合同的意向，由各有意提供采购所需货物、工程或服务的报价及其他响应招标要求的条件，参加投标竞争。经招标方对各投标者的报价及其他的条件进行审查比较后，从中择优选定中标者，并与其签订采购合同。《招投标法》及其他相关法律法规对招投标制进行了具体的规定。

（1）招标范围和规模标准。下列建设工程包括工程的勘察、设计、施工、监理以及与工程建设有关的重要设备、材料等的采购，达到规定的规模标准的，必须进行招标。①大型基础设施、公用事业等关系社会公共利益、公众安全的项目；②全部或者部分使用国有资金投资或者国家融资的项目；③使用国际组织或者外国政府贷款、援助资金的项目；④法律或者国务院规定的其他项目。

（2）招标方式和程序。①招标方式：公开招标和邀请招标；②招标程序：招标过程可以分为招标准备阶段、招标投标阶段和决标成交阶段。

（3）工程招标投标活动的监督。招标投标活动及其当事人应当接受依法实施的监督。有关行政监督部门依法对招标投标活动实施监督，依法查处招标投标活动中的违法行为。

### （三）建设工程监理制

1988年建设部发布的《关于开展建设监理工作的通知》中明确提出要建立监理制度；《建筑法》也做了"国家推行建筑工程监理"的规定。建设工程监理的主要内容是控制建设工程的投资、进度和质量，进行建设工程合同管理、信息管理、职业健康安全管理、环境管理，协调有关单位的工作关系。

(1) 建设工程监理准则。"守法、诚信、公正、科学"。

(2) 建设工程监理主要内容。建设工程监理的主要内容是控制建设工程的投资、工期和质量；进行建设工程合同管理；协调有关单位的工作关系。

(3) 关于建设工程监理的规定。

(4) 工程监理企业资质审批制度。

(5) 监理工程师资格考试和注册制度。

### （四）合同管理制

建设工程的勘察、设计、施工、材料设备采购和建设工程监理都要依法订立合同。各类合同都要有明确的质量要求、履约担保和违约处罚条款。违约方要承担相应的法律责任。合同管理制的实施对建设工程监理开展合同管理工作提供了法律上的支持。

## 任务3 建筑市场的管理

建筑市场管理，是指各级人民政府建设行政主管部门、工商行政管理机关等有关部门，按照各自的职权，对从事各种房屋建筑、土木工程、设备安装、管线敷设等勘察设计、施工、建设监理，以及建筑构配件、非标准设备加工生产等发包和承包活动的监督、管理。

我国《建筑法》规定，对从事建筑工程的勘察设计单位、施工单位和工程咨询监理单位实行资质管理。资质管理是指对从事建设工程的单位和专业技术人员进行从业资格审查，以保证建设工程质量和安全。

### 一、从业单位的资质管理

#### （一）勘察设计单位资质管理

1. 勘察单位资质

我国工程勘察专业分为工程地质勘察、岩土工程、水文地质勘察和工程测量4个专业。其中岩土工程是指岩土工程勘察；岩土工程设计；岩土工程测试、监测、检测；岩土工程咨询、监理；岩土工程治理。工程设计分为建筑工程、市政工程、建材、电力等共28个专业。

工程勘察资质分级标准是核定工程勘察单位工程勘察资质等级的依据。

工程勘察资质分综合类、专业类和劳务类。综合类包括工程勘察所有专业；专业类是指岩土工程、水文地质勘察、工程测量等专业中的某一项，其中岩土工程专业类可以是岩土工程勘察、设计、测试监测检测、咨询监理中的一项或全部；劳务类是指岩土工程治理、工程钻探、凿井等。

工程勘察综合类资质只设甲级；工程勘察专业类资质原则上设甲、乙两个级别，确有必要设置丙级勘察资质的地区经建设部批准后方可设置专业类丙级；工程勘察劳务类资质不分级别。

(1) 综合类。

1) 资历和信誉：具有独立法人资格，3个主专业中有不少于2个具有10年及以上工程勘察资历，是行业的骨干单位，在国内外同行业中享有良好信誉；至少2个专业分别独立承担过本专业甲级工程专业任务不少于5项，其工程质量合格、效益好；单位有良好的社会信誉并有相应的经济实力，工商注册资本金不少于800万元人民币。

2) 技术力量。3个主专业中不少于2个专业各有能力同时承担2项甲级工程任务，每专业至少有5名具有本专业高级技术职称的技术骨干和级配合理的技术队伍。在国家实行注册岩土工程师执业制度以后，岩土工程专业至少有5名注册岩土工程师。

3) 技术装备及应用水平。有足够数量、品种、性能良好的室内试验、原位测试及工程物探等测试监测检测设备或测量仪器设备，或有依法约定能提供满足专项勘察、测试监测检测等质量要求的协作单位。应用计算机出图率达100%。有满足工作需要的固定工作场所。

4) 管理水平。有健全的生产经营、财务会计、设备物资、业务建设等管理办法和完善的质量保证体系，并能有效地运行。

5) 业务成果。近10年内获得不少于3项国家级或省部级优秀工程勘察奖；主编过1项或参编过3项国家、行业、地方工程勘察技术规程、规范、标准、定额、手册等工作。

(2) 专业类。

1) 甲级。

a. 资历和信誉。具有5年以上的工程勘察资历，近5年独立承担过不少于3项甲级工程勘察业务；具有法人资格，单位有良好的社会信誉，有相应的经济实力，注册资本不少于150万元。

b. 技术力量。有能力同时承担2项甲级工程专业任务。至少有5名具有本专业高级技术职称（其中有2名可以是从事本专业工作10年以上的中级技术职称）的技术骨干和级配合理的技术队伍。在国家实行注册岩土工程师执业制度以后，岩土工程专业至少有5名注册岩土工程师，单独从事岩土工程勘察的、岩土工程设计的、岩土工程咨询监理的至少有3名注册岩土工程师。

c. 技术装备及应用水平。有足够数量、品种、性能良好的从事专业勘察的机械设备、测试监测检测设备或测量仪器设备，或有依法约定能提供满足专业勘察和测试监测检测等质量要求的协作单位。应用计算机出图率达100%。有满足工作需要的固定工作场所。

d. 管理水平。有健全的生产经营、财务会计、设备物资、业务建设等管理办法和完善的质量保证体系，并能有效地运行。

e. 业务成果。主专业（主要是指岩土工程勘察、水文地质勘察、工程测量）单位近10年内获得不少于2项国家或省、部级优秀工程勘察奖；或参加过1项国家级、行业、地方工程勘察技术规程、规范、标准、定额、手册等编制工作。

2) 乙级。

a. 资历和信誉。具有5年以上的工程勘察资历，独立承担过不少于3项乙级工程勘察业务；具有法人资格，单位社会信誉较好，有相应的经济实力，注册资本不少于80万元。

b. 技术力量。有能力同时承担2项乙级工程专业任务。至少有3名具有本专业高级技术职称（其中有1名可以是从事本专业工作10年以上的中级技术职称）的技术骨干和级配合理的技术队伍。在国家实行注册岩土工程师执业制度以后，从事岩土工程勘察的、岩土工程设计的至少有2名注册岩土工程师。

c. 技术装备和应用水平。有一定数量、品种、性能良好的从事专项勘察的机械设备、测试监测检测设备或测量仪器设备，或有依法约定能提供满足专业勘察和测试监测检测等质量要求的协作单位。应用计算机出图率达80%，有满足工作需要的固定的工作场所。

d. 管理水平。有健全的生产经营、财务会计、设备物资、业务建设等管理办法和完善的质量保证体系，并有效地运行。

e. 业务成果。岩土工程勘察、水文地质勘察、工程测量诸专业近10年内获得不少于1项国家级或省、部级、计划单列市工程勘察奖（含表扬奖）。

3）丙级。

a. 资历和信誉。具有5年以上的工程勘察资历，独立承担过不少于3项丙级工程勘察业务；具有法人资格，单位有社会信誉，有相应的经济实力，注册资本不少于50万元。

b. 技术力量和水平。有编制在册的专业技术人员，其中具有本专业高级技术职称的不少于1名，从事本专业工作不少于5年的中级技术职称的技术骨干不少于4名；有配套的技术人员，工程质量合格。

c. 技术装备和应用水平。有一定数量、品种、性能良好的与从事专业任务相应的机械设备和测试监测检测仪器设备或测量仪器设备。有满足工作需要的固定工作场所；应用计算机出图率达50%。

d. 管理水平。有健全的生产经营、财务会计、设备物资、业务建设等管理办法和完善的质量保障体系，并有效地运行。

（3）劳务类。

1）资历和信誉。具有3年以上从事与岩土工程治理、工程钻探、凿井相关的劳务工作资历；具有法人资格，有一定的社会信誉，有相应的经济实力，注册资本不少于50万元，岩土工程治理不少于100万元，有满足工作需要的固定工作场所。

2）技术力量。有符合规定并签订聘用合同的技术人员和技术工人等技术骨干。

3）技术装备。有一定数量、品种、性能良好的与从事承担任务范围所需的相应仪器设备。

4）管理水平。有相应的生产经营、财务会计、设备物资、业务建设等管理办法和完善的质量保证体系，并有效地运行。

工程勘察设计单位参加建设工程招投标时，所投标工程必须在其勘察设计资质证书规定的营业范围内。

2. 设计单位资质

我国的工程设计行业资质设甲、乙、丙三个级别，除建筑工程、市政公用、水利和公路等行业所设工程设计丙级资质可独立进入工程设计市场外，其他行业工程设计丙级资质设置的对象仅为企业内部所属的非独立法人设计单位。

（1）甲级。

1）资历和信誉。具有独立法人资格和15年及以上工程设计资历，是行业的骨干单位,并具备工程项目管理能力,在国内外同行业中享有良好信誉;独立承担过行业大型工程设计不少于3项,并已建成投产。其工程设计项目质量合格、效益好;单位有良好的社会信誉并有相应的经济实力,工商注册资本金不少于600万元人民币。

2)技术力量。技术力量强,专业配备齐全、合理,单位的专职技术骨干不少于80人。具有同时承担2项大型工程设计任务的能力;单位主要技术负责人应是具有12年及以上的设计经历,且主持或参加过2项及以上大型项目工程设计的高级工程师;在单位专职技术骨干中主持过2项以上行业大型项目的主导工艺或主导专业设计的高级工程师(或注册工程师)不少于10人;一级注册建筑师不少于2人;一级注册结构工程师不少于4人;主持或参加过2项以上行业大型项目的公用专业设计的高级工程师(或一级注册工程师)不少于20人。

3)技术水平。拥有与工程设计有关的专利、专有技术、工艺包(软件包)不少于1项,并具有计算机软件开发能力,达到国内先进型的基本要求,并在工程设计中应用,取得显著效果;能采用国内外专利、专有技术、工艺包(软件包)、新技术,独立完成工程设计;具有与国(境)外合作设计或独立承担国(境)外工程设计和项目管理的技术能力。

4)技术装备及应用水平。有先进、齐全的技术装备,已达到国家建设行政主管部门规定的甲级设计单位技术装备及应用水平考核标准:施工图CAD出图率100%;可行性研究、方案设计的CAD技术应用达90%;方案优化(优选)的CAD技术应用达90%;文件和图档存储实行计算机管理;应用工程项目管理软件,逐步实现工程设计项目的计算机管理;有较完善的计算机网络管理;有固定的工作场所,专职技术骨干人均建筑面积不少于$12m^2$。

5)管理水平。建立了以设计项目管理为中心,以专业管理为基础的管理体制,实行设计质量、进度、费用控制;企业管理组织结构、标准体系、质量体系健全,并能实行动态管理,宜通过ISO9001标准质量体系认证。

6)业务成果。获得过近四届省部级及以上优秀工程设计、优秀计算机软件、优秀标准设计三等奖及以上奖项不少于3项(可含与工程设计有关的省、部级及以上的科技进步奖2项),近15年主编2项或参编过3项及以上国家、行业、地方工程建设标准、规范、定额、标准设计。

(2)乙级。

1)资历和信誉。具有独立法人资格和10年及以上工程设计资历,并具备一定的工程项目管理能力;独立承担过行业中型及以上工程设计不少于3项,并已建成投产。其工程设计项目质量合格、效益较好;单位有较好的社会信誉并有一定的经济实力,工商注册资本金不少于200万元人民币。

2)技术力量。技术力量较强,专业配备齐全、合理。单位的专职技术骨干人员不少于30人。具有同时承担2项行业中型工程设计任务的能力;单位的主要技术负责人(或总工程师)应是具有10年及以上的设计经历,且主持、参加过2项及以上行业中型项目工程设计的高级工程师;在单位专职技术骨干中:主持过2项以上行业中型项目的主导工艺或主导专业设计的高级工程师(或注册工程师)不少于5人;一级注册建筑师不少于1

人；一级注册结构工程师不少于2人；主持或参加过2项以上中型项目的公用专业设计的高级工程师（或一级注册工程师）不少于10人。

3）技术水平。能采用国内外先进技术，独立完成工程设计；具有项目管理的技术能力；具有计算机应用的能力，达到发展提高型的基本要求，并取得效果。

4）技术装备及应用水平。有必要的技术装备，达到国家建设行政主管部门规定的乙级设计单位技术装备及应用水平考核标准：施工图CAD出图率100%；可行性研究、方案设计的CAD技术应用达80%；方案优化（优选）的CAD技术应用达80%；文件和图档存储实行计算机管理；能广泛应用计算机进行工程设计和设计管理；有较完善的计算机网络管理；有固定的工作场所，专职技术骨干人均建筑面积不少于$10m^2$。

5）管理水平。建立以设计项目管理为中心的管理体制，实行设计质量、进度、费用控制；有健全的质量体系和技术、经营、人事、财务、档案等管理制度。

6）业务成果。参加过国家、行业、地方工程建设标准、规范、定额及标准设计的编制工作或行业的业务建设工作。

（3）丙级。

1）资历和信誉。具有独立法人资格和6年及以上工程设计资历，并具备一定的工程项目管理能力；独立承担过行业小型及以上工程设计不少于3项，并已建成投产。其工程设计项目质量合格、效益较好；单位有一定的社会信誉并有必要的经济实力，工商注册资本金不少于80万元人民币。

2）技术力量。单位的专职技术骨干人数不少于15人。有一定的技术力量，专业配备齐全。有同时承担2项行业小型工程设计任务的能力；单位的主要技术负责人（或总工程师）应是具有10年及以上的设计经历，且主持或参加过2项及以上行业小型项目工程设计的高级工程师；单位专职技术骨干中：主持过2项以上行业小型项目的主导工艺或主导专业设计的工程师（或注册工程师）不少于4人；二级注册建筑师不少于2人（或一级注册建筑师不少于1人）；二级注册结构工程师不少于4人，或一级注册结构工程师不少于2人（其中返聘人员不得超过1人）；主持或参加过2项以上行业小型项目的公用专业设计的工程师（或一、二级注册工程师）不少于5人。

3）技术水平。能采用先进技术，独立完成工程设计；具有一定的项目管理的技术能力。

4）技术装备及应用水平。有必要的技术装备，达到以下指标：施工图CAD出图率50%；文件和图档实行计算机管理；能应用计算机进行工程设计和设计管理；有固定的工作场所，专职技术骨干人均建筑面积不少于$10m^2$。

5）管理水平。建立设计项目管理为中心的管理体制；质量体系能有效运行，有健全的技术、经营、人事、财务、档案等管理制度。

**（二）施工企业资质等级管理**

《建筑业企业资质等级标准》将建筑业企业资质分为施工总承包、专业承包和劳务分包3个序列。施工总承包企业资质等级标准包括12个标准、专业承包企业资质等级标准包括60个标准、劳务分包企业资质标准包括13个标准。

其中水利水电工程施工总承包企业资质分为特级、一级、二级、三级。

1. 特级资质标准

(1) 企业注册资本金 3 亿元以上。

(2) 企业净资产 3.6 亿元以上。

(3) 企业近 3 年年平均工程结算收入 15 亿元以上。

(4) 企业其他条件均达到一级资质标准。

2. 一级资质标准

(1) 企业近 10 年承担过下列 6 项中的 3 项以上所列工程的施工，其中至少有 1 项是 1)、2) 中的工程，工程质量合格。

1) 库容 10 亿 $m^3$ 以上或坝高 80m 以上大坝 1 座，或库容 1 亿 $m^3$ 以上或坝高 60m 以上大坝 2 座。

2) 过闸流量大于 3000$m^3$/s 的拦河闸 1 座，或过闸流量大于 1000$m^3$/s 的拦河闸 2 座。

3) 总装机容量 300MW 以上水电站 1 座，或总装机容量 100MW 以上水电站 2 座。

4) 总装机容量 10MW 以上灌溉、排水泵站 1 座，或总装机容量 5MW 以上灌溉、排水泵站 2 座。

5) 洞径大于 8m、长度大于 3000m 的水工隧洞 1 个，或洞径大于 6m、长度大于 2000m 的水工隧洞 2 个。

6) 年完成水工混凝土浇筑 50 万 $m^3$ 以上或坝体土石方填筑 120 万 $m^3$ 以上或岩基灌浆 12 万 m 以上或防渗墙成墙 8 万 $m^2$ 以上。

(2) 企业经理具有 10 年以上从事工程管理工作经历或具有高级职称；总工程师具有 10 年以上从事施工管理工作经历并具有本专业高级职称；总会计师具有高级会计职称；总经济师具有高级职称。企业有职称的工程技术和经济管理人员不少于 220 人，其中工程技术人员不少于 160 人；工程技术人员中，具有本专业高级职称的人员不少于 15 人，具有本专业中级职称的人员不少于 60 人。企业具有的本专业一级资质项目经理不少于 15 人。

(3) 企业注册资本金 5000 万元以上，企业净资产 6000 万元以上。

(4) 企业近 3 年最高年工程结算收入 2 亿元以上。

(5) 企业具有与承担大型拦河闸、坝、水工混凝土、水工隧洞、渡槽、倒虹吸及桥梁、地基处理、岩土工程、水轮发电机组安装相适应的施工机械和质量检测设备。

3. 二级资质标准

(1) 企业近 10 年承担过下列 6 项中的 3 项以上所列工程的施工，其中至少有 1 项是 1)、2) 中的工程，工程质量合格。

1) 库容 1 亿 $m^3$ 以上或坝高 50m 以上大坝 1 座，或库容 1000 万 $m^3$ 以上或坝高 40m 以上大坝 2 座。

2) 过闸流量大于 1000$m^3$/s 的拦河闸 1 座，或过闸流量大于 100$m^3$/s 的拦河闸座。

3) 总装机容量 50MW 以上水电站 1 座，或总装机容量 10MW 以上水电站 2 座。

4) 总装机容量 1MW 以上灌溉、排水泵站 1 座，或总装机容量 500kW 以上灌溉、排水泵站 2 座。

5) 洞径大于 6m、长度大于 2000m 的水工隧洞 1 个。

6) 年完成水工混凝土浇筑 20 万 m³ 以上或坝体土石方填筑 60 万 m³ 以上或岩基灌浆 6 万 m 以上或防渗墙成墙 4 万 m² 以上。

(2) 企业经理具有 8 年以上从事工程管理工作经历或具有中级以上职称；技术负责人具有 8 年以上从事施工管理工作经历并具有本专业高级职称；财务负责人具有中级以上会计职称。企业有职称的工程技术和经济管理人员不少于 160 人，其中工程技术人员不少于 100 人工程技术人员中，具有本专业高级职称的人员不少于 8 人，具有本专业中级职称的人员不少于 40 人。企业具有的本专业二级资质以上项目经理不少于 10 人。

(3) 企业注册资本金 2000 万元以上，企业净资产 2500 万元以上。

(4) 企业近 3 年最高年工程结算收入 1 亿元以上。

(5) 企业具有与承担中型拦河闸、坝、水工混凝土、水工隧洞、渡槽、倒虹吸及桥梁、地基处理、岩土工程相适应的施工机械和质量检测设备。

4. 三级资质标准

(1) 企业近 10 年承担过下列 6 项中的 3 项以上所列工程的施工，其中至少有 1 项是 1)、2) 中的工程，工程质量合格。

1) 库容 100 万 m³ 以上大坝 1 座。

2) 过闸流量大于 20m³/s 的拦河闸 1 座。

3) 总装机容量 5MW 以上水电站 1 座。

4) 总装机容量 0.1MW 以上灌溉、排水泵站 1 座。

5) 洞径大于 4m、长度大于 1500m 的水工隧洞 1 个。

6) 年完成水工混凝土浇筑 3 万 m³ 以上或坝体土石方填筑 20 万 m³ 以上或岩基灌浆 2 万 m 以上或防渗墙成墙 1 万 m² 以上。

(2) 企业经理具有 6 年以上从事工程管理工作经历或具有中级以上职称；技术负责人具有 6 年以上从事施工管理工作经历并具有本专业中级以上职称；财务负责人具有初级以上会计职称。企业有职称的工程技术和经济管理人员不少于 50 人，其中工程技术人员不少于 30 人；工程技术人员中，具有本专业中级以上职称的人员不少于 10 人。企业具有的本专业三级资质以上项目经理不少于 6 人。

(3) 企业注册资本金 600 万元以上，企业净资产 720 万元以上。

(4) 企业近 3 年最高年工程结算收入 2000 万元以上。

(5) 企业具有与承包工程范围相适应的施工机械和质量检测设备。

**(三) 咨询单位资质管理**

建设工程咨询单位是指在中国境内设立的开展工程咨询业务并具有独立法人资格的企业、事业单位的统称，组织形式和规模多种多样，有几个人的小公司，也有几百人乃至上千人的大、中型公司。

我国的工程咨询单位大体分为以下三类：综合性工程咨询单位、专业性工程咨询单位、管理性工程咨询单位。工程咨询单位资格等级分为甲级、乙级、丙级。

工程咨询单位必须依法取得国家发展改革委颁发的《工程咨询资格证书》，凭《工程咨询资格证书》开展相应的工程咨询业务。

工程咨询单位专业资格，按照以下 31 个专业划分：公路；铁路；城市轨道交通；民航；水电；核电、核工业；火电；煤炭；石油天然气；石化；化工、医药；建筑材料；机械；电子；轻工；纺织、化纤；钢铁；有色冶金；农业；林业；通信信息；广播电影电视；水文地质、工程测量、岩土工程；水利工程；港口河海工程；生态建设和环境工程；市政公用工程；建筑；城市规划；综合经济；其他。

工程咨询单位资格服务范围包括以下8项内容：规划咨询：含行业、专项和区域发展规划编制、咨询；编制项目建议书；编制项目可行性研究报告、项目申请报告和资金申请报告；评估咨询：含项目建议书、可行性研究报告、项目申请报告与初步设计评估，以及项目后评价、概预决算审查等；工程设计；招标代理；工程监理、设备监理；工程项目管理：含工程项目的全过程或若干阶段的管理服务。

咨询单位针对不同的服务对象有不同的服务内容，具体见表1-1。

表1-1　　　　　　　　　　咨询单位的服务内容

| 服务对象 | 服 务 内 容 |
| --- | --- |
| 为建设单位服务 | 1. 投资项目的机会研究、初步可行性研究和可行性研究。<br>2. 提出设计要求，组织方案竞赛和评选，提出评选建议，供建设单位参考。<br>3. 协助建设单位选择勘察设计单位，或者协助建设单位组织设计班子，编制设计进度计划等。<br>4. 编制概算（或预算）和招标标底，协助建设单位控制造价。<br>5. 编制招标文件、代理招标；参加评标，提出决标建议，协助建设单位与中标单位签订合同。<br>6. 受建设单位委托，对建设项目进行监理（即监理公司），包括审定承包商提交的施工进度计划，监督施工合同的履行，处理违约、工程变更和索赔事件，协调施工合同各方之间的关系。<br>7. 对建设项目进行进度、质量和投资控制，验收已完工程，签发付款凭证。<br>8. 验收竣工工程、签发竣工验收报告，维修期期间的管理，工程价款的结算和决算。<br>9. 合同文件和技术档案的整理等 |
| 为施工企业服务 | 10. 协助施工企业制定投标报价方案，进行有关投标的工作。<br>11. 中标后协助承包商与业主、分包商和材料供应商签订合同。<br>12. 施工期间处理各种索赔等事项。<br>13. 安排各阶段验收和工程款结算。<br>14. 进行成本、质量和进度等控制。<br>15. 竣工结算 |

工程咨询单位资格等级标准如下。

1. 甲级工程咨询单位应当具备以下资格标准

（1）基本条件。

1）从事工程咨询业务不少于5年，申请专业的服务范围相应咨询成果均不少于5项，无不良记录。

2）注册资金不低于500万元（事业单位除外）。

3）有固定的办公场所，人均使用面积不少于$6m^2$。

4）主持或参与制定过相关行业标准和技术规范的从优。

（2）技术力量。

1) 专职从事工程咨询业务的技术人员不得少于 60 人,其中具有高级专业技术、经济职称的人员不得少于 30%,注册咨询工程师(投资)不得低于技术人员总数的 15%,聘用专职离退休专业技术人员不得高于技术人员总数的 10%,以上人员不得同时在两个及以上工程咨询单位执业。

2) 每个专业领域配备相应的专业技术人员不少于 5 人和至少 2 名注册咨询工程师(投资)。

3) 主要技术负责人应具有注册咨询工程师(投资)执业资格,从事工程咨询及相关业务不少于 10 年。

(3) 技术水平和技术装备。

1) 掌握现代工程技术和项目管理方法,技术装备先进,具有较完整的专业技术资料积累,以及处理国内外相关业务信息的手段。

2) 具有独立或与国内外工程咨询单位合作承接国外工程咨询业务的能力。

3) 直接从事业务的专业技术人员人均配备计算机不少于 1 台,通信及信息处理手段完备,能应用工程技术和经济评价系统软件开展业务,全部运用计算机和系统软件完成工程咨询成果文件编制和经济评价。

(4) 管理水平。

1) 有完善的组织结构,健全的管理制度。

2) 有严格的质量管理体系和制度,已通过 ISO 9000 质量管理体系认证的从优。

**2. 乙级工程咨询单位应当具备以下资格标准**

(1) 基本条件。

1) 从事工程咨询业务不少于 3 年,申请专业的服务范围相应咨询成果均不少于 5 项,无不良记录。

2) 注册资金不低于 200 万元(事业单位除外)。

3) 有固定的办公场所,人均使用面积不少于 $6m^2$。

(2) 技术力量。

1) 专职从事工程咨询业务的技术人员不得少于 30 人,其中具有高级专业技术、经济职称的人员不得少于 30%,注册咨询工程师(投资)不得低于技术人员总数的 15%,聘用专职离退休专业技术人员不得高于技术人员总数的 10%。以上人员不得同时在两个及以上工程咨询单位执业。

2) 每个专业领域配备相应的专业技术人员不少于 5 人和至少 2 名注册咨询工程师(投资)。

3) 主要技术负责人应具有注册咨询工程师(投资)执业资格,从事工程咨询及相关业务不少于 8 年。

(3) 技术水平和技术装备。

1) 掌握现代工程技术和项目管理方法,拥有较先进的技术装备,具有开展业务的专业技术资料积累和及时查询相关专业信息的手段。

2) 直接从事业务的专业技术人员人均配备计算机不少于 1 台,全部运用计算机完成工程咨询成果文件编制,经济评价系统软件的应用达到 80% 以上。

(4) 管理水平。
1) 有完善的组织结构，健全的管理制度。
2) 有严格的质量管理体系和制度。
3. 丙级工程咨询单位应当具备以下资格标准
(1) 注册资金不低于50万元（事业单位除外）。
(2) 专业技术人员不得少于15人，其中具有高级专业技术、经济职称的人员不得少于30%，注册咨询工程师（投资）不得低于技术人员总数的15%，聘用专职离退休专业技术人员不得高于技术人员总数的10%。
(3) 每个专业领域配备相应的专业技术人员不少于5人和至少1名注册咨询工程师（投资）。
(4) 主要技术负责人应具有中级以上专业技术职称或具有注册咨询工程师（投资）执业资格，从事工程咨询及相关业务不少于5年。
(5) 有固定的办公场所，人均使用面积不少于$6m^2$。
(6) 有严格的质量管理制度。

凡新申请工程咨询资格的单位，一般应从丙级资格做起。申请综合经济专业需要同时具备以下条件：
(1) 应具有单项专业资格不少于8个。
(2) 工程技术经济专业的注册咨询工程师（投资）4名以上。

## 二、专业人士资质管理

专业人士是指从事工程建设管理、工程咨询的专业工程师等。他们在建筑市场运作中起着很重要的作用。尽管有完善的建筑法规，但没有专业人员的知识和技能的支持，政府一般难以对建筑市场进行有效的管理。

在参考发达国家有关制度的基础上，我国从1988年起，逐步建立了注册建筑师、注册结构工程师、注册监理工程师、注册造价工程师、注册城市规划师、注册建造师、注册设备工程师、注册岩土工程师等专业人士资质管理制度。资格注册条件为：大专以上或同等的专业学历，通过相应专业人士的全国统一考试并获得资格证书。具有相应专业实际工程经验。

## 三、建设工程交易中心

有形建筑市场是经政府主管部门批准，为建设工程交易提供服务的场所。实践证明，设立有形建筑市场是我国建设工程领域的一项有益尝试，从源头上预防工程建设领域腐败行为，具有重要作用。

1. "中心"的性质和职能
(1) "中心"是由建设工程招投标管理部门或政府建设行政主管部门授权，其他机构建立的自收自支的非营利性事业法人，它根据政府建设行政主管部门的委托，实施对市场主体的服务、监督和管理。
(2) "中心"的基本职能。负责建设工程招标投标的具体工作，发布招标投标工程信息，为招标人和投标人提供场所和咨询服务，为有关部门在该中心办公提供必要条件；负责建设工程评标专家库的管理，组织专家业务培训，对专家实行年度考核；负责对进入建设工程交易中心的招标投标工程资料归档管理。

具体包括以下13项：

1）宣传、贯彻、执行国家和省、市有关法律、法规和方针、政策，研究起草有形建筑市场有关规定和工作标准。

2）为工程发包承包交易的各方主体提供招标公告发布、投标报名、开标及评标的场地服务以及评标专家抽取服务，为交易各方主体办理有关手续提供便利的配套服务。

3）为政府有关部门和相关机构派驻有形建筑市场的窗口，提供办公场所和必要的办公条件服务，实现有形建筑市场从项目报建到竣工验收备案等一站式管理服务功能。

4）依据有关管理规定，对进场交易的建设工程项目实行登记制度。依法办事，遵守建设程序，按规定办理建设工程有关手续，严守秘密，创造公开、透明的市场竞争环境。

5）建立和完善计算机管理系统和信息网络，实现信息收集、发布功能，为交易各方主体及驻场部门提供高效的网络化办公系统。

6）提供法律、法规、政策、基本建设程序等咨询服务，提供有关企业资质、专业人员和工程建设相关信息的查询服务。

7）建立和完善评标专家抽取系统，对评标专家的出勤情况和评标活动进行记录和考核。

8）负责进场交易的建设工程招标投标备案文件等档案材料的收集、整理、立卷和统一管理，并建立档案管理制度，按规定为有关部门及单位提供档案查阅服务。

9）对进场交易的建设工程招标投标及发包承包交易活动中发现的违法违规行为，及时向有关部门报告，并协助开展调查。

10）建立有形建筑市场发包承包交易活动中建设企业和执业资格人员的市场不良行为记录，并形成档案，按规定提交给有关部门或向社会公布。

11）加强对交易场所的管理和维护，对驻场部门的服务质量和工作效能进行考核评比，组织实施社会公示制度，抓好督办整改工作。

12）按规定交纳有关税费，不乱收费，不随意减免费用。

13）承担上级主管部门交办的其他有关事项。

2. "中心"的基本功能

根据我国有关规定，所有建设项目的报建、招标信息发布、合同签订、施工许可证的申领、招标投标、合同签订等活动均应在建设工程交易中心进行，并接受政府有关部门的监督。其应具有以下三大功能：

（1）集中办公功能。

（2）信息服务功能。包括收集、存储和发布各类工程信息、法律法规、造价信息、建材价格、承包商信息、咨询单位和专业人士信息等。

（3）为承发包交易活动提供场所及相关服务。

根据建设部《建设工程交易中心管理办法》规定，中心要为政府有关部门提供办理有关手续和依法监督招标投标活动的场所，还应设有信息发布厅、开标室、洽谈室、会议室、商务中心和有关设施。

我国有关法规规定，建设工程交易中心必须经政府建设主管部门认可后才能设立，而且每个城市一般只能设立一个中心，特大城市可增设若干个分中心，但三项基本功能必须健全。

## 任务4 国际建筑市场

### 一、国际建筑市场的结构

1. 国际建筑市场分类

国际建筑市场又称国际工程市场或国际承发包市场，是世界市场体系的一个分支体系。它是各国建筑市场在范围上的延伸，把各国的建筑市场联系起来，形成世界范围的工程建设领域。国际建筑市场可作以下分类：

（1）按地区分类。一般分为亚太地区、中东地区、中国港澳地区、非洲地区、拉美地区、欧洲、北美及大洋洲地区。

（2）按提供建设服务的内容进行分类。可把国际建筑市场分为国际工程劳务市场，国际工程承包市场和国际工程咨询市场等。

2. 国际建筑市场的特点

（1）需求量变化不定。

（2）需求内容多样性。

（3）实行承发包制。

（4）风险大、竞争激烈。

国际建筑市场的有三大风险：一是政治风险，二是货币风险，三是合同风险。

（5）交易行为复杂。

（6）按国际惯例运行。

国际建筑市场是一种国际间贸易活动，就不可能按某一个国家的既有做法行事，而必须有共同的法规、共同确认的方法和行为准则，这就是国际惯例。建筑市场的国际惯例较多，主要有以下几方面：

（1）FIDIC 条件。

（2）招标投标的竞争交易方式。

（3）ISO 9000 族质量体系标准。

（4）中介服务。在国际建筑市场上，利用中介组织为发包方和承包方服务。估算测量、咨询代理、建设监理、法律服务、财会服务、保险担保等，都利用中介组织服务。

（5）安全管理采用国际劳工组织 167 号公约。

（6）工程保险与担保。工程保险是在国际建筑市场上、工程承包与发包活动中的一种强制性行为，是对风险转移的一种措施，可保护投资者和承包商双方的利益。对工程所在国来说，可利用工程保险服务赚取外汇和赢利。

工程担保是保证人和债权人约定,当债务人不履行债务时,保证人按照约定履行债务或承担责任的行为。这种责任约定的书面形式就是保证合同。

(7) 现场监督。国际上较普遍重视施工现场的监督。

(8) 利用网络计划技术进行进度控制。

(9) 工程项目管理。

(10) 建立公司制企业。国际建筑企业普遍实行公司制,即股份制。公司制企业财产清晰、责权明确,政企分开,管理科学,企业活力大,竞争力强,发展速度快。

## 二、国际建筑市场的主体

国际建筑市场的主体同国内建筑市场的主体一样,仍然是业主、承包方和中介服务组织。

1. 国际建筑市场的业主

在国际建筑市场上,业主是名副其实的项目投资方代表,负责筹划、筹资、设计、实施、生产经营、归还贷款及债券本息。它具有以下特点:

(1) 是项目的真正主人。

(2) 国际建筑市场中的业主,大都是私人资本所有者派代表组成的,较少是国有资金持有者。

(3) 大部分业主都委托咨询单位代行管理。这是国际惯例,既基于利用高智能组织进行服务的需要,又充分发挥中介组织的监督作用。

(4) 在国际建筑市场中,很少有自营的业主,他们都是通过招标发包进行建设的。咨询、设计、施工、采购等,都可分别招标或进行总发包。

2. 国际建筑市场中的承包商

(1) 国际建筑市场中的承包商是真正的独立自主经营的企业或企业集团,他们大都是规模大、实力雄厚、竞争力强的企业。

(2) 在国际工程的承包实践中,尤其是大型土建工程,往往授标给总承包商,然后再由总承包商将不同部位的工程施工任务分包给数个分包商。

(3) 在国际工程承包中,承包商肩负着施工重任,承担着主要的施工风险。

3. 国际建筑市场中的中介服务组织

(1) 在国际建筑市场中,中介服务组织也可分为五类:

1) 协调和约束市场主体行为的自律性组织,如各种协会。

2) 保证公平交易、公平竞争的公证机构,如专业会计师事务所等。

3) 为监督市场活动、维护市场正常秩序的检查认证机构,如计量检测机构,认证机构等。

4) 保证社会公平,建立公正的市场竞争秩序的各种公益机构,如保险机构等。

5) 为促进市场发育,降低交易成本和提高效益服务的各种咨询、代理机构,如招投标代理机构,信息服务机构等。

(2) 在国际建筑市场中,咨询工程师具有特别重要的地位。咨询工程师是对工程项目进行技术服务的合格法人,它实际上是一个设计咨询公司。为了完成在施工现场的技术服务任务，它向施工现场派遣授权的"工程师代表"或"驻地工程师"，具体完成"工程师"的合同职责。

4. 国际建筑市场环境

企业的生存与发展是以适应外部环境为条件的。企业的国际工程市场环境包括"微观环境"和"宏观环境"。

微观环境主要包括企业本身的状况、供应者、中介组织、竞争者、业主、银行、保险公司和各种公众等。微观环境受到宏观环境中各种因素的制约和影响。

宏观环境是指那些给企业带来有利机会和环境威胁的主要社会力量和社会条件，包括经济环境、政治环境、社会文化环境、法律环境、技术环境和自然环境等，构成企业的不可控因素。一个企业，如果没有科学的、客观的、准确的、全面的市场环境分析，就不可能制定出成功的国际工程经营策略。

(1) 国际建筑市场的经济环境。国际建筑市场的经济环境包括国别经济环境和国际经济环境。国际工程承包商只有了解国别经济环境，并认识国际经济环境的变动趋势，才能抓住机会、开拓市场、减小风险。影响国际建筑市场的首要因素就是世界经济，因为市场的运作需要投入资金，而资金的来源取决于经济的发展和繁荣。经济发展的前提是政治、社会安定与和平的环境。

(2) 国际建筑市场的政治环境。与国际建筑市场有关的政治因素有5点：

1) 政府干预。

2) 政府体制及其方针政策。

3) 政府政策的稳定性。

4) 国际关系，本国与目标市场国的关系影响着国际工程承包的经营活动。

5) 民族与宗教等。

(3) 法律环境。对国际建筑市场有影响的法律环境主要由各国的法律制度和有关国际规则构成。承包商一方面根据法律规定进行经营活动，另一方面应利用法律保护自己的正当权益。

国际建筑市场有着复杂的法律环境，一般企业必须面临三方面的法律，包括国内法律、国际商法、目标市场国法律。企业决策者应考虑三个问题：哪些企业经营策略会受到法令的限制？由于政府管制措施或行政手续的改变会产生哪类成本？法律法令的改变会给企业提供哪些可利用的机会？

(4) 社会文化环境。文化是一个社会全体成员表现的和长期以来形成的行为特性总和。文化的构成要素包括物质文化、语言文字、审美观、教育、民族主义、商业惯性等。

(5) 技术环境。技术是指人的所有行事方法的知识总和，它直接影响到企业的经营管理。

(6) 自然环境。一个国家的地形、地势和气候等自然条件是评价该国市场时必须考虑的重要因素。

5. 国际市场选择战略

在进行了国际建筑市场环境分析之后，就应对国际市场进行细分，选择目标市场。选择时应考虑下列因素：
(1) 市场规模。
(2) 市场的可延续性。
(3) 造价及赢利可能性。
(4) 承包商自身的竞争相对优势。
(5) 风险程度。

进入国际建筑市场的主要方式有：工程总承包、工程分承包、劳务承包、BOT方式、综合输出、联合承包等。经过选择后再行投标竞争。

## 任务5 招标投标的基本概念

### 一、招标投标的概念

招标投标是在市场经济条件下进行工程建设、货物买卖、财产出租、中介服务等经济活动的一种竞争形式和交易方式，是引入竞争机制订立合同（契约）的一种法律形式。

招标投标是指招标人对工程建设、货物买卖、劳务承担等交易业务，事先公布选择采购的条件和要求，招引他人承接，若干或众多投标人作出愿意参加业务承接竞争的意思表示，招标人按照规定的程序和办法择优选定中标人的活动。

建设工程招标是指招标人在发包建设项目之前，公开招标或邀请投标人，根据招标人的意图和要求提出报价，择日当场开标，以便从中择优选定中标人的一种经济活动。

建设工程投标是工程招标的对称概念，指具有合法资格和能力的投标人根据招标条件，经过初步研究和估算，在指定期限内填写标书，提出报价，并等候开标，决定能否中标的经济活动。

从法律意义上讲，建设工程招标一般是建设单位就拟建的工程发布通告，用法定方式吸引建设项目的承包单位参加竞争，进而通过法定程序从中选择条件优越者来完成工程建设任务的法律行为。建设工程投标一般是经过特定审查而获得投标资格的建设项目承包单位，按照招标文件的要求，在规定的时间内向招标单位填报投标书，并争取中标的法律行为。

### 二、招标投标的性质

我国法学界一般认为，建设工程招标是要约邀请，而投标是要约，中标通知书是承诺。《中华人民共和国合同法》（以下简称《合同法》）也明确规定，招标公告是要约邀请。也就是说，招标实际上是邀请投标人对其提出要约（即报价），属于要约邀请。投标则是一种要约，它符合要约的所有条件，如具有缔结合同的主观目的；一旦中标，投标人将受投标书的约束；投标书的内容具有足以使合同成立的主要条件等。招标人向中标的投标人发出的中标通知书，则是招标人同意接受中标的投标人的投标条件，即同意接受该投标人的要约的意思表示，应属于承诺。

### 三、招标投标的意义

实行建设项目的招标投标是我国建筑市场趋向规范化、完善化的重要举措，对于择优选择承包单位、全面降低工程造价，进而使工程造价得到合理有效的控制，具有十分重要的意义。具体表现在以下几个方面：

（1）形成了由市场定价的价格机制。实行建设项目的招标投标基本形成了由市场定价的价格机制，使工程价格更加趋于合理。其最明显的表现是若干投标人之间出现激烈竞争（相互竞标），这种市场竞争最直接、最集中的表现就是在价格上的竞争。通过竞争确定出工程价格，使其趋于合理或下降，这将有利于节约投资、提高投资效益。

（2）不断降低社会平均劳动消耗水平。实行建设项目的招标投标能够不断降低社会平均劳动消耗水平，使工程价格得到有效控制。在建筑市场中，不同投标者的个别劳动消耗水平是有差异的。通过推行招标投标，最终是那些个别劳动消耗水平最低或接近最低的投标者获胜，这样便实现了生产力资源较优配置，也对不同投标者实行了优胜劣汰。面对激烈竞争的压力，为了自身的生存与发展，每个投标者都必须切实在降低自己个别劳动消耗水平上下工夫，这样将逐步而全面地降低社会平均劳动消耗水平，使工程价格更为合理。

（3）工程价格更加符合价值基础。实行建设项目的招标投标便于供求双方更好地相互选择，使工程价格更加符合价值基础，进而更好地控制工程造价。由于供求双方各自出发点不同，存在利益矛盾，因而单纯采用"一对一"的选择方式，成功的可能性较小。采用招投标方式就为供求双方在较大范围内进行相互选择创造了条件，为需求者（如建设单位、业主）与供给者（如勘察设计单位、施工企业）在最佳点上结合提供了可能。需求者对供给者选择（即建设单位、业主对勘察设计单位和施工单位的选择）的基本出发点是"择优选择"，即选择那些报价较低、工期较短、具有良好业绩和管理水平的供给者，这样即为合理控制工程造价奠定了基础。

（4）公开、公平、公正的原则。实行建设项目的招标投标有利于规范价格行为，使公开、公平、公正的原则得以贯彻。我国招投标活动有特定的机构进行管理，有严格的程序必须遵循，有高素质的专家支持系统、工程技术人员的群体评估与决策，能够避免盲目过度的竞争和营私舞弊现象的发生，对建筑领域中的腐败现象也是强有力的遏制，使价格形成过程变得透明而较为规范。

（5）能够减少交易费用。实行建设项目的招标投标能够减少交易费用，节省人力、物力、财力，进而使工程造价有所降低。我国目前从招标、投标、开标、评标直至定标，均在统一的建筑市场中进行，并有较完善的一些法律、法规规定，已进入制度化操作。招投标中，若干投标人在同一时间、地点进行报价竞争，在专家支持系统的评估下，以群体决策方式确定中标者，必然减少交易过程的费用，这本身就意味着招标人收益的增加，对工程造价必然产生积极的影响。

建设项目招标投标活动包含的内容十分广泛，具体说包括建设项目强制招标的范围、建设项目招标的种类与方式、建设项目招标的程序、建设项目招标投标文件的编制、标底编制与审查、投标报价以及开标、评标、定标等。所有这些环节的工作均应按照国家有关法律、法规规定认真执行并落实。

## 四、我国招标投标的法律、法规框架

我国招标投标制度是伴随着改革开放而逐步建立并完善的。1984年，国家计委、城乡建设环境保护部联合下发了《建设工程招标投标暂行规定》，倡导实行建设工程招投标，我国由此开始推行招投标制度。

1991年11月21日，建设部、国家工商行政管理局联合下发《建筑市场管理规定》，明确提出加强发包管理和承包管理，其中发包管理主要是指工程报建制度与招标制度。在整顿建筑市场的同时，建设部还与国家工商行政管理局一起制定了《施工合同示范文本及其管理办法》，于1991年颁发，以指导工程合同的管理。1992年12月30日，建设部颁发了《工程建设施工招标投标管理办法》。

1994年12月16日，建设部、国家体制改革委员会再次发出《全面深化建筑市场体制改革的意见》，强调了建筑市场管理环境的治理。明确提出大力推行招标投标，强化市场竞争机制。此后，各地方政府也纷纷制定了各自的实施细则，使我国的工程招投标制度趋于完善。

1999年，我国工程招标投标制度面临重大转折。首先是1999年3月15日全国人大通过了《合同法》，并于同年10月1日起生效实施。由于招标投标是合同订立过程中的两个阶段，因此，该法对招标投标制度产生了重要的影响。其次是1999年8月30日全国人大常委会通过了《招投标法》，并于2000年1月1日起施行。这部法律基本上是针对建设工程承发包活动而言的，其中大量采用了国际惯例或通用做法，必将带来招投标体制的巨大变革。

随后的2000年5月1日，国家计委发布了《工程建设项目招标范围的规模标准规定》；2000年7月1日，国家计委又发布了《工程建设项目自行招标试行办法》和《招标公告发布暂行办法》。2001年10月29日，水利部以第14号部令发布了《水利工程建设项目招标投标管理规定》，自2002年1月1日起施行。

2001年7月5日，国家计委等七部委联合发布《评标委员会和评标办法暂行规定》。其中有三个重大突破：关于低于成本价的认定标准；关于中标人的确定条件；关于最低价中标。在这里第一次明确了最低价中标的原则。这与国际惯例是接轨的。这一评标定标原则必然给我国现行的定额管理带来冲击。在这一时期，建设部也连续颁布了第79号令《工程建设项目招标代理机构资格认定办法》、第89号令《房屋建筑和市政基础设施工程施工招标投标管理办法》以及《房屋建筑和市政基础设施工程施工招标文件范本》（2003年1月1日施行）、第107号令《建筑工程施工发包与承包计价管理办法》（2001年11月）等，对招投标活动及其承发包中的计价工作做出进一步的规范。

## 五、建设工程招标投标工作流程

建设工程招标投标程序是指建设工程活动按照一定的时间、空间顺序运作的顺序、步骤和方式。始于发布招标公告或招标邀请书，终于发出中标通知书，其间大致经历了招标、投标、开标评标定标几个主要阶段（图1-2）。

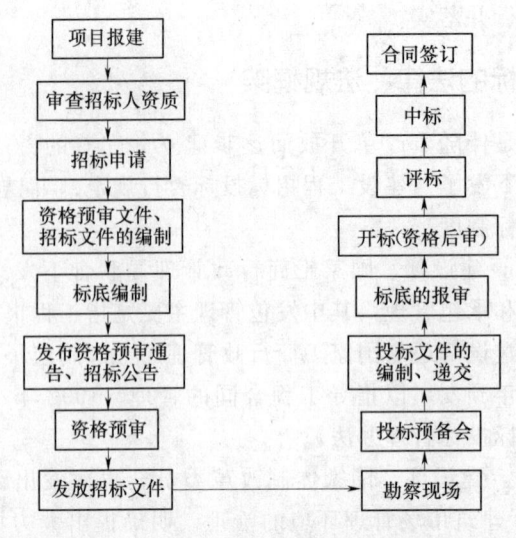

图 1-2　建设工程招标投标工作流程

建设工程招标投标程序开始前的准备工作和结束后的一些工作，不属于建设工程招标投标的程序之列，但应纳入整个工作流程中。

例如，报建登记，是招标前的一项主要工作，签订合同是招标投标的目的和结果，也是招标工作的一项主要工作但不是程序。

## 任务6　工程项目招标范围和分类

### 一、建设项目招标范围的规定

（1）我国《招投标法》指出，凡在中华人民共和国境内进行下列工程建设项目，包括项目的勘察、设计、施工、监理以及与工程建设有关的重要设备、材料等的采购，必须进行招标。包括：

1) 大型基础设施、公用事业等关系社会公共利益、公共安全的项目。
2) 全部或者部分使用国有资金投资或国家融资的项目。
3) 使用国际组织或者外国政府贷款、援助资金的项目。

（2）国家计委对上述工程建设项目招标范围和规模标准又做出了具体规定。

1) 关系社会公共利益、公众安全的基础设施项目的范围包括：

a. 煤炭、石油、天然气、电力、新能源等能源项目。

b. 铁路、公路、管道、水运、航空以及其他交通运输业等交通运输项目。

c. 邮政、电信枢纽、通信、信息网络等邮电通讯项目。

d. 防洪、灌溉、排涝、引（供）水、滩涂治理、水土保持、水利枢纽等水利项目。

e. 道路、桥梁、地铁和轻轨交通、污水排放及处理、垃圾处理、地下管道、公共停车场等城市设施项目。

f. 生态环境保护项目。

g. 其他基础设施项目。

2) 关系社会公共利益、公众安全的公用事业项目的范围包括：

a. 供水、供电、供气、供热等市政工程项目。

b. 科技、教育、文化等项目。

c. 体育、旅游等项目。

d. 卫生、社会福利等项目。

e. 商品住宅，包括经济适用住房。

f. 其他公用事业项目。

3) 使用国有资金投资项目的范围包括：

a. 使用各级财政预算资金的项目。

b. 使用纳入财政管理的各种政府性专项建设基金的项目。

c. 使用国有企业事业单位自有资金，并且国有资产投资者实际拥有控制权的项目。

4) 国家融资项目的范围包括：

a. 使用国家发行债券所筹资金的项目。

b. 使用国家对外借款或者担保所筹资金的项目。

c. 使用国家政策性贷款的项目。

d. 国家授权投资主体融资的项目。

e. 国家特许的融资项目。

5) 使用国际组织或者外国政府资金的项目的范围包括：

a. 使用世界银行、亚洲开发银行等国际组织贷款资金的项目。

b. 使用外国政府及其机构贷款资金的项目。

c. 使用国际组织或者外国政府援助资金的项目。

6) 以上第1) 条至第5) 条规定范围内的各类工程建设项目，包括项目的勘察、设计、施工、监理以及与工程建设有关的重要设备、材料等的采购，达到下列标准之一的，必须进行招标。

a. 施工单项合同估算价在200万元人民币以上的。

b. 重要设备、材料等货物的采购，单项合同估算价在100万元人民币以上的。

c. 勘察、设计、监理等服务的采购，单项合同估算价在50万元人民币以上的。

d. 单项合同估算价低于第a、b、c项规定的标准，但项目总投资额在3000万元人民币以上的。

7) 建设项目的勘察、设计，采用特定专利或者专有技术的，或者其建筑艺术造型有特殊要求的，经项目主管部门批准，可以不进行招标。

8) 依法必须进行招标的项目，全部使用国有资金投资或者国有资金投资占控股或者主导地位的，应当公开招标。

(3) 建设部第89号令《房屋建筑和市政基础设施工程施工招标投标管理办法》中的规定对于涉及国家安全、国家秘密、抢险救灾或者属于利用扶贫资金实行以工代赈、需要使用农民工等特殊情况，不适宜进行招标的项目，按照国家有关规定可以不进行招标。凡按照规定应该招标的工程不进行招标，应该公开招标的工程不公开招标的，招标单位所确定的承包单位一律无效。建设行政主管部门按照《建筑法》第八条的规定，不予颁发施工许可证；对于违反规定擅自施工的，依据《建筑法》第六十四条的规定，追究其法律责任。

(4)《水利工程建设项目招标投标管理规定》指出，符合下列具体范围并达到国家计委规定的规模标准之一的水利工程建设项目必须进行招标。

1）关系社会公共利益、公共安全的防洪、排涝、灌溉、水力发电、引（供）水、滩涂治理、水土保持、水资源保护等水利工程建设项目。

2）使用国有资金投资或者国家融资的水利工程建设项目。

3）使用国际组织或者外国政府贷款、援助资金的水利工程建设项目。

## 二、建设工程招标的种类

工程项目招标多种多样，按照不同的标准可以进行不同的分类。

### 1. 按照工程建设程序分类

按照工程建设程序，可以将建设工程招标分为建设项目前期咨询招标、工程勘察设计招标、材料设备采购招标、施工招标。

(1) 建设项目前期咨询招标。是指对建设项目的可行性研究任务进行的招标。投标方一般为工程咨询企业。中标的承包方要根据招标文件的要求，向发包方提供拟建工程的可行性研究报告，并对其结论的准确性负责。承包方提供的可行性研究报告，应获得发包方的认可。认可的方式通常为专家组评估鉴定。

项目投资者有的缺乏建设管理经验，通过招标选择项目咨询者及建设管理者，即工程投资方在缺乏工程实施管理经验时，通过招标方式选择具有专业的管理经验工程咨询单位，为其制定科学、合理的投资开发建设方案，并组织控制方案的实施。这种集项目咨询与管理于一体的招标类型的投标人一般也为工程咨询单位。

(2) 勘察设计招标。是指根据批准的可行性研究报告，择优选择勘察设计单位的招标。勘察和设计是两种不同性质的工作，可由勘察单位和设计单位分别完成。勘察单位最终提出施工现场的地理位置、地形、地貌、地质、水文等在内的勘察报告。设计单位最终提供设计图纸和成本预算结果。设计招标还可以进一步分为初步设计招标、施工图设计招标。当施工图设计不是由专业的设计单位承担，而是由施工单位承担，一般不进行单独招标。

(3) 材料设备采购招标。是指在工程项目初步设计完成后，对建设项目所需的建筑材料和设备（如水轮发电机组、桥式起重机、主变压器系统等）采购任务进行的招标。投标方通常为材料供应商、成套设备供应商。

(4) 工程施工招标。在工程项目的初步设计或施工图设计完成后，用招标的方式选择施工单位的招标。施工单位最终向业主交付按招标设计文件规定的建筑产品。

国内外招投标现行做法中经常采用将工程建设程序中各个阶段合为一体进行全过程招标，通常又称其为总包。

### 2. 按工程项目承包的范围分类

按工程承包的范围可将工程招标划分为项目总承包招标、项目阶段性招标、设计施工招标、工程分承包招标及专项工程承包招标。

(1) 项目全过程总承包招标。即选择项目全过程总承包人招标,这种又可分为两种类型:其一是指工程项目实施阶段的全过程招标;其二是指工程项目建设全过程的招标。前者是在设计任务书完成后,从项目勘察、设计到施工交付使用进行一次性招标;后者则是从项目的可行性研究到交付使用进行一次性招标,业主只需提供项目投资和使用要求及竣工、交付使用期限,其可行性研究、勘察设计、材料和设备采购、土建施工、设备安装及调试、生产准备和试运行、交付使用,均由一个总承包商负责承包,即所谓"交钥匙工程"。承揽"交钥匙工程"的承包商被称为总承包商,绝大多数情况下,总承包商要将工程部分阶段的实施任务分包出去。

无论是项目实施的全过程还是某一阶段或程序,按照工程建设项目的构成,可以将建设工程招标投标分为全部工程招标投标、单项工程招标投标、单位工程招标投标、分部工程招标投标、分项工程招标投标。全部工程招标投标,是指对一个建设项目(如一座水库)的全部工程进行的招标。单项工程招标,是指对一个工程建设项目中所包含的单项工程(如一座水库的大坝、溢洪道、电站土建、电站安装、永久道路等)进行的招标。单位工程招标是指对一个单项工程所包含的若干单位工程(水电站的土建工程)进行招标。分部工程招标是指对一项单位工程包含的分部工程(如土石方工程、基础处理工程、电站厂房上部结构工程、厂房装饰工程)进行招标。

应当强调指出的是,为了防止将工程肢解后进行发包,我国一般不允许对分部工程招标,允许特殊专业工程招标,如特殊基础施工、大型土石方工程施工等。但是,国内工程招标中的所谓项目总承包招标往往是指对一个项目施工过程全部单项工程或单位工程进行的总招标,与国际惯例所指的总承包尚有相当大的差距,为与国际接轨,提高我国建筑企业在国际建筑市场的竞争能力,深化施工管理体制的改革,造就一批具有真正总包能力的智力密集型的龙头企业,是我国建筑业发展的重要战略目标。

(2) 工程分承包招标。是指中标的工程总承包人作为其中标范围内的工程任务的招标人,将其中标范围内的工程任务,通过招标投标的方式,分包给具有相应资质的分承包人,中标的分承包人只对招标的总承包人负责。

(3) 专项工程承包招标。指在工程承包招标中,对其中某项比较复杂、或专业性强、施工和制作要求特殊的单项工程进行单独招标。

### 3. 按行业或专业类别分类

按与工程建设相关的业务性质及专业类别划分,可将工程招标分为土木工程招标、勘察设计招标、材料设备采购招标、安装工程招标、建筑装饰装修招标、生产工艺技术转让招标、咨询服务(工程咨询)及建设监理招标等。

(1) 土木工程招标,是指对建设工程中木工程施工任务进行的招标。

(2) 勘察设计招标投标,是指对建设项目的勘察设计任务进行的招标投标。

(3) 货物采购招标投标,是指对建设项目所需的建筑材料和设备采购任务进行的招标。

(4) 安装工程招标投标,是指对建设项目的设备安装任务进行的招标。

(5) 建筑装饰装修招标投标,是指对建设项目的建筑装饰装修的施工任务进行的招标。

(6) 生产工艺技术转让招标投标，是指对建设工程生产工艺技术转让进行的招标。

(7) 工程咨询和建设监理招标投标，是指对工程咨询和建设监理任务进行的招标。

**4. 按工程承发包模式分类**

随着建筑市场运作模式与国际接轨进程的深入，我国承发包模式也逐渐呈多样化，主要包括工程咨询招标、交钥匙工程招标、设计施工招标、设计管理招标、BOT 工程招标。

(1) 工程咨询招标，是指以工程咨询服务为对象的招标行为。工程咨询服务的内容主要包括工程立项决策阶段的规划研究、项目选定与决策；建设准备阶段的工程设计、工程招标；施工阶段的监理、竣工验收等工作。

(2) 交钥匙工程招标。交钥匙模式即承包商向业主提供包括融资、设计、施工、设备采购、安装和调试直至竣工移交的全套服务。交钥匙工程招标是指发包商将上述全部工作作为一个标的招标，承包商通常将部分阶段的工程分包，亦即全过程招标。

(3) 工程设计施工招标。设计施工招标是指将设计及施工作为一个整体标的以招标的方式进行发包，投标人必须为同时具有设计能力和施工能力的承包商。我国由于长期采取设计与施工分开的管理体制，目前具备设计、施工双重能力的施工企业为数较少。

设计—建造模式是一种项目组管理方式：业主和设计—建造承包商密切合作，完成项目的规划、设计、成本控制、进度安排等工作，甚至负责项目融资。使用一个承包商对整个项目负责，避免了设计和施工的矛盾，可显著减少项目的成本和工期。同时，在选定承包商时，把设计方案的优劣作为主要的评标因素，可保证业主得到高质量的工程项目。

(4) 工程设计—管理招标。设计—管理模式是指由同一实体向业主提供设计和施工管理服务的工程管理模式。采取这种模式时，业主只签订一份既包括设计也包括工程管理服务的合同，在这种情况下，设计机构与管理机构是同一实体。这一实体常常是设计机构与施工管理企业的联合体。设计—管理招标即为以设计管理为标的进行的工程招标。

(5) BOT 工程招标。BOT（Build - Operate - Transfer）即建造—运营—移交模式。这是指东道国政府开放本国基础设施建设和运营市场，吸收国外资金，授给项目公司以特许建设和运营权，由该公司负责融资和组织建设，建成后负责运营及偿还贷款。在特许期满时将工程移交给东道国政府。BOT 工程招标即是对这些工程环节的招标。

**5. 按照工程是否具有涉外因素分类**

按照工程是否具有涉外因素，可以将建设工程招标分为国内工程招标投标和国际工程招标投标。

(1) 国内工程招标投标，是指对本国没有涉外因素的建设工程进行的招标投标。

(2) 国际工程招标投标，是指对有不同国家或国际组织参与的建设工程进行的招标投标。国际工程招标投标，包括本国的国际工程（习惯上称涉外工程）招标投标和国外的国际工程招标投标两个部分。国内工程招标和国际工程招标的基本原则是一致的，但在具体做法有差异。随着社会经济的发展和与国际接轨的深化，国内工程招标和国际工程招标在做法上的区别已越来越小。

## 三、建设工程招标的方式

工程项目招标的方式在国际上通行的为公开招标、邀请招标和竞争性谈判，《中华人民共和国招投标法》第十条将招标方式分为公开招标和邀请招标两种，但招投标法第六十六条规定，涉及国家安全、国家秘密、抢险救灾或者属于利用扶贫资金实行以工代赈、需要使用农民工等特殊情况，不适宜进行招标的项目，按照国家有关规定可以不进行招标，说明我国从法律上并没有完全排除竞争性谈判方式。

### （一）公开招标

1. 定义

公开招标又称为无限竞争招标，是由招标单位通过报刊、广播、电视等方式发布招标广告，有投标意向的承包商均可参加投标资格审查，审查合格的承包商可购买或领取招标文件，参加投标的招标方式。

2. 公开招标的特点

公开招标方式的优点是：投标的承包商多、竞争范围大，业主有较大的选择余地，有利于降低工程造价，提高工程质量和缩短工期。其缺点是：由于投标的承包商多，招标工作最大，组织工作复杂，需投入较多的人力、物力，招标过程所需时间较长，因而此类招标方式主要适用于投资额度大、工艺、结构复杂的较大型工程建设项目。公开招标的特点一般表现为以下几个方面：

（1）公开招标是最具竞争性的招标方式。它参与竞争的投标人数量最多，且只要符合相应的资质条件便不受限制，只要承包商愿意便可参加投标，在实际生活中，常常少则十几家，多则几十家，甚至上百家，因而竞争程度最为激烈。它可以最大限度地为一切有实力的承包商提供一个平等竞争的机会，招标人也有最大容量的选择范围，可在为数众多的投标人之间择优选择一个报价合理、工期较短、信誉良好的承包商。

（2）公开招标是程序最完整、最规范、最典型的招标方式。它形式严密，步骤完整，运作环节环环入扣。公开招标是适用范围最为广阔、最有发展前景的招标方式。在国际上，谈到招标通常都是指公开招标。在某种程度上，公开招标已成为招标的代名词，因为公开招标是工程招标通常适用的方式。在我国，通常也要求招标必须采用公开招标的方式进行。凡属招标范围的工程项目，一般首先必须要采用公开招标的方式。

（3）公开招标也是所需费用最高、花费时间最长的招标方式。由于竞争激烈，程序复杂，组织招标和参加投标需要做的准备工作和需要处理的实际事务比较多，特别是编制、审查有关招标投标文件的工作量十分浩繁。

综上所述，不难看出，公开招标有利有弊，但优越性十分明显。我国在推行公开招标实践中，存在不少问题，需要认真加以探讨和解决。主要是：

（1）公开招标的公告方式不具有广泛的社会公开性。公开招标不管采取何种招标公告方式，都应当具有广泛的社会公开性。正因为如此，传统上公开招标的招标公告都是通过大众新闻媒体发布的。应当承认，随着社会的进步，特别是科技的飞速发展，公开招标的招标公告方式也必然会发展变化，但其具有的广泛的社会公开性这一特征，不但不会丧失，反而会因此更加鲜明。可是，目前我国各地发布公开招标公告一般不通过大众新闻媒介，而只是在单一的工程交易中心中发布招标公告。而工程交易中心现在只是一个行政区域才有一个，且相互信息不通，区域局限性十分明显。由于工程交易中心本身的区域局限性，使其发布的招标公告不能广为人知。同时，即使对知情的投标人来讲，必须每天或经常跑到一个固定地点来看招标信息，既不方便也增加了成本。所以，只在工程交易中心发布招标公告，不能算作真正意义上的公开招标。解决这个问题的办法，是将公开招标公告直接改为由大众传媒发布，或是将现有的工程交易中心发布的招标公告与大众传播媒体联网，使其像股市那样，具有广泛的社会公开性，人们能方便、快捷地得到公开招标公告信息。总之，只有具有广泛社会公开性的公告方式，才能被认为是公开招标的符合性方式。

(2) 公开招标的公平、公正性受到限制。公开招标的一个显著特点，是投标人只要符合某种条件，就可以不受限制地自主决定是否参加投标。而在公开招标中对投标人的限制条件，按照国际惯例，只应是资质条件和实际能力。可是，目前我国建设工程的公开招标中，常常出于地方保护主义等原因对投标人附加了许多苛刻条件的现象。如有的限定，只有某地区、某行业或获得过某种奖项（如"鲁班奖"等）的企业，才能参加公开招标的投标等。这种做法是不妥当的。公开招标对投标人参加投标的限制条件，原则上只能是名副其实的资质和能力上的要求。如某项工程需要一级资质企业承担的，在公开招标时对投标人提出的限制条件，只应是持有一级资质证书，并确认具有相应的实际能力。至于其他方面的要求，只应作为竞争成败（评标）的因素，而不宜作为可否参加竞争（投标）的条件。如果允许随意增加对投标人的限制条件，不仅会削弱公开招标的竞争性、公正性，而且也与资质管理制度的性质和宗旨背道而驰。

(3) 招标评标实际操作方法不规范。由于我国处于市场经济完善阶段，法制建设不到位，招投标过程中有些不规范的行为，包括投标人经资格审查合格后再进行抓阄或抽签才能投标；串标、陪标等暗箱操作等。例如，有的地方认为公开招标的投标人太多，影响评标效率，采取在投标人经资格审查合格后先进行抓阄或抽签、抓阄与业主推荐相结合的办法，淘汰一批合格者，只有剩下的合格者才可正式参加投标竞争。资格审查合格本身就是有资格参加投标竞争的象征，人为采取任何办法进行筛选，都违背了招投标法的公开、公平、公正的原则，且有悖公开招标的无限竞争精神。

公开招标实践中出现上述问题，究其原因是多方面的。从客观上讲，主要是资金紧张，甚至有很大缺口，或工程盲目上马，工期紧迫等。从主观上讲，主要是嫌麻烦，怕招标投标周期长、怕出现矛盾、或自认为劳民伤财，也不排除极个别的想为个人牟私预留操作空间和便利等。上述问题的结果，不仅限制了竞争，而且不能体现公开招标的真正意义。实际上，程序复杂、费时、耗财，只是公开招标表面表现出来缺点，故招投标带来的管理和资金效益也是非常可观的。所以，目前在我国还需要进一步培育和发展工程建设市场竞争机制，进一步规范和完善公开招标的运作制度。

(二) 邀请招标

1. 定义

邀请招标又称为有限竞争性招标。这种方式不发布广告，业主根据自己的经验和所掌握的各种信息资料，向有承担该项工程施工能力的3个以上（含3个）承包商发出投标邀请书，收到邀请书的单位有权利选择是否参加投标。邀请招标与公开招标一样都必须按规定的招标程序进行，要制定统一的招标文件，投标人都必须按招标文件的规定进行投标。

2. 邀请招标的特点

邀请招标方式的优点是：参加竞争的投标商数目可由招标单位控制，目标集中，招标的组织工作较容易，工作量比较小。其缺点是：由于参加的投标单位相对较少，竞争性范围较小，使招标单位对投标单位的选择余地较少，如果招标单位在选择被邀请的承包商前所掌握信息资料不足，则会失去发现最适合承担该项目的承包商的机会。

在我国工程招标实践中，过去常把邀请招标和公开招标同等看待。一般没有什么特殊情况的工程建设项目，都要求必须采用公开招标或邀请招标。我国各地曾经规定公开招标和邀请招标的适用范围相同，所以这两种方式是并重的，在实际操作中由当事人自由选择。实际上，《招标投标法》规定了必须招标的项目一般首先采用公开招标的方式，在公开招标失败后，重新招标可以采用邀请招标的方式进行。

邀请招标和公开招标是有区别的。主要是：

（1）邀请招标的程序上比公开招标简化，如无招标公告及投标人资格审查的环节。

（2）邀请招标在竞争程度上不如公开招标强。邀请招标参加人数是经过选择限定的，被邀请的承包商数目在3~10个，不能少于3个，也不宜多于10个。由于参加人数相对较少，易于控制，因此其竞争范围没有公开招标大，竞争程度也明显不如公开招标强。

（3）邀请招标在时间和费用上都比公开招标节省。邀请招标不可以省去发布招标公告费用、资格审查费用和可能发生的更多的评标费用。

但是，邀请招标也存在明显缺陷。它限制了竞争范围，由于经验和信息资料的局限性，会把许多可能的竞争者排除在外，不能充分展示自由竞争、机会均等的原则。

### （三）竞争性谈判

1. 定义

竞争性谈判又称协议招标、协商竞争性谈判、竞争性谈判等，是一种以谈判文件或拟议的合同草案为基础的，直接通过谈判方式，分别与若干家承包商进行协商，选择自己满意的一家，签订承包合同的招标方式。竞争性谈判通常适用于不宜通过招投标方式竞争交易的涉及国家安全的工程或军事保密的工程，或紧急抢险救灾工程及小型工程。

2. 竞争性谈判的特点

竞争性谈判是一种特殊的招标方式，是公开招标、邀请招标的例外情况。一个规范、完整的竞争性谈判概念，在其适用范围和条件上，应当同时具备以下3个基本要点：

（1）竞争性谈判方式适用面较窄。竞争性谈判只适用于保密性要求或者专业性、技术性较高等特殊工程。没有保密性或者专业性、技术性不高，不存在什么特殊情况的项目，不能进行竞争性谈判。对什么是具有保密性、什么是专业性、技术性较高等特殊情况，应该作严格意义上的理解，不能由业主或者承包商来自行解释，而必须由政府或政府主管部门来解释。这里所谓"不适宜"，一是指客观条件不具备，如同类有资格的投标人太少，无法形成竞争态势等；二是指有保密性要求，不能在众多有资格的投标商中间扩散。如果适宜采用公开招标和邀请招标的，就不能采用竞争性谈判方式。

竞争性谈判必须经招标投标管理机构审查同意。未经招标投标管理机构审查同意的，不能进行竞争性谈判。已经进行竞争性谈判的，建设行政主管部门或者招标投标管理机构应当按规定，作为非法交易进行严肃查处。招标投标管理机构审查的权限范围，就是省、市、县（市）招标投标管理机构的分级管理权限范围。

(2) 直接进入谈判并通过谈判确定中标人。参加投标者为两家以上，一家不中标再寻找下一家，直到达成协议为止。一对一地谈判，是竞争性谈判的最大特点。在实际生活中，即使可能有两家或两家以上的竞争性谈判参加人，实质上也是一对一地分别谈判，一家谈不成，再与另一家谈，直到谈成为止。如果不是一对一地谈，不宜称之为竞争性谈判。

(3) 程序的随意性太大，且缺乏透明度。竞争性谈判程序的随意性太大，竞争性相对更弱。竞争性谈判缺乏透明度，极易形成暗箱操作，私下交易。从总体上来看，竞争性谈判的存在是弊大于利。

自 2000 年 1 月 1 日起施行的《招投标法》就只规定招标分为公开招标和邀请招标，而对竞争性谈判未明确提及。但在我国建设工程招标投标的进程中，竞争性谈判作为一种招标方式已约定俗成，且在国际上也普遍采用。从我国建筑市场整体发育状况来考察，在当前和今后一定时间内，竞争性谈判仍可作为一种工程交易方式依然存在着。

竞争性谈判不同于直接发包。从形式上看，直接发包没有"标"，而竞争性谈判则有标。竞争性谈判的招标人须事先编制竞争性谈判招标文件或拟议合同草案，投标人也须有竞争性谈判投标文件，而且必须经过一定的程序。

**3. 竞争性谈判的程序**

竞争性谈判应按下列程序进行：

(1) 招标人向有权的招标投标管理机构提出竞争性谈判申请。申请中应当说明发包工程任务的内容、采用竞争性谈判的理由、对竞争性谈判投标人的要求及拟邀请的竞争性谈判投标人等，并应当同时提交能证明其要求竞争性谈判的工程符合规定的有关证明文件材料。

(2) 招标投标管理机构对竞争性谈判申请进行审批。招标投标管理机构在接到竞争性谈判申请之日起 15 天内，调查核实招标人的竞争性谈判申请、证明文件和材料、竞争性谈判投标人的条件等，对照有关规定，确定是否符合竞争性谈判条件。符合条件的，方可批准竞争性谈判。

(3) 竞争性谈判文件的编制与审查。竞争性谈判申请批准后，招标人编写竞争性谈判文件或者拟议合同草案，并报招标投标管理机构审查。招标投标管理机构应在 5 天内审查完毕，并给予答复。

(4) 协商谈判。竞争性谈判招标人与投标人在招标投标管理机构的监督下，就谈判文件的要求或者商议合同草案进行协商谈判。招标人以竞争性谈判方式发包施工任务，应该编制标底，作为竞争性谈判文件或者拟议合同草案的组成部分，并经招标标管理机构审定。竞争性谈判工程的中标价格原则上不得高于审定后的标底价格。招标人不得以垫资、垫材料作为竞争性谈判的条件，也不允许以一个竞争性谈判投标人的条件要求或者限制另一个竞争性谈判投标人。

(5) 授标。竞争性谈判双方达成一致后，招标投标管理机构在自收到正式合同草案之日起的 2 天内进行审查，确认其与竞争性谈判结果一致后，签发《中标通知书》。未经招标投标管理机构审查同意，擅自进行竞争性谈判或者谈判双方在竞争性谈判过程中弄虚作假的，竞争性谈判结果无效。

4. 竞争性谈判的监督管理

建设行政主管部门和招标投标管理机构对竞争性谈判负有重要的监督管理责任。对竞争性谈判的监督管理，需要抓住以下几个环节：

（1）竞争性谈判项目的报建。竞争性谈判项目的报建是一个非常重要的环节，通过报建，掌握待建工程项目的情况，及时向社会发布招标信息，以便提高竞争性谈判工程项目的透明度。

（2）对竞争性谈判项目的审查。招标投标管理机构必须对竞争性谈判项目的审查，未经招标投标管理机构审查同意，任何单位都不得进行竞争性谈判。对不符合条件，不应当进行竞争性谈判的项目，招标投标管理机构不予批准，保证竞争性谈判的公正性。

（3）竞争性谈判投标人的条件限制。竞争性谈判当事人一方为组织竞争性谈判的招标人，另一方为参加竞争性谈判的投标人。招标人选择的竞争性谈判投标人，必须符合如下要求：①具有与竞争性谈判的工程相应的资质等级、营业范围、资金和能力；②发包有保密性要求或其他特殊性要求的工程时，招标人应优先选择成立时间比较久远、信誉比较可靠的全民所有制企业作为竞争性谈判投标人；③发包主体工程完成后，为配合发挥整体效能所追加的小型附属工程和单位工程停建、缓建后恢复建设的工程任务时，招标人应当选择原承包人作为竞争性谈判投标人；④近一年内未出现过质量、安全事故或者有其他违反建筑市场管理法规的行为。

（4）公开招标或者邀请招标失败后竞争性谈判方式的选择。公开招标或者邀请招标失败后，通常可以依法选择竞争性谈判方式，但应当按照原招标文件或者评标定标办法中有关招标失败的条款选择竞争性谈判投标人，而不能另行确定评标标准。

### 思 考 题

1. 怎样理解建筑市场的主体与客体？
2. 我国当前建设市场管理体制的基本格局是什么？
3. 建设工程交易中心的基本功能是什么？
4. 水利工程必须招标的条件是什么？
5.《招投标法》规定的招标方法有哪几种？他们有什么异同？

# 单元 2 水利工程招标

## 任务 1 水利工程招标程序

### 一、建设工程招标的一般程序

从招标人的角度看，建设工程招标的一般程序主要经历以下几个环节。

1. 设立招标组织或者委托招标代理人

应当招标的工程建设项目，办理报建登记手续后，凡已满足招标条件的，均可组织招标，办理招标事宜。招标组织者组织招标必须具有相应的组织招标的资质。

2. 办理招标备案手续，申报招标的有关文件

招标人在依法设立招标组织并取得相应招标组织资质证书，或者书面委托具有相应资质的招标代理人后，就可开始组织招标、办理招标事宜。招标人自己组织招标、自行办理招标事宜或者委托招标代理人代理组织招标、代为办理招标事宜的，应当向有关行政监督部门备案。

3. 发布招标公告或者发出投标邀请书

公开招标应采用招标公告的形式。原国家计委经国务院授权，指定《中国日报》、《中国经济导报》、《中国建设报》、《中国采购与招标网》为发布依法必须招标项目的招标公告的媒介，在不同媒介发布的同一招标项目的资格预审公告或者招标公告的内容应当一致。其中依法必须招标的国际招标项目的招标公告应在《中国日报》发布。《水利工程建设项目施工招标投标管理规定》第十八条规定，采用公开招标方式的项目，招标人应当在国家发展计划委员会指定的媒介发布招标公告，其中大型水利工程建设项目以及国家重点项目、中央项目、地方重点项目同时还应当在《中国水利报》发布招标公告，公告正式媒介发布至发售资格预审文件（或招标文件）的时间间隔一般不少于 10 日。招标人应当对招标公告的真实性负责。招标公告不得限制潜在投标人的数量。

邀请招标采用投标邀请函的形式。邀请招标时，不需要发布招标公告，由招标人自行邀请不少于 3 家的符合资质要求的企业投标。

4. 对投标资格进行审查

成立资格预审小组，对投标企业的资质进行审查，符合招标要求资质的企业方可领取标书。

5. 售出招标文件和有关资料，收取投标保证金

招标人向经审查合格的投标人发售招标文件及有关资料，并向投标人收取投标保证金。公开招标实行资格后审的，直接向所有投标报名者发售招标文件和有关资料，收取投标保证金。

招标文件售出后，招标人不得擅自变更其内容。确需进行必要的澄清、修改或补充的，应当在招标文件要求提交投标文件截止时间至少15天前，书面通知所有获得招标文件的投标人。该澄清、修改或补充的内容是招标文件的组成部分，对招标人和投标人都有约束力。

投标保证金是为防止投标人不审慎考虑和进行投标活动而设定的一种担保形式，是投标人向招标人缴纳的一定数额的金钱。招标人发售招标文件后，不希望投标人不递交投标文件或递交毫无意义或未经充分、慎重考虑的投标文件，更不希望投标人中标后撤回投标文件或不签署合同。因此，为了约束投标人的投标行为，保护招标人的利益，维护招标投标活动的正常秩序，特设立投标保证金制度，这也是国际上的一种习惯做法。投标保证金的收取和缴纳办法，应在招标文件中说明，并按招标文件的要求进行。

投标保证金的直接目的虽是保证投标人对投标活动负责，但其一旦缴纳和接受，对双方都有约束力。

对投标人而言，缴纳投标保证金后，如果投标人按规定的时间要求递交投标文件；或在投标有效期内未撤回投标文件；或经开标、评标获得中标后与招标人订立合同的，就不会丧失投标保证金。投标人未中标的，在定标发出中标通知书后，招标人原额退还其投标保证金；投标人中标的，在收到中标通知书后，按规定时间签订合同并缴纳履约保证金或履约保函后，招标人应原额退还其投标保证金。如果投标人未按规定的时间要求递交投标文件；或在投标有效期内撤回投标文件；或经开标、评标获得中标后不与招标人订立合同的，就会丧失投标保证金。而且，丧失投标保证金并不能免除投标人因此而应承担的赔偿责任和其他责任，招标人有权就此向投标人或投标保函出具者索赔或要求其承担其他相应的责任。

就招标人而言，收取投标保证金后，如果不按规定的时间要求接受投标文件；在投标有效期内拒绝投标文件；中标人确定后不与中标人订立合同的，则要双倍返还投标保证金。而且，双倍返还投标保证金并不能免除招标人因此而应承担的赔偿和其他责任，投标人有权就此向招标人索赔或要求其承担其他相应的责任。如果招标人收取投标保证金后，按规定的时间要求接受投标文件；在投标有效期内未拒绝投标文件；中标人确定后与中标人订立合同的，需原额退还投标保证金。

投标保证金可采用现金、支票、银行汇票，也可以是银行出具的银行保函。银行保函的格式应符合招标文件提出的格式要求。投标保证金的额度，根据工程投资大小由业主在招标文件中确定。在国际上，投标保证金的数额较高，一般设定在占投资总额的1%～5%。《中华人民共和国招标投标法实施条例》第二十六条规定，招标人在招标文件中要求投标人提交投标保证金的，投标保证金不得超过招标项目估算价的2%。投标保证金有效期应当与投标有效期一致。《水利工程建设项目招标投标管理规定》中对投标保证金金额做了以下规定，工程合同估算价10000万元人民币以上，投标保证金金额不超过合同估算价的5‰；工程合同估算价3000万～10000万元人民币之间，投标保证金金额不超过合同估算价的6‰；工程合同估算价3000万元人民币以下，投标保证金金额不超过合同估算价的千分之七，但最低不得少于1万元人民币。投标保证金有效期为直到签订合同或提供履约保函为止。

**6. 组织投标人踏勘现场，对招标文件进行答疑**

招标文件分发后，招标人要在招标文件规定的时间内，组织投标人踏勘现场，并对招标文件进行答疑。

招标人组织投标人进行踏勘现场，主要目的是让投标人了解工程现场和周围环境情况，获取必要的信息。

现场踏勘的主要内容包括：

(1) 现场是否达到招标文件规定的条件。
(2) 现场的地理位置和地形、地貌。
(3) 现场的地质、土质、地下水位、水文等情况。
(4) 现场气温、湿度、风力、年雨雪量等气候条件。
(5) 现场交通、饮用水、污水排放、生活用电、通信等环境情况。
(6) 工程在现场中的位置与布置。
(7) 临时用地、临时设施搭建等。

**7. 召开开标会议**

投标预备会结束后，招标人就要为接受投标文件、开标做准备。接受投标文件工作结束后，招标人要按招标文件的规定准时开标、评标。

开标时间：开标应当在招标文件确定的提交投标文件截止时间的同一时间公开进行。

开标地点：开标地点应当为招标文件中预先确定的地点。按照国家的有关规定和各地的实践，招标文件中预先确定的开标地点，一般均应为建设工程交易中心。

开标人员：参加开标会议的人员，包括招标人或其代表人、招标代理人、投标人法定代表人或其委托代理人、招标投标管理机构的监管人员和招标人自愿邀请的公证机构的人员等。评标组织成员不参加开标会议。开标会议由招标人或招标代理人组织，招标人主持，并在招标投标管理机构的监督下进行。

(1) 开标会议的程序。一般包括：

1) 参加开标会议的人员签名报到，表明与会人员已到会。
2) 会议主持人宣布开标会议开始，宣读招标人法定代表人资格证明或招标人代表的授权委托书，介绍参加会议的单位和人员名单，宣布唱标人员、记录人员名单。唱标人员一般由招标人的工作人员担任，也可以由招标投标管理机构的人员担任。记录人员一般由招标人或其代理人的工作人员担任。
3) 介绍工程项目有关情况，请投标人或其推选的代表检查投标文件的密封情况，并签字予以确认。也可以请招标人自愿委托的公证机构检查并公证。
4) 由招标人代表当众宣布评标定标办法。
5) 由招标人或招标投标管理机构的人员核查投标人提交的投标文件和有关证件、资料，检视其密封、标志、签署等情况。经确认无误后，当众启封投标文件，宣布核查检视结果。
6) 由唱标人员进行唱标。唱标是指公布投标文件的主要内容，当众宣读投标文件的投标人名称、投标报价、工期、质量、主要材料用量、投标保证金、优惠条件等主要内容。唱标顺序按各投标人报送的投标文件时间先后的逆顺序进行。

7) 若设有标的,由招标投标管理机构当众宣布审定后的标底。

8) 由投标人的法定代表人或其委托代理人核对开标会议记录,并签字确认开标结果。

开标会议的记录人员应现场制作开标会议记录,将开标会议的全过程和主要情况,特别是投标人参加会议的情况、对投标文件的核查检视结果、开启并宣读的投标文件和标底的主要内容等,当场记录在案,并请投标人的法定代表人或其委托代理人核对无误后签字确认。开标会议记录应存档备查。投标人在开标会议记录上签字后,即退出会场。至此,开标会议结束,转入评标阶段。

(2) 无效投标文件的条件。

1) 未按招标文件的要求标志、密封的。

2) 无投标人公章和投标人的法定代表人或其委托代理人的印鉴或签字的。

3) 投标文件标明的投标人在名称和法律地位上与通过资格审查时的不一致,且这种不一致明显不利于招标人或为招标文件所不允许的。

4) 未按招标文件规定的格式、要求填写,内容不全或字迹潦草、模糊、辨认不清的。

5) 投标人在一份投标文件中对同一招标项目报有两个或多个报价,且未书面声明以哪个报价为准的。

6) 逾期送达的。

7) 投标人未参加开标会议的。

8) 提交合格的撤回通知的。

有上述情形,如果涉及到投标文件实质性内容的,应当留待评标时由评标组织评审、确认投标文件是否有效。实践中,对在开标时就被确认无效的投标文件,也有不启封或不宣读的做法。如投标文件在启封前被确认无效的,不予启封;在启封后唱标前被确认为无效的,不予宣读。在开标时确认投标文件是否无效,一般应由参加开标会议的招标人或其代表进行,确认的结果投标当事人无异议的,经招标投标管理机构认可后宣布。如果投标当事人有异议的,则应留待评标时由评标组织评审确认。

8. 组建评标组织进行评标

开标会结束后,招标人要接着组织评标。评标必须在招标投标管理机构的监督下,由招标人依法组建的评标组织进行。组建评标组织是评标前的一项重要工作。

评标组织由招标人的代表和有关经济、技术等方面的专家组成。《招投标法》第三十七条规定,评标由招标人依法组建的评标委员会负责。依法必须进行招标的项目,其评标委员会由招标人的代表和有关技术、经济等方面的专家组成,成员人数为5人以上单数,其中技术、经济等方面的专家不得少于成员总数的2/3。《水利工程建设项目施工招标投标管理规定》第四十条规定,评标专家人数为7人以上单数。

专家由招标人从国务院有关部门或者省(自治区、直辖市)人民政府有关部门提供的专家名册或者招标代理机构的专家库内的相关专业的专家名单中确定;一般招标项目可以采取随机抽取方式,特殊招标项目可以由招标人直接确定。与投标人有利害关系的人不得进入相关项目的评标委员会。评标委员会成员的名单在中标结果确定前应当保密。

评标一般采用评标会的形式进行。参加评标会的人员为招标人或其代表人、招标代理人、评标组织成员、招标投标管理机构的监管人员等。投标人不能参加评标会。评标会由招标人或其委托的代理人召集，由评标组织负责人主持。

(1) 评标会的程序。

1) 开标会结束后，投标人退出会场，参加评标会的人员进入会场，由评标组织负责人宣布评标会开始。

2) 评标组织成员审阅各个投标文件，主要检查确认投标文件是否实质上响应招标文件的要求；投标文件正副本中的内容是否一致；投标文件是否有重大漏项、缺项；是否提出了招标人不能接受的保留条件等。

3) 评标组织成员根据评标定标办法的规定，只对未被宣布无效的投标文件进行评议，并对评标结果签字确认。

4) 如有必要，评标期间，评标组织可以要求投标人对投标文件中不清楚的问题作必要的澄清或者说明，但是，澄清或者说明不得超出投标文件的范围或改变投标文件的实质性内容。所澄清和确认的问题，应当采取书面形式，经招标人和投标人双方签字后，作为投标文件的组成部分，列入评标依据范围。在澄清会谈中，不允许招标人和投标人变更或寻求变更价格、工期、质量等级等实质性内容。开标后，投标人对价格、工期、质量等级等实质性内容提出的任何修正声明或者附加优惠条件，一律不得作为评标组织评标的依据。

5) 评标组织负责人对评标结果进行校核，按照优劣或得分高低排出投标人顺序，并形成评标报告，经招标投标管理机构审查，确认无误后，即可根据评标报告确定出中标人。至此，评标工作结束。

(2) 评标组织对投标文件审查、评议的主要内容。

1) 对投标文件进行符合性鉴定。包括商务符合性和技术符合性鉴定。投标文件应实质上响应招标文件的要求。所谓实质上响应招标文件的要求，就是指投标文件应该与招标文件的所有条款、条件和规定相符，无显著差异或保留。如果投标文件实质上不响应招标文件的要求，招标人应予以拒绝，并不允许投标人通过修正或撤销其不符合要求的差异或保留，使之成为具有响应性的投标文件。

2) 对投标文件进行技术性评估。主要包括对投标人所报的方案或组织设计、关键工序、进度计划，人员和机械设备的配备，技术能力，质量控制措施，临时设施的布置和临时用地情况，施工现场周围环境污染的保护措施等进行评估。

3) 对投标文件进行商务性评估。指对确定为实质上响应招标文件要求的投标文件进行投标报价评估，包括对投标报价进行校核，审查全部报价数据是否有计算上或累计上的算术错误，分析报价构成的合理性。发现报价数据上有算术错误，修改的原则是：如果用数字表示的数额与用文字表示的数额不一致时，以文字数额为准；当单价与工程量的乘积与合价之间不一致时，通常以标出的单价为准，除非评标组织认为有明显的小数点错位，此时应以标出的合价为准，并修改单价。按上述原则调整投标书中的投标报价，经投标人确认同意后，对投标人起约束作用。如果投标人不接受修正后的投标报价，则其投标将被拒绝。

4) 对投标文件进行综合评价与比较。评标应当按照：招标文件确定的评标标准和方法，按照平等竞争、公正合理的原则，对投标人的报价、工期、质量、主要材料用量、施工方案或组织设计、以往业绩和履行合同的情况、社会信誉、优惠条件等方面进行综合评价和比较，并与标底进行对比分析，通过进一步澄清、答辩和评审，公正合理地择优选定中标候选人。

《水利工程建设项目施工招标投标管理规定》第三十五条规定，评标方法可采用综合评分法、综合最低评标价法、合理最低投标价法、综合评议法及两阶段评标法。

9. 择优定标，发出中标通知书

评标结束应当产生出定标结果。招标人根据评标组织提出的书面评标报告和推荐的中标候选人确定中标人，也可以授权评标组织直接确定中标人。定标应当择优，经评标能当场定标的，应当场宣布中标人；不能当场定标的，中小型项目应在开标之后7天内定标，大型项目应在开标之后14天内定标；特殊情况需要延长定标期限的，应经招标投标管理机构同意。招标人应当自定标之日起15天内向招标投标管理机构提交招标投标情况的书面报告。

(1) 中标人的投标，应符合下列条件之一：

1) 能够最大限度地满足招标文件中规定的各项综合评价标准。

2) 能够满足招标文件实质性要求，并且经评审的投标价格最低，但投标价格低于成本的除外。

(2) 在评标过程中，如发现有下列情形之一不能产生定标结果的，可宣布招标失败：

1) 所有投标报价高于或低于招标文件所规定的幅度的。

2) 所有投标人的投标文件均实质上不符合招标文件的要求，均被评标组织否决的。

如果发生招标失败，招标人应认真审查招标文件及标底，做出合理修改，重新招标。在重新招标时，原采用公开招标方式的，仍可继续采用公开招标方式，也可改用邀请招标方式；原采用邀请招标方式的，仍可继续采用邀请招标方式，也可改用竞争性谈判方式；原采用竞争性谈判方式的，应继续采用竞争性谈判方式。

经评标确定中标人后，招标人应当向中标人发出中标通知书，并同时将中标结果通知所有未中标的投标人，退还未中标的投标人的投标保证金。在实践中，招标人发出中标通知书，通常是与招标投标管理机构联合发出或经招标投标管理机构核准后发出。中标通知书对招标人和中标人具有法律效力。中标通知书发出后，招标人改变中标结果的，或者中标人放弃中标项目的，应承担法律责任。

10. 签订合同

中标人收到中标通知书后，招标人、中标人双方应具体协商谈判签订合同事宜，形成合同草案。在各地的实践中，合同草案一般需要先报招标投标管理机构审查。招标投标管理机构对合同草案的审查，主要是看其是否按中标的条件和价格拟订。经审查后，招标人与中标人应当自中标通知书发出之日起30天内，按照招标文件和中标人的投标文件正式签订书面合同。招标人和中标人不得再订立背离合同实质性内容的其他协议。同时，双方要按照招标文件的约定相互提交履约保证金或者履约保函，招标人还要退还中标人的投标保证金。招标人如拒绝与中标人签订合同除双倍返还投标保证金外，还需赔偿有关损失。

履约保证金或履约保函是为约束招标人和中标人履行各自的合同义务而设立的一种合同担保形式。其有效期一般直至履行了义务（如提供了服务、交付了货物或工程已通过了验收等）为止。招标人和中标人订立合同相互提交履约保证金或者履约保函时，应注意指明履约保证金或履约保函到期的具体日期，如果不能具体指明到期日期的，也应在合同中明确履约保证金或履约保函的失效时间。如果合同规定的项目在履约保证金或履约保函到期日未能完成的，则可以对履约保证金或履约保函展期，即延长履约保证金或履约保函的有效期。履约保证金或履约保函的金额，通常为合同标的额的 5%～10%，《中华人民共和国招标投标法实施条例》规定不超过合同金额的 10%。合同订立后，应将合同副本分送各有关部门备案，以便接受保护和监督。至此，招标工作全部结束。招标工作结束后，应将有关文件资料整理归档，以备查考。

## 二、确定招标人

根据招标人是否具有招标资质，可以将组织招标分为两种情况。

1. 自行招标

由于工程招标是一项经济性、技术性较强的专业民事活动，因此招标人自己组织招标，必须具备一定的条件，设立专门的招标组织，经招标投标管理机构审查合格，确认其具有编制招标文件和组织评标的能力，能够自己组织招标后，发给招标组织资质证书。招标人只有持有招标组织资质证书的，才能自己组织招标、自行办理招标事宜。

2. 委托招标代理人

招标人取得招标组织资质证书的，任何单位和个人不得强制其委托招标代理人代理组织招标、办理招标事宜。招标人未取得招标组织资质证书的，必须委托具备相应资质的招标代理人代理组织招标、代为办理招标事宜。这是为保证工程招标的质量和效率，适应市场经济条件下代理业的快速发展而采取的管措施，也是国际上的通行做法。

现代工程交易的一个明显趋势，是工程总承包日益受到人的重视和提倡。在实践中，工程总承包中标的总承包单位作为承包范围内工程的招标人，如已领取招标组织资质证书的，也可以自己组织招标；如不具备自己组织招标条件的，则必须委托具备相应资质的招标代理人组织招标。

招标人委托招标代理人代理招标，必须与之签订招标代理合同。招标代理合同，应当明确委托代理招标的范围和内容，招标代理人的代理权限和期限，代理费用的约定和支付，招标人应提供的招标条件、资料和时间要求，招标工作安排，以及违约责任等主要条款。一般来说，招标人委托招标代理人代理后，不得无故取消委托代理，否则要向招标代理人赔偿损失，招标代理人并有权不退还有关招标资料。在招标公告或投标邀请书发出前，招标人取消招标委托代理的，应向招标代理人支付招标项目金额 0.2% 的赔偿费；在招标公告或投标邀请书发出后开标前，招标人取消招标委托代理的，应向招标代理人支付招标项目金额 1% 的赔偿费；在开标后招标人取消招标委托代理的，应向招标代理人支付招标项目金额 2% 的赔偿费。招标人和招标代理人签订的招标代理合同，应当报政府招标投标管理机构备案。

实践中，各地一般规定，招标人进行招标，要向招标投标管理机构申报：

(1) 招标申请书。招标申请书是招标人向政府主管机构提交的要求开始组织招标、办理招标事宜的一种文书。其主要内容包括：招标工程具备的条件、招标的工程内容和范围、拟采用的招标方式和对投标人的要求、招标人或者招标代理人的资质等。

制作或填写招标申请书，是一项实践性很强的基础工作，要充分考虑不同招标类型的不同特点，按规范化的要求进行。

(2) 编制招标文件、评标定标办法和标底，并将这些文件报招标投标管理机构批准。招标人或招标代理人也可在申报招标申请书时，一并将已经编制完成的招标文件、评标定标办法和标底，报招标投标管理机构批准。经招标投标管理机构对上述文件进行审查认定后，就可发布招标公告或发出投标邀请书。

### 三、招标公告

1. 招标公告适用情况

招标人要在报刊、杂志、广播、电视等大众传媒或工程交易中心公告栏上发布招标公告，招请一切愿意参加工程投标的不特定的承包商申请投标资格审查或申请投标。

在国际上，对公开招标发布招标公告有两种做法：

(1) 实行资格预审，即在投标前进行资格审查，用资格预审通告代替招标公告，即只发布资格预审通告即可。通过发布资格预审通告，招请一切愿意参加工程投标的承包商申请投标资格审查。

(2) 实行资格后审，即在开标后进行资格审查，这种情况一般不发资格审查通告，只发招标公告。通过发布招标公告，招请一切愿意参加工程投标的承包商申请投标。

2. 招标公告的内容
(1) 招标条件。
(2) 工程建设项目概况与招标范围。
(3) 资格预审的申请人或资格后审的投标人资格要求。
(4) 资格预审文件、招标文件获取的时间、方式、地点、价格。
(5) 资格预审文件、投标文件递交的截止时间、地点。

3. 招标公告案例

### ××水电站机电设备及启闭设备招标公告

×××（项目法人）根据国家批准的项目计划，负责进行华能湖南××水电站工程建设，工程建设资金来源为自筹资金。项目法人委托×××全过程代理该项目土建工程的施工招标，现工程已具备招标条件，特邀请具有合格资质、愿意承包本工程施工的企业法人就华能湖南湘祁水电站土建、机电设备及启闭设备安装、金结制作与安装工程施工项目的实施、完成、维护及缺陷修复进行密封投标。

**一、工程概况**

×××水电站工程位于湖南省永州市××县和衡阳市××县交界处，坝址位于××干流中游，是××干流梯级开发的第××级，距上游在建的××水电站59km，距下游已建成的××电站46km。坝址控制流域面积27160km$^2$，正常蓄水位75.5m，总库容3.89亿m$^3$，电站装机容量为80MW，工程以发电为主，兼顾航运、灌溉、交通、旅游、养殖及城镇开发等综合效益，属大（2）型水利水电枢纽工程。电站厂房内装4台灯泡贯流式水轮发电机组，装机容量80MW。

二、本次招标的工程项目和主要工作内容包括（但不限于）下列内容：本次招标为一个标段

**1. 土建工程**

（1）土建工程项目：溢流坝工程、电站厂房及厂区建筑物土建工程、船闸工程、接头坝工程、交通工程、护岸工程、承包人自用的各种临时设施及施工营地的设计、修建、管理、维护、拆除、清理等。

（2）土建工程主要工作内容有施工导流和水流控制、土方明挖、石方明挖、支护、钻孔和灌浆、混凝土工程、砌体、填筑与回填、杂项金工、观测仪器安装施工配合、雷诺护垫、土工布反滤层等工程。其主要工作量：土方及砂砾石开挖约30.87万 m$^3$、石方开挖约38.64万 m$^3$、土石填筑约15.47万 m$^3$、混凝土浇筑约31.99万 m$^3$、帷幕灌浆约4708m、固结灌浆约3221m、钢筋制安约8247t。

**2. 闸门制造与安装及启闭设备安装工程**

主要工作内容，具体包括：

（1）闸门制造与安装：包括19套溢流坝14m×12.5m弧形工作闸门及埋件、1套溢流坝14m×15m检修闸门及19套埋件，1套电站前池进口160m×1.6m拦污排及埋件、4套电站进口12.6m×20.2m拦污栅及埋件、4套电站进口12.6m×14.4m事故检修闸门及埋件、4套电站尾水11.34m×11.34m检修闸门及4孔埋件、1套船闸进口12m×5.7m检修闸门及埋件、4套船闸上下闸首2.5m×2.5m廊道闸门及埋件、1套船闸上闸首12m×10.1m人字门及埋件、1套船闸下闸首12m×15.5m人字门及埋件、1套船闸下闸首12m×8m检修门及埋件、12套船闸浮式系船柱等的制造、安装、运输、储存和试运行等以及完成上述工作所需的一切服务。

（2）启闭设备安装。移动式启闭机设备安装：包括1台套2×400kN大坝检修门单向门机及轨道、1台套2×400kN电站进口双向门机及轨道、1台套2×30kN电站进口清污机及轨道、1台套2×400kN电站尾水双向门机及轨道、1台套2×250kN船闸上闸首单向台车及轨道、1台套2×250kN船闸下闸首单向台车及轨道、19台套2×1400kN溢流坝弧门液压启闭机、4台套250kN船闸廊道门液压启闭机、1台套2×320/2×160kN船闸上闸首人字门液压启闭机、1台套2×320/2×160kN船闸下闸首人字门液压启闭机等总计31台套的安装、储存、调试及完成上述工作所需的一切服务。

**3. 机电设备安装工程**

4台套（4×20MW）灯泡贯流式水轮发电机组及其附属设备、辅助设备和水电站电气设备、消防系统等安装。

具体内容详见招标图纸和工程量清单。

三、本工程实施计划

计划开工日期2009年10月9日，计划完工日期2012年10月8日。

### 四、投标人应具有以下资格条件

（1）具有独立的法人资格，注册资本金不少于6000万元。

（2）具有施工企业安全生产许可证，近三年所承建的工程无重大安全质量事故。

（3）具有合格的水利水电工程施工总承包一级以上（含一级）施工资质。

（4）近10年内成功的施工过与本合同工程规模和技术难度相似的水电站工程。

（5）持有国家颁发的《全国工业产品生产许可证》［即大型以上（含大型）弧形闸门生产许可证、大型以上（含大型）平面滑动闸门生产许可证、大型以上（含大型）人字闸门生产许可证、大型以上（含大型）平面定轮闸门生产许可证、中型以上（含中型）拦污栅生产许可证］及水电站水工金属结构制作与安装工程业绩。

（6）具有安装单机20MW贯流式水轮发电机组或转轮直径6m及以上贯流式水轮发电机组的能力和业绩。

（7）能提供本合同工程所需的全部施工机械设备，其数量和种类应能满足本合同工程施工的要求。

（8）建造师持有水利水电工程专业壹级建造师证书和水行政主管部门颁发的安全生产考核合格证书，有类似工程施工经验及经历，并担任过5年以上工程施工管理的项目经理；项目总工程师应具有水利水电专业高级技术职称，有类似工程施工经验及经历，担任过类似工程的项目总工程师；其他主要项目管理人员应持有相应岗位的岗位证书。

### 五、具有直接管理和被管理关系的母子公司不得同时投标

### 六、本项目不允许联合投标

### 七、投标人购买招标文件的条件和要求及所需资料如下

（1）公告发布后开具的单位介绍信（原件）。

（2）合格的企业营业执照（副本原件）。

（3）企业资质证书（副本原件）和《全国工业产品生产许可证》。

（4）企业安全生产许可证（原件）。

（5）建造师执业证书（原件）和安全生产考核合格证书（原件）。

（6）技术负责人职称证书（原件）。

（7）法人授权委托书和法人或授权委托人身份证。

（8）近10年的类似工程业绩证明资料。

（9）授权委托人的劳动合同和投标单位为其办理的社会保险（6个月以上）的证明，或其他能证明其为投标人单位正式员工的有效文件。

以上所有资料备加盖单位公章的复印件一套。

### 八、购买招标文件地点、时间

湖南洞庭招标代理有限公司，2009年8月27～31日（双休日、节假日不休息）8：00～12：00、14：30～17：30（北京时间）。招标文件售后不退。

### 九、现场察查时间、集合地点

2009年8月31日8：30（北京时间），××××××××。

### 十、投标文件的递交

（1）投标文件递交的截止时间、开标时间为2009年9月20日9：30（北京时间），

开标地点详见招标文件。

（2）逾期送达的或者未送达指定地点的投标文件，招标人不予受理。

## 十一、联系方式

招标人：×××

招标代理：×××

地址：××××××

邮政编码：××××××

联系人：×××

电话：（×××）××××××××

传真：（×××）××××××××

## 亭口水库泄洪排沙洞工程施工及监理招标公告

工程名称：亭口水库泄洪排沙洞工程

工程地点：长武县亭口镇

项目概况：亭口水库泄洪排沙洞工程采用明流隧洞方案，由进口放水塔、洞身段、出口挑流消能段及护坦海漫段组成，全长340.7m，进口底板高程856m，比降1/100。

放水塔为钢筋混凝土结构，建筑物总高68.1m，其中塔身高45.1m，顶部闸房高23m。

洞身段总长258m，比降1/100，出口段比降1/20，隧洞断面为7.5m×10.56m城门洞型，底板采用C40钢筋混凝土衬砌，侧墙及顶拱采用C25钢筋混凝土衬砌。

出口明渠段长8m，比降1/20，断面为矩形，底宽7.5m，高10.5m。

挑流鼻坎为钢筋混凝土结构，长17.7m，采用"舌"形扩散挑流型式，中部开槽防止壅水及脱流，鼻坎末端设齿槽，基础设砂浆锚杆锚固，基岩进行固结灌浆。鼻坎下游接钢筋混凝土护坦，长7.5m，厚1.5m，末端设齿槽。护坦末端接铅丝笼石海漫，长17.5m，厚2m。

施工期导流洞泄洪排沙洞最大泄流量652$m^3$/s，运行期最大泄流量1129$m^3$/s。总投资约5000万元。

招标人：咸阳市亭口水库工程建设处

招标代理单位：陕西省工程监理有限责任公司

招标内容：亭口水库泄洪排沙洞工程的施工及监理

报名条件：

（1）施工企业：具有独立企业法人资格，建设行政主管部门颁发的水利水电施工总承包一级及以上资质，水利水电专业壹级资质的注册建造师。

（2）监理企业：具有独立企业法人资格，建设行政主管部分颁发的水利水电监理甲级资质，项目总监具有水利水电工程专业的注册监理工程师证。

（3）报名时间：2010年2月21～25日（9：00～12：00；14：30～17：00节假日除外）。

（4）需携带的相关资质证件。①施工企业：法人授权委托书、委托代理人身份证、营业执照、资质证书、组织机构代码证、安全生产许可证、注册建造师证、注册建造师安全考核合格证、外省企业进陕注册证原件及复印件壹套加盖公章；②监理企业：法人授权委托书、委托代理人身份证、营业执照、资质证书、总监监理工程师注册证、外省企业进陕注册证原件及复印件壹套加盖公章。

报名地点：西安市西梆子市街87号总装零三招待所后四楼

陕西省工程监理有限责任公司招标代理部

联系电话：(029) 82190000 15829000000

联系人：贾工、白工

## 四、投标邀请书

1. 投标邀请书适用情况

招标人要向3个以上具备承担招标、施工能力、资信良好的特定的承包商发出投标邀请书，邀请他们参与投标资格审查，并参加投标。

采用竞争性谈判方式的，由招标人向拟邀请参加竞争性谈判的承包商发出投标邀请书（也有称之为竞争性谈判邀请书的），向参加竞争性谈判的单位介绍工程情况和对承包商的资质要求等。

2. 投标邀请书的内容

公开招标的招标公告和邀请招标、竞争性谈判的投标邀请书，在内容要求上不尽相同。实践中，竞争性谈判的投标邀请书常常比邀请招标的投标邀请书要简化一些，而邀请招标的投标邀请书则和招标公告差不多。

一般说来，公开招标的招标公告和邀请招标的投标邀请书，应当载明以下几项内容：①招标人的名称、地址及联系人姓名、电话；②工程情况简介，包括项目名称、性质、数量、投资规模、工程实施地点、结构类型、质量要求、时间要求等；③承包方式，材料、设备供应方式；④对投标人的资质和业绩情况的要求及应提供的有关证明文件；⑤招标日程安排，包括发放、获取招标文件的办法、时间、地点，投标地点及时间、现场踏勘时间、投标预备会时间、投标截止时间、开标时间、开标地点等；⑥对招标文件收取的费用；⑦其他需要说明的问题。

3. 投标邀请书案例

## 彭州市通济镇、小鱼洞镇湔江堤防工程投标邀请书

中国水利水电第十六工程局有限公司：
福建省水利水电工程局有限公司：
葛洲坝集团第六工程有限公司：
厦门安能建设有限公司：

**1. 招标条件**

本招标项目彭州市通济镇、小鱼洞镇湔江堤防工程已由彭州市发展和改革局以彭州市发改审批〔2009〕385号文批准建设，招标人为福州市对口支援彭州市灾后恢复重建前方指挥部，现该项目已具备招标条件，特委托福州顺恒工程造价咨询有限公司对该项目的

施工进行邀请招标。

**2. 项目概况和招标范围**

2.1　项目名称：彭州市通济镇、小鱼洞镇湔江堤防工程。

2.2　建设地点：四川省彭州市通济镇、小鱼洞镇。

2.3　资金来源：福州市政府援建资金。

2.4　工程建设规模：约为人民币3500万元。

2.5　招标范围和内容：通济镇湔江堤防工程新修堤防长度3.601km、支沟新河整治长度0.177km，疏浚河道长度3.4km；小鱼洞镇湔江堤防工程新修堤防长度1.055km，疏浚河道长度0.73km。具体详见工程量清单与图纸。

2.6　工期要求：120日历天。

2.7　工程质量要求：达到《水利水电工程施工质量检验与评定规程》（SL 176—2007）合格标准。

2.8　本项目（标段）招标有关的单位。

2.8.1　咨询单位：成都市水利电力勘测设计院、福州市规划设计研究院。

2.8.2　设计单位：成都市水利电力勘测设计院。

2.8.3　监理单位：待定。

**3. 投标人资格要求及审查办法**

3.1　本招标项目要求投标人具备水利水电工程施工总承包一级及以上资质和《施工企业安全生产许可证》并经福建省水行政主管部门的信用登记备案。

3.2　投标人拟担任本招标项目的项目经理应具备水利水电工程专业二级及以上注册建造师执业资格（含临时建造师），并持有水行政主管部门核发的安全生产考核合格证书B证并经福建省水行政主管部门的信用登记备案。

3.3　本招标项目不接受联合体投标。

3.4　投标人和其拟派出的项目经理"类似工程业绩"一项；"类似工程业绩"是指（下同）：自本招标公告发布之日的前5年内（不含发布招标公告当日）完成的并经完工验收合格的工程造价3000万元人民币以上（含3000万元）的堤防或水坝工程。

3.5　投标人应在人员、设备、资金等方面具有承担本招标项目施工的能力，具体要求详见招标文件。

3.6　本招标项目招标人对投标人的资格审查采用的方式：资格后审。

**4. 招标文件的获取**

凡有意参加投标且获得投标邀请者，请于2009年11月20日，8：30～11：30，15：00～17：30，持投标单位营业执照、资质证书复印件及介绍信到××××工程造价咨询有限公司（福州市西洪路363号5层）购买招标文件，招标文件售后不退。

**5. 评标办法**

本招标项目采用的评标办法：综合评价法。

**6. 投标保证金的提交**

6.1　投标保证金提交的时间：在投标截止时间之前。

6.2　投标保证金提交的方式：采用电汇或银行转账方式。

6.3 投标保证金提交的金额：壹拾万元人民币。

**7. 投标文件的递交**

7.1 投标文件递交的截止时间（投标截止时间）：2009年12月10日9：00，提交地点为福建省水利水电建设工程交易中心福建顺恒工程造价咨询有限公司代表处（福州市东大路229号水电大厦2层）。

7.2 在递交投标文件的同时，投标人拟派出的项目经理应当持注册建造师资质（或建造师临时执业）证书、本人身份证（以上均要求原件）到场核验登记，逾期送达的或不符合规定的投标将被拒绝。

**8. 发布公告的媒介**

本次招标公告同时在福建招标与采购网（www.fjbid.gov.cn）、福建水利信息网（www.fjwater.gov.cn）上发布。

**9. 联系方式**

招标人：福州市对口支援彭州市灾后恢复重建前方指挥部

联系人：×××

地址：四川省彭州市丽春镇政府4～5层

电话：××××××××

招标代理单位：××工程造价咨询有限公司

地址：××××××××

联系人：林××

联系电话：××××-××××××××

传真：××××-××××××××

投标保证金银行账号：

户名：福建省水利水电建设工程交易中心

开户银行：招商银行××××支行

账号：590000000000000

交易中心名称：福建省水利水电建设工程交易中心

地址：福州市东大路229号水利水电大厦2层

## 五、资格预审

公开招标资格预审和资格后审的主要内容是一样的，都是审查投标人的下列情况：

(1) 投标人组织与机构，资质等级证书，独立订立合同的权利。

(2) 近3年来的工程的情况。

(3) 目前正在履行合同情况。

(4) 履行合同的能力，包括专业，技术资格和能力，资金、财务、设备和其他物质状况，管理能力，经验、信誉和相应的工作人员、劳力等情况。

(5) 受奖、罚的情况和其他有关资料，没有处于被责令停业，财产被接管或查封、扣押、冻结，破产状态，在近3年（包括其董事或主要职员）没有参与骗取合同有关的犯罪或严重违法行为。投标人应向招标人提交能证明上述条件的法定证明文件和相关资料。

邀请招标方式时，招标人对投标人进行投标资格审查，是通过对投标人按照投标邀请书的要求提交或出示的有关文件和资料进行验证，确认自己的经验和所掌握的有关投标人的情况是否可靠、有无变化。实践中，通过资格审查的投标人名单，一般要报经招标投标管理机构进行投标人投标资格复查。

竞争性谈判的资格审查，则主要是查验投标人是否有相应的资质等级。

经资格审查合格后，由招标人或招标代理人通知合格者，领取招标文件，参加投标。

## 任务2　水利工程招标文件编制

### 一、建设工程招标文件概述

1. 建设工程招标文件

建设工程招标文件，是建设工程招标人单方面阐述自己的招标条件和具体要求的意思表示，是招标人确定、修改和解释有关招标事项的各种书面表达形式的统称。

从合同订立过程来分析，建设工程招标文件在性质上属于一种要约邀请，其目的在于唤起投标人的注意，希望投标人能按照招标人的要求向招标人发出要约。凡不满足招标文件要求的投标书，将被招标人拒绝。

2. 对招标文件正式文本的解释

其形式主要是书面答复、投标预备会记录等。投标人如果认为招标文件有问题需要澄清，应在收到招标文件后以文字、电传、传真或电报等书面形式向招标人提出，招标人将以文字、电传、传真或电报等书面形式或以投标预备会的方式给予解答。解答包括对询问的解释，但不说明询问的来源。解答意见经招标投标管理机构核准，由招标人送给所有获得招标文件的投标人。

3. 对招标文件正式文本的修改

其形式主要是补充通知、修改书等。在投标截止日前，招标人可以自己主动对招标文件进行修改，或为解答投标人要求澄清的问题而对招标文件进行修改。修改意见经招标投标管理机构核准，由招标人以文字、电传、传真或电报等书面形式发给所有获得招标文件的投标人。对招标文件的修改，也是招标文件的组成部分，对投标人起约束作用。投标人收到修改意见后应立即以书面形式通知招标人，确认已收到修改意见。为了给投标人合理的时间，使他们在编制投标文件时将修改意见考虑进去，我国法律法规规定，对招标文件正式文本修改的时间最短应距投标文件提交截止日15日前完成，否则招标人可以酌情延长递交投标文件的截止日期。

4. 招标文件的编审规则

建设工程招标文件由招标人或招标人委托的招标代理人负责编制，由建设工程招标投标管理机构负责审定。未经建设工程招标投标管理机构审定，建设工程招标人或招标代理人不得将招标文件分送给投标人。

实践中，编制和审定建设工程招标文件应当遵循以下规则：

（1）遵守法律、法规、规章和有关方针、政策的规定，符合有关贷款组织的合法要求。保证招标文件的合法性，是编制和审定招标文件必须遵循的一个根本原则。不合法的招标文件是无效的，不受法律保护。

（2）真实可靠、完整统一、具体明确、诚实信用。招标文件反映的情况和要求，必须真实可靠，讲求信用，不能欺骗或误导投标人。招标人或招标代理人对招标文件的真实性负责。招标文件的内容应当全面系统、完整统一，各部分之间必须力求一致，避免相互矛盾或冲突。招标文件确定的目标和提出的要求，必须具体明确，不能发生歧义，模棱两可。

（3）适当分标。工程分标是指就工程建设项目全过程中的勘察、设计、施工等阶段招标，分别编制招标文件，或者就工程建设项目全过程招标或勘察、设计、施工等阶段招标中的单位工程、特殊专业工程，分别编制招标文件。工程分标必须保证工程的完整性、专业性，正确选择分标方案，编制分标工程招标文件，不允许任意肢解工程，一般不应对单位工程再按分部、分项给出招标。属于对单位工程分部、分项单独编制的招标文件，建设工程招标投标管理机构不予审定认可。

（4）兼顾招标人和投标人双方利益。招标文件的规定要公平合理，不能不恰当地将招标人的风险转移给投标人。

5. 建设工程招标文件的意义

建设工程招标文件具有十分重要的意义。具体主要体现在以下3个方面：

（1）建设工程招标文件是投标的主要依据和信息源。招标文件是提供给投标人的投标依据，是投标人获取招标人意图和工程招标各方面信息的主要途径。投标人只有认真研读招标文件，领会其精神实质，掌握其各项具体要求和界限，才能保证投标文件对招标文件的实质性响应，顺利通过对投标文件的符合性鉴定。

（2）建设工程招标文件是合同签订的基础。招标文件是一种要约邀请，其目的在于引出潜在投标人的要约，并据以对要约进行比较、评价，作出承诺。因而，招标文件是工程招标中要约和承诺的基础。在招标投标过程中，无论是招标人还是投标人，都有可能对招标文件提出符合要求的修改和补充的意见或建议，但不管怎样修改和补充，其基本的内容和要求通常是不会变的，也是不能变的。所以，招标文件的绝大部分内容，事实上都将会变成合同的内容。招标文件是招标人与中标人签订合同的基础。

（3）建设工程招标文件是政府监督的对象。招标文件既是招标投标管理机构的审查对象，同时也是招标投标管理机构对招标投标活动进行监管的一个重要依据。换句话说，政府招标投标管理机构对招标投标活动的监督，在很大程度上就是监督招标投标活动是否符合经审定的招标文件的相关规定。

## 二、编制前的准备工作

编制招标文件前的准备工作很多，如收集资料、熟悉情况、确定招标发包承包方式、划分标段与选择分标方案等。其中，选定招标发包承包方式和分标方案，是编制招标文件前最重要的两项准备工作。

### （一）确定工程承发包方式

招标发包承包方式，是指招标人与投标人双方之间的经济关系形式。

从发包承包的范围、承包人所处的地位和合同计价方式等不同的角度，可以对工程招标发包承包方式进行不同分类。在编制招标文件前，招标人必须根据并综合考虑招标项目的性质、类型和发包策略，招标发包的范围，招标工作的条件、具体环境和准备程度，项目的设计深度、计价方式和管理模式以及便于发包人、承包人管理等因素，适当地选择拟在招标文件中采用的招标发包承包方式。常见的建设工程招标发包承包的方式，主要有以下几种。

1. 按照发包承包的范围分类

(1) 建设全过程发包承包。建设全过程发包承包也叫"统包"，或"一揽子承包"，即通常所说的"交钥匙"。采用这种承包方式，建设单位一般只要提出使用要求和竣工期限，承包单位即可对项目建议书、可行性研究、勘察设计、设备询价与选购、材料订货、工程施工、生产职工培训、直至竣工投产，实行全过程、全面的总承包，并负责对各项分包任务进行综合管理、协调和监督工作。为了有利于建设和生产的衔接，必要时也可以吸收建设单位的部分力量，在承包单位的统一组织下，参加工程建设的有关工作。这种承包方式要求承发包双方密切配合；涉及决策性质的重大问题仍应由建设单位或其上级主管部门作最后的决定。这种承包方式主要适用于各种大中型建设项目。它的好处是可以积累建设经验和充分利用已有的经验，节约投资，缩短建设周期并保证建设的质量，提高经济效益。当然，也要求承包单位必须具有雄厚的技术经济实力和丰富的组织管理经验。适应这种要求，国外某些大承包商往往和勘察设计单位组成一体化的承包公司，或者更进一步扩大到若干专业承包商和设备生产供应厂商，形成横向的经济联合体。这是近几十年来建筑业一种新的发展趋势。改革开放以来，我国各部门和地方建立的建设工程总承包公司即属于这种性质的承包单位。

建设全过程承包，一般主要适用于各种大中型建设项目，通常只有经验丰富、实力雄厚的工程总承包公司才能承担得起。工程总承包公司主要是某些大的施工承包商和勘察、设计单位组成一体化承包公司，或者更进一步扩大到若干专业承包商和材料设备的生产供应厂商，形成横向的经济联合体。

采用建设全过程发包承包方式，对充分利用承包商来弥补发包人建设经验的不足，节约工程投资和保证工程质量，具有积极意义。

(2) 阶段发包承包。阶段发包承包是指发包人、承包人就建设过程中某一阶段或某些阶段的工作，如勘察、设计或施工、材料设备供应等，进行发包承包。必须注意，阶段发包承包不是就建设全过程的全部工作进行发包承包，而只是就其中的一个或几个阶段的全部或部分工程任务进行发包承包。这是阶段发包承包和建设全过程发包承包的主要区别。

阶段发包承包，可以进一步划分为可研阶段发包承包、勘察阶段发包承包、设计阶段发包承包、施工阶段发包承包等。

其中，施工阶段发包承包，还可依发包承包的具体内容，再细分为以下3种方式：

1) 包工包料。即承包工程施工所用的全部人工和材料。这是国际上采用较为普遍的施工承包方式。

2) 包工部分包料。即承包者只负责提供施工的全部人工和一部分材料，其余部分则由建设单位或总包单位负责供应。我国改革开放前曾实行多年的施工单位承包全部用工和地方材料，建设单位负责供应统配和部分材料以及某些特殊材料，就属于这种承包方式。现阶段，仍有很多建设单位为了保证工程质量，加快工程进度，由建设单位负责主要材料的供应。

3）包工不包料。即承包人仅提供劳务而不承担供应任何材料的义务。在国内外的建筑工程中都存在这种承包方式。

上述三种方式中的所谓包工，均是指承包国家有关工程建设定额规定中的人工定额部分或由双方根据具体情况估算、约定的人工。

（3）专项发包承包。专项发包承包主要用于可研阶段的辅助研究项目，勘察设计阶段的工程地质勘察、供水水源勘察、基础或结构工程设计、工艺设计、供电系统及防灾系统的设计，施工阶段的深基础施工、金属结构制作和安装、通风设备安装，建设准备阶段的设备选购和生产技术人员培训等专门项目。由于专门项目专业性强，实践中常常是由有关专业分包人承包，所以，专项发包承包也称作专业发包承包。

2. 按照承包人所处的地位分类

（1）总承包。个建设项目建设全过程或其中某个阶段（例如施工阶段）的全部工作，由一个承包单位负责组织实施。这个承包单位可以将若干专业性工作交给不同的专业承包单位去完成，并统一协调和监督它们的工作。在一般情况下，建设单位仅同这个承包单位发生直接关系，而不同各专业承包单位发生直接关系。这样的承包方式叫做总承包。承担这种任务的单位叫做总承包单位，或简称总包。我国的工程总承包公司就是总包单位的一种组织形式。

总承包主要有两种情况：一是建设全过程总承包；二是建设阶段总承包。

建设全过程总承包是指从工程前期阶段开始，直到工程全部竣工承包给某一家总承包企业，建设期间的设计、施工管理等工作均由总承包企业负责。

建设阶段总承包，主要包括下列情形：

1）勘察、设计、施工、设备采购总承包。

2）施工总承包。

3）勘察、设计总承包。

4）勘察、设计、施工总承包。

5）施工、设备采购总承包。

6）投资、设计、施工总承包，即建设项目由承包商贷款垫资，并负责规划设计、施工，建成后再移交给建设单位。

7）投资、设计、施工、经营一体化总承包，即发包人和承包人共同投资，承包人不仅负责项目的可行性研究、规划设计、施工，而且建成后还负责经营几年或几十年，然后再移交给发包人。

采用总承包方式时，可以根据工程具体情况，将工程总承包任务发包给有实力的具有相应资质的咨询公司、勘察设计单位、水利水电工程施工企业以及设计施工一体化的大型水利水电建筑安装施工公司等承担。

（2）分承包。分承包简称分包，是相对于总承包而言的，指从总承包人承包范围内分包某一分项工程，如土方、模板、钢筋等工程，或某种专业工程，如钢结构制作和安装、基础开挖、基础处理等工程，分承包人不与发包人发生直接关系，而只对总承包人负责，在现场上由总承包人统筹安排其活动。

分承包人承包的工程，不能是总承包范围内的主体结构工程或主要部分，主体结构工程或主要部分必须由总承包人自行完成。在实际工程分包中，分承包人通常为专业基础处理公司或专业安装公司。

分承包（简称分包）一般可分为一般分包和指定分包两种情况。工程分包一般由总包商或者建设单位负责，其中一般分包商的选择由总包商负责，但必须经过监理或业主的同意。指定分包商的选择由建设单位负责。分包管理统一总包商负责，并对其进行全方位监督管理。

1）一般分包。建筑工程总承包单位可以将承包工程中的部分工程发包给具有相应资质条件的分包单位。总承包商将拟分包的项目在投标文件中提出，施工期间对分包商的选择还需经过监理单位或建设单位认可。施工总承包的，工程建设项目主体结构的施工必须由总承包单位自行完成。

建筑工程总承包单位按照总承包合同的约定对建设单位负责；分包单位按照分包合同的约定对总承包单位负责。总承包单位和分包单位就分包工程对建设单位承担连带责任。

2）指定分包。FIDIC合同中，指定分包是一项重要的发包方式，在国际上被广泛采用。

因业主在招标阶段划分合同包时，考虑到某部分施工的工作内容有较强的专业技术要求，一般承包单位不具备相应的能力，但如果以一个单独的合同对待又限于现场的施工条件或合同管理的复杂性，监理工程师无法合理地进行协调管理，为避免各独立合同之间的干扰，则只能将这部分工作发包给指定分包商实施的合同。

指定分包商是由业主指定、选定，完成某项特定工作内容并与总承包商签订分包合同的特殊分包商。合同条款规定，业主有权将部分工程项目的施工任务或涉及提供材料、设备、服务等工作内容发包给指定分包商实施。

由于指定分包商是与总承包商签订分包合同，因而在合同关系和管理关系方面与一般分包商处于同等地位，对其施工过程中的监督、协调工作纳入总承包商的管理之中。指定分包工作内容可能包括部分工程的施工；供应工程所需的货物、材料、设备；设计；提供技术服务等。

（3）独立承包。独立承包是指承包人依靠自身力量自行完成承包任务等的发包承包方式。通常主要适用于技术要求比较简单、规模不大的工程等。

（4）联合承包。联合承包是相对于独立承包而言的承包方式，即由两个以上承包单位组成联合体承包一项工程任务，由参加联合的各单位推定代表统一与建设单位签订合同，共同对建设单位负责，并协调它们之间的关系。但参加联合的各单位仍是各自独立经营的企业，只是在共同承包的工程项目上，根据预先达成的协议，承担各自的义务和分享共同的收益，包括投入资金数额、工人和管理人员的派遣、机械设备和临时设施的费用分摊、利润的分享以及风险的分担等。

这种承包方式由于多家联合，资金雄厚，技术和管理上可以取长补短，发挥各自的优势，有能力承包大规模的工程任务。同时由于多家共同协作，在报价及投标策略上互相交流经验，也有助于提高竞争力，较易得标。在国际工程承包中，外国承包企业与工程所在国承包企业联合经营，也有利于对当地国情民俗、法规条例的了解和适应，便于工作的开展。

采用联合承包的方式，在市场竞争日趋激烈的形势下，优越性十分明显。它可以有效地减弱多家承包商之间的竞争，化解风险，促进他们在报价及投标策略上互相交流经验，在情报、信息、资金、劳力、技术和管理上互相取长补短，有助于充分发挥各自的优势，增强共同承包大型或结构复杂的工程的能力，增加可中标、中好标、共同获取更丰厚利润回报的机会。

（5）直接承包。直接承包就是在同一工程项目上，不同的承包单位分别与建设单位签订承包合同，各自直接对建设单位负责。各承包商之间不存在总分包关系，现场上的协调工作由监理单位或建设单位去做。再国际上。也可以委托一个承包商牵头协调，也可聘请专门的项目经理来管理。

3. 按计价方式分类

（1）总价合同。总价合同又分固定总价合同和变动总价合同两种。变动总价合同又可分为"总价加激励费用合同"和"总价加经济价格调整合同"

固定总价合同的价格计算是以图纸及规定、规范为基础，承发包双方就施工项目协商一个固定的总价，由承包方一笔包死，不能变化。采用这种合同，合同总价只有在设计和工程范围有所变更的情况下才能随之做相应的变更，除此之外，合同总价是不能变动的。因此，作为合同价格计算依据的图纸及规定、规范应对工程作出详尽的描述，一般在施工图设计阶段，施工详图已完成的情况下。采用固定总价合同，承包方要承担实物工程量、工程单价、地质条件、气候和其他一切客观因素造成亏损的风险。在合同执行过程中，承发包双方均不能因为工程量、设备、材料价格、工资等变动和地质条件恶劣、气候恶劣等理由，提出对合同总价调值的要求，因此承包方要在投标时对一切费用的上升因素做出估计并包含在投标报价之中。为此，这种形式的合同适用于工期较短，对最终产品的要求又非常明确的工程项目，这就要求项目的内涵清楚，项目设计图纸完整齐全，项目工作范围及工程量计算依据确切。固定总价合同适用于以下情况：

1）工程量小、工期短、估计在施工过程中环境因素变化小，工程条件稳定并合理。

2）工程设计详细，图纸完整、清楚，工程任务和范围明确。

3）工程结构和技术简单，风险小。

4）投标期相对宽裕，承包商可以有充足的时间详细考察现场、复核工程量，分析招标文件，拟定施工计划。

变动总价合同是指合同价格以图纸及规定、规范为基础，按照时价进行计算，得到包括全部工程任务和内容的暂定合同价格。它是一种相对固定的价格，在合同执行过程中，由于通货膨胀等原因而使所使用的工、料成本增加时，可以按照合同约定对合同总价进行相应的调整。当然，一般由于设计变更、工程量变化和其他工程条件变化所引起的费用变化也可以进行调整。因此，通货膨胀等不可预见因素的风险由业主承担，对承包商而言，其风险相对较小，但对业主而言，不利于其进行投资控制，突破投资的风险就增大了。

可调值总价合同的总价一般也是以图纸及规定、规范为计算基础，但它是按"时价"

进行计算的，这是一种相对固定的价格。在合同执行过程中，由于通货膨胀而使所用的工料成本增加，因而对合同总价进行相应的调值，即合同总价依然不变，只是增加调值条款。因此可调总价合同均明确列出有关调值的特定条款，往往是在合同特别说明书中列明。调值工作必须按照这些特定的调值条款进行。这种合同与固定总价合同不同在于，它对合同实施中出现的风险做了分摊，发包方承担了通货膨胀这一不可预测费用因素的风险，而承包方只承担了实施中实物工程量成本和工期等因素的风险。可调值总价合同适用于工程内容和技术经济指标规定很明确的项目，由于合同中列明调值条款，所以在工期一年以上的项目较适于采用这种合同形式。

(2) 计量估价合同。计量估价合同是指以工程量清单和单价表为计算承包价依据的发包承包方式。

由发包人委托设计单位或专业估算师提出工程量清单，列出分部、分项工程量，承包商根据该工程量清单，经过复核后并填上适当的单价再算出总造价，但是承包商并不能因此而改变工程量清单中的工程量，复核工程量只是作为编制投标报价时采用相应报价技巧的依据，评标、定标的依据是以承包商计算的工程总价为基础，并审核单价是否合理即可。这种承包方式，承包人承担的风险较小，对承包人、发包人也都比较方便。目前国际上采用这种承包方式的较多。在我国，作为工程造价计算方法的改革方向，已开始推行。

这种承包方式适用于能比较精确地根据设计文件估算出分部分项工程数量的近似值，但仍可能因某些情况不完全清楚而在实际工作中出现较大变化的工程。如在水利水电工程建设中的基础开挖和隧洞开挖，就可能因反常的地质条件而使土石方数量产生较大变化。为使发包人、承包人双方都能避免由此而来的风险，承包人可以按估算的工程量和一定的单价提出总报价，发包人也以总价和单价为评标、定标的主要依据，并签订单价承包合同。随后，双方即按实际完成的工程量和合同单价结算工程价款。

(3) 单价合同。在没有施工详图就需开工，或虽有施工图而对工程的某些条件尚不完全清楚的情况下，既不能比较精确地计算工程量，又要避免凭运气而使建设单位和承包单位任何一方承担过大的风险，采用单价合同是比较适宜的。

这类合同的适用范围比较宽，其风险可以得到合理的分摊，并且能鼓励承包商通过提高工效等手段节约成本，提高利润。这类合同能够成立的关键在于双方对单价和工程量技术方法的确认。在合同履行中需要注意的问题则是双方对实际工程量计量的确认。

单价合同也可以分为固定单价合同和可调单价合同。

1) 固定单价合同。这也是经常采用的合同形式，特别是在设计或地质条件等其他建设条件还不太落实、但已明确计算条件的情况下，且以后又需增加工程内容或工程量时，可以按单价适当追加合同内容。在每阶段工程结算时，根据实际完成的工程量结算，在工程全部完成时以竣工图的工程量最终结算工程总价款。

2) 可调单价合同。合同单价可调，一般是在工程招标文件中规定。在合同中签订的单价，根据合同约定的条款，如在工程实施过程中物价发生变化等，可作调整。有的工程在招标或签约时，因某些不确定因素而在合同中暂定某些分部分项工程的单价，在工程结算时，再根据实际情况和合同约定合同单价进行调整，确定实际结算单价。

单价合同的特点是单价优先。即初步的合同总价与各项单价乘以实际完成工程量之和发生矛盾时,则以后者为准,即单价优先。

(4) 成本加酬金合同。成本加酬金合同也称为成本补偿合同,这是与固定总价合同正好相反的合同,工程施工的最终合同价格将按照工程实际成本再加上一定的酬金进行计算。在合同签订时,工程实际成本往往不能确定,只能确定酬金的取值比例或者计算原则。由业主向承包单位支付工程项目的实际成本,并按事先约定的某一种方式支付酬金的合同类型。

这类合同中,业主承担项目实际发生的一切费用,因此也就承担了项目的全部风险。承包单位由于无风险,其报酬也就较低了。

对业主而言,这类合同的缺点是业主对工程造价不易控制,承包商也就往往不注意降低项目的成本。当然,这种合同也有较多的优点:可以通过分段施工,缩短工期,而不必等待所有施工图完成才开始投标和施工;可以减少承包商对立情绪,承包商对工程变更和不可预见条件的反应会比较积极和快捷;可以利用承包商的施工技术专家,帮助改进或弥补设计中的不足;业主可以根据自身力量和需要,较深入地介入和控制工程施工和管理;也可以通过确定最大保证价格约束工程成本不超过某一限值,从而转移一部分风险。

成本加酬金合同承发包方式适用于需要立即开展的紧急工程项目。时间特别紧迫,如抢险、救灾工程,来不及进行详细的计划和商谈;新型的工程项目;风险很大或保密工程项目。

成本加酬金合同有许多种形式,主要有以下几种:

1) 成本加固定酬金合同。根据双方讨论同意的工程规模、估计工期、技术要求、工作性质及复杂性、所涉及的风险,考虑确定一笔固定数目的报酬金额作为管理费及利润,对人工、材料、机械台班等直接成本则实报实销。如果设计变更或增加新项目,当直接费超过原估算成本的一定比例时,固定的报酬也要增加。在工程总成本一开始估计不准,可能变化不大的情况下,可采用此合同形式,有时可分几个阶段谈判付给固定报酬。这种方式虽然不能鼓励承包商降低成本,但为了尽快得到酬金,承包商会尽力缩短工期。有时也可在固定费用之外根据工程质量、工期和节约成本等因素,给承包商另加奖金,以鼓励承包商积极工作。

2) 成本加固定比例酬金合同。工程成本中直接费加一定比例的报酬费,报酬部分的比例在签订合同时由双方确定。这种方式的报酬费用总额随成本加大而增加,不利于缩短工期和降低成本。一般在工程初期很难描述工作范围和性质,或工期紧迫,无法按常规编制招标文件招标时采用。

3) 成本加奖金合同。奖金是根据报价书中的成本估算指标制定的,在合同中对这个估算指标规定一个底点和顶点,分别为工程成本估算的 $60\%\sim75\%$ 和 $110\%\sim135\%$。承包商在估算指标的顶点以下完成工程则可得到奖金,超过顶点则要对超出部分支付罚款。如果成本在底点之下,则可加大酬金值或酬金百分比。通常在采用这种方式时规定,当实际成本超过顶点对承包商罚款时,最大罚款限额不超过原先商定的最高酬金值。

在招标时,当图纸、规范等准备不充分,不能据以确定合同价格,而仅能制定一个估算指标时可采用这种形式。

4) 最大成本加酬金合同。在工程成本总价合同基础上加固定酬金费用的方式,即当设计深度达到可以报总价的深度，投标人报一个工程成本总价和一个固定的酬金，包括各项管理费、风险费和利润。如果实际成本超过合同中规定的工程成本总价，由承包商承担所有的额外费用，若实施过程中节约了成本，节约的部分归业主，或者由业主与承包商分享，在合同中要确定节约分成比例。在非代理型风险型 CM 模式的合同中就采用这种方式。

（5）按投资总额或承包工程量计取酬金的合同。这种方式主要适用于可行性研究、勘察设计和材料设备采购供应等项承包业务。承包可行性研究的计费方法通常是，根据委托方的要求和所提供的资料情况，拟定工作项目，估计完成任务所需各种专业人员的数目和工作时间，据以计算工资、差旅费以及其他各项开支，再加企业总管理费，汇总即可得出承包费用总额。勘察费的计费方法，是按完成的工作量和相应的费用定额计取。一般情况下，物资承包公司供应材料按材料价款的 0.8% 计取承包业务费，设备采购按其总价的 1% 计取承包业务费。

## （二）分标方案的选择

工程是可以进行分标的。因为一个建设项目投资额很大，所涉及的各个项目技术复杂，工程量也巨大，往往一个承包商难以完成。为了加快工程进度，发挥各承包商的优势，降低工程造价，对一个建设项目进行合理分标，是非常必要的。所以，编制招标文件前，应适当划分标段，选择分标方案。这是一项十分重要而又棘手的准备工作。确定好分标方案后，要根据分标的特点编制招标文件。

### 1. 划分原则

分标时必须坚持不肢解工程的原则，保持工程的整体性和专业性。

所谓肢解工程，是指将本应由一个承包人完成的工程任务，分解成若干个部分，分别发包给几个承包商去完成。

分标时要防止和克服肢解工程的现象，关键是要弄清工程建设项目的一般划分和禁止肢解工程的最小单位。在我国，工程建设项目一般被划分为五个层次：

（1）建设项目。通常是指批准在一个设计任务书范围内的工程任务。一个建设项目，可以是一个独立工程，也可以包括若干个单项工程。在一个设计任务书的范围内，按规定分期进行建设的项目，仍算做一个建设项目。在水利工程中，一个土石坝枢纽工程、一个重力坝枢纽工程、一个水电站工程、河道的一次设计的堤防工程等均为一个建设项目。

（2）单项工程。是建设项目的组成部分，具有独立的设计文件，建成后可以独立发挥生产能力或使用效益的工程。在水利工程中，大坝、溢洪道（洞）、坝区馈电系统、办公楼、发电厂房等是单项工程。

（3）单位工程。是单项工程的组成部分，具有独立施工条件的工程。通常，单项工程包含不同性质的工程内容，根据其能否独立施工的要求，将其划分为若干个单位工程。如渠道工程中的隧洞是一个单位工程，枢纽工程中的发电厂设备安装工程也是一个单位工程。民用建筑是以一幢房屋作为一个单位工程。独立的道路工程、采暖工程、输电工程、给水工程、排水工程等，均可作为一个单位工程。

（4）分部工程。是单位工程的组成部分，一般按建筑物的主要结构、主要部件以及安装工程的种类划分。如水利建筑工程划分为土方工程、石方工程、堆砌石工程、混凝土工程、灌浆工程、模板工程等。安装工程划分为水轮发电机安装工程、金属结构设备安装工程、电气设备安装工程等。

（5）分项工程。是分部工程的组成部分，一般是根据不同的施工工艺进行划分的。如土石方工程可分为人工挖基土、挖沟槽、回填土等工程，堆砌石工程可分为基础浆砌石、浆砌料石、干砌石、挡土墙砌石等。再如直墙圆拱形隧洞衬砌工程可以分为底板衬砌、直墙衬砌和顶拱衬砌三个分部。

勘察设计招标发包的最小分标单位，为单项工程。施工招标发包的最小分标单位，为单位工程。对不能分标发包的工程而进行分标发包的，即构成肢解工程。工程建设的相关法律法规规定，这是绝对不允许的。

2. 标段划分原则

（1）工程的特点。如工程建设规模大、工程量大、有特殊技术要求、管理不便的，可以考虑对工程进行分标。如工程建设场地比较集中、工程量不大、技术上不复杂、便于管理的，可以不进行分标。

（2）对工程造价的影响。大型、复杂的工程项目，一般工期长，投资大，技术难题多，因而对承包商在能力、经验等方面的要求很高。对这类工程，如果不分标，可能会使有资格参加投标的承包商数量大为减少，竞争对手少，必然会导致投标报价提高，招标人就不容易得到满意的报价。如果对这类工程进行分标，就会避免这种情况，对招标人、投标人都有利。

（3）工程资金的安排情况。建设资金的安排，对工程进度有重要影响。有时，根据资金筹措、到位情况和工程建设的次序，在不同时间进行分段招标，就十分必要。如对国际工程，当外汇不足时，可以按国内承包商有资格投标的原则进行分标。

（4）对工程管理上的要求。现场管理和工程各部分的衔接，也是分标时应考虑的一个因素。分标要有利于现场的管理，尽量避免各承包商之间在现场分配、生活营地、附属厂房、材料堆放场地、交通运输、弃渣场地等方面的相互干扰，在关键线路上的项目一定要注意相互衔接，防止因一个承包商在工期、质量上的问题而影响其他承包商的工作。

## 三、编制原则

招标文件的编制必须遵守国家有关招标投标的法律、法规和部门规章的规定，遵循下列原则和要求：

（1）招标文件必须遵循公开、公平、公正的原则，不得以不合理的条件限制或者排斥潜在投标人，不得对潜在投标人实行歧视待遇。

（2）招标文件必须遵循诚实信用的原则，招标人向投标人提供的工程情况，特别是工程项目的审批、资金来源和落实等情况，都要确保真实和可靠。

（3）招标文件介绍的工程情况和提出的要求，必须与资格预审文件的内容相一致。

（4）招标文件的内容要能清楚地反映工程的规模、性质、商务和技术要求等内容，设计图纸应与技术规范或技术要求相一致，使招标文件系统、完整、准确。

（5）招标文件规定的各项技术标准应符合国家强制性标准。

（6）招标文件不得要求或者标明特定的专利、商标、名称、设计、原产地或建筑材料、构配件等生产供应者，以及含有倾向或者排斥投标申请人的其他内容。如果必须引用某一生产供应者的技术标准才能准确或清楚地说明拟招标项目的技术标准时，则应当在参照后面加上"或相当于"的字样。

（7）招标人应当在招标文件中规定实质性要求和条件，并用醒目的方式标明。

## 四、建设工程招标文件的组成

招标文件的编制质量是招标工作成功的关键。招标文件是招标采购的基石，它涵盖了招标人的采购目标及要求，同时也是投标人参与投标的主要依据。高质量的招标文件是"公开、公平、公正"原则和"招标人采购目标及要求"原则的有机完美的结合，是招标人、技术专家、招标代理人三方共同智慧的结晶。在合同法中，招标是要约邀请，投标是要约，中标通知书是承诺。招标文件是指导和规范招标投标活动的纲领性文件，其中绝大部分内容都将构成合同文件的组成部分。一份理想的招标文件是一本严谨的具有法律效力的文件。

建设工程招标文件是由一系列有关招标方面的说明性文件资料组成的，包括各种旨在阐述招标人意向的书面文字、图表、电报、传真、电传等材料。一般来说，招标文件在形式上的构成，主要包括正式文本、对正式文本的解释和对正式文本的修改三个部分。

1. 招标文件正式文本

根据《水利水电工程标准施工招标文件》（2009年版），招标文件的形式结构通常分卷、章、条目。

第一卷
    第1章  招标公告（适用于未进行资格预审）
    第1章  投标邀请书（适用于邀请招标）
    第1章  投标邀请书（代资格预审通过通知书）
    第2章  投标人须知
    第3章  评标办法（经评审的最低投标价法）
    第3章  评标办法（综合评估法）
    第4章  合同条款及格式
    第5章  工程量清单（GB 50501—2007）
    第5章  工程量清单

第二卷
    第6章  图纸（招标图纸）

第三卷
    第7章  技术标准和要求（合同技术条款）

第四卷
    第8章  投标文件格式

2. 对招标文件正式文本的解释

其形式主要是书面答复、投标预备会记录等。由招标人送给所有获得招标文件的投标人。

3. 对招标文件正式文本的修改

目前有些国内工程招标的招标文件编制的比较粗糙，不够详尽。合同专用条款没有具体地明确，工程量清单、工程报价编制原则阐述的不够明晰，评标办法不够详细等，使有些项目中标后，迟迟不能签订合同，各投标人的报价较混乱，缺少了公平竞争的条件，甚至对招标结果质疑、投诉增多。

根据合同法和招标投标法的精神，建设工程的招投标过程就是合同谈判和订立的过程，要约和承诺是合同成立的条件，因此招标文件必须包括主要合同条款。在实行市场形成价格的计价体系的条件下，主要合同条款可理解为与合同双方责权利有关的所有条款，只有在双方责权利都具体、明确的前提下，投标人才能够准备响应性和合理的报价。因此，在实际操作中，全部合同条款都应包括在招标文件中。

根据《评标委员会和评标办法暂行规定》，招标文件中必须载明详细的评标办法，明确地阐明评标和定标的具体和详细的程序、方法、标准等。不应仅出现原则性标准，更不应出现模糊的标准，以保证给予所有投标人一个法定的公开、公正、公平的竞争环境。评标办法宜独立成文，作为投标须知的附件，投标人须知正文中可仅明确评标办法的类别。

报价是招标的核心。目前国内定额报价是普遍被业主和投标商所接受、采用的。随着中国加入 WTO，中国的造价体系也在逐渐地与世界接轨。国际上普遍采用的工程量清单报价在中国也逐渐地被推广、接受和采用。无论什么报价形式，在招标文件中都要载明关于造价三要素"量、价、费"的说明及具体要求。明确工程项目的划分依据、工程量单位、工程量计算规则、计价办法、费用的取定原则等。只有这样，才能给所有投标人一个相同的报价平台，真正体现"三公"原则，方便评委在评标时对报价的比较。

## 五、建设工程招标文件的内容

建设工程招标文件的内容，是建设工程招标文件内在诸要素的总和，反映招标人的基本目标、具体要求和自愿与投标人达成什么样的关系。

一般来说，建设工程招标文件应包括投标须知，合同条件和合同协议条款，合同格式，技术规范，图纸、技术资料及附件投标文件的参考格式等几方面内容。

### （一）投标须知

投标须知正文的内容，主要包括对总则、招标文件、投标文件、开标、评标、授予合同等诸方面的说明和要求。

1. 总则

投标须知的总则通常包括以下内容：

（1）项目概况。主要说明本招标项目招标人或招标代理机构、招标项目名称、建设地点等情况。

（2）资金来源和落实情况。主要说明本招标项目的资金来源、出资比例及资金落实情况。

（3）招标范围、计划工期和质量要求。

（4）投标人资格要求。说明对于已进行资格预审的投标者，投标人应是收到招标人发出投标邀请书的单位；对于未进行资格预审的，投标人应具备承担本标段施工的、资质条件、财务要求、业绩要求、信誉要求、项目经理资格及其他要求。

接受联合体投标的项目,联合体各方应按招标文件提供的格式签订联合体协议书,明确联合体牵头人和各方权利义务;由同一专业的单位组成的联合体,按照资质等级较低的单位确定资质等级;联合体各方不得再以自己名义单独或参加其他联合体在同一标段中投标。

(5) 费用承担。说明投标人准备和参加投标活动发生的费用自理。

(6) 保密。说明参与招标投标活动的各方应对招标文件和投标文件中的商业和技术等秘密保密,违者应对由此造成的后果承担法律责任。

(7) 语言文字。说明除专用术语外,与招标投标有关的语言均使用中文。必要时专用术语应附有中文注释。

(8) 计量单位。说明所有计量均采用中华人民共和国法定计量单位。

(9) 踏勘现场。说明组织踏勘现场的时间、地点组织投标人踏勘项目现场。踏勘现场发生的费用自理。招标人在踏勘现场中介绍的工程场地和相关的周边环境情况,供投标人在编制投标文件时参考,招标人不对投标人据此做出的判断和决策负责。

(10) 投标预备会。说明召开投标预备会的时间和地点,澄清投标人提出的问题。投标人应在规定时间前,以书面形式将提出的问题送达招标人,以便招标人在会议期间澄清。招标人规定的时间内,将对投标人所提问题的澄清,以书面方式通知所有购买招标文件的投标人。该澄清内容为招标文件的组成部分。

(11) 分包。说明投标人拟在中标后将中标项目的部分非主体、非关键性工作进行分包的,应符合规定的分包内容、分包金额和接受分包的第三人资质要求等限制性条件。

(12) 偏离。说明投标人允许投标文件偏离招标文件某些要求的,偏离应符合规定范围和幅度。

2. 招标文件

招标文件包括:招标公告(或投标邀请书)、投标人须知、评标办法、合同条款及格式、工程量清单、图纸、技术标准和要求、投标文件格式、投标人须知前附表规定的其他材料。对于招标文件的澄清,投标人应及时仔细阅读和检查招标文件的全部内容。发现缺页或附件不全或有疑问,应要求招标人对招标文件补充齐全或予以澄清。招标文件的澄清应在投标截止时间15天前以书面形式发给所有购买招标文件的投标人,但不指明澄清问题的来源。投标人在收到澄清后,应在投标人须知前附表规定的时间内应以书面形式确认已收到该澄清。对于招标文件的修改,在投标截止时间15天前,招标人可以书面形式修改招标文件,并通知所有已购买招标文件的投标人。投标人收到修改内容后,应以书面形式确认已收到该修改。

3. 投标文件

(1) 投标文件的组成。投标文件应包括投标函及投标函附录;法定代表人身份证明或附有法定代表人身份证明的授权委托书;联合体协议书;投标保证金;已标价工程量清单;施工组织设计;项目管理机构;拟分包项目情况表;资格审查资料;投标人须知前附表规定的其他材料。

(2) 投标报价。投标人应按"工程量清单"的要求填写相应表格。投标人在投标截止时间前修改投标函中的投标总报价。

（3）投标有效期。在投标有效期内，投标人不得要求撤销或修改其投标文件。出现特殊情况需要延长投标有效期的，招标人以书面形式通知所有投标人延长投标有效期。投标人同意延长的，应相应延长其投标保证金的有效期，但不得要求或被允许修改或撤销其投标文件；投标人拒绝延长的，其投标失效，但投标人有权收回其投标保证金。

（4）投标保证金。投标人在递交投标文件的同时，应按规定的金额、担保形式递交投标保证金，并作为其投标文件的组成部分。投标人不提交投标保证金的，其投标文件作废标处理。招标人与中标人签订合同后5个工作日内，向未中标的投标人和中标人退还投标保证金。若投标人在规定的投标有效期内撤销或修改其投标文件；或中标人在收到中标通知书后，无正当理由拒签合同协议书或未按招标文件规定提交履约担保。投标保证金将不予退还。

（5）资格审查资料。对已进行资格预审的，投标人在编制投标文件时，如果投标人在资质条件、组织机构、财务能力、信誉等资格条件与资格预审时提交的资格预审申请文件相比发生变化的，应按新情况更新或补充其在资格预审申请文件中提供的资料，以证实其各项资格条件仍能继续满足资格预审文件的要求，具备承担本标段施工的资质条件、能力和信誉。

对于未进行资格预审的，应附投标人营业执照副本及其年检合格的证明材料、资质证书副本和安全生产许可证等材料的复印件。规定的经会计师事务所或审计机构审计的财务会计报表，近年完成的类似项目情况表，正在施工和新承接的项目情况表，近年发生的诉讼及仲裁情况。

（6）备选投标方案。投标人可以递交备选投标方案，只有中标人所递交的备选投标方案方可予以考虑。评标委员会认为中标人递交的备选投标方案优于其按照招标文件要求编制的投标方案时，招标人可以接受该备选投标方案。

（7）投标文件的编制。投标文件应按投标文件格式编写，投标文件应当对招标文件有关工期、投标有效期、质量要求、技术标准和要求、招标范围等实质性内容作出响应。投标文件应用不褪色的材料书写或打印，委托代理人签字的，投标文件应附法定代表人签署的授权委托书。投标文件正本除封面、封底、目录、分隔页外，其余每一页均应加盖投标人单位公章，并由投标人的法定代表人或其委托代理人签字。已标价的工程量清单还应加盖注册水利工程造价工程师执业印章。投标文件的修改之处应加盖投标人单位公章或由投标人的法定代表人或其委托代理人签字确认。

正本和副本的封面上应清楚地标记"正本"或"副本"的字样。当副本和正本不一致时，以正本为准。投标文件正本1份，副本4份。投标文件的正本与副本应采用A4纸印刷，分别装订成册，编制目录和页码，并不得采用活页装订。

4. 投标

（1）投标文件的密封和标记。投标文件的正本与副本应分开包装，加贴封条，并在封套的封口处加盖投标人单位章。投标文件的封套上除应清楚地标记"正本"或"副本"字样，封套还应写明所投标段名称和合同编号；招标人的名称和地址；投标人的名称和地址，并加盖单位公章；且要写上"在投标截止时间之前不得拆封"。未按要求密封和加写标记的投标文件，招标人不予受理。

（2）投标文件的递交。投标人应在规定的投标截止时间和地点递交投标文件。一般情况下，投标人所递交的投标文件不予退还。招标人收到投标文件后要出具签收凭证。逾期送达的或者未送达指定地点的投标文件，招标人不予受理。

（3）投标文件的修改与撤回。在规定的投标截止时间前，投标人可以修改或撤回已递交的投标文件，但应以书面形式通知招标人。投标人修改或撤回已递交投标文件的书面通知应按照要求签字或盖章。招标人收到书面通知后，向投标人出具签收凭证。修改的内容为投标文件的组成部分。修改的投标文件应按照规定进行编制、密封、标记和递交，并标明"修改"字样。

5. 开标

在所有投标人的法定代表人或授权代表在场的情况下，招标人将于规定的时间和地点举行开标会议。开标会议在招标投标管理机构监督下，由招标人组织并主持。招标人当众宣布对所有投标文件的核查结果，并按照招标文件的规定，宣读有效的投标人所递交的投标文件的主要内容。

（1）开标时间和地点。招标人在规定的投标截止时间和规定的地点公开开标，并邀请所有投标人的法定代表人或其委托代理人准时参加。投标人的法定代表人或其委托代理人未参加开标会的，招标人可将其投标文件按无效标处理。

（2）开标程序。①宣布开标纪律；②公布在投标截止时间前递交投标文件的投标人名称，并点名确认投标人法定代表人或其委托代理人是否在场；③宣布开标人、唱标人、记录人、监标人等有关人员姓名；④除投标人须知另有约定外，由投标人推荐的代表检查投标文件的密封情况；⑤宣布投标文件开启顺序是按递交投标文件的先后顺序的逆序进行；⑥设有标底的，公布标底；⑦按照宣布的开标顺序当众开标，公布投标人名称、标段名称、投标保证金的递交情况、投标报价、质量目标、工期及其他招标文件规定开标时公布的内容，并进行文字记录；⑧主持人、开标人、唱标人、记录人、监标人、投标人的法定代表人或其委托代理人等有关人员在开标记录上签字确认；⑨开标结束。

6. 评标

（1）评标委员会。评标由招标人依法组建的评标委员会负责。评标委员会由招标人或其委托的招标代理机构熟悉相关业务的代表，以及有关技术、经济等方面的专家组成。评标委员会成员人数以及技术、经济等方面专家的确定方式按招标文件的相关规定确定。评标委员会成员遇到以下4种情况应当回避：①招标人或投标人的主要负责人的近亲属；②项目主管部门或者行政监督部门的人员；③与投标人有经济利益关系，可能影响对投标公正评审的；④曾因在招标、评标以及其他与招标投标有关活动中从事违法行为而受过行政处罚或刑事处罚的。

（2）评标原则。评标活动遵循公平、公正、科学和择优的原则。

（3）评标。评标委员会按照"评标办法"规定的方法、评审因素、标准和程序对投标文件进行评审。"评标办法"没有规定的方法、评审因素和标准，不作为评标依据。

7. 合同授予

（1）定标方式。除规定评标委员会直接确定中标人外，评标委员会推荐3名中标候选人，并标明推荐顺序。招标人依据评标委员会推荐的中标候选人确定中标人。

（2）中标通知。在规定的投标有效期内，招标人以书面形式向中标人发出中标通知书，同时将中标结果通知未中标的投标人。

（3）履约担保。在签订合同前，中标人应按规定的金额、担保形式和履约担保格式向招标人提交履约担保。联合体中标的，其履约担保由牵头人递交。《中华人民共和国招标投标法实施条例》第五十八条规定，招标文件要求中标人提交履约保证金的，中标人应当按照招标文件的要求提交。履约保证金不得超过中标合同金额的10%。中标人不能按要求提交履约担保的，视为放弃中标，其投标保证金不予退还，给招标人造成的损失超过投标保证金数额的，中标人还应当对超过部分予以赔偿。

（4）签订合同。招标人和中标人应当自中标通知书发出之日起30天内，根据招标文件和中标人的投标文件订立书面合同。中标人无正当理由拒签合同的，招标人取消其中标资格，其投标保证金不予退还；给招标人造成的损失超过投标保证金数额的，中标人还应当对超过部分予以赔偿。发出中标通知书后，招标人无正当理由拒签合同的，招标人向中标人退还投标保证金，并按投标保证金双倍的金额补偿投标人损失。

8. 重新招标和不再招标

（1）重新招标。投标截止时间止，投标人少于3个的；经评标委员会评审后否决所有投标的。招标人将重新招标。

（2）不再招标。重新招标后投标人仍少于3个或者所有投标被否决的，属于必须审批或核准的工程建设项目，经原审批或核准部门批准后不再进行招标。

9. 纪律和监督

（1）对招标人的纪律要求。招标人不得泄漏招标投标活动中应当保密的情况和资料，不得与投标人串通损害国家利益、社会公共利益或者他人合法权益。

（2）对投标人的纪律要求。投标人不得相互串通投标或者与招标人串通投标，不得向招标人或者评标委员会成员行贿谋取中标，不得以他人名义投标或者以其他方式弄虚作假骗取中标；投标人不得以任何方式干扰、影响评标工作。

（3）对评标委员会成员的纪律要求。评标委员会成员不得收受他人的财物或者其他好处，不得向他人透漏对投标文件的评审和比较、中标候选人的推荐情况以及评标有关的其他情况。在评标活动中，评标委员会成员不得擅离职守，影响评标程序正常进行，不得使用"评标办法"没有规定的评审因素和标准进行评标。

（4）对与评标活动有关的工作人员的纪律要求。与评标活动有关的工作人员不得收受他人的财物或者其他好处，不得向他人透漏对投标文件的评审和比较、中标候选人的推荐情况以及评标有关的其他情况。在评标活动中，与评标活动有关的工作人员不得擅离职守，影响评标程序正常进行。

（5）投诉。投标人和其他利害关系人认为招标活动违反法律、法规和规章规定的，有权向有关行政监督部门投诉。

10. 需要补充的其他内容

根据招投标程序和内容要求补充所需要的其他内容。

## (二) 合同条件和合同协议条款

### 1. 合同的概念

合同是当事人双方意思一致的协议。工程建设招标文件中的合同条件和合同协议条款，是招标人单方面提出的关于招标人、投标人、监理工程师等各方权利义务关系的设想和意愿，是对合同签订、履行过程中遇到的工程进度、质量、检验、支付、索赔、争议、仲裁等问题的示范性、定式性阐释。

合同条件是合同的具体条款。规定了在合同执行过程中当事人双方的职责范围，权利和义务，业主方委托参与项目管理一方的职责和授权范围，遇到各类问题时，各方应遵守的原则、程序和采取的措施等。工程合同条件通常由通用条件和专用条件两部分组成。通用条件为对每一项目都适用的通用条款，是运用于各类建设工程项目的具有普遍适应性的标准化的条件，其中凡双方未明确提出或者声明修改、补充或取消的条款，就是双方都要遵行的。专用条件为针对某一具体项目问题的专用条款，是针对某一特定工程项目对通用条件的修改、补充或取消。业主提出的主要合同条件是招标文件的重要组成部分。

通用条件和专用条件是招标文件的重要组成部分。招标人在招标文件中应说明本招标工程采用的合同条件和对合同条件的修改、补充或不予采用的意见。投标人对招标文件中的说明是否同意，对合同条件的修改、补充或不予采用的意见，也要在投标文件中逐一列明。中标后，双方同意的合同条件和协商一致的合同条款，是双方统一意愿的体现，成为合同文件的组成部分。

合同协议条款是合同条件的表现和固定化，是确定合同当事人权利和内务的根据。即从法律文书而言，合同的内容是指合同的各项条款。因此，合同协议条款应当明确、肯定、完整，而且条款之间不能相互矛盾。否则将影响合同成立，生效和履行以及实现订立合同的目的，所以准确理解条款含义有重要作用。

水利工程建设常用条款：

我国目前在水利工程建设领域参考使用中华人民共和国《标准施工招标文件》（2007年版）、普遍推行国家水利部和国家工商行政管理总局制定的《水利工程施工监理合同示范文本》（GF—2007—0211）、水利部制定的《水利水电工程标准施工招标资格预审文件》（2009年版）和《水利水电工程标准施工招标文件》（2009年版）。

### 2. 水利工程合同的形式

（1）《标准施工招标文件》（2007年版）。《标准施工招标文件》（2007年版）由合同协议书、中标通知书、投标函及其附录、专用合同条款、通用合同条款、技术标准和要求、图纸、已标价的工程量清单、其他合同文件等项文件组成。这些文件均须得到招投标双方的确认或由投标人填报。合同双方签约后，成为双方履行合同的依据。

通用合同条款全文共24条130款，分为以下8个部分：

1) 合同主要用语和常用语的定义和解释。词语含义。包括对合同、合同当事人和人员、工程和设备、日期、合同价格和费用中的概念进行解释。

2) 合同双方的责任、权利和义务。包括发包人义务、监理人、承包人等方面的规定。

3) 合同双方的资源投入。包括材料和工程设备；施工设备和临时设施；交通运输；测量放线；施工安全、治安保卫和环境保护等方面的规定。

4) 工程进度控制。包括进度计划、开工和竣工、暂停施工等方面的规定。

5) 工程质量控制。包括工程质量、试验和检验等方面的规定。

6) 工程投资控制。包括变更、价格调整、计量和支付等方面的规定。

7) 验收和保修。包括竣工验收；缺陷责任与保修责任等方面的规定。

8) 工程风险、违约和索赔。包括保险、不可抗力、违约、索赔、争议的解决等方面的规定。

(2)《水利工程施工监理合同示范文本》(GF—2007—0211)。为进一步规范水利建设监理市场秩序，提高建设监理水平，保障监理合同双方的合法权益，依据《合同法》等法律法规和水利工程建设监理有关规定，结合现阶段我国水利工程建设监理实际，水利部组织修订了《水利工程建设监理合同示范文本》(GF—2007—0211)，并与国家工商行政管理总局联合颁发。

《水利工程施工监理合同示范文本》包括"监理合同书"、"通用合同条款"、"专用合同条款"、"附件"四个部分。《水利工程建设监理规定》（水利部令第28号）规定必须实行施工监理的水利工程建设项目应当使用GF—2007—0211，其他可参照使用。在使用本《水利工程施工监理合同示范文本》时，"监理合同书"应由委托人与监理人平等协商一致后签署；"通用合同条款"、"专用合同条款"是一个有机整体，"通用合同条款"不得修改，"专用合同条款"是针对具体工程项目特定条件对"通用合同条款"的补充和具体说明，应根据工程监理实际情况进行修改和补充；"附件"所列监理服务的工作内容及相关要求，供委托人和监理人签订合同时参考。

(GF—2007—0211)中的通用合同条款，包括词语含义及适用语言、监理依据、通知和联系、委托人的权利、监理单位的权利、委托人的义务、监理人的义务、监理服务酬金、合同变更与终止、违约责任、争议的解决及其他11个方面做了46条规定。

(3)《水利水电工程标准施工招标文件》(2009年版)。为加强水利水电工程施工招标管理，规范资格预审文件和招标文件编制工作，在国家发展和改革委员会等九部委联合编制的《标准施工招标资格预审文件》和《标准施工招标文件》基础上，结合水利水电工程特点和行业管理需要，水利部组织编制了《水利水电工程标准施工招标文件》(2009年版)，文件规定，凡列入国家或地方投资计划的大中型水利水电工程使用《水利水电工程标准文件》，小型水利水电工程可参照使用。

《水利水电工程标准施工招标文件》(2009年版)通用合同条款中的通用合同条款，包括以下24方面的内容：

1) 一般约定。包括词语定义、语言文字、法律、合同文件的优先顺序、合同协议书、图纸和承包人文件、联络、转让、严禁贿赂、化石、文物、专利技术、图纸和文件的保密等方面的规定。

2) 发包人义务。包括遵守法律、发出开工通知、提供施工场地、协助承包人办理证件和批件、组织设计交底、支付合同价款、组织竣工验收、其他义务等的规定。

其他义务在专用合同条款中补充约定。

3) 监理人。包括监理人的职责和权力、总监理工程师、监理人员、监理人的指示、商定或确定等方面所作的规定。

4）承包人。包括承包人的一般义务、履约担保、分包、联合体、承包人项目经理、承包人人员的管理、撤换承包人项目经理和其他人员、保障承包人人员的合法权益、工程价款应专款专用、承包人现场查勘、不利物质条件等方面所作的规定。

5）材料和工程设备。包括承包人提供的材料和工程设备、发包人提供的材料和工程设备、材料和工程设备专用于合同工程、禁止使用不合格的材料和工程设备等方面所作的规定。

6）施工设备和临时设施。包括承包人提供的施工设备和临时设施、发包人提供的施工设备和临时设施、要求承包人增加或更换施工设备、施工设备和临时设施专用于合同工程等方面所作的规定。

7）交通运输。包括道路通行权和场外设施、场内施工道路、场外交通、超大件和超重件的运输、道路和桥梁的损坏责任、水路和航空运输等方面所作的规定。

8）测量放线。包括施工控制网、施工测量、基准资料错误的责任、监理人使用施工控制网、补充地质勘探等方面所作的规定。

9）施工安全、治安保卫和环境保护。包括发包人的施工安全责任、承包人的施工安全责任、治安保卫、环境保护、事故处理、水土保持、文明工地、防汛度汛等方面所作的规定。

10）进度计划。包括合同进度计划、合同进度计划的修订、单位工程进度计划、提交资金流估算表等方面所作的规定。

11）开工和竣工。包括开工、竣工、发包人的工期延误、异常恶劣的气候条件、承包人的工期延误、工期提前等方面所作的规定。

12）暂停施工。包括承包人暂停施工的责任、发包人暂停施工的责任、监理人暂停施工指示、暂停施工后的复工、暂停施工持续56天以上等方面所作的规定。

13）工程质量。包括工程质量要求、承包人的质量管理、承包人的质量检查、监理人的质量检查、工程隐蔽部位覆盖前的检查、清除不合格工程、质量评定、质量事故处理等方面所作的规定。

14）试验和检验。包括材料、工程设备和工程的试验和检验、现场材料试验、现场工艺试验等方面所作的规定。

15）变更。包括变更的范围和内容、变更权、变更程序、变更的估价原则、承包人的合理化建议、暂列金额、计日工、暂估价等方面所作的规定。

16）价格调整。包括物价波动引起的价格调整、法律变化引起的价格调整等方面所作的规定。

17）计量与支付。包括计量、预付款、工程进度付款、质量保证金、竣工结算（完工结算）、最终结清、竣工财务决算、竣工审计等方面所作的规定。

18）竣工验收（验收）。包括验收工作分类、分部工程验收、单位工程验收、合同工程完工验收、阶段验收、专项验收、竣工验收、施工期运行、试运行、竣工（完工）清场、施工队伍的撤离等方面所作的规定。

19）缺陷责任与保修责任。包括缺陷责任期（工程质量保修期）的起算时间、缺陷责任、缺陷责任期的延长、进一步试验和试运行、承包人的进入权、缺陷责任期终止证书

（工程质量保修责任终止证书）、保修责任等方面所作的规定。

20）保险。包括工程保险、人员工伤事故的保险、人身意外伤害险、第三者责任险、其他保险、对各项保险的一般要求、风险责任的转移等方面所作的规定。

21）不可抗力。包括不可抗力的确认、不可抗力的通知、不可抗力后果及其处理等方面所作的规定。

22）违约。包括承包人违约、发包人违约、第三人造成的违约等方面所作的规定。

23）索赔。包括承包人索赔的提出、承包人索赔处理程序、承包人提出索赔的期限、发包人的索赔等方面所作的规定。

24）争议的解决。包括争议的解决方式、友好解决、争议评审、仲裁等方面所作的规定。

**3. 合同格式**

合同格式是招标人在招标文件中拟定好的具体格式，在定标后由招标人与中标人达成一致协议后签署。投标人投标时不填写。

招标文件中的合同格式，主要有合同协议书格式、银行履约保函格式、履约担保书格式、预付款银行保函格式等。

**4. 技术规范**

招标文件中的技术规范，反映招标人对工程项目的技术要求。通常分为工程现场条件和该工程采用的技术规范两大部分。

（1）工程现场条件。主要包括现场环境、地形、地貌、地质、水文、地震烈度、气温、雨雪量、风向、风力等自然条件，也包括工程范围、施工临时用地面积、工程占地面积、场地拆迁及平整情况、施工用水、用电、工地内外交通、环保、安全防护设施及有关勘探资料等施工条件。

（2）工程采用的技术规范。对工程的技术规范，国家有关部门有一系列规定。招标文件要结合工程的具体环境和要求，写明已选定的适用于具体工程的技术规范，列出编制规范的部门和名称。技术规范体现了设计要求，应注意对工程每一部位的材料和工艺提出明确要求，对计量要求作出明确规定。

**5. 图纸、技术资料及附件**

招标文件中的图纸，不仅是投标人拟定施工方案、确定施工方法、提出替代方案、计算投标报价必不可少的资料，也是工程合同的组成部分。

一般来说，图纸的详细程度取决于设计的深度和发包承包方式。招标文件中的图纸越详细，越能使投标人比较准确地计算报价。图纸中所提供的地质钻孔柱状图、探坑展视图及水文气象资料等，均为投标人的参考资料。招标人应对这些资料的正确性负责，而投标人根据这些资料做出的分析与判断，招标人则不负责任。

**6. 投标文件**

投标文件指具备承担招标项目的能力的投标人，按照招标文件的要求编制的文件。在投标文件中应当对招标文件提出的实质性要求和条件作出响应，这里所指的实质性要求和条件，一般是指招标文件中有关招标项目的价格、招标项目的计划、招标项目的技术规范方面的要求和条件，合同的主要条款（包括一般条款和特殊条款）。投标文件需要在这些方面作出回答，或称响应，响应的方式是投标人按照招标文件进行填报，不得遗漏或回避招标文件中的问题。交易的双方，只能就交易的内容也就是围绕招标项目来编制招标文件、投标文件。

《招标投标法》还对投标文件的送达、签收、保存的程序作出规定，有明确的规则。对于投标文件的补充、修改、撤回也有具体规定，明确了投标人的权利义务，这些都是适应公平竞争需要而确立的共同规则。从对这些事项的有关规定来看，招标投标需要规范化，应当在规范中体现保护竞争的宗旨。

投标文件一般包含了三部分，即商务部分、报价部分、技术部分。

商务部分包括公司资质，公司情况介绍等一系列内容，同时也是招标文件要求提供的其他文件等相关内容，包括公司的业绩和各种证件、报告等。

技术部分包括工程的描述、设计和施工方案等技术方案，工程量清单、人员配置、图纸、表格等和技术相关的资料。

报价部分包括投标报价说明，投标总价，主要材料价格表等。

招标人在招标文件中，要对投标文件提出明确的要求，并拟定一套投标文件的参考格式，供投标人投标时填写。投标文件的参考格式，主要有投标书及投标书附录、工程量清单与报价表、辅助资料表等。

### 六、招标文件的解释与修改

投标人对招标文件或者在现场踏勘中如果有疑问或不清楚的问题，可以而且应当用书面的形式要求招标人予以解答。招标人收到投标人提出的疑问或不清楚的问题后，应当给予解释和答复。招标人的答疑可以根据情况采用以下方式进行：

（1）以书面形式解答，并将解答内容同时送达所有获得招标文件的投标人。书面形式包括解答书、信件、电报、电传、传真、电子数据交换和电子函件等可以有形地表现所载内容的形式。

（2）通过投标预备会进行解答，同时借此对图纸进行交底和解释，并以会议记录形式同时将解答内容送达所有获得招标文件的投标人。

投标预备会也称答疑会、标前会议，是指招标人为澄清或解答招标文件或现场踏勘中的问题，以便投标人更好地编制投标文件而组织召开的会议。投标预备会一般安排在招标文件发出后的7~28天内举行。参加会议的人员包括招标人、投标人、代理人、招标文件编制单位的人员、招标投标管理机构的人员等。会议由招标人主持。

投标预备会内容包括：介绍招标文件和现场情况，对招标文件进行交底和解释；解答投标人以书面或口头形式对招标文件和在现场踏勘中所提出的各种问题或疑问。

投标预备会程序包括：投标人和其他与会人员签到，以示出席；主持人宣布投标预备会开始；介绍出席会议人员；介绍解答人，宣布记录人员；解答投标人的各种问题和对招标文件进行交底；通知有关事项，如为使投标人在编制投标文件时，有足够的时间充分考虑招标人对招标文件的修改或补充内容，以及投标预备会议记录内容，招标人可根据情况决定适当延长投标书递交截止时间，并作通知等；整理解答内容，形成会议记录，并由招标人、投标人签字确认后宣布散会。会后，招标人将会议记录报招标投标管理机构核准，并将经核准后的会议记录送达所有获得招标文件的投标人。

## 七、水利工程工程量清单编制

2003年由建设部编制，建设部和国家质量监督检验检疫总局联合发布了《建设工程工程量清单计价规范》（GB 50500—2003），4年后的2007年，由水利部编制，建设部和国家质量监督检验检疫总局联合发布了《水利工程工程量清单计价规范》（GB 50501—2007）。由此，清单计价在水利系统全面推广。

长期以来，在我国水利工程招投标中普遍采用编制工程量清单进行计价的方式，并遵循施工合同中双方约定的计量和支付方法，但在工程量编制和计价方法以及合同条款约定的计量和支付方法上尚未达到规范和统一，推行《水利工程工程量清单计价规范》，统一水利工程工程量清单的编制和计价方法，它不仅从形式上作了统一，且统一了各投标人的报价基础和口径，预防了因投标人对清单项目理解的不同而可能引发的合同变更和索赔因素；规范了合同价款的确定与调整，以及工程价款的结算；健全和维护水利建设市场竞争秩序。

1. 工程量清单的概念

工程量清单应反映招标工程招标范围的全部工程内容，以及为实现这些工程内容而进行的其他工作。工程量清单的编制要实事求是，强调"量价分离，风险分摊"，招标人承担"量"的风险和投标人难以承担的价格风险，投标人适度承担工程"价"的风险。

根据《水利工程工程量清单计价规范》规定，水利工程工程量清单由分类分项工程量清单、措施项目清单、其他项目清单和零星工作项目清单组成。分类分项工程量清单编制要满足：①通过序号正确反映招标项目的各层次项目划分；②通过项目编码严格约束各分类分项工程项目的主要特征、主要工作内容、适用范围和计量单位；③通过工程量计算规则，明确招标项目计列的工程数量一律为有效工程量，施工过程中发生的一切非有效工程量发生的费用，均应摊入有效工程量单价中；④应列完成该分类分项工程项目应执行的相应主要技术条款，以确保施工质量符合国家标准；⑤除上述要求外的一些特殊因素，可在备注栏中予以说明。

2. 编制工程量清单的要求

（1）按规范要求编制工程量清单。编制工程量清单编制应该按照国家或地方颁布的计算规则即统一的工程项目划分方法、统一的计量单位及统一的工程量计算规则，根据设计图纸进行计算并有序编列，得出清单。工程量清单编制时要将不同等级要求的工程划分开，将情况不同、可能要进行不同报价的项目分开，这就要求清单编制人员在编制时，认真研究勘察报告、设计图纸及设计文件中的施工组织设计，分析招标文件中包括的工作内容及不同的技术要求，并且要认真勘测现场情况，尽可能预测在施工中可能遇到的情况，对将要影响报价的项目予以充分划分。

（2）对工程量清单项目特征进行正确描述。工程量清单的项目特征是确定一个清单项目综合单价的重要依据，在编制工程量清单时应当对其项目特征进行正确的描述。否则，由于各方对项目清单包含的内容理解不同，对其单价确定结果就不一样，往往在竣工结算审计时引起争议。因此建议在清单表中参考《水利工程工程量清单计价规范》增加项目特征说明一列。或者是在工程量清单说明中，对需要说明项目特征的清单项目进行正确描述，特别是对于非实体工程。这样施工单位存投标报价或者业主编制标底时才能够正确确定清单单价。

(3) 认真细致逐项计算工程量。保证实物量的准确性。计算工程量的工作是一项枯燥烦琐且花费时间长的工作。需要计算人员耐心细致，一丝不苟，努力将误差减小到最低限度在计算时首先应熟悉和读懂设计图纸及说明，以工程所在地进行定额项目划分及其工程量计算规则为依据，根据工程现场情况，考虑合理的施工方法和施工机械，分步分项地逐项计算工程量。定额子目的确定必须明确。对于工程内容及工序符合定额，按定额项目名称；对于大部分工程内容及工序符合定额。只是局部材料不同，而定额允许换算者，应加以注明。如运距、强度等级、厚度断面等；对于定额缺项须补充增加的子目，应根据图纸内容作补充，补充的子目应力求表达清楚以免影响报价。

(4) 认真进行全面复核。确保清单内容符合实际科学合理清单准确与否，关系到工程投资的控制。此清单编制完成后应认真进行全面复核。可采用如下方法：

1) 技术经济指标复核法。将编制好的清单进行套定额计价从工程造价指标，主要材料消耗量指标，主要工程量指标等方面与同类建筑工程进行比较分析。在复核时，或要选择与此工程具有相同或相似结构类型、建筑形式、装修标准、层数等的以往工程指标与上述几种技术经济指标逐一比较。如果出入不大，可判定清单基本正确，如果出入较大则肯定其中必有问题。那就按图纸在各分部中查找原因。用技术经济指标可从宏观上判断清单是否大致准确。

2) 利用相关工程量之间的关系复核。

3) 仔细阅读建筑说明，结构说明及各节点详图从中可以发现一些疏忽和遗漏的项目，及时补足。核对清单定额子目名称是否与设计相同，表达是否明确清楚，有无错漏项。

**3. 工程量清单编制的管理**

(1) 加强工程量清单编制单位资质管理。工程量清单编制质量直接影响到计价项目的正确性，进而影响到投标商的报价和招标单位标底编制的准确性，甚至施工过程中投资控制工作。因此清单编制必须由具有相应编制资质的单位编制。在积极培育发展中介机构的同时，严格把好资质审批及年检关，对于编制质量低劣的单位取消资质，以保证清单的编制质量。

(2) 加强编制人员的素质管理。随着招投标制度改革的深入，工程量清单报价法更显示其科学性与重要性，同时也对工程量清单编制人员的素质提出了更高的要求。因此，加强和提高工程量清单编制人员素质管理已迫在眉睫。首先应加强编制人员的职业道德教育，编制人员要站在客观公正的立场上兼顾建设单位和施工单位双方的利益，严格依据设计图纸和资料现行的定额和有关文件及国家制定的建筑工程技术规程和规范进行编制，以保证清单的客观公正性。其次应加强编制人员的业务素质教育，定期对编制人员进行施工技术设计规范，造价业务知识及相关法规的培训，严格把关考核发证，实行持证上岗与证书年审制度。对于编制质量低劣者，取消编制资格，以净化编制队伍。

工程量清单的编制应由具有相应资格的工程造价专业人员承担，工程量清单的编制应遵循客观、公正、科学、合理的原则。编制人员必须是具有较强的预算业务知识，而且应当具备一定的工程设计知识和施工经验，以及材料与机械施工技术等综合性的科学知识，这样才能在工程量计算时不重不漏小错，以保证计价项目的正确性。

4. 工程量清单的编制

工程量清单的编制编制要实现项目名称、项目编码、计量单位、工程量计算规则、主要表格形式的五统一，满足投标报价的要求。措施项目清单是为保证工程建设质量、工期、进度、环保、安全和社会和谐而必须采取的措施的项目，是招标人要求投标人以总价结算的项目，可由工程量清单编制人补充。其他项目清单由招标人掌握，为暂定项目和可能发生的合同变更而预留的费用。零星工作项目清单不进入总报价，对工程实施过程中可能发生的变更或新增零星项目，列出人工（按工种）、材料（按名称和型号规格）、机械（按名称和型号规格）的计量单位，不列具体数量，由投标人填报单价。

采用工程量清单进行报价，一是避免了各投标单位因造价人员素质差异而造成同一份施工图纸所报价的工程量相差甚远，为投标者提供一个平等竞争的条款交换的原则。二是避免了定额子目划分确认的分歧及对图纸缺陷理解深度差异的问题，有利于中标单位确定后施工合同单价的确定与签订合同及施工过程中的进度款拨付和竣工后结算的顺利进行。

(1) 分类分项项目清单的编制。分类分项项目清单的编码，采用12位阿拉伯数字表示（由左至右计位）。1～9位为统一编码，其中，1位、2位为水利工程顺序码，3位、4位为专业工程顺序码，5位、6位为分类工程顺序码，7～9位为分项工程顺序码，10～12位为清单项目名称顺序码。

水利建筑工程工程量清单项目包括土方开挖工程（编码500101）、石方开挖工程（编码500102）、土石方填筑工程（编码500103）、疏浚和吹填工程（编码500104）、砌筑工程（编码500105）、锚喷支护工程（编码500106）、钻孔和灌浆工程（编码500107）、基础防渗和地基加固工程（编码500108）、混凝土工程（编码500109）、模板工程（编码500110）、钢筋加工及安装工程（编码500111）、预制混凝土工程（编码500112）、原料开采及加工工程（编码500113）、其他建筑工程（编码500114）共14部分。

例如，平洞石方开挖的编码为500102007×××，后三位编码从001开始，若平洞开挖的施工方案有三种，则分别编码为500102007001，500102007002，500102007003。再如，普通混凝土浇筑有几个规格的，编码分别是500109001001，500109001002等。

水利安装工程工程量清单项目包括机电设备安装工程（编码500201）、金属结构设备安装工程（编码500202）、安全监测设备采购及安装工程（编码500203）共3部分。

分类分项项目清单中也包括工程量清单的项目编码、项目名称、计量单位、工程量计算规则及主要工作内容。

(2) 措施项目清单编制。按招标文件确定的措施项目名称填写，《水利工程工程量清单计价规范》中列出了环境保护、文明施工、安全防护措施等6项内容。措施项目清单属于总价项目，凡能列出工程数量并按单价结算的措施项目，均应列入分类分项工程量清单。

(3) 其他项目清单编制。编制人应按招标文件确定的其他项目名称、金额填写。一般有暂列预留金一项，根据招标工程具体情况，编制人可作补充。

(4) 零星工作项目清单编制。编制人应根据招标工程具体情况，对工程实施过程中可能发生的变更或新增加的零星项目，列出人工（按工种）、材料（按名称和型号规格）、机械（按名称和型号规格）的计量单位，并随工程量清单发至投标人。

1) 名称及规格型号，人工按工种，材料按名称和规格型号，机械按名称和规格型号，分别填写。

2) 计量单位，人工以工日或工时，材料以 t、$m^3$ 等，机械以台时或台班，分别填写。

另外，招标人供应材料价格表材料名称、型号规格、计量单位和供应价填写；招标人提供施工设备表按设备名称、型号规格、设备状况、设备所在地点、计量单位、数量和折旧费填写；招标人提供施工设施表按项目名称、计量单位和数量填写。

## 任务 3 水利工程招标标底的编制

根据我国国情和建筑市场现状，在一定时期内，我国工程建设项目招标活动中标底的编制与确定仍是一项重要内容和任务。设置标底，仍不失为一种控制工程造价、防止以不正当手段用过低投标报价抢标的有效措施。工程建设项目标底是招标人对招标项目"内部控制"的预算，即是在市场竞争条件下对实施工程项目所需费用的预测，是招标人进行招标所需掌握的重要价格资料，是正确判断和评价投标人投标报价的合理性和可靠性的重要参考依据。

水利工程招标标底的编制流程如图 2-1 所示。

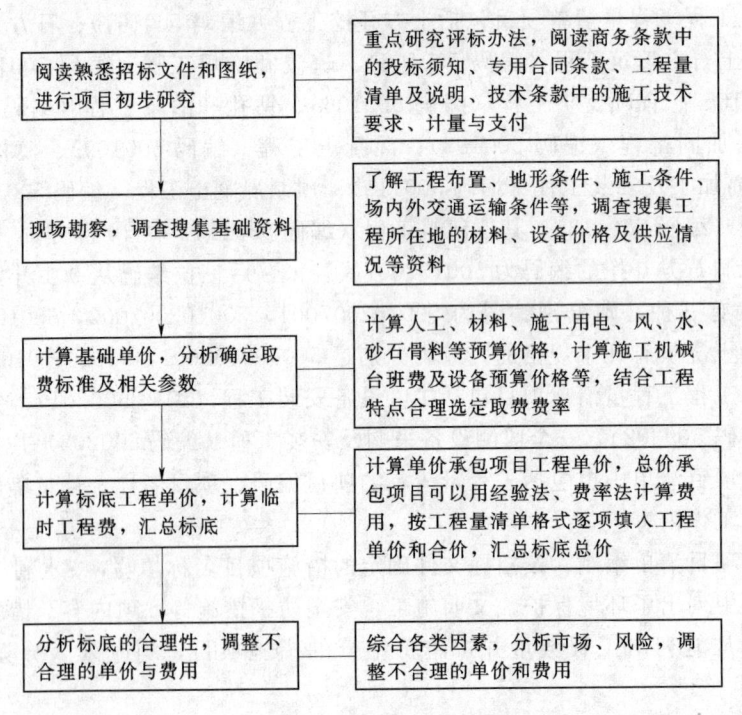

|  |  |
| --- | --- |
| 阅读熟悉招标文件和图纸，进行项目初步研究 | 重点研究评标办法，阅读商务条款中的投标须知、专用合同条款、工程量清单及说明、技术条款中的施工技术要求、计量与支付 |
| 现场勘察，调查搜集基础资料 | 了解工程布置、地形条件、施工条件、场内外交通运输条件等，调查搜集工程所在地的材料、设备价格及供应情况等资料 |
| 计算基础单价，分析确定取费标准及相关参数 | 计算人工、材料、施工用电、风、水、砂石骨料等预算价格，计算施工机械台班费及设备预算价格等，结合工程特点合理选定取费费率 |
| 计算标底工程单价，计算临时工程费，汇总标底 | 计算单价承包项目工程单价，总价承包项目可以用经验法、费率法计算费用，按工程量清单格式逐项填入工程单价和合价，汇总标底总价 |
| 分析标底的合理性，调整不合理的单价与费用 | 综合各类因素，分析市场、风险，调整不合理的单价和费用 |

图 2-1 水利工程招标标底的编制流程

## 一、标底编制概述

### (一) 标底编制原则

(1) 标底编制应遵守国家有关法律、法规和水利行业规章，兼顾国家、招标人和投标人的利益。

(2) 标底应符合市场经济环境，反映社会平均先进工效和管理水平。

(3) 标底应体现工期要求，反映承包商为提前工期而采取施工措施时增加的人员、材料和设备的投入。

(4) 标底应体现招标人的质量要求，标底的编制要体现优质优价。

(5) 标底应体现招标人对材料采购方式的要求，考虑材料市场价格变化因素。

(6) 标底应体现工程自然地理条件和施工条件因素。

(7) 标底应体现工程量大小因素。

(8) 标底编制必须在初步设计批复后进行，原则上标底不应突破批准的初步设计概算或修正概算。

(9) 一个招标项目只能编制一个标底。

### (二) 标底编制的基本依据

(1) 国家的有关法律、法规以及国务院和省（自治区、直辖市）人民政府建设行政主管部门制定的有关工程造价的文件、规定。

(2) 工程招标文件中确定的计价依据和计价办法，招标文件的商务条款，包括合同条件中规定由工程承包方应承担义务而可能发生的费用，以及招标文件的澄清、答疑等补充文件和资料。在标底价格计算时，计算口径和取费内容必须与招标文件中有关取费等的要求一致。

(3) 工程设计文件、图纸、技术说明及招标时的设计交底，按设计图纸确定的或招标人提供的工程量清单等相关基础资料。

(4) 国家、行业、地方的工程建设标准，包括建设工程施工必须执行的建设技术标准、规范和规程。

(5) 采用的施工组织设计、施工方案、施工技术措施等。

(6) 工程施工现场地质、水文勘探资料，现场环境和条件及反映相应情况的有关资料。

(7) 招标时的人工、材料、设备及施工机械台班等的要素市场价格信息，以及国家或地方有关政策性调价文件的规定。

### (三) 标底编制的基本要求

(1) 根据国家统一工程项目划分、计量单位、工程量计算规则以及设计图纸、招标文件，并参照国家、行业或地方批准发布的定额和国家、行业、地方规定的技术标准规范以及各种生产要素的市场价格确定工程量和编制标底。

(2) 标底作为招标人的期望价格，应力求与市场的实际变化相吻合，要有利于竞争和保证工程质量。

(3) 标底应由直接费、间接费、利润、税金等组成，一般应控制在批准的建设工程投资估算或总概算（修正概算）价格以内。

(4) 标底应考虑人工、材料、设备、机械台班等价格变化因素，还应包括措施费、间接费、利润、税金以及不可预见费等。采用固定价格的还应考虑工程的风险金等。

(5) 一个工程只能编制一个标底。

(6) 招标人不得以各种原因任意压低标底价格。

(7) 工程标底价格完成后应及时封存，在开标前应严格保密，所有接触过工程标底价的人员都负有保密责任，不得泄露。

**（四）标底编制的资格管理**

标底编制单位应具备相应的资质，包括招标代理资质、工程造价咨询资质或勘测设计资质；编制人员应具备水利工程造价工程师资格，遵守职业道德，公正执业，保守标底秘密。

## 二、编制程序

**（一）准备阶段**

1. 项目初步研究

为了编制出准确、真实、合理的标底，必须认真阅读招标文件和图纸，尤其招标文件商务条款中的投标须知、专用合同条款、工程量清单及说明，技术条款中的施工技术要求、计量与支付及施工材料要求，招标人对已发出的招标文件进行澄清、修改或补充的书面资料等，这些内容都与标底的编制有关，必须认真分析研究。

工程量清单说明及专用合同条款，规定了该招标项目编制标底的基础价格、工程单价和标底总价时必须遵照的条件。如主要材料的供应条件及地点，施工供电、供水的方式及条件，主要施工机械台时费计算的条件及标底工程单价包括的内容等。

初步研究的主要工作步骤：

(1) 从工程量清单的全部条目中累计出同类工程的工程量，从而得到本项目各类主要工程的合计工程量。

(2) 用"粗估的"或"综合的"单价来匡算这些主要工程量的造价，从而得到整个项目及其各类主要工作的匡算价格。

(3) 列出材料、设备数量及规格，向厂家发出询价单。

2. 现场勘察

现场勘察了解工程布置、地形条件、施工条件、料场开采条件、场内外交通运输条件等。

3. 编写标底编制工作大纲

通常标底编制大纲应包括以下内容：

(1) 标底编制原则和依据。

(2) 计算基础价格的基本条件和参数。

(3) 计算标底工程单价所采用的定额、标准和有关取费数据。

（4）编制、校审人员安排及计划工作量。

（5）标底编制进度及最终标底的提交时间。

4. 调查、搜集基础资料

搜集工程所在地的劳资、材料、税务、交通等方面资料，向有关厂家搜集设备价格资料；搜集工程中所应用的新技术、新工艺、新材料的有关价格计算方面的资料。

直接费中材料预算价格确定的是否准确对标底影响非常大，获取材料报价的工作程序包括：

（1）前期估价工作。由于时间限制，造价人员不能等材料供应商报价之后才开展工程项目的估价工作。所以一般的做法是先以近期其他项目的询价资料以及造价人员对当前市场价格变动情况的了解，假定价格进行成本预算。待收到实际报价后，再做出相应的调整。

（2）询价。材料、设备询价单的内容一般包括：规格、数量，材料供应计划，工地地址、运输方式，各种交通限制和影响供货的条件，递交询价单的日期等。

### （二）编制阶段

1. 计算基础单价

基础单价包括人工预算单价、材料预算价格、施工用电风水单价、砂石料预算价格、施工机械台时费以及设备预算价格等。

2. 分析取费费率、确定相关参数

工程单价的取费，通常包括其他直接费、现场经费、间接费、利润及税金等，应参照现行水利工程建设项目设计概（估）算的编制规定，结合招标项目的工程特点，合理选定费率。税金应按现行规定计取。

3. 计算标底工程单价

根据施工组织设计确定的施工方法，计算标底工程单价。

4. 计算标底的建安工程费及设备费

要注意临时工程费用计算与分摊。

临时工程费用在概算中主要由三部分组成：①单独列项部分，如导流、道路、房屋等；②含在其他临时工程中的部分，如附属企业、供水、通信等；③含在现场经费中的临时设施费。在标底编制时应根据工程量清单及说明要求，除单独列项的临时工程外，其余均应包括在工程单价中。

### （三）汇总阶段

1. 汇总标底

按工程量清单格式逐项填入工程单价和合价，汇总分组工程标底合价和标底总价。

2. 分析标底的合理性

明确招标范围，分析本次招标的工程项目和主要工程量，并与初步设计的工程项目和工程量进行比较，再将标底与审批的初步设计概算作比较分析，分析标底的合理性，调整不合理的单价和费用。

广义的标底应包括标底总价和标底的工程单价。标底总价和标底的工程单价所包括的内容、计算依据和表现形式，应严格按招标文件的规定和要求编制。通常标底工程单价将其他临时工程的费用摊入工程单价中，这与初设概算单价组成内容是不同的；标底总价包括的工程项目和费用也与概算不同。在进行标底与概算的比较分析时应充分考虑这些不同之处。

### 三、文件组成

1. 标底文件组成

标底文件一般由标底编制说明和标底编制表格组成。

2. 标底编制说明

（1）工程概况。
（2）主要工程项目及标底总价。
（3）编制原则、依据及编制方法。
（4）基础单价。
（5）主要设备价格。
（6）标底取费标准及税、费率。
（7）需要说明的其他问题。

3. 标底编制表格

表1　工程施工招标分组标底汇总表
表2　分组工程标底计算表
附表1　工程单价分析表
附表2　总价承包项目分解表
附表3　人工预算单价计算表
附表4　主要材料（设备）预算价格汇总表
附表5　施工机械台时费汇总表
附表6　混凝土、砂浆材料单价计算表
附表7　施工用水、电价格计算表
附表8　应摊销临时设施费计算表
附表9　主要材料用量汇总表
其他表格。

### 四、编制方法

#### （一）概述

水利工程建设项目施工招标标底是招标人对工程投资的预测价格。通过编制标底让招标人对工程造价心中有数，避免盲目决策。标底是评议投标报价的尺度，是选择适合本工程建设中标人的重要参考依据。

标底不同于投标人报价，二者都必须充分考虑工程技术复杂程度、施工工艺方法、工程量大小、施工条件优劣、市场竞争激烈程度等情况。但投标人报价是以自身拥有的施工设备、技术优势和管理水平确定人工、材料、机械的消耗数量，以自己的采购优势确定材料预算价格,以自己的管理水平确定各项取费费率,即投标人报价是体现具体施工企业工效和管理水平的竞争价格;而标底是按社会平均先进工效和管理水平编制的价格。

水利工程建设项目招标标底的编制方法应采用以定额法为主、实物量法和其他方法为辅、多种方法并用的综合分析方法。标底编制应充分发挥各方法的优点和长处,以达到提高标底编制质量的目的。

### (二) 定额法

定额法是参照现行部、省市的定额和取费标准(规定),确定完成单位产品的工效和材料消耗量,计算工程单价,以工程单价乘以工程量计算总价的编制方法。定额法的主要优点是计算简单、操作方便,因此目前水利工程的标底编制主要考虑采用定额法。采用定额法编制初设概算时选用的定额是按全国水利行业平均工效水平制定的;而标底需要考虑具体工程的技术复杂程度、施工工艺方法、工程量大小、施工条件优劣、市场竞争情况等因素。因此在采用定额法编制标底时,可以根据工程具体情况适当调整现行的定额和取费标准。

一个合理的标底要有一个比较先进、切合实际的施工组织设计,包括合理的施工方案、施工方法、施工进度安排、施工总平面布置和施工资源估算,在分析国内的施工水平和可能前来投标的施工企业的实际水平基础上,认真分析现行的各种定额,从而选用比较合理的标底编制定额和取费标准。

1. 基础价格编制

基础价格的编制方法一般参照水利行业现行初设概算编制方法。基础资料准备得是否充分,基础单价的编制是否准确合理,对标底编制的准确程度和质量高低起着极其重要的作用。基础价格主要指人工、混凝土骨料、主要材料、施工用水、施工用电等的价格。必须保证选取的各种资源的数量和质量均能符合规定并满足招标人的要求。

如招标文件规定招标人供应主要材料、设备,提供大部分临时房屋,供应砂石料和混凝土等,在编制标底时,应考虑从这些项目中无获利机会的因素,其余工程项目的单价及费率相对可提高,反之相对可降低。

(1) 人工预算单价。如招标文件没有特别的要求,人工预算单价一般可参照现行水利行业初设概算人工预算单价的编制方法。由于初步设计与招标设计深度不同,初设概算涵盖一个完整的工程项目(如水利枢纽、水闸、河道堤防工程等),而招标项目一般只是一个二级项目或三级项目,因此标底的人工预算单价可以根据招标项目的工程特点适当调整。以人力施工为主或人工费比例较高的项目如浆砌石、干砌石、砂石料(反滤料)铺筑、钢筋制安、钢管制安及各种坞工拆除项目等,人工预算单价相对可降低;而对工人技术熟练程度要求较高的项目,人工预算单价相对可提高。

(2) 主要材料预算价格。主要材料的品种应结合招标工程项目确定。凡是本招标项目中用量多或总价值高的材料,均应作为主要材料逐一落实价格,如钢材、水泥、木材、柴油、炸药、粉煤灰、砂、石子、块石、土工布、土工膜、止水、混凝土联锁板等。材料预算价格准确与否,对标底的影响很大。工程标底编制人员必须列出工程需用材料计划表,然后要调查有能力供应符合技术条件和数量要求的材料供货商,并获取各种材料的报价、各种运输方式的运输费标准。

首先，确定主要材料的来源地，调查材料的批发价或出厂价；其次，确定运输方式、运输线路和运距，准确计算运杂费；最后，合理选用采购保管费费率。采购保管费要考虑损耗、损坏、被盗及供货差错等影响，对于某些材料这些因素的影响可能会达到较高的比例；同时还须考虑用于卸料和储料的附加费用以及其他附加费。材料的采购保管费费率可根据实际情况适当调整，如在材料价格较高、采购地点离工地较近、采购条件较好时，采购保管费率应相对较低，反之相对较高。

块石一般是自采和外购两种。在河道整治、堤防加固工程中，用量较大，大多数是外购，一般运距较远，运输费用较高。在编制块石价格时，应重点调查运距及运价。在用量大、运输集中时，运价可以适当调整；同时应尽量采用水运和火车运输，以便降低运杂费。

(3) 施工用电价格。在招标文件中，一般都明确规定了投标人的接线起点和计量电表的位置，并提供了基本电价，因此编制标底时应按照招标文件的规定，确定电能损耗范围、损耗率及供电设施维护摊销费。如供电范围没有高压线路，就不应计高压线路损耗；在变配电线路较短、用电负荷较集中时，变配电设备及输配电损耗率及供电设施摊销费均可降低，反之应提高。

(4) 施工用水价格。招标文件中常见的施工供水方式有两种：一是招标人指定水源点，由投标人自行供水；二是招标人按指定价格在指定接水口向投标人供水。

第一种供水方式应根据施工组织设计所配置的供水系统，设备组时总费用和设备组时总有效供水量计算施工供水价格，计算方法与初设概算相同。在编制标底时，可根据具体供水范围、扬程高低，几级供水及供水设备、设施质量的优劣等，适当选定供水损耗率和供水设施维修摊销费。

第二种供水方式，应以招标人供应的价格为原价，根据供水的具体情况，再计入水量损耗和供水设施维护摊销费，不应简单照搬初设概算中的水量损耗和设施维修摊销费参数。

(5) 施工机械台时费。施工机械台时费计算方法可参照初设概算的编制方法。

在编制标底时如招标人免费提供某些大型施工机械（如缆机、拌和楼等）则不应计算折旧费，但应根据提供的施工机械新旧程度和施工工期决定修理费的高低。养路费、牌照税、车船使用税及保险费等费用，不宜按年工作台时计入施工机械台时费中，可在间接费中考虑或摊销在工程单价中。在工程规模大、工期长的工程中使用的大型机械，如大型汽车、挖掘机、推土机、装载机、钻机等的折旧费、修理费、安装拆卸费均可适当调整。

2. 建筑工程单价编制

工程单价一般由直接工程费、间接费、企业利润、税金和临时设施摊销费等组成。水利工程招标项目一般工程量大、项目繁多，工程量清单可能多达百余个单价，在编制标底工程单价时可根据工程的具体情况，集中精力研究主要工程单价。应与施工组织设计人员共同研究施工方案，确定适当的施工方法、运距、辅助人员配备及施工机械的效率等。在编制标底单价时应根据工程量的大小、施工条件的优劣等因素调整定额中人工、材料及施工机械消耗量。当工程规模大、施工条件较好，市场竞争激烈时，人工、机械效率均可适当提高，反之可适当降低。

(1) 土方工程单价。土方工程主要分土方开挖和土方填筑两大类。影响土方工程单价的因素主要有土的级别、取（运）土的距离、施工方法、施工条件、质量要求等。根据工程所在地的气候条件、施工工期的长短，是否夜间施工等情况可适当调整其他直接费费率；根据工程量大小、场地集中程度、机械化程度高低等情况可适当调整现场经费费率、间接费费率及利润率。

运输是土方工程的主要工序之一，它包括集料、装土、运土、卸土及卸土场整理等子工序。影响工程单价的因素主要有：

1) 运输距离。运输距离越长，平均车速越快，折合每千米运费越低。如在道路等级及车型相同的情况下，在一定范围内，远距离运输比近距离运输机械效率高，在编制标底时应考虑此项因素。

2) 施工条件。装卸车的条件、道路状况、卸土场的条件等都影响运土的工效。在运输道路级别较高，装卸车地点的场地较宽阔的条件下，运输效率较高，可以调整定额中自卸汽车的台时数量。土方填筑包括取土和压实两大工序。

a. 计算取土工序单价时的注意事项。料场覆盖层清理应按相应比例摊入土料填筑单价内；对不符合含水量标准的土料，要采取挖排水沟、扩大取土面积、分层取土、翻晒、分区集中堆存、加水处理等措施，在单价中应计入土料处理的费用；考虑土料损耗和体积变化，包括：开采、运输、雨后清理、削坡、沉陷等的损耗，超填及施工附加量；对于有开挖利用料的工程，要注意不得在开挖和填筑单价中重复计算土方运输工序费用。在确定利用料数量时应充分考虑开挖和填筑在施工进度安排上的时差，一般不可能完全衔接，二次转运是经常发生的，二次转运的费用应计入土方工程单价中。

b. 计算土方压实工序单价时的注意事项。直接影响压实工效的主要因素有：土类级别、设计要求、碾压工作面、铺土厚度、碾压次数等。现行的压实定额通常是按坝体拟定的，而堤身压实与坝体有所不同，可根据堤防等级、堤身高度等适当调整人工、机械效率，使压实单价符合实际。

(2) 砌筑工程单价。砌筑工程主要指浆砌石、干砌石、反滤料填筑、过渡料填筑、堆石体填筑等。

1) 反滤料填筑、过渡料填筑、堆石体填筑单价。主要由砂石料采备、运输及压实三道工序组成。

应重点研究砂石料的直接上坝（堤）与二次转运的比例，尽可能直接上坝（堤），对于堆石工程应多利用开挖料，以便降低堆石填筑单价。

砌筑工程受气候影响小，填筑效率高，对定额的人工、机械消耗量可进行调整；由于材料费用较多，现场经费和间接费的现行取费标准也可根据工程的实际情况适当调整。

2) 砌石工程单价。砌石工程包括浆砌石、干砌石、抛石等，是以人力施工为主的项目，施工方法简单，技术含量相对较低，主要用于护坡、护脚、护基等工程。

编制标底单价时，可重点考虑两点：一是尽量利用拆除料和从开挖料中拣集石料；二是应考虑人工用量较多、材料原价高等因素，在选定各项取费费率和人工数量时可适当调整。

(3) 混凝土工程单价。混凝土材料单价在混凝土工程单价中占有较大比重，在编制其单价时，要按照招标文件提供的配合比计算。混凝土材料消耗量是指完成每方成品混凝土计价工程的材料量。概算定额中的混凝土材料量包括结构断面工程量、场内施工操作、运输损耗量、超填量和施工附加量，而预算定额中不含超填量和施工附加量。在编制标底时，可根据工地混凝土运距、道路状况及生产管理水平适当调整施工操作、运输损耗率及超填和施工附加混凝土量。

编制拦河坝等大体积混凝土标底单价时，混凝土配合比应按招标文件提供的配合比数据。如果招标文件没有提供参考数据，应考虑掺加适量的粉煤灰或外加剂以节约水泥用量，其掺量比例应根据设计对混凝土的温度控制要求或试验资料选取。对现浇混凝土标号的选取，应根据设计对水工建筑物的不同要求，尽可能利用混凝土的后期强度（60d、90d、180d及360d）节省水泥用量。

（4）钢筋制安工程单价。钢筋制作安装包括钢筋加工、绑扎、焊接及场内运输等工序。定额中一般包括切断及焊接损耗、截余短头废料损耗以及搭接帮条、架立筋、垫筋等附加量。在钢筋制安工作量较大时，钢筋材料的利用率高，损耗率相对较低，在编制标底钢筋制安工程单价时，根据工程部位的不同，可适当调整钢筋材料的附加量及人工数量。

### 3. 设备价格编制

设备通常是生产厂家的产品，通过各种运输方式（铁路、公路、水路等）运至工地，设备费包括设备出厂价、运杂费、运输保险费、采购及保管费及其他费用。在编制设备的标底价格时要注意以下问题：

（1）向多家设备生产厂商询价，确定有竞争力的设备出厂价格。

（2）对于进口设备要计算到岸价、进口征收的税金、手续费、商检费及港口费等加上国内段的运杂费、保险费、采保费等各项费用。

（3）搜集有关设备重量、体积大小及运距等资料，确定合理的设备运输线路和运输方式。

（4）搜集有关设备在运输途中发生的调车费、装卸费、运输保险费、包装绑扎费、变压器充氮费及其他可能发生的杂费标准。

（5）合理计算运杂费用，要注意价格高的设备运杂费率要相对低。

（6）采保费的费率也可根据设备价格高低、运距远近、周转次数多少适当调整。

### 4. 设备安装工程单价编制

以实物消耗量形式表现的定额计算工程单价时，量价分离，计算较准确，但相对烦琐。编制标底的主要设备安装单价时一般套用此类定额，同时可以适当调整人工和机械效率。

对于投资不大的辅助设备和次要设备，编制标底时可以采用安装费率形式计算安装工程单价。

金属结构设备有外购与自制两种方式。对于自制的设备价格需要套定额计算单价，根据设计提出的重量，计算金属结构的设备费。

闸门及埋件单价通常要划分为主材（钢材、铸件、锻件）、辅材、制造费、防腐、水封、利润、税金等项目。要注意闸门的水封、压板、压板螺栓、锁定梁、拉杆的价值要计入设备费；闸门喷锌、喷铝防腐等不要漏项。

启闭机单价通常要划分为结构件、外购件、电气部分、机械零部件及其他等项目。要注意负荷试验用的荷重物的制作和运输不要漏项。

设备安装费一般占设备费的 5%～10%，对标底影响不大，可参考现行定额编制。但投标项目以机电和金属结构设备为主的，可适当调整人工数量、现场经费和间接费费率。

5. 临时设施费编制

（1）单独招标的临时工程项目。单独招标的项目包括导流工程、道路、桥梁、供电线路、缆机平台、大型砂石料系统、混凝土拌和系统、供水系统等，按工程量清单的数量乘标底工程单价计算。

对于砂石料系统、混凝土拌和系统和供水系统等临时工程，标底的编制通常只计算土建费和安装费，不包括设备费。设备费按折旧摊销计入相应的砂石料单价、混凝土拌和单价和施工用水单价中。

（2）应摊销的临时设施费用。凡未单独列项招标的临时工程项目及未包括在现场经费中的临时设施，而在施工中又必然发生的临时设施均包括在应摊销的临时设施费用中。主要指承包商的生活用房、办公用房、仓库等房屋建筑及场地平整，大型机械安拆，施工排水，施工临时支护及其他临时设施等项目。在编制标底时可根据工程的具体情况适当调整施工人员的生活、文化福利建筑费用和施工仓库面积等。

6. 风险附加费的计取与分摊

根据施工承包合同种类不同计算和分摊风险附加费的方法也不同，对不调价合同标底应充分考虑风险因素，而可调价合同的标底可不计或少计风险附加费。风险附加费的计算与分摊方法详见以下的实物量法。

### （三）实物量法

实物量法，是把项目分成若干施工工序，按完成该项目所需的时间，配备劳动力和施工设备，根据分析计算的基础价格计算直接费单价，最后分摊间接费的工程造价计算方法。实物量法是针对每个工程的具体情况来计算工程造价，计算准确、合理；但相对复杂，且要求标底编制人员有较高的业务水平和较丰富的经验，还要掌握翔实的基础资料和经验数据，在编制时间相对紧张的标底编制阶段，不具备全面推广应用的条件；但是针对工程量清单中对标底影响较大的主要工程单价，在设计深度满足需求，施工方法详细具体、符合实际，资料较齐全的条件下，应采用实物量法进行编制，提高标底的准确性，保证标底的质量。

实物量法主要有以下五大优点：

（1）体现工程量的大小和工期的长短对工程单价的影响。

（2）体现施工条件的优劣对工程单价的影响。

（3）体现施工设备闲置时间对工程单价的影响。

（4）体现特殊施工设备的使用对工程单价的影响。

（5）体现施工技术水平对工程单价的影响。

1. 工作程序和步骤

实物量法的工作程序：制定施工组织设计或施工规划；确定各个工序需要的人员及设

备的规格、数量、时间；计算人工费、施工设备费、材料费；计算直接费单价；计算并分摊间接费。

实物量法的工作步骤如下：

(1) 项目研究。项目研究的工作主要是由造价人员和施工组织设计人员完成的。为完成这项工作，必须充分了解项目的工程内容，对招标文件、图纸、工程量表和其他招标补充文件进行认真的分析、研究。经过现场调查、进行多种施工方法比选，选定一种最有效且最经济的施工方法，根据这一施工方法制定施工组织设计或施工规划，并以此作为编制标底工程单价的基础。

(2) 计算人工预算单价和机械台时费单价。如招标文件没有特别的要求，人工预算单价可参照现行水利行业初设概算人工预算单价的编制规定计算。

机械设备的使用可分为两类：自购和租赁。对于租赁的机械设备的台时费可以通过询价获得；对于自购的机械设备可在获取设备出厂价格并掌握设备的基本资料后，采用一定的分析方法计算台时费。

(3) 计算直接费。所谓直接费是指人工、材料、机械的费用合计，不包括工地管理费、公司管理费和利润等附加费。确定一个直接费单价需要按一项或一组工程项目来选择合适的人工、机械和材料资源，然后按照作业类型先确定人工和机械资源的使用时间，再将这些数据与收集到的费用资料相结合，然后得到直接费及其单价。

(4) 间接费的计算与分摊。在计算施工总费用时，必须把所有与工程有关的间接费分摊到直接费中去。间接费通常包括工地管理费、公司管理费（总部管理费）、利润和不可预见费等。

(5) 按照招标文件要求，计算其他项目与费用。

(6) 标底总价汇总、分析与调整。汇总人工、机械及材料总费用和数量，并将这些资源需要总量与施工组织设计的资源总量进行比较，如果两者之间有较大分歧，就必须进行慎重的分析与调整。

2. 风险分摊费的计算

利润和不可预见费要根据建筑市场的竞争状况和工程的具体条件来确定。如果工程中不确定因素较多，物价上涨趋势较明显时，加进一笔风险附加费是很有必要的。

风险的估计首先要找出施工中各种有形的不确定性因素。对于各种可供选择的施工方法或者施工中各种问题可能带来的影响，均应把有关的费用估算出来，然后评估这些不确定因素在商务方面的重要性。

通常把风险划分为两类：可定量的风险和不可定量的风险。对可定量的风险可以进行一系列的计算，以得出在施工中出现这类问题时可能发生的费用。然后，计算用来保证避免发生这类问题所需要的各项费用，并在标底总价中加上一笔适当的补偿费用。

对于不可定量的风险，可以选择进行适当的保险，并把保险费加到总价中。

除有形的风险外，尚有需要考虑的其他风险因素。对于商务方面的风险因素，例如，支付条款、合同条件、通货膨胀、汇率的波动以及银行基本利率变化等，也应予以考虑。

通常的做法是按照估定下来的一个直接费的比率，计算出一笔总金额，作为风险补偿费用。然后，把这笔补偿费用计入标底总价中去。

### （四）总价合同的标底编制

1. 适用条件

固定总价合同是指承包整个工程的合同价款总额确定，在工程实施中不再因物价上涨而变化。一般是在工期较短、工程量不太大、技术不太复杂、风险相对不大的工程项目中采用。其标底的编制是以准确的设计图纸及计算方法为基础，并考虑到一些费用的上升因素。

固定工程量总价合同在施工中如图纸、工程质量及工期要求不变动则总价固定，但当施工中图纸、工程质量或工期要求有变更，则总价也要变更。

调价总价合同是指工程合同总价在实施过程中可随价格变化而调整，在合同中包括一些关于利用公布的物价指数和适当的计算公式的条款。根据这些条款，可以保护承包商免遭材料、人工和施工设备的涨价所造成的损失，但是必须承担其他风险。

2. 标底编制时应注意的问题

总价合同尤其是固定总价合同较为突出的就是风险问题，如物价波动、气候条件恶劣、地质条件较差及其他意外的困难等。在标底中应充分考虑风险附加费，主要有下述方法：

（1）在预计采购的价格水平上，提高各项资源的价格。

（2）增大总部管理费、利润和风险附加费的裕量。

（3）调配工程量清单中各个报价项目的价格。

价格调配就是把工程量表中工程开始阶段需要完成的项目的价格调高，承包商可以在工程开始阶段就收到较多的工程款。这样，可把工程占用的资金减至最少，并有助于为后期工程提供资金。

### （五）单价合同的标底编制

1. 适用条件

单价合同通常应用于项目的内容和设计指标不能十分明确，或是工程量可能出入较大的工程。这类合同的使用范围较宽，其风险可以得到合理的分摊，并且能鼓励承包商通过提高工效等手段从中获取较高利润。

2. 标底编制时应注意的问题

在做此类工程的标底时要认真做好每个工程单价，其关键是确定每道工序的资源配置和生产工效。生产效率应是比通常平均先进水平的劳动生产率要高，以利于竞争。在标底的编制过程中，要注重研究优化工序的施工工艺，比较分析多种劳动组合的工作效率。与总价合同不同，其风险的附加费应恰当地、对应地摊入每个工程单价，同时要注意把各种工程量清单中没有的项目和费用摊入工程单价中。

## 五、合理编制工程建设项目标底的几个关键问题

（1）切实注重工程现场调查研究。应主动收集、掌握大量的第一手相关资料，分析确

定恰当的、切合实际的各种基础价格和工程单价,以确保编出合理的标底。

(2) 切实注重施工机械设备选型。应根据工程特点和施工条件认真分析、合理选择,力求经济实用、先进高效,切忌生搬硬套、脱离实际,否则将直接导致定额选择和单价分析的偏差。

(3) 切实注重施工组织设计。应通过详细的技术经济比较后再确定相关施工方案、施工总平面布置、进度控制网络图、交通运输方案等,以利所选择的施工组织设计安全可靠、科学合理,这是编制出科学合理的标底的前提。

(4) 切实注重条目包干价的计算。工程量清单中常有一些项目没有给出工程量,要求造价人员填入一个包干价,如临时工程等。应根据招标文件和施工要求等具体情况,深入研究其项目组成和工作内容,在避免漏项的前提下,合理定价。

## 任务4 水利工程招标案例

以下是某水库除险加固工程的工程施工招标文件。

### 第一节 投 标 须 知

#### 一、总则

1. 招标范围

××市××水库除险加固工程建设项目部对××市××水库除险加固工程Ⅰ标段、Ⅱ标段施工进行公开招标。工程概况及本次招标发包的合同工作范围详见本招标文件第2节(技术要求部分)。

2. 资金来源

本工程资金来源主要为中央预算内专项资金及××市配套资金。

3. 投标人的资格

(1) 投标人应是具备相应资质的企业法人。

(2) 在签订合同前,发包人有权要求投标人补充提交证明其资格合格的必要材料。

4. 不允许任一投标人提交或参与提交两份或两份以上不同的投标文件。

5. 投标费用

投标人为准备和进行投标所发生的一切费用一概自理。投标文件一律不予退还。

#### 二、招标文件

1. 招标文件由以下章节组成:

(1) 投标须知。

(2) 技术要求。

(3) 合同条款。

(4) 工程量清单。

(5) 投标文件技术部分格式。

(6) 投标文件商务部分格式。
(7) 投标文件投标报价部分格式。
(8) 评标标准与评标方法。
(9) 其他说明。

2. 招标文件的修改

在投标截止日期 15 日前，招标人可发书面补充通知修改招标文件内容，补充通知将发给所有购买了招标文件的投标人，并作为招标文件的组成部分。投标人在收到补充通知后，应以传真或其他书面文字形式通知招标人，确认已收到该补充通知。

## 三、投标文件的编制和递交

### （一）投标文件的组成

投标人应按招标文件规定的内容和格式编制和提交投标文件。投标文件包括：

1. 技术部分
(1) 资格审查资料。
(2) 施工组织设计。

2. 商务部分

投标人应按"评标标准与评标方法"中商务部分计分办法的要求附相应证明材料（按评分顺序）。所有证明材料必须真实有效，否则，即使中标，招标人也将取消其中标资格并没收相应阶段的保证金。

3. 投标报价部分
(1) 承诺书。
(2) 投标报价书。
(3) 法定代表人身份证明书。
(4) 授权委托书（若是委托代理人时附上）。
(5) 投标报价表及其附件。

### （二）投标文件的编制和递交必须遵守的要求

(1) 编制投标文件前应充分理解招标文件的全部内容。
(2) 投标人应按招标文件要求的格式填写全部表格，表格内容不得更改。
(3) 所有投标文件均一式六份，即技术部分、商务部分及投标报价部分正本各一份，副本各五份。投标文件封面应注明"正本"或"副本"字样。
(4) 投标文件应尽量避免涂改和插字。必须修改时，应在涂改或插字处加盖投标人公章及法定代表人或委托代理人印章。
(5) 技术部分、商务部分和投标报价部分均应分开袋装密封（正副本同装一袋），即技术部分 1 袋、商务部分 1 袋、投标报价部分 1 袋，合计 3 袋。在封口处应骑缝加盖投标人公章和法定代表人或委托代理人印章。在封袋面上应相应标明"技术部分"或"商务部分"或"投标报价部分"字样，并标明"××市××水库除险加固工程Ⅰ标施工投标文件"字样。

(6) 投标人应按招标文件规定的格式编制投标文件。

## 四、投标报价

(1) 投标人应按招标人提供的"工程量清单"及"投标报价表"中的说明填报投标报价汇总表及其附件。

(2) 投标报价应包括投标人中标后为完成合同规定的全部工作需支付的一切费用和拟获得的利润，并应充分考虑应承担的风险，但不包括合同规定的价格调整。

(3) 报价表中的单价、合价金额应相吻合。如不吻合，则以单价为准，调整合价总金额。若单价出现明显的小数点错误，则调整单价。

(4) 投标人提交的投标报价表及其附件经招标人确认后将列入合同文件。

## 五、应随同投标报价书递交的资料与附图

投标人应按第5节中施工组织设计格式提供有关施工组织设计的说明资料和附图。

## 六、工程计划

Ⅰ标段：
开工日期：2006年9月15日。
完工日期：2008年3月30日。
Ⅱ标段：
开工日期：2007年3月20日。
完工日期：2008年8月20日。

## 七、现场踏勘、投标截止时间及招标文件的解释

(1) 招标人将于2006年7月22日8：30组织投标人踏勘现场，集中地点在××市水利局。费用由投标人自行承担。

(2) 投标人对招标文件的内容理解有不清楚之处，可在投标截止日期16日前，书面要求招标人进行解释。招标人认为必要时，将在投标截止日期15日前以书面形式将解释内容通知所有投标人。

(3) 投标截止时间。
Ⅰ标段：2006年8月11日9：30。
Ⅱ标段：2007年1月31日9：30。
投标人应在截止日期8：00～9：30将投标文件送达××市招投标活动中心（××市行政中心五楼）。

## 八、投标保证金

(1) Ⅰ标段：2006年8月10日12：00之前（以到账时间为准，投标人务必考虑转账过程需要的时间）。Ⅱ标段：2007年1月25日12：00之前（以到账时间为准，投标人务必考虑转账过程需要的时间）。投标人必须从企业营业执照注册所在地本企业开户银行

账户将投标保证金：Ⅰ标段为6万元，Ⅱ标段为5万元，转到或汇到如下账户：

  开户行：工商银行××支行××分理处

  户　名：××市招投标中心

  地　址：××路88号

  账　号：151020632××××××××××

未按上述要求提交投标保证金者，投标文件无效。投标人在递交投标文件的同时，凭交纳投标保证金进账单与收款人银行凭证核对后换取收据。

（2）未中标投标人的投标保证金统一于Ⅰ标段：2006年9月11日（9：00～11：30，15：00～17：30），Ⅱ标段：2007年2月28日（9：00～11：30，15：00～17：30），无息退还投标人转出账户。中标人的投标保证金在与招标人正式签订合同并递交了履约保证金后5日内无息退还投标人转出账户。

（3）若发生下列任何一种情况，招标人可以没收投标保证金：

1）投标人在投标有效期内撤回其投标文件。

2）中标人在收到中标通知书后未按中标通知书要求的时间前来签订合同或拒签合同，未交或未足额缴纳履约保证金或未办妥履约保函而又不事先加以声明并取得招标人同意。

3）未参加或未按时参加开标会议。

4）本招标文件规定的其他可没收投标保证金的情形。

## 九、投标文件的修改或撤回

（1）在投标截止时间之前，投标人可以向招标人递交书面文件修改或撤回已递交的投标文件，该文件密封后递交给招标人，在封袋面上注明"补充投标"字样，并加盖投标人公章和法定代表人或委托代理人印章。

（2）补充投标的书面文件将作为投标文件附件一起开标。

## 十、开标和评标

（1）招标人将于2006年8月11日9：30（Ⅰ标段），2007年1月31日9：30（Ⅱ标段），在××市招投标中心（××市行政中心五楼）召开开标会议。所有投标人的法定代表人或其授权委托代理人均应参加（带有效证件原件），并签名报到。未参加或未按时参加（即迟到15分钟以上）开标会议的将被视为自动弃权，该投标人的投标文件无效。

（2）各投标人的投标文件从提交投标文件截止之日起60日内有效。

（3）开标会上将查验各投标人投标文件的密封情况及下列证照原件：

1）企业资质证书及营业执照。

2）企业安全生产许可证。

3）项目经理证书及项目经理安全证书。

4）法定代表人证或委托代理人委托书原件及其身份证明。

省外施工企业及省内非水利系统施工企业需同时提供信用档案原件。

（4）开标会上将宣布各投标人名称、投标报价和其他一些需要宣布的内容。

(5) 评标前,有关人员将首先检查每份投标文件内容的完整性。内容有重大偏离者,不列入评标范围。

(6) 在评标过程中,投标人应随时向评标委员会澄清或解释某些问题,但投标人不能借澄清或解释之机要求改变投标文件的实质性内容。

(7) 招标人在选择中标人时,将综合考虑以下内容:

1) 施工方法在技术上的可行性和施工布置的合理性。

2) 配备施工设备的数量和性能能否保证顺利施工。

3) 配备技术人员、管理人员和技术工人的施工素质和经验。

4) 保证质量、进度和安全等措施的可靠性。

5) 投标人的信誉及招标文件规定的其他内容。

(8) 招标人将按投标报价及前条各款的规定综合选择最优投标人。

(9) 招标人不保证投标报价最低的投标人中标。招标人将认真考虑投标人提出的优惠条件。如是总报价优惠,招标人将视为单价报价按相应的比例优惠。

## 十一、合同的签订

(1) 确定中标人后,招标人将向中标人发出中标通知书。签订合同后,将中标结果书面通知所有未中标的投标人。中标通知书为合同文件的组成部分。

(2) 不论中标结果如何,招标人都有权拒绝任何投标人要求对评标、定标情况和未中标的原因作任何解释。

(3) 接到招标人中标通知书的投标人,应作好开工的一切必要准备,并按中标通知书指定的日期,准时到指定地点签订合同。在签订合同之前,中标人应交纳履约保证金或按第 3 章规定的格式办妥履约保函。履约担保金额见第 3 章(合同条款)第二部分(专用合同条款)所述。

(4) 如果中标的投标人未按中标通知书中通知的时间前来签订合同,未交或未足额缴交履约保证金或未办妥履约保函而又不事先加以声明并取得招标人同意,企图改变投标文件的承诺,则该投标人将被取消中标资格。

(5) 中标人与招标人签订合同后,应在 2006 年 8 月 30 日(Ⅰ标段),2007 年 3 月 5 日(Ⅱ标段)前进驻工地,并按时开工。

## 第二节 技 术 要 求

### 一、一般规定

#### (一) 概况

××水库坝址坐落在××市××镇××村,距××镇 56.0km,距市区 142km。坝址以上控制流域面积 82.5km$^2$。总库容 3859 万 m$^3$,调洪库容 860 万 m$^3$,调节库容 1520 万 m$^3$。流域多年平均降水量 1881mm,灌溉农田面积 2.65 万亩,是一座以灌溉为主,兼有防洪、发电、养殖等综合利用效益的中型水利枢纽工程。

## (二)合同项目和工作范围

详见工程量清单。

## (三)由承包人提供的图纸和文件

1. 说明

(1) 承包人应负责向监理人递交有效的实施施工所需的图纸、设计数据、试验成果、施工样品和必要的文字说明(下文统称图纸和文件)。图纸和文件应配合协调,达到深度要求,相互无矛盾,以便于监理人进行校核与审批。

(2) 合同签订后承包人应向监理人提交一份由承包人项目经理签署的各类图纸和文件的提交日程表(一式四份)报送监理人批准,并按此表顺序逐月执行,除非监理人另有特别规定,应在施工前7日内提交必需的图纸和文件。提供图纸日期如需变更,须经监理人同意。

2. 施工组织设计的图纸和文件

合同签订后承包人应将详细的施工组织设计报送监理人批准。报送的图纸和文件应详细说明施工总布置、施工总进度、施工程序、主要施工方法和措施、主要施工设备和材料、劳动力计划及安全防护措施等。施工总布置图中必须标明施工占地的范围和面积、施工道路、施工管理机构的地点和范围。

3. 施工措施图纸文件

在工程开工前,承包人应向监理人报送详细的工程施工措施,其报送的图纸和文件(一式四份)应详细说明施工布置、施工进度、施工方法和措施,如开挖作业循环、安全支护、排水和弃渣措施等。

4. 临时设施与合同外零星工程的图纸和文件

(1) 合同签字后承包人应向监理人报送工程临时设施的主要图纸和文件(一式四份),并请批准。

(2) 监理人根据工程的需要可以要求承包人承担合同外的零星工程,承包人应在商定的时间内向监理人报送为实施这些零星工程施工的有关资料。

5. 承包人对提供图纸和文件的责任

(1) 承包人递交监理人批准的图纸和文件必须一式四份。每张图纸和每份文件必须留出供批准及签署意见的空白框格。监理人批准后,对于签署有"照此执行"或"按修改执行"的图纸和文件,将退还承包人一份。

(2) 承包人在收到经监理人审批的图纸和文件后,承包人因故需要修改图纸和文件时,仍需重新报送监理人。

(3) 承包人如不能按规定期限报送图纸和文件,由此而造成承包人自身的工作延误或造成其他协作单位的损失,由承包人承担全部责任。

(4) 凡须经监理人批准的图纸和文件,只有在监理人予以批准并签署"照此执行"或"按修改执行"之后,承包人才能按图纸和文件实施。承包人不得以图纸和文件已经监理人批准和审阅,或监理人对图纸和文件提出修改为理由,推卸应承担的责任或要求增加支付费用。

## （四）工程进度实施报告

### 1. 说明

承包人除在合同签字后应递交一式四份按期完成工程项目的详细施工总进度计划送请监理人批准外，尚须按本合同规定的时间向监理人递交月度的进度计划。

### 2. 施工进度计划

（1）承包人在每月开始前7日内向监理人递交下一月的施工进度计划，其内容包括拟按期完成的工程量、材料的耗用量、劳动力安排、材料设备的订货和交货安排。

（2）承包人应递交上述图纸文件（一式四份）报送监理人审批，监理人在签收分期和逐月的进度计划后7日内发出书面通知。监理人对各项施工进度计划的审批和承包人责任的规定与本章有关条款所述相同。

### 3. 工程进度实施报告

（1）承包人必须在次月7日前，向监理人递交当月施工进度实施报告（一式四份）。报告应附有适当的文字说明以及形象进度示意图，以满足监理人能有效地审议工程进度，并有可能批准修订实施进度。否则监理人有权退还报告或要求重新修改再递交。

（2）工程进度实施报告至少应包括以下内容：

1）完成工程量和累计完成工程量。

2）材料的实际进货、消耗和储存量。

3）以上两项按项目逐项统计总计、逐月累计和计算百分比。

4）设备的进货和使用安排。

5）实施的形象进度。

6）记述已延误或可能延误施工进度的影响因素以及重新达到原计划进度所采取的措施等。

7）财务收支报表。

## （五）工程质量的检查和检验

（1）承包人应按本合同《通用合同条款》第22.1款的规定，建立完善的质量管理体系，严格履行合同规定的质量检查职责。承包人应赋予质检人员对工程使用的材料和工程的所有部位及其施工工艺过程进行全面质量检查和随机抽样检验的权力。当发现工程质量不合格时，承包人质检人员应有责任及时纠正。

（2）承包人应按本合同《通用合同条款》第22.2款的规定，详细作好质量检查记录，编写质量检查报表，承包人应定期向监理人提交质量自检报告。

（3）监理人为检查检验工程和工作设备质量的需要，可要求承包人提供材料质量证明书和设备出厂合格证、材料试验和设备检测成果、施工和安装记录、质量自检报表等作为工程和工程设备验收的依据。

## （六）现场临时设施

### 1. 施工用电

（1）承包人应负责设计、供应、安装、架设、管理和维护由供电电源至所有各施工点和生活区的输电线路及其全部配电装置。

(2) 承包人应根据本合同的规定，执行监理人的书面通知为按本合同安排进场工作的其他承包人提供施工用电和生活办公用电，具体付费办法应由双方签订协议。

(3) 在整个施工期间，承包人应负责配备一定容量的施工和生活备用电源以防急用。

2．施工用水

(1) 承包人必须在合同规定的施工期间提供充分的施工用水和生活用水，水质应符合国家有关规定。

(2) 承包人应根据本合同的规定，按监理人的书面通知，为按本合同安排进场工作的其他承包人提供施工用水和生活用水，具体付费办法应由双方签订协议。

3．施工照明

承包人应按合同规定负责设计、供应、安装、管理和维修施工区和生活区的全部照明系统。

4．土料开采加工系统

(1) 承包人应负责提供本合同工程施工所需的全部土料，并负责土料加工系统的设计和施工以及开采加工设备的采购、安装、调试、运行、管理和维修。

(2) 土料开采加工系统的生产能力和规模应根据施工总进度计划对土料的需要，进行料场的开采、加工、储存和供料平衡后选定，配置的开采加工设备应满足土料的高峰用量要求。

(3) 承包人提供的土料应满足本合同施工图纸的要求和符合各专项技术条款规定的质量标准。

(4) 承包人应按批准的施工总布置规划进行砂石料和土料开采加工系统的布置和设计，并应做好场地的排水、防洪保护、弃渣的处理及防止环境污染等水土保持工作。

**（七）施工安全防护**

1．承包人对安全防护的责任

在工程最终验收之前的整个施工期内，承包人必须制定并实施一切必要的措施，保证工程现场施工安全（包括承包人和非承包人的人员安全），维护工地正常生产、生活秩序，承包人在签订合同协议书后 7 天内，必须制定一份有关安全措施的书面报告递交监理人批准。安全措施包括（但不限于）防洪、防火、救护、警报、治安等。承包人应遵守国家颁发的有关安全规程，对于不符合我国法律、法令、安全规程及本合同规定的事故隐患，发包人有权向承包人提出干涉，由此发生重大安全事故，承包人必须在事故发生 72 小时内向发包人递交事故报告，并对事故承担全部责任，而不应为此增加发包人费用或延迟施工进度。

2．劳动保护

凡属承包人雇用的现场工作人员，承包人必须根据作业种类和特点并按照国家的劳动保护法发给相应的劳保用品，包括安全帽、水鞋、雨衣、工作服、手套、手灯、防尘面具、安全带等，承包人还应按照有关的劳动保护规定发给工作人员劳动津贴和营养补助。

3．照明安全

承包人应在各施工区、道路及生活区设置足够的照明系统。在不便于采用电器照明的工作面可采用气或炭化灯。

4. 接地及避雷装置

凡可能漏电伤人或受雷击的电器设备及建筑物均应设置接地或避雷装置,承包人应负责这些装置的供应、安装、管理和维修,并应定期派专业人员检查这些装置的效果。

5. 防火

承包人应配备适量的灭火设备器材。消防设备器材的型号和功率应满足消防任务的需要,消防人员应熟悉消防业务,训练有素。消防设备器材应随时检查保养,使其始终处于良好的待命状态。承包人应向监理人递交施工总规划的同时递交一份包括上述内容的消防措施和计划的报告,报送监理人审批。

6. 防洪和气象灾害的防护

承包人必须重视水情和气象预报,一旦发现有可能危及工程安全和人身财产安全的洪水或气象灾害的预兆时,应立即采取有效的防洪和防止气象灾害的措施,以确保工程和人身财产的安全及保证工程的按计划进行。

7. 信号

承包人应在施工区内设置一切必需的信号,这些信号应包括(但不限于)标准的道路信号、报警信号、危险信号、控制信号、安全信号和指示信号。承包人应负责维护自己和发包人放置的所有信号。若监理人认为承包人提供的信号系统不能有效地保证安全,承包人必须按监理人的要求补充、修改或更换该系统。

8. 安全防护规程

承包人应根据国家颁发的各种安全规程,结合自己的实践编印通俗易懂适合于本工程使用的安全防护规程袖珍手册。在监理人下达书面开工令后应将手册的复制清样递交监理人审批,印刷成的手册亦应分发给承包人的全体职工以及发包人和监理人。

安全防护规程手册的应包括(但不限于)以下内容:

(1) 防护衣、安全帽、防护鞋袜及其他防护用品的作用。
(2) 汽车驾驶和运输机械的使用。
(3) 用电安全。
(4) 高边坡开挖作业的安全。
(5) 机械作业的安全。
(6) 意外事故和火灾的救护和程序。
(7) 防洪和防气象灾害措施。
(8) 信号和告警知识。
(9) 其他有关规定。

9. 安全会议和安全防护教育

(1) 承包人在工程开工前组织有关人员学习安全防护手册,并进行安全作业的考核与笔试,考试合格的职工才能进入工作面工作。
(2) 承包人应定期举行安全会议,并指定有关管理人员、工长和安全员参加。
(3) 各作业班组在上班前后均应对该班的安全作业情况进行检查和总结,并及时处理安全作业中存在的问题。

（4）对于危险作业，承包人应加强安全检查建立专门监督岗，并在危险作业区附近设置醒目的标志，以引起工作人员的注意。

**（八）现场材料**

（1）承包人必须建立自己的现场材料试验室，配备足够的人员和设备，在合同签字后，承包人应在递交施工总计划的同时，递交一份建立现场材料试验的计划报告（一式四份），报送监理人审批。

（2）承包人应按技术规范的有关规定对整个施工过程中所采用的材料等进行取样试验，并将试验报告报送监理人审批。监理人有权通知承包人停止使用或降级使用不合格的材料，承包人不能以此为理由要求发包人增加工程的支付费用。

（3）监理人如建立有自己的现场材料试验室，监理人可根据自己的需要抽样进行以上各项材料试验，承包人应按有关规范的规定向监理人无偿提供试验用材料和各种试件。

承包人应按监理人指示进行各项取样和试验工作，并为监理人进行监督检查提供一切方便。当监理人认为有必要亲自进行取样和试验时，承包人应为其提供必要的条件。

这些规定的取样和试验，其全部费用均由承包人负担。

**（九）保险**

1. 投保险种

发包人或承包人按本合同《通用合同条款》第 48 条～第 50 条的规定投保以下险种：

（1）工程险（包括材料和工程设备）。

（2）第三者责任险。

（3）施工设备险。

（4）人身意外伤害险。

2. 保险责任

发包方、承包方根据各自需要选择险种投保，其费用各自负担。

**（十）工程量计量方法**

（1）本合同的工程项目应按本合同《通用合同条款》第 31 条规定进行计量。

（2）所有工程项目的计量方法均应符合有关规定，承包人应自供一切计量设备和用具，并保证计量设备和用具符合国家度量衡标准的精度要求。

（3）凡超出施工图纸的技术条款规定的计量范围以外的长度、面积或体积，均不予计量或计算。

（4）实物工程量的计量，应由承包人应用标准的计量设备进行称量或计算，并经监理人签认后，列入承包人的每月工程量报表。

**（十一）计量和支付**

除合同另有规定外，本工程一律按监理人签认并经发包人审查的月进度工程量计量进行支付。

### （十二）技术标准和规程规范

（1）除本技术条款的规定外，承包人施工所用的材料、设备、施工工艺和工程质量的检验和验收应符合本技术条款中引用的国家和行业颁发的技术标准和规程、规范的规定。

（2）当本技术条款的内容与所引用的标准和规程规范的规定有矛盾时，应以本技术条款的规定或监理人指示为准。

（3）技术条款中有关工程等级、防洪标准和工程安全鉴定标准等涉及工程安全的规定，必须严格遵守国家和行业的标准，遇有矛盾时应由监理人按国家和行业标准的规定进行修正，涉及变更的应按本合同《通用合同条款》第39条的规定办理。

（4）在施工过程中，监理人为保证工程质量和施工进度的要求，有权指示承包人或批准承包人采用新技术和新工艺，并增补和修改技术条款的内容。其增补和修改的内容涉及变更时，应按本合同《通用合同条款》第39条的规定办理。

（5）合同引用的技术标准和规程规范，分别列在本节"适应的技术规范"中。

（6）合同技术条款中引用的标准和规程规范在本合同签订时均为有效，若标准和规程、规范被修订，应执行其最新版本。

## 二、适应的技术规范

承包人在实施自己承包的工程时，应根据图纸严格按照相应的技术规范要求施工。

（1）GB 50201—94《防洪标准》。
（2）SL 252—2000《水利水电工程等级划分及洪水标准》。
（3）SL 147—96《水利水电工程混凝土防渗墙施工技术规范》。
（4）SL 62—94《水工建筑物水泥灌浆施工技术规范》。
（5）SD 120—84《浆砌石坝施工技术规定（试行）》。
（6）223—1999《水利水电建设工程验收规程》。
（7）SDJ 338—89《水利水电工程施工组织设计规范》。
（8）GB 50204—2002《混凝土结构工程施工质量验收规范》。
（9）GB 175—92《硅酸盐水泥、普通硅酸盐水泥》。
（10）GB 50202—2002《建筑地基基础工程施工质量验收规范》。
（11）SL 52—93《水利水电工程施工测量规范》。
（12）SL 176—1996《水利水电工程施工质量评定规程（试行）》。

注：以上标准和规程、规范若有最新版本，应执行最新版本，且不限于以上所列。

## 第三节 合同条款

### 一、第一部分 通用合同条款

通用合同条款全文录用《水利水电土建工程施工合同条件》（GF—2000—0208）。（略）

### 二、第二部分 专用合同条款

专用合同条款中的各条款是补充和修改通用合同条款中相同条款号的条款或当需要时

增加新的条款,二者应对照阅读。如果出现矛盾或不一致,则以专用合同条款为准。通用合同条款中未补充和修改的部分仍有效。

3 合同文件的优先顺序,除合同另有规定外,解释合同文件的优先顺序如下:
(1) 协议书(包括补充协议)。
(2) 中标通知书。
(3) 投标报价书。
(4) 专用合同条款。
(5) 通用合同条款。
(6) 技术条款。
(7) 图纸。
(8) 已标价的工程量清单。
(9) 经双方确认的其他合同文件。

4.4 提供施工用地

发包人负责向承包人提供施工用地,提供的用地范围和时限在签署协议书时商定。

6.1 履约担保证件

履约担保可采用现金、支票或银行保函形式。履约担保金额为中标价的10%。该担保在竣工验收合格后无息退还。

7.1 监理人在行使下列权力前,必须得到发包人的批准:
(1) 按第11条规定,批准工程的分包。
(2) 按第20条规定,确定延长完工期限。
(3) 按第39条规定,确定工程量的变更。

尽管有以上规定,但当监理人认为出现了危及生命、工程或毗邻财产等安全的紧急事件时,在不免除合同的承包人责任的情况下,监理人可以指示承包人实施为消除或减少这种危险所必须进行的工作,即使没有发包人的事先批准,承包人也应立即遵照执行。监理人应按39条的规定增加相应的费用,并通知承包人和抄送发包人。

14 材料和工程设备的提供

承包人采购的建筑材料:

本工程的建筑材料,均由承包人自行采购、运输、验收和保管,各投标人自行报价(各投标人按此报价进入投标报价单价表),施工期所有材料不予补差。

18.1 在具备开工条件时,监理人应发出开工通知。

23.1 材料和工程设备的检验和交货验收

本款(1)项中"承包人提供的材料和工程设备应由承包人负责检验和交货验收"改为"无论是承包人提供的材料和工程设备,还是发包人指定供应的材料和工程设备,均由承包人负责检验和交货验收"。

32.1 工程预付款

本款(1)项中工程预付款总金额为本工程合同价的10%,第一次在人员设备进场后正式开工前支付,金额为该预付款总额的40%,第二次在开工后21天内支付,金额为该预付款总额的60%。

本款（4）项中工程预付款的扣回，在完成工程的 30% 前分两次扣回。

33　工程进度付款

工程进度付款按实际完成的合格单元工程计算，发包单位根据监理工程师核定签证的合格单元工程付给完成造价的 85% 工程款；竣工验收合格后，付款至实际完成工程造价的 95%，剩余 5% 为工程保修金，待保修期满后付清。

34　保留金

本款（1）项中"专用合同条款规定的百分比"为"15%"。

39.1　变更的范围和内容

本款第（1）项②修改为"增加或减少经设计修改业主批准的工程变更"。

39.7　合同价增减

由于工程量的变更引起的合同价格的增减均不调整工程单价。

47.1　发包人的风险

本款第（2）项改为"由发包人责任造成发包人提供的工程设备及指定供货来源的材料的损失或损坏"。

48.1　工程和施工设备的保险

发包人和承包人各自根据需要选择险种投保，其费用各自负担。

53.1　保修期：本合同工程的保修期为一年。自工程竣工验收合格之日起算。

补充条款

承包人在施工现场的项目负责人和技术人员，必须是投标书中的人员，且项目负责人在现场负责的时间不得少于施工工期的 2/3，其他技术人员必须全部时间在施工现场。否则，将被视为违约并扣减合同价款的 10% 的违约金。

## 三、协议书格式

协　议　书

　　××市 ××水库除险加固工程建设项目部（以下称发包人）拟修建 ××市 ××水库除险加固工程，接受了＿＿＿＿（承包人名称）＿＿＿＿（以下称承包人）的投标，双方达成如下协议，并于＿＿年＿＿月＿＿日签订了本协议书，合同总金额为人民币（大写）＿＿＿＿＿＿元。

1. 本协议书中的词语含义与本章所列的专用合同条款和通用合同条款中的词语含义相同。
2. 本合同包括下列文件：
（1）协议书（包括补充协议）。
（2）中标通知书。
（3）投标报价书。
（4）专用合同条款。
（5）通用合同条款。
（6）技术条款。

(7) 图纸。

(8) 已标价的工程量清单。

(9) 经双方确认进入合同的其他文件。

上列文件汇集并代替了本协议书签订前双方为本合同签订的所有协议、会谈记录以及相互承诺的一切文件。

3. 承包人保证按照合同规定全面完成各项承包工作,并承担合同规定的承包人的全部义务和责任。

4. 发包人保证按照合同规定付款并承担合同规定的发包人的全部义务和责任。

5. 本协议书经双方法定代表人或其委托代理人签名并分别盖本单位公章后生效。

6. 本合同一式_____份。其中正本贰份,双方各执壹份,副本_____份,发包人_____份,承包人_____份,其余副本由发包人分送有关单位。

| 发包人:(名称) | 承包人:(名称) |
| --- | --- |
| （盖单位章） | （盖单位章） |
| 法定代表人:_____(名称) | 法定代表人:_____(名称) |
| （或委托代理人）_____(签名) | （或委托代理人）_____(签名) |
| 地　　址:_____ | 地　　址:_____ |
| 网　　址:_____ | 网　　址:_____ |
| 电　　话:_____ | 电　　话:_____ |
| 电　　传:_____ | 电　　传:_____ |
| 传　　真:_____ | 传　　真:_____ |
| 电报挂号:_____ | 电报挂号:_____ |
| 邮政编码:_____ | 邮政编码:_____ |
| 开户银行:_____ | 开户银行:_____ |
| 账　　号:_____ | 账　　号:_____ |
| 　年　月　日 | 　年　月　日 |

## 第四节　工程量清单

## 一、说明

(1) 工程量清单应与投标须知、技术要求、合同条款和设计文件及图纸等招标文件一起对照阅读。

(2) 工程量清单中的工程量作为投标人编制投标文件的依据,并作为评标的共同基础。付款则根据经量测核定的实际工程量乘以经评标审定的投标报价表的单价得出的合价实现。投标人承担实际工程量大于或小于工程量清单工程量的风险。

(3) 除合同另有规定外,工程量清单中的单价和合价包括由承包人承担的直接费、间接费、税金等全部费用和要求获得的利润以及应由承包人承担的义务、责任和风险所发生的一切费用。

（4）符合合同规定的全部费用和利润都应包括在工程量清单所列项目中，合同规定应由承包人承担而工程量清单中未详细列出的项目，其费用和利润均认为已包括在其他有关项目的单价和合价中，投标人不应在工程量清单中自行增加新的项目或修改项目名称。

（5）工程量清单中各项目的工作内容和要求应满足设计文件及相应施工规范要求。

## 二、工程量清单

1. 工程项目总价表

合同编号：××××TJ/TJ1/SG—02

工程名称：××××工程××段

| 序 号 | 工程项目名称 | 金额（元） |
|---|---|---|
| 1 | 土方明挖 | |
| 2 | 土方填筑 | |
| 3 | 混凝土工程 | |
| 4 | 砌筑工程 | |
| 5 | 通信预埋管道 | |
| 6 | 建筑与装修工程 | |
| 7 | 路面恢复 | |
| 8 | 水土保持 | |
| 9 | 措施项目 | |
| 10 | 其他项目 | |
| | 合计 | |

2. 分类分项工程量清单

合同编号：××××TJ/TJ1/SG—02

工程名称：××××工程××段

| 序号 | 项目编码 | 项目名称 | 计量单位 | 工程数量 | 单价（元） | 合价（元） | 主要技术条款编码 |
|---|---|---|---|---|---|---|---|
| 1 | | 土方明挖 | | | | | |
| 1.1 | | 土方开挖 | | | | | |
| 1.1.1 | 500101003001 | 输水箱涵工程 | m³ | 1070806 | | | 3.3 |
| 1.1.2 | 500101003002 | Rt62通气孔工程 | m³ | 4399 | | | 3.3 |
| 1.1.3 | 500101003003 | Rt63通气孔工程 | m³ | 4325 | | | 3.3 |
| 1.1.4 | 500101003004 | 王家封至大柳滩公路涵工程 | m³ | 25501 | | | 3.3 |
| 1.1.5 | 500101003005 | 市区段规划公路涵（一） | m³ | 53637 | | | 3.3 |
| 1.2 | | 清淤 | | | | | |
| 1.2.1 | 500101010001 | 王家封至大柳滩公路涵工程 | m³ | 900 | | | 3.3 |
| 1.3 | 500101010002 | 弃土（包括淤泥） | m³ | 144556 | | | 3.5 |
| 2 | | 土方填筑 | | | | | |
| 2.1 | 500103001001 | 输水箱涵工程 $D>0.90$ | m³ | 797231 | | | 4.3 |
| 2.2 | 500103001002 | Rt62通气孔工程 $D>0.90$ | m³ | 2955 | | | 4.3 |

续表

| 序号 | 项目编码 | 项目名称 | 计量单位 | 工程数量 | 单价(元) | 合价(元) | 主要技术条款编码 |
|---|---|---|---|---|---|---|---|
| 2.3 | 500103001003 | Rt63通气孔工程 D>0.90 | $m^3$ | 2978 | | | 4.3 |
| 2.4 | 500103001004 | 王家封至大柳滩公路涵工程 D>0.94 | $m^3$ | 17895 | | | 4.3 |
| 2.5 | 500103001005 | 市区段规划公路涵（一）D>0.94 | $m^3$ | 41701 | | | 4.3 |
| 3 | | 混凝土工程 | | | | | |
| 3.1 | | 输水箱涵工程 | | | | | |
| 3.1.1 | 500109001001 | C10素混凝土垫层 | $m^3$ | 4920 | | | 5.4 |
| 3.1.2 | 500109001002 | C30W6F150箱涵混凝土 | $m^3$ | 89460 | | | 5.4 |
| 3.1.3 | 500109008001 | 橡胶止水带 | m | 10550 | | | 5.4.12 |
| 3.1.4 | 500109009001 | 闭孔泡沫塑料板 | $m^2$ | 5992 | | | 5.4.12 |
| 3.1.5 | 500109011001 | 双组分聚硫胶 | kg | 9600 | | | 5.4.12 |
| 3.1.6 | 500111001001 | 钢筋 | t | 7791 | | | 5.3 |
| 3.2 | | Rt62通气孔工程 | | | | | |
| 3.2.1 | 500109001003 | C30W6F150混凝土 | $m^3$ | 541 | | | 5.4 |
| 3.2.2 | 500109001004 | C10素混凝土垫层 | $m^3$ | 23 | | | 5.4 |
| 3.2.3 | 500109008002 | 橡胶止水带 | m | 99 | | | 5.4.12 |
| 3.2.4 | 500109011002 | 双组分聚硫胶 | kg | 160 | | | 5.4.12 |
| 3.2.5 | 500109009002 | 闭孔泡沫塑料板 | $m^2$ | 56 | | | 5.4.12 |
| 3.2.6 | 500111001002 | 钢筋 | t | 42 | | | 5.3 |
| 3.2.7 | 500111002001 | 钢格栅盖板 | t | 1.7 | | | 5.5 |
| 3.2.8 | 500111002002 | 钢管栏杆 | t | 0.7 | | | 5.5 |
| 3.2.9 | 500111002003 | 钢梯 | t | 4 | | | 5.5 |
| 3.3 | | Rt63通气孔工程 | | | | | |
| 3.3.1 | 500109001005 | C30W6F150混凝土 | $m^3$ | 542 | | | 5.4 |
| 3.3.2 | 500109001006 | C10素混凝土垫层 | $m^3$ | 23 | | | 5.4 |
| 3.3.3 | 500109008003 | 橡胶止水带 | m | 99 | | | 5.4.12 |
| 3.3.4 | 500109011003 | 双组分聚硫胶 | kg | 160 | | | 5.4.12 |
| 3.3.5 | 500109009003 | 闭孔泡沫塑料板 | $m^2$ | 56 | | | 5.4.12 |
| 3.3.6 | 500111001003 | 钢筋 | t | 42 | | | 5.3 |
| 3.3.7 | 500111002004 | 钢格栅盖板 | t | 1.7 | | | 5.5 |
| 3.3.8 | 500111002005 | 钢管栏杆 | t | 0.7 | | | 5.5 |
| 3.3.9 | 500111002006 | 钢梯 | t | 4 | | | 5.5 |
| 3.4 | | 王家封至大柳滩公路涵工程 | | | | | |
| 3.4.1 | 500109001007 | C10素混凝土垫层 | $m^3$ | 140 | | | 5.4 |
| 3.4.2 | 500109001008 | C30W6F150箱涵混凝土 | $m^3$ | 2898 | | | 5.4 |

续表

| 序号 | 项目编码 | 项目名称 | 计量单位 | 工程数量 | 单价(元) | 合价(元) | 主要技术条款编码 |
|---|---|---|---|---|---|---|---|
| 3.4.3 | 500109008004 | 橡胶止水带 | m | 299 | | | 5.4.12 |
| 3.4.4 | 500109009004 | 闭孔泡沫塑料板 | m² | 193 | | | 5.4.12 |
| 3.4.5 | 500109011004 | 双组分聚硫胶 | kg | 480 | | | 5.4.12 |
| 3.4.6 | 500111001004 | 钢筋 | t | 252 | | | 5.3 |
| 3.4.7 | 500103007001 | 碎石垫层 | m³ | 295 | | | 6.3 |
| 3.5 | | 市区段规划公路涵（一） | | | | | |
| 3.5.1 | 500109001009 | C10素混凝土垫层 | m³ | 231 | | | 5.4 |
| 3.5.2 | 500109001010 | C30W6F150箱涵混凝土 | m³ | 4200 | | | 5.4 |
| 3.5.3 | 500109008005 | 橡胶止水带 | m | 493 | | | 5.4.12 |
| 3.5.4 | 500109009005 | 闭孔泡沫塑料板 | m² | 280 | | | 5.4.12 |
| 3.5.5 | 500109011005 | 双组分聚硫胶 | kg | 800 | | | 5.4.12 |
| 3.5.6 | 500111001005 | 钢筋 | t | 366 | | | 5.3 |
| 4 | | 砌筑工程 | | | | | |
| 4.1 | | 王家封至大柳滩公路涵工程 | | | | | |
| 4.1.1 | 500105003001 | 浆砌石护砌 | m³ | 834 | | | 6.3 |
| 4.1.2 | 500103007002 | 碎石垫层 | m³ | 186 | | | 6.3 |
| 4.1.3 | 500109009006 | 闭孔泡沫塑料板 | m² | 95 | | | 5.4.12 |
| 5 | | 通信预埋管道 | | | | | |
| 5.1 | 500201034001 | 施工测量通信管道 | 100m | 72.8 | | | 7 |
| 5.2 | 500201034002 | 管道沟和人、手孔坑开挖 | 100m³ | 18.19 | | | 7 |
| 5.3 | 500201034003 | 管道沟和人、手孔坑回填（压实度同主体工程） | 100m³ | 10.91 | | | 7 |
| 5.4 | 500201034004 | 夯填3∶7灰土（D>0.95） | 100m³ | 18.19 | | | 7 |
| 5.5 | 500201034005 | 通信管道的混凝土包封C30 | m³ | 13 | | | 7 |
| 5.6 | 500201034006 | 铺设镀锌钢管管道2孔（φ114×4mm镀锌钢管） | 100m | 1.8 | | | 7 |
| 5.7 | 500201034007 | 手孔1200×1700车行道 | 个 | 8 | | | 7 |
| 5.8 | 500201034008 | 硅芯管敷设（2孔管） | km | 7.08 | | | 7 |
| 5.9 | 500201034009 | 钢管径内人工穿放硅芯管 | km | 0.36 | | | 7 |
| 5.10 | 5002010340010 | 塑料管道充气试验（孔km） | 孔km | 14.56 | | | 7 |
| 5.11 | 5002010340011 | 手孔及管道基础钢筋 | 100kg | 4.56 | | | 7 |
| 6 | | 建筑与装修工程 | | | | | |
| 6.1 | | 通气孔（Rt62）厂区工程 | | | | | |
| 6.1.1 | 500105007001 | 广场砖铺装 | m² | 274 | | | 8.8 |
| 6.1.2 | 500105006001 | 砖围墙（带刺网） | m | 70 | | | 8.8 |

续表

| 序号 | 项目编码 | 项目名称 | 计量单位 | 工程数量 | 单价(元) | 合价(元) | 主要技术条款编码 |
|---|---|---|---|---|---|---|---|
| 6.1.3 | 500114001002 | 大门、门柱 | 套 | 1 | | | 8.8 |
| 6.2 | | 通气孔（Rt63） | | | | | |
| 6.2.1 | | 监测站 | | | | | |
| 6.2.1.1 | | 土方工程 | | | | | |
| 6.2.1.1.1 | 500101002001 | 土方开挖 | m³ | 40 | | | 3.3 |
| 6.2.1.1.2 | 500103016001 | 土方回填 | m³ | 30 | | | 4.3 |
| 6.2.1.2 | | 砌体工程 | | | | | |
| 6.2.1.2.1 | 500105006002 | 360厚实心页岩砖 | m³ | 10 | | | 8.2 |
| 6.2.1.2.2 | 500105006003 | 240厚实心页岩砖 | m³ | 3 | | | 8.2 |
| 6.2.1.3 | | 楼地面工程 | | | | | |
| 6.2.1.3.1 | 500114001003 | 地砖地面 | m² | 6 | | | 8.3 |
| 6.2.1.3.2 | 500114001004 | 地砖踢脚（h=120mm） | m² | 1 | | | 8.3 |
| 6.2.1.4 | | 内墙装饰工程 | | | | | |
| 6.2.1.4.1 | 500114001005 | 抹灰喷刷乳胶漆面层 | m² | 26 | | | 8.5 |
| 6.2.1.5 | | 顶棚装饰工程 | | | | | |
| 6.2.1.5.1 | 500114001006 | 矿棉吸音板吊顶 | m² | 6 | | | 8.5 |
| 6.2.1.6 | | 外墙装饰工程 | | | | | |
| 6.2.1.6.1 | 500114001007 | 涂料外墙 | m² | 10 | | | 8.5 |
| 6.2.1.6.2 | 500114001008 | 面砖墙面 | m² | 52 | | | 8.5 |
| 6.2.1.7 | | 屋面工程 | | | | | |
| 6.2.1.7.1 | 500114001009 | 防水屋面 | m² | 8 | | | 8.4 |
| 6.2.1.7.2 | 500114001010 | UPVC雨水管 | m | 3 | | | 8.4 |
| 6.2.1.7.3 | 500114001011 | 雨水口 | 套 | 1 | | | 8.4 |
| 6.2.1.8 | | 门窗工程 | | | | | |
| 6.2.1.8.1 | 500114001012 | 水晶灰色推拉塑钢窗 | m² | 2 | | | 8.5 |
| 6.2.1.8.2 | 500114001013 | 三防门（含埋件） | m² | 2 | | | 8.5 |
| 6.2.1.9 | | 其他 | | | | | |
| 6.2.1.9.1 | 500114001014 | 水泥台阶 | m² | 9 | | | 8.3 |
| 6.2.1.9.2 | 500114001015 | 混凝土散水 | m² | 7 | | | 8.3 |
| 6.2.1.9.3 | 500114001016 | 混凝土雨篷装饰、装修 | m² | 2 | | | 8.5 |
| 6.2.1.9.4 | 500114001017 | 预制水磨石窗台板 | m² | 0.32 | | | 8.3 |
| 6.2.1.10 | | 钢筋混凝土工程 | | | | | |
| 6.2.1.10.1 | 500109001011 | C10现浇混凝土垫层 | m³ | 2 | | | 8.6 |
| 6.2.1.10.2 | 500109001012 | C30现浇混凝土条型基础 | m³ | 4 | | | 8.6 |

续表

| 序号 | 项目编码 | 项目名称 | 计量单位 | 工程数量 | 单价(元) | 合价(元) | 主要技术条款编码 |
|---|---|---|---|---|---|---|---|
| 6.2.1.10.3 | 500109001013 | 砌砖基础 | m³ | 7 | | | 8.6 |
| 6.2.1.10.4 | 500109001014 | C30现浇混凝土构造柱 | m³ | 1 | | | 8.6 |
| 6.2.1.10.5 | 500109001015 | C30现浇混凝土圈梁 | m³ | 1.5 | | | 8.6 |
| 6.2.1.10.6 | 500109001016 | C30现浇混凝土过梁 | m³ | 0.38 | | | 8.6 |
| 6.2.1.10.7 | 500109001017 | C30现浇混凝土雨篷梁 | m³ | 0.25 | | | 8.6 |
| 6.2.1.10.8 | 500109001018 | C30现浇混凝土无梁板 | m³ | 1 | | | 8.6 |
| 6.2.1.10.9 | 500109001019 | C30现浇混凝土雨篷板 | m³ | 0.2 | | | 8.6 |
| 6.2.1.10.10 | 500111001006 | 钢筋 | t | 0.63 | | | 8.7 |
| 6.2.2 | | 厂区工程 | | | | | |
| 6.2.2.1 | 500105007002 | 广场砖铺装 | m² | 274 | | | 8.8 |
| 6.2.2.2 | 500105006004 | 砖围墙(带刺网) | m | 70 | | | 8.8 |
| 6.2.2.3 | 500114001018 | 大门、门柱 | 套 | 1 | | | 8.8 |
| 6.2.3 | | 消防工程 | | | | | |
| 6.2.3.1 | 500201030001 | 磷酸铵盐干粉灭火器 | 具 | 2 | | | |
| 6.3 | | 工程标识 | | | | | |
| 6.3.1 | 500114001019 | 里程碑 | 个 | 6 | | | 8.9 |
| 6.3.2 | 500114001020 | 铜制标牌 | 个 | 95 | | | 8.9 |
| 6.3.3 | 500114001021 | 标志牌 | 个 | 1 | | | 8.9 |
| 6.3.4 | 500114001022 | 警示牌 | 个 | 1 | | | 8.9 |
| 7 | | 路面恢复 | | | | | |
| 7.1 | | 王家封至大柳滩公路涵工程 | | | | | 9 |
| 7.1.1 | 500101010003 | 拆除 | m² | 180 | | | |
| 7.1.2 | 500114001023 | 恢复 | m² | 180 | | | |
| 8 | | 水土保持 | | | | | |
| 8.1 | | 植物工程 | | | | | |
| 8.1.1 | 500101001001 | 平整土地 | m² | 22400 | | | 10.2.2 |
| 8.1.2 | 500114002001 | 撒播草籽 | m² | 22400 | | | 10.2.2 |
| 8.1.3 | 500114002002 | 紫花苜蓿 | kg | 34 | | | 10.2.2 |
| 8.1.4 | 500114002003 | 无芒雀麦 | kg | 34 | | | 10.2.2 |
| 8.1.5 | 500114002004 | 扁穗冰草 | kg | 34 | | | 10.2.2 |
| 8.2 | | 临时工程 | | | | | 10.2.2 |
| 8.2.1 | 500114002005 | 非汛期及村镇附近堆土临时防护(尼龙布) | m² | 125591 | | | 10.2.3 |
| 8.2.2 | 500114002006 | 汛期临时堆土编织袋围挡与拆除 | m³ | 2233 | | | 10.2.3 |

3. 措施项目清单

合同编号：××××TJ/TJ1/SG—02

工程名称：××××工程××段

| 序 号 | 项目名称 | 金额（元） |
|---|---|---|
| 1 | 防水 | 总价支付 |
| 1.1 | 主体工程施工防水 | |
| 2 | 施工供水、供电 | 总价支付 |
| 2.1 | 施工临时供电系统 | |
| 2.2 | 施工临时供水系统 | |
| 3 | 进退场费 | 总价支付 |
| 3.1 | 办理履约保证金手续费用 | |
| 3.2 | 施工临时生产、生活及消防设施 | |
| 3.3 | 施工临时仓库 | |
| 3.4 | 工程测量、放线费用 | |
| 3.5 | 施工场内交通 | |
| 3.6 | 场地清理费 | |
| 3.7 | 其他 | |
| 4 | 施工交通 | 总价支付 |
| 4.1 | 施工进场道路 | |
| 4.2 | 施工期挖断现有交通的辅助道路 | |
| 4.3 | 施工弃土道路 | |
| 5 | 环境保护措施 | 总价支付 |
| 5.1 | 生产废水处置 | |
| 5.2 | 生活污水处理 | |
| 5.3 | 大气降尘措施 | |
| 5.4 | 降噪措施 | |
| 5.5 | 固体废物处置措施 | |
| 5.6 | 生活饮用水水质保障措施 | |
| 5.7 | 生活区卫生消毒 | |
| 5.8 | 杀虫灭鼠措施 | |
| 5.9 | 施工人员检疫 | |
| 6 | 文明施工 | 总价支付 |
| 7 | 安全防护 | 总价支付 |
| 8 | 保险 | 总价支付 |
| 8.1 | 农民工工伤险 | |
| 9 | 工程资料审查及咨询费 | 总价支付 |
| 10 | 招标代理服务费 | 总价支付 |

### 4. 其他项目清单

合同编号：××××TJ/TJ1/SG—02

工程名称：××××工程××段

| 序号 | 项 目 名 称 | 金额（元） | 备 注 |
|---|---|---|---|
| 1 | 备用金 | 3000000 | |
| | | | |
| | 合计 | | |

### 5. 零星项目清单

合同编号：××××TJ/TJ1/SG—02

工程名称：××××工程××段

| 序 号 | 名 称 | 型 号 规 格 | 计量单位 | 单价（元） | 备注 |
|---|---|---|---|---|---|
| 1 | 人工 | | | | |
| 1.1 | 工长 | | | | |
| 1.2 | 高级工 | | | | |
| 1.3 | 中级工 | | | | |
| 1.4 | 初级工 | | | | |
| 2 | 材料 | | | | |
| 2.1 | 水泥 | 42.5 | | | |
| 2.2 | 钢筋 | | | | |
| 2.3 | 碎石 | | | | |
| 2.4 | 砂 | | | | |
| 2.2 | 块石 | | | | |
| 2.6 | 柴油 | | | | |
| 2.7 | 汽油 | | | | |
| 3 | 机械 | | | | |
| 3.1 | 液压单斗挖掘机 | 1m³ | | | |
| 3.2 | 轮胎式装载机 | 1m³ | | | |
| 3.3 | 推土机 | 29kW | | | |
| 3.4 | 推土机 | 74kW | | | |
| 3.2 | 推土机 | 88kW | | | |
| 3.6 | 推土机 | 118kW | | | |
| 3.7 | 自卸汽车 | 2t | | | |
| 3.8 | 自卸汽车 | 8t | | | |
| 3.9 | 自卸汽车 | 10t | | | |
| 3.1 | 载重汽车 | 2t | | | |
| 3.11 | 履带式拖拉机 | 29kW | | | |
| 3.12 | 履带式拖拉机 | 74kW | | | |
| 3.13 | 吊车 | 30t | | | |
| 3.14 | 蛙夯 | 2.8kW | | | |
| 3.15 | 压路平碾 | 10～12t | | | |

## 第五节　投标文件技术部分格式

### 一、封面格式

---

××市××水库除险加固工程Ⅰ Ⅱ标段
施工招标投标文件

### 技术部分（正副本）

投标人：＿＿＿＿＿＿＿＿＿＿＿＿＿＿＿＿＿＿＿＿（盖章）

法定代表人或委托代理人：＿＿＿＿＿＿＿＿＿＿（签字或盖章）

日期：＿＿＿＿年＿＿月＿＿日

---

### 二、资格审查资料格式

（1）附表1为投标人基本情况表格式。

附表1　　　　　　　　　投标人基本情况表

| 企业名称 | | | | | |
|---|---|---|---|---|---|
| 注册地址 | | | | | |
| 通信代码 | 电话 | | | 传真 | |
| | 网址 | | | 邮政编码 | |
| 成立时间 | | | | | |
| 企业性质 | | | 上级主管单位 | | |
| 法定代表人 | 姓名 | | 出生年月 | | 职称 |
| 技术负责人 | 姓名 | | 出生年月 | | 职称 |
| 企业资质等级 | | | 员工总人数（人） | | |
| | 法人营业执照号 | | 其中 | 项目经理（人） | |
| | 固定资产（万元） | | | 高级职称人员（人） | |
| | 流动资产（万元） | | | 中级职称人员（人） | |
| 开户银行 | 名称 | | | 初级职称人员（人） | |
| | 账号 | | | 技工（人） | |
| 最近三年完成的营业额（万元） | | | 近期完成的类似工程情况 | | |
| 年 | | | 另附表，格式见附表3（近期完成的类似工程情况表） | | |
| 年 | | | | | |
| 年 | | | | | |
| 能承担的年最大建安工作量（万元） | | | | | |

注　另附企业营业执照、资质证书复印件，省外及省内非水利系统施工企业需另附企业信用档案复印件。

投标人：（盖单位章）＿＿＿＿＿＿＿＿＿＿＿＿＿＿

法定代表人（或委托代理人）：＿＿＿＿＿＿（签名）

＿＿＿＿年＿＿＿＿月＿＿＿＿日

(2) 附表 2 为参与投标项目经理简历表。

附表 2　　　　　　　　　　参与投标项目经理简历表

| 姓　名 | | 性　别 | | 年　龄 | |
|---|---|---|---|---|---|
| 职　务 | | 职　称 | | 学　历 | |
| 参加工作时间 | | | 从事项目经理年限 | | |
| 项目经理资格证书证号 | | | 项目经理级别 | | |
| 近三年获奖情况 | | | | | |
| 近三年已完工工程项目情况 | | | | | |
| 建设单位 | 项目名称 | 建设规模 | 开竣工日期 | 合同工期 | 工程质量 |
| | | | | | |
| | | | | | |
| | | | | | |
| 目前在建<br>工程个数 | | | 目前在建<br>工作量（万元） | | |

(3) 附表 3 为近期完成的类似工程情况表格式。

附表 3　　　　　　　　　　近期完成的类似工程情况表

1. 工　程　名　称：＿＿＿＿＿＿＿＿＿＿＿＿＿＿＿＿＿＿＿＿＿＿
2. 工程所在地：＿＿＿＿＿＿＿＿＿＿＿＿＿＿＿＿＿＿＿＿＿＿
3. 发包人名称：＿＿＿＿＿＿＿＿＿＿＿＿＿＿＿＿＿＿＿＿＿＿
4. 地　　　址：＿＿＿＿＿＿＿＿＿＿＿＿＿＿＿＿＿＿＿＿＿＿
5. 合　同　价：＿＿＿＿＿＿＿＿＿＿＿＿＿＿＿＿＿＿＿＿＿＿
6. 开　工　日　期：＿＿＿＿＿＿＿＿＿＿＿＿＿＿＿＿＿＿＿＿＿＿
7. 完　工　日　期：＿＿＿＿＿＿＿＿＿＿＿＿＿＿＿＿＿＿＿＿＿＿
8. 承担的工作：＿＿＿＿＿＿＿＿＿＿＿＿＿＿＿＿＿＿＿＿＿＿
9. 主要人员姓名、年龄和职称：
　　项目经理：＿＿＿＿＿＿＿＿＿＿＿＿＿＿＿＿＿＿＿＿＿＿
　　技术负责人：＿＿＿＿＿＿＿＿＿＿＿＿＿＿＿＿＿＿＿＿＿＿
10. 工程简况：＿＿＿＿＿＿＿＿＿＿＿＿＿＿＿＿＿＿＿＿＿＿
11. 主要建筑物特性：＿＿＿＿＿＿＿＿＿＿＿＿＿＿＿＿＿＿＿＿＿＿
（投标人应对本招标工程的主要建筑物特性和对投标人的资格要求列出其近期完成的类似工程主要建筑物的名称和特性指标）

　　　　　　　　　　　　　　　　投标人：（盖单位章）＿＿＿＿＿＿＿＿＿＿
　　　　　　　　　　　　　　　　法定代表人（或委托代理人）：＿＿＿＿＿＿（签名）
　　　　　　　　　　　　　　　　　　　＿＿＿＿年＿＿＿＿月＿＿＿＿日

(4) 附表 4 为正在施工的和新承接的工程情况表格式。

附表 4　　　　　　　　正在施工的和新承接的工程情况表

1. 工程名称：_____
2. 工程所在地：_____
3. 发包人名称：_____
   地址：_____
4. 合同价：_____
5. 开工日期：_____
6. 完工日期：_____
7. 承担的工作：_____
8. 主要人员姓名、年龄和职称：
   项目经理：_____
   技术负责人：_____
9. 工程简况：_____
10. 投入的主要施工设备（每个工程单列一表）
工程名称：_____

| 序号 | 设备名称 | 型号及规格 | 单位 | 数量 | 设备所有权 |
|------|----------|------------|------|------|------------|
|      |          |            |      |      |            |
|      |          |            |      |      |            |
|      |          |            |      |      |            |
|      |          |            |      |      |            |
|      |          |            |      |      |            |

投标人：（盖单位章）_____
法定代表人（或委托代理人）：_____（签名）
_____年_____月_____日

（5）附表 5 为财务状况表。

附表 5　　　　　　　　财 务 状 况 表

最近三个年度财务会计报表中的资产负债表和损益表复印件（附审计报告或其他证明材料）。

投标人：（盖单位章）_____
法定代表人（或委托代理人）：（签名）_____
_____年_____月_____日

## 三、施工组织设计格式

（1）施工组织设计包括施工总进度、施工总布置、施工用地计划、施工导流、主体工程施工方法和重要临时设施等的施工规划以及质量、进度保证措施等，并附：①施工总平面布置图（包括场内主要交通）；②施工总进度表；③拟投入本合同工作的施工队伍简要情况表；④拟投入本合同工作的主要人员表；⑤拟投入本合同工作的主要施工设备表；⑥劳动力计划表。附表的格式见后所列。

(2) 施工组织设计作为评标内容之一。

(3) 附表 6 为拟投入本合同工作的施工队伍简要情况表。

附表 6　　　　拟投入本合同工作的施工队伍简要情况表（格式）

1. 名称、地址和通信代码
　　名　　称：_____
　　地　　址：_____
　　网　　址：_____
　　电　　话：_____
　　电　　传：_____
　　传　　真：_____
　　电报挂号：_____
　　邮政编码：_____
2. 组织机构
　　现场机构名称：_____
　　项目经理姓名：_____
　　技术负责人姓名：_____
　　投入员工人数：_____人
　其中：高级职称人员：_____人
　　　　中级职称人员：_____人
　　　　技　　工：_____人
3. 最近三年完成的类似土建工程施工合同工作量（提供合同原件）
　年份　　　金额（元）
　_____　　_____
　_____　　_____
　_____　　_____

4. 施工经验
　　列出近期完成的类似工程及正在施工承建的主要工程。

| 工程名称 | 工程特征 | 承担的工作 | 合同价格 | 质量评定等级 | 开工和完工年月 |
|---|---|---|---|---|---|
|  |  |  |  |  |  |
|  |  |  |  |  |  |

5. 施工队伍简介
　（单位介绍）

　　　　　　　　　　　　投标人：（盖单位章）_____
　　　　　　　　　　　　法定代表人（或委托代理人）：（签名）_____
　　　　　　　　　　　　　　____年____月____日

(4) 附表 7 为拟投入本合同工作的主要人员表。

**附表 7　　　　拟投入本合同工作的主要人员表（格式）**

（每个人员单列一表）
1. 姓名：_____　　2. 出生年月：_____
3. 学历：_____　　4. 专　业：_____
5. 职称：_____
6. 施工经历
（1）工程名称：_____
（2）工程地点：_____
（3）工程特征：_____
（4）合同价格：_____
（5）从事该工程的时间：_____
（6）担任职务：_____
7. 中标后拟安排在本工程担任的职务：_____
（注：主要人员指二级部门负责人以上的管理人员和关键项目的技术负责人，并附其资质、职称复印件）

　　　　　　　　　　　投标人：（盖单位章）_____
　　　　　　　　　　　法定代表人（或委托代理人）：（签名）_____
　　　　　　　　　　　　____年____月____日

(5) 附表 8 为拟投入本合同工作的主要施工设备表。

**附表 8　　　　拟投入本合同工作的主要施工设备表（格式）**

| 设备名称 | 型号及规格 | 数量 | 制造厂名 | 购置年份 | 已使用台时数 | 检修情况 | 现在何处 | 进场时间 |
|---|---|---|---|---|---|---|---|---|
|  |  |  |  |  |  |  |  |  |
|  |  |  |  |  |  |  |  |  |
|  |  |  |  |  |  |  |  |  |

注　1. 计划购买或租赁的设备可在"现在何处"栏内说明。
　　2. 投标人购进的二手设备和租赁的设备，均应注明已使用的台时数以及检修情况。

　　　　　　　　　　　投标人：（盖单位章）_____
　　　　　　　　　　　法定代表人（或委托代理人）：（签名）_____
　　　　　　　　　　　　____年____月____日

(6) 附表 9 为劳动力计划表。

附表9　　　　　　　　劳动力计划表（格式）

| 人数 \ 工种 | | | | | | | 合　　计 | |
|---|---|---|---|---|---|---|---|---|
| | | | | | | | 人数 | 人工工日数 |
| 2006年 | 9月 | | | | | | | |
| | 10月 | | | | | | | |
| | 11月 | | | | | | | |
| | 12月 | | | | | | | |

投标人：（盖单位章）_____

法定代表人（或委托代理人）：（签名）_____

_____年_____月_____日

## 第六节　投标文件商务部分格式

### 一、封面格式

×××× 市 ×××× 水库除险加固工程ⅠⅡ标段
施工招标投标文件

# 商务部分（正副本）

投标人：_____（盖章）

法定代表人或委托代理人：_____（签字或盖章）

日期：_____年____月____日

### 二、证明材料

附"评标标准与评标方法"中商务部分计分办法所要求的相应证明材料复印件（按评分顺序）。

## 第七节　投标文件投标报价部分格式

### 一、封面格式

---

××市××水库除险加固工程Ⅰ Ⅱ标段
施工招标投标文件

## 投标报价部分（正副本）

投标人：_____（盖章）
法定代表人或委托代理人：_____（签字或盖章）
日期：_____年____月____日

---

### 二、承诺书格式

---

承　诺　书

××市××水库除险加固工程建设项目部：
　　我公司除完全响应本工程施工招标文件的所有条款外，还另作如下承诺：
　　1. 我单位若出现违标、围标、串标等违规行为，在评标时可视为未入围，并同意被没收投标保证金。
　　2. 关于支付民工工资
　　（1）我单位该工程项目部与各施工班组签订的施工协议、班组负责人姓名及联系电话、支付民工工资的付款计划将报贵部备案。
　　（2）我单位保证不拖欠该工程民工工资。如若拖欠，引起纠纷，贵部可直接向民工支付工资，所付款项可从工程款或履约保证金中扣除。
　　（3）如因拖欠民工工资引发民工闹事、围攻、上访等事端，本单位除承担法律、经济责任外，每出现一次上述情况，同意罚我单位人民币伍万元。该款可从工程款或履约保证金中扣罚。

投标人：_____（盖章）
法定代表人（或委托代理人）：（签字或盖章）_____
项目经理：_____（签字或盖章）
_____年_____月_____日

## 三、投标报价书格式

**投 标 报 价 书**

××市××水库除险加固工程建设项目部：

  1. 我方已仔细研究了××水库除险加固工程施工招标文件Ⅰ标段、Ⅱ标段（包括补充通知）的全部内容并踏勘了现场，愿意以人民币（大写）_____元的投标总报价（分项报价见已标价的工程量清单）的单价按上述招标文件规定的条件和要求承包合同规定的全部工作，并承担相关的责任。

  2. 我方提交的投标文件（包括投标报价书、已标价的工程量清单和其他投标文件）在投标截止时间后的_____天内有效，在此期间被你方接受的上述文件对我方一直具有约束力。我方保证在投标文件有效期内不撤回投标文件，除招标文件另有规定外，不修改投标文件。

  3. 我方已递交投标保证金_____万元人民币作为我方投标的担保，我方承诺同意按本工程《招标文件》第一节"投标保证金"中第（2）条的规定收回投标保证金，不提前收回；同时承诺同意执行本工程《招标文件》有关没收投标保证金的规定。

  4. 若我方中标：

  （1）我方保证在收到你方的中标通知书后，按招标文件规定的期限，及时派代表前去签订合同。

  （2）随同投标报价书提交的投标辅助资料中的任何部分，经你方确认后可作为合同文件的组成部分。

  （3）我方保证向你方按时提交招标文件规定的履约担保证件，作为我方的履约担保。

  （4）我方保证按招标文件要求的时间开工，并保证在合同规定的期限内完成合同规定的全部工作。

  5. 我方完全理解你方不保证投标价最低的投标人中标。

  投标人：（名称）_____（盖单位章）

  法定代表人（或委托代理人）：_____（姓名）（签名）

  地　　址：_____

  网　　址：_____

  电　　话：_____

  电　　传：_____

  传　　真：_____

  电报挂号：_____

  邮政编码：_____

                                                            ____年____月____日

## 四、法定代表人身份证明书

**法定代表人身份证明书**

  单位名称：_____

  地　　址：_____

  姓　　名：_____性别：_____年龄：_____职务：_____

  系_____（投标人）_____的法定代表人。负责施工、竣工和保修××水库除险加固工程签署投标文件、进行合同谈判、签署合同和处理与之有关的一切事务。

  特此证明

                              投标人：_____（公章）

                              日　期：____年____月____日

## 五、授权委托书格式

**授 权 委 托 书**

××市××水库除险加固工程建设项目部：

_____兹委托_____（被委托人姓名、职务）（居民身份证编号：_____）为我单位的委托代理人，代表我单位就××水库除险加固工程签署投标文件、进行谈判、签订合同和处理与之有关的一切事务，其签名真迹如本授权委托书末尾所示，特此证明。

授权委托单位：（名称）_____（盖单位章）
法定代表人：（姓名）_____（签名）
委托代理人：（姓名）_____（签名）

_____年_____月_____日

## 六、投标报价表及其附件格式

### 投标报价表及其附件

**（一）说明**

（1）投标报价表为所投标工程工程量清单报价金额的汇总表，报价币为人民币。

（2）投标报价表中的备用金是用于签订合同时尚未确定或不可预见项目的备用金额。

（3）根据工程量清单要求填写"单价"和"合价"，若某些项目未填报单价和合价，则应认为已包括在其他项目的单价和合价及投标总报价内。

（4）除合同另有规定外，在投标截止日期前28天所依据的国家法律、行政法规、国务院有关的规章以及××省地方法规和规章中规定应由承包人交纳的税金和其他费用均应计入单价、合价和总报价中。

（5）单价分析表填表说明如下：

1）单价应包括直接工程费、间接费、其他费用、利润和税金等。

2）人工费：包括生产工人的基本工资、工资附加费、劳动保护费、辅助工资（夜班津贴、加班津贴以及流动施工津贴等）。

3）施工机械使用费：指完成本项工程一定计量单位的实物工程量所消耗的各种施工机械的台班费。

4）其他直接费：包括冬雨季施工增加费、夜间施工增加费、小型临时设施摊销费和其他。

5）其他费用：指完成本项工程可能发生的保险费等。

6）投标人填报单价分析表，必须注明定额用量、基础单价、各项费用的费率，并注明综合费率，以供招标人评标之用。

## （二）投标报价汇总表

| 序　号 | 项目名称 | 金额（元） |
|---|---|---|
| 1 | 工程量清单报价合计 | |
| 2 | 备用金 | 3000000 |
| | | |
| | | |
| | 合计（A） | |

投标总报价（A）　　　　（填入投标报价书）

其中：备用金金额（B）　300　万元

　　　　　　　　　　　投标人：（盖单位章）_____

　　　　　　　　　　　法定代表人（或委托代理人）：（签名）_____

　　　　　　　　　　　　　　　____年____月____日

## （三）投标报价表附件

（1）附表1为工程量清单报价表。

附表1　　　　　　　　　　工 程 量 清 单 报 价 表

| 项目编号 | 项 目 名 称 | 单 位 | 工程量 | 单价（元） | 合价（元） |
|---|---|---|---|---|---|
| | | | | | |
| | | | | | |
| | 合　计 | | | _____元 汇入投标报价汇总表 | |

　　　　　　　　　　　投标人：（盖单位章）_____

　　　　　　　　　　　法定代表人（或委托代理人）：（签名）_____

　　　　　　　　　　　　　　　____年____月____日

（2）附表2为单价分析表。

附表2　　　　　　　　　　单 价 分 析 表

投标人应按下表格式编制工程量清单中主要项目的单价分析表，每项单价一份，项目编号和名称应与工程量清单一致。

项目编号：_____　　　项目名称：_____　　　单价：_____

| 施工方法 | | | | | | |
|---|---|---|---|---|---|---|
| 序号 | 名　　称 | 单位 | 数量 | 单价（元） | 合价（元） | 备注 |
| 一 | 直接工程费 | | | | | |
| （一） | 基本直接费 | | | | | |
| 1 | 人工费 | | | | | |
| 2 | 材料费 | | | | | |
| （1） | | | | | | |
| （2） | | | | | | |

续表

| 序号 | 名　　称 | 单位 | 数量 | 单价（元） | 合价（元） | 备　注 |
|---|---|---|---|---|---|---|
| … | | | | | | |
| 3 | 机械使用费 | | | | | |
| (1) | | | | | | |
| (2) | | | | | | |
| … | | | | | | |
| 二 | 施工管理费 | | | | | |
| 三 | 其他费用 | | | | | |
| 四 | 企业利润 | | | | | |
| 五 | 税金 | | | | | |
| | 合计 | | | | | |

投标人：（盖单位章）_____
法定代表人（或委托代理人）：（签名）_____
_____年___月___日

（3）附表3为总价承包项目分解表。

附表3　　　　　　　　　　　**总价承包项目分解表**

投标人填入工程量清单的总价承包项目应按下列表格格式编制分解表，每一总价承包项目一份，项目编号和名称应与工程量清单一致。

项目编号：_____
项目名称：_____

| 序号 | 分　项　名　称 | 单位 | 数量 | 单价（元） | 合价（元） | 备　注 |
|---|---|---|---|---|---|---|
| | | | | | | |
| | | | | | | |

投标人：（盖单位章）_____
法定代表人（或委托代理人）：（签名）_____
_____年___月___日

（4）附表4为工程单价组成表。

附表4　　　　　　　　　　　**工程单价组成表**

单位：元

| 序号 | 项目编码 | 项目名称 | 计量单位 | 人工费 | 材料费 | 机械使用费 | 施工管理费 | 企业利润 | 税金 | 合计 |
|---|---|---|---|---|---|---|---|---|---|---|
| | | | | | | | | | | |
| | | | | | | | | | | |

投标人：（盖单位章）_____
法定代表人（或委托代理人）：（签名）_____
_____年___月___日

(5) 附表 5 为主要施工机械台班费分解表。

附表 5　　　　　　　　　主要施工机械台班费分解表

| 序号 | 机械名称及规格 | 台班费单价 | 其　　中 | | |
|---|---|---|---|---|---|
| | | | 一类费用 | 二类费用 | 三类费用 |
| | | | | | |
| | | | | | |

投标人：（盖单位章）_____
法定代表人（或委托代理人）：（签名）_____
　　　　年　　月　　日

(6) 附表 6 为主要材料预算价格汇总表。

附表 6　　　　　　　　　主要材料预算价格汇总表

| 序号 | 名称及规格 | 单位 | 预算价（元） | 备注 |
|---|---|---|---|---|
| | | | | |
| | | | | |
| | | | | |
| | | | | |

投标人：（盖单位章）_____
法定代表人（或委托代理人）：（签名）_____
　　　　年　　月　　日

(7) 附表 7 为纯混凝土、砂浆材料单价汇总表。

附表 7　　　　　　　　　纯混凝土、砂浆材料单价汇总表

| 序号 | 标号及级配 | 材料名称 | 水泥 | 中粗砂 | 碎石 | 水 | 块石 | 单价合计 |
|---|---|---|---|---|---|---|---|---|
| | | 单位 | t | m³ | m³ | t | m³ | 元/m³ |
| | | 单价（元） | | | | | | |
| | | | | | | | | |
| | | | | | | | | |

投标人：（盖单位章）_____
法定代表人（或委托代理人）：（签名）_____
　　　　年　　月　　日

(8) 附表 8 为已计入报价的税金。

附表 8　　　　　　　　　已 计 入 报 价 的 税 金

| 税　种 | 税　率 | 税　金 | 说　明 |
|---|---|---|---|
| | | | |
| | | | |

投标人：（盖单位章）_____
法定代表人（或委托代理人）：（签名）_____
　　　　年　　月　　日

(9) 附表 9 为分月用款计划表。

附表 9　　　　　　　　　分月用款计划表格式

```
____月：人民币_____
    其中：动员预付款_____
        月度预付款_____
____月：人民币_____
    其中：月度预付款_____
____月：人民币_____
    其中：月度预付款_____
                投标人：（盖单位章）_____
                法定代表人（或委托代理人）：（签名）_____
                                    ____年___月___日
```

## 第八节　评标标准与评标方法

### 一、评标方法

本工程采用综合定量评估法。

### 二、评标标准

本评标方法规定总分为 100 分（其中投标报价部分 50 分，工程技术部分 25 分，商务部分 25 分），计分共由三大部分 15 个计分子目组成，得分最高者即为第一中标候选人，并依次类推确定第二和第三中标候选人。

1. 投标报价部分（50 分）

报价得分为投标人的总报价得分（50 分），不另计单价报价得分，但可扣分。工程量清单中所列项目必须全部进行报价，否则认为漏项报价已含在其他项目中。项目投标人投标主要单价（控制单价项目另行通知）均应在相应主要公开控制单价的 0.9～0.98 倍值范围内，否则在投标人报价得分中高于该范围者每一项扣 1.0 分，低于该范围者每一项扣 0.5 分。

(1) 评标总价的确定。招标人编制的公开控制价为 $A$。有效投标报价范围为 $0.9\sim 0.98A$，超出该范围的投标报价为无效报价，评标委员会将否决其报价，该投标人投标报价记零分。有效投标报价的算术平均值为 $B$，评标总价 $C=(A+B)/2\times K$。

$B$ 值按开标现场公布的所有投标人投标唱标价计算，开标会现场确定的废标或无效标不进入 $B$ 值计算。

$K$ 值为合理低价期望值，$K$ 为 0.95、0.955、0.96、0.965、0.97、0.975 及 0.98 七个数之一。$K$ 值在开标现场开标前由投标人代表随机抽取。

(2) 投标总报价分值的计算。

1) 复核总报价与评标总价之比等于 1 时，该总报价得满分 50 分。

2) 复核总报价与评标总价之比大于 1 时,每高 1% 扣 5 分,直到扣完报价得分为止。

3) 复核总报价与评标总价之比小于 1 时,每低 1% 扣 2 分,直到扣完报价得分为止。

投标报价得分计算采用内插法,精确到小数点后两位(四舍五入。例如,1.123% 则为 1.12%,1.126% 则为 1.13%)。得分也四舍五入精确到小数点后两位。

2. 程技术部分(25 分)

按以下要求编写并无技术性或重大错误的最低分不能低于 19 分。

(1) 施工总布置(4 分)。要求有施工总布置图,布置合理、无(或少)干扰。水、电、通信及临时设施安排合理(项目经理部、生活用房、机械停放及维修场地、原材料堆放场地、施工便道等)。

(2) 施工程序、施工方法(7 分)。要求施工程序清楚正确不漏项,施工流程合理、科学,施工方法得当、切合实际,对关键施工技术、施工工艺及工程项目实施重点、难点有切合实际的解决方案。

(3) 拟投入施工机械设备、工期及保证措施(4 分)。要求有施工机械设备及检测设备汇总表,说明各主要施工机械设备的施工强度和数量,以及备用设备的数量。要求有施工进度横道图或网络图,并详细说明各子项目进度安排情况,工期保证有具体措施(冬雨季、节假日施工等)。

(4) 质量控制与管理措施(3 分)。要求项目管理有健全的质量保证体系,有完善的质量检测手段,施工现场有专职的质检员和具体的质量管理措施。

(5) 安全保证与管理措施(3 分)。要求项目管理有健全的安全保证体系,施工现场有专职的安全员和具体的安全管理措施。

(6) 施工组织机构(2 分)。要求健全的施工项目经理部,较详细说明项目经理部各人员的具体分工情况及各工作岗位的职能与责任。

(7) 环境保护措施及文明施工(2 分)主要考虑公共环境和现场环境。

要求有详细的环境保护措施及文明施工手段(如施工污染的处理、机械设备的降噪,自然环境如农田、树木、河流的保护等)。

3. 商务部分(25 分)(以下证件均应提供原件)

(1) 企业资质(3 分)。满足招标工程资质要求,年检合格的一级施工企业得 3 分,二级施工企业得 2.5 分;年检基本合格的企业按计分标准一半计分;年检不合格的企业计 0 分。

(2) 质量保证体系认证(2 分)。质量保证体系认证指在有效期内的质量管理体系符合 ISO 9000 系列 GB/T 19000 系列的质量认证证书。

有质量保证体系认证得 2 分,否则不得分。

(3) 银行资信等级(3 分)。必须由地(市)级及其以上银行出具的银行资信等级证书,3A 级的 3 分,2A 级的 2 分,1A 级的 1 分。

(4) 类似工程经验(8 分)。参与工程投标的施工企业在近三年(不含开标本年度)内有两个与招标工程(Ⅰ标段:大坝混凝土防渗墙施工;Ⅱ标段:隧洞钢衬)相类似的工程经验(提供合同和验收材料的原件),每个工程得 3 分,最多为 6 分;该类似工程为本省境内的工程每个加 0.5 分,最多加 1 分;类似工程获得部、省、厅优良工程奖的每个加

0.5 分，最多加 1 分。

本条所指类似工程是指该企业所承担过的工程为大坝混凝土防渗墙项目。

（5）拟投入的主要管理人员和技术人员（6 分）。水利水电专业一级项目经理（或水利水电专业一级建造师）3 分，水利水电专业二级项目经理（或水利水电专业二级建造师）2 分；项目经理执有 B 类安全证书 0.5 分；有专职安全员（C 类人员）0.5 分；执省级及其以上水利部门颁证的质检员 1 分；技术负责人为高级工程师 1 分，工程师 0.5 分。若项目经理、技术负责人、质检员缺一项，投标人拟投入的主要管理和技术人员项得分为零分。

（6）安全生产许可证（2 分）。有安全生产许可证 2 分。

（7）投标文件资料的完整性及质量（1 分）。投标文件资料不完整扣 0.5 分，质量差的扣 0.5 分。

### 三、中标人的确定

××市××水库除险加固工程招标领导小组将根据评标委员会推荐的中标候选人名单，在开标会场及工程所在地公示 3 个工作日。无特殊情况时，排名第一的中标候选人将被确定为中标人。

排名第一的中标候选人放弃中标或因不可抗力提出不能履行合同，或者招标文件规定应当提交履约保证金而在规定的期限内未能提交的，招标人可以确定排名第二的中标候选人为中标人。排名第二的中标候选人因上述规定的同样原因不能签订合同的，招标人可以确定排名第三的中标候选人为中标人。

## 第九节 其 他 说 明

（1）招标公告、设计文件及设计图纸另行提供。

（2）投标人应承诺中标后同意对项目经理、技术负责人、质检负责人三个关键岗位人员押证上岗（提交原件）。

（3）招标文件要求原件的，必须提交。凡在投标或中标后不提交原件或弄虚作假的，一经查实，招标人除有权拒绝其投标或中止合同外，还将没收相应阶段的有关保证金（如投标保证金、履约保证金等）。

（4）××省水利厅以及其他规定不允许进入××省水利建筑市场的施工企业，未提供被允许的证明材料时，不得投标。

（5）凡省内非水利系统施工企业及省外施工企业必须提供××省水利厅颁发的《信用档案》和企业资质证书、营业执照、安全生产许可证以及准备投入该工程施工的项目经理证、项目经理安全考核合格证书、技术负责人职称证、质检员证到××州市水工程招投标办公室审验登记，持××州市水工程招投标办公室出具的"投标资格审验合格意见"后方可参加投标。

（6）本招标文件其他未详之处，按水利部令第 14 号和××省人民代表大会常务委员会第 18 号公告以及××省水利厅有关规定执行。

### 思 考 题

1. 根据法律法规规定，水利工程建设项目招标公告的发布媒介有哪些要求？
2. 什么是投标保证金？提交投标保证金的时间及数量有哪些要求？
3. 一般分包与指定分包有哪些区别？
4. 建设项目分标时，如何确保不肢解工程？
5. 招标文件中的投标须知有什么作用？

# 单元3 水利工程投标

## 任务1 水利工程投标程序

### 一、投标准备工作

投标的准备工作既是投标的经常性业务工作，又是为转入投标阶段所必须经过的一个阶段必须性工作。投标单位不经过准备阶段或做好准备工作，不但无法进入投标阶段，即使盲目转向投标阶段也不可能取得投标预期成果。因此，这是投标业务不可逾越的阶段性重要工作。

投标准备阶段的工作，包括投标的基本要求，收集投标信息，选择投标的项目，确定投标的对象等。

1. 投标的基本要求

投标程序十分复杂，竞争很激烈，如果对投标规律缺乏研究，指导思想不明确，工作稍有疏忽，就可能导致失去投标的有利机遇，达不到中标取胜的目的，增加承包的风险程度和铸成重大的经济损失。一般来说，任何投标单位在开展报价业务时，首先要对投标工作有全面的认识，明确其基本要求，投标的基本要求一般有以下几点：

（1）目的性。投标报价的总目的是为了达到中标取胜、获得经营任务、提高企业效益。在投标中，报什么价格取决于企业的投标目的。因为不同的目的具有不同的报价策略和价格水平。通常情况下，以获得最大利润为目的，这是一种较为典型的经济目的；另外还有为补充企业生产任务的不足，维持企业的生产均衡，以扭转成本上升、效益滑坡的局面；为显示本企业技术管理的先进性或提高社会知名度，以开拓产品销售市场；为克服市场暂时出现的生存危机等。只有明确了投标的目的，才有可能达到既定目的。

（2）及时性。在招标中一般规定有招标的时限。投标单位不能在规定的时限内完成招标工程项目的估价等工作，就可能失去竞争的机会。一项投标的估价报价的工作量是很大的，特别是对那些大型工程项目，估价计算的工作量更是十分浩繁。为此，在投标中，对报价的及时性显得尤为重要。不能做到这一点，就失去投标的基本条件。

（3）准确性。投标报价，必须建立在科学分析和可靠计算的基础上，这样才能较准确地反映工程造价。投标人对工程的计价，是在资料基本齐备、情况基本明了的基础上进行的；而对于投标报价所需要的资料，需由投标单位自己去收集和查找。但是，对于工程项目的报价计算，一般施工企业的施工方案和施工管理水平差异较大，其报价差别也较大。因此，合理地报价直接关系到企业竞争的胜败、效益的高低。

（4）策略性。在复杂的竞争环境中，单靠报价及时和准确企图一举中标是远远不够的。投标价要取得成功，还要视招标项目特点和竞争对手特点以及招标单位意向等具体情况，运用投标报价策略和投标竞争技巧，在一定时机分别采用高价、中价或低价策略，从而获得中标。

2. 全面收集招标的信息

信息是投标业务的重要一环。对国内投标单位来说，收集招标信息的主要渠道是：

（1）根据我国国民经济建设的五年规划和投资发展规模，以及中央和各地区年度具体经济建设投资发展项目，企业技术改造项目，收集综合整理出适合本单位投标对象的项目。

（2）根据国家经济政策和已批准的投资项目，可以从主管建设部门和建设单位方面得到项目具体投资规模、项目建设进度和工程建设要求。

（3）在扩大企业自主权的情况下，可以充分了解生产企业扩建、改造项目的建设目标和具体内容。

（4）收集同行业承包单位对某些工程建设项目的意向、力量和投标方向、策略。

总之，投标单位应通过各种渠道，如向各级政府计划部门、建设主管部门和建设单位、同行业承包单位等，收集各种有关建设投资、招标和投标等信息，并要摸透政府、建设单位的规定、意向和策略，以及他们对待投标者的态度等。同时还要分析每个可能的竞争者的力量和策略，以选择合适的投标目标进行跟踪。

3. 选择投标的项目

当承包企业通过信息工作获得一些招标项目，并认为可能从这些项目的投标中受益，也就是说产生了一定的兴趣时，那么所面临的问题是如何在这些招标项目中进行选择。一般来讲，在选择投标项目中要慎重研究和充分估计投标的可能性，要对以下几个问题做出正确判断：

（1）招标单位的时间约束条件。包括投标的时间、制定标价所需时间以及开标日期限制等。承包企业能否在投标的这些时间约束条件内，来完成投标的全部工作程序，这是能否选择 投标项目的先决条件。

（2）企业本身的生产约束条件。招标单位对一些重大建设工程，都有一定的交工进度限制，承包企业在限定的工程进度内，从计划投入到产出交工要多长时间，现有的生产负荷能否承担得了；在生产过程中要投入多少资金，是否已经有了着落；技术质量和成本水平的信誉如何，有否达到招标要求的保证措施。

（3）外部环境的各种约束。诸如原材料、配套件等的订货、到货有无保证；需要补充的加工设备、工装等能否如期安装投产；建设工程项目的土木工程进度能否适应工程设备安装进度要求，工程设备的出厂运输、安装、调试的环境会遇到的困难条件，在工作设备的制造过程中价格、税收、利息、汇率会有什么变化，对承包工程价格将产生的影响等，都要认真考虑。

总之，投标单位只有对这些内外约束条件进行充分估计，认为对某一招标项目确有投标承包的能力与把握时，才可以把投标对象确定下来。

## 二、参加资格预审

资格预审是指在招标投标中对潜在投标人比较多的招标项目，招标人组织审查委员会对资格预审申请人的投标资格进行预先审查,确定有资格参与投标的投标人的名单,并向合格的申请人发出投标邀请书和向不合格的申请人发出未通过资格预审申请通知的过程。

**(一) 资格预审的程序**

(1) 编制资格预审文件。由业主组织有关专家人员编制资格预审文件,也可委托设计单位、咨询公司编制。资格预审文件的主要内容有:①工程项目简介;②对投标人的要求;③各种附表。资格预审文件须报招标管理机构审核。

(2) 在建设工程交易中心及政府指定的报刊、网络发布工程招标信息,刊登资格预审公告。资格预审公告的内容应包括:工程项目名称、资金来源、工程规模、工程量、工程分包情况、投标人的合格条件、购买资格预审文件日期、地点和价格,递交资格预审投标文件的日期、时间和地点。

(3) 报送资格预审文件。投标人应在规定的截止时间前报送资格预审文件。

(4) 评审资格预审文件。由业主负责组织评审小组,包括财务、技术方面的专门人员对资格预审文件进行完整性、有效性及正确性的资格预审。

1) 财务方面。是否有足够的资金承担本工程。投标人必须有一定数量的流动资金。投标人的财务状况将根据其提交的经审计的财务报表以及银行开具的资信证明来判断,其中特别需要考虑的是承担新工程所需要的财务资源能力,进行中工程合同的数量及目前的进度,投标人必须有足够的资金承担新的工程。其财务状况必须是良好的,对承诺的工程量不应超出本人的能力。不具备充足的资金执行新的工程合同将导致其资格审查不合格。

2) 施工经验。是否承担过类似本工程项目,特别是具有特别要求的施工项目;近年来施工的工程数量、规模。投标人要提供近几年中令业主满意地完成过相似类型和规模及复杂程度相当的工程项目的施工情况。同时还要考虑投标人过去的履约情况,包括过去的项目委托人的调查书。过去承担的工程中如有因投标人的责任而导致工程没有完成,将构成取消其资格的充分理由。

3) 人员。投标人所具有的工程技术和管理人员的数量、工作经验、能力是否满足本工程的要求。投标人应认真填报拟选派的主要工地管理人员和监督人员及有关资料供审查,应选派在工程项目施工方面有丰富经验的人员,特别是派往做工程项目负责人的经验、资历非常重要。投标人不能派出有足够经验的人员将导致被取消资格。

4) 设备。投标人所拥有的施工设备是否能满足工程的要求。投标人应清楚的填报拟投入该项目的主要设备,包括设备的类型、制造厂家、型号,设备是自有的还是租赁的,设备的类型要与工程项目的需要相适合,数量和能力要满足工程施工的需要。

经过上述四方面的评审,对每一个投标人统一打分,得出评审结果。投标人对资格预审申请文件中所提供的资料和说明要负全部责任。如提供的情况有虚假或不能提供令业主满意的解释,业主将保留取消其资格的权力。

(5) 向投标人通知评审结果。业主应向所有参加资格预审申请人公布评审结果。

以上资格预审程序主要适用于利用外资,如世界银行或亚洲开发银行等贷款项目。广州的内环路、地铁、新体育馆、国际会议展览中心等重点工程项目都采用严格的资格预审,以确保有相应技术与施工能力的投标人参加竞争。

### (二) 资格预审的方法

资格预审方法一般分为定性评审法和定量评审法两种。

1. 定性评审法

资格预审现场定性评审法是以符合性条件为基准筛选资格条件合格的潜在投标人,通常,符合定性条件包括以下5方面的内容:

(1) 具有独立订立合同的权利。

(2) 具有履行合同的能力。

(3) 以往承担过类似工程的业绩情况。

(4) 财务及商业信誉情况。

(5) 法律法规规定的其他资格条件。资格预审文件通过对以上5方面的条件进行细化制定出评审细则,潜在投标人必须完全符合资格预审条件方能通过资格预审。

2. 定量评审法

定量评审法是定性评审法的延伸和细化,评审标准较为复杂,一般包括以下两个方面内容:

(1) 资格符合性条件。包括潜在投标人的资质等级、安全生产许可证及三类人员安全生产合格证书等有关法律法规规定的资格是否满足要求。

(2) 建立百分制评分标准,即根据工程的具体情况将招标文件中商务部分内容,按照一定的分值比例建立起评分标准,并设定通过资格预审的最低分数值。潜在投标人通过资格预审的条件为通过资格符合性条件检查并且得分不低于最低分数值。具体评审步骤为首先对资格预审申请文件进行符合性条件检查,条件符合者方可按照资格预审文件的评分标准对其赋分,达到或超过最低分数线的潜在投标人评判为通过资格预审,具有进行投标的资格。

定量评审法的特点为:

(1) 对可比要素进行客观的打分,使得主观判断的影响程度降到最低。

(2) 将评标中的评审工作内容进行了部分前移,这大大减轻了日后的评标工作量,使评标工作更能将精力放在技术实力和技术方案合理性方面的评价,使评选出的中标人更适合承担工程建设的任务。

### (三) 资格预审的内容

1. 工程项目总体描述

工程项目总体描述使潜在投标人能够理解本工程项目的基本情况,作出是否参加资格预审和投标的决策。

(1) 工程内容介绍。详细说明工程的性质、工程数量、质量要求、开工时间、工程监督要求、竣工时间。

(2) 资金来源。是政府投资、私人投资,还是利用国际金融组织贷款,资金落实程度。

(3) 工程项目的当地自然条件。包括当地气候、降雨量(年平均降雨量、最大降雨量、最小降雨量）发生的月份、气温、风力、冰冻期、水文地质方面的情况。

（4）工程合同的类型。这是单价合同还是总价合同，或是交钥匙合同，是否允许分包工程。

2. 资格预审文件说明

（1）准备申请资格预审的潜在投标人（包括联营体）必须回答资格预审文件所附的全部提问，并按资格预审文件提供的格式填写。

（2）业主将对潜在投标人提供的资格申请文件依据下列4个方面来判断潜在投标人的资格能力：①财务状况：潜在投标人的财务状况将依据资格预审申请文件中提交的财务报告，以及银行开具的资信情况报告来判断；②施工经验与过去履约情况：投标人要提供过去几年中令业主满意的、完成过相似类型和规模以及复杂程度相当的工程项目的施工情况，最好提供工程验收合格证书或业主方对该项目的评价；③人员情况：潜在投标人应填写拟选派的主要工地管理人员和监督人员的姓名及有关资料供审查，要选派在工程项目施工方面有丰富经验的人员，特别是负责人的经验、资历非常重要；④施工设备：潜在投标人应清楚地填写拟用于该项目的主要施工设备，包括设备的类型、制造厂家、生产年份、型号、功率，设备是自有的还是租赁的，设备存放地点，哪些设备是新购置的等；⑤诉讼史：有些业主为了避免授标给那些过度提出工程索赔而又在以前的仲裁或诉讼中失败的承包商，有时会在资格预审文件中规定，申请人需要提供近几年所发生的诉讼史，并依据某些标准来拒绝那些经常陷于诉讼或者仲裁且败诉的承包商通过资格预审。

（3）资格预审的评审前提和标准。潜在投标人对资格预审申请文件中所提供的资料和说明要负全部责任。如果提供的情况有假，或在审查时对提出的澄清要求不能提供令业主满意的解释，业主将保留取消其资格的权力。

3. 资格预审文件书面报表

在资格预审时需要填写的各种报表基本包括：

（1）资格预审申请表。

（2）公司一般情况表。

（3）年营业额数据表。

（4）目前在建合同/工程一览表。

（5）财务状况表。

（6）联营体情况表。

（7）类似工程合同经验。

（8）类似现场条件合同经验。

（9）拟派往本工程的人员表。

（10）拟派往本工程的关键人员的经验简历。

（11）拟用于本工程的施工方法和机械设备。

（12）现场组织计划。

（13）拟定分包人（如有）。

（14）其他资料表（如银行信用证明、公司的质量保证体系、争端诉讼案件和情况等)。

(15) 宣誓表（即对填写情况真实性的确认）。

**(四) 评审委员会**

评审委员会的技术服务素质的高低，是否参加过评审工作，直接影响到评审结果。为了保证评审工作的科学性和公正性，评审委员会必须具有权威性。评审委员会必须由各方面的专家组成。

1. 评审内容

评审标准资格预审的目的完全是为了检查、衡量潜在投标人是否有能力执行合同。评审内容包括：

(1) 财务方面。能否有足够的资金承担本工程，潜在投标人必须有一定数量的流动资金。

(2) 施工经验。是否承担过类似于本工程的项目，特别是具有特殊要求的施工项目；过去施工过的工程数量和规模。

(3) 人员。潜在投标人所具有的工程技术人员和管理人员的数量、工作经验和能力是否满足本工程的要求，特别是派往本工程的项目经理的资历能否满足要求。

(4) 设备。潜在投标人所拥有的施工设备能否满足工程的要求。此外，潜在投标人须具有守合同、重信誉的良好记录，才能通过业主的资格预审。

2. 评审方法

(1) 首先对收到的资格预审文件进行整理，检查资格预审文件是否完整，潜在投标人提供的财务能力、人员情况、设备情况及履行合同的情况是否满足要求。

(2) 一般情况下，资格预审都采用评分法，按评分标准逐项进行。评审时，先淘汰资料不完整的潜在投标人，再对满足填报资格预审文件要求的潜在投标人逐项打分评审。最低合格分数线的选定要根据参加资格预审的潜在投标人的数量来决定。如潜在投标人的数量比较多，则可适当提高最低合格分数线。

3. 评审报告

资格预审评审报告资格预审评审委员会对评审结果要写出书面报告，评审报告的主要内容包括：工程项目概要、资格预审简介、资格预审评审标准、资格预审评审程序、资格预审评审结果、资格预审评审委员会名单及附件、资格预审评分汇总表、资格预审分项评分表、资格预审详细评审标准等。

总之，只有完全掌握了资格预审的程序，才能真正重视和做好这项基础工作，才不至于因为资格预审的不合格而导致企业人力、物力和财力的浪费，导致投标资格的丧失，从而痛失企业发展的大好机会。

**(五) 资格预审的意义**

实行建设工程招标投标制是我国社会主义市场经济发展的一种竞争形式，也是市场经济发展的必然要求。市场经济就是按照价值规律，通过价格杠杆和竞争机制实现资源合理配置的经济运行形式。资格预审是为招投标工作的开展把好重要的第一关。对施工企业来说，通过招标项目发布的信息，了解工程项目情况，不够资质的企业不必浪费时间与精力，可以节约投标费用。

招标投标制将建筑企业全面引入竞争机制，给予建筑企业压力和动力。促使建设工程按经济规律办事，促进优化建筑业结构，实现优胜劣汰。通过资格预审体现择优原则，达到社会资源优化配置，从而促进社会生产力的发展。对业主来说，第一，可以了解投标人的财务能力、技术状况及类似本工程的施工经验。可选择在财务、技术、施工经验等方面优秀的投标人参加投标。第二，可以淘汰不合格或资质不符的投标人。减少评审阶段的工作时间，减少评审费用；第三，还能排除将合同授予没有经过资格预审的投标人的风险，为业主选择一个优秀的投标人中标打下良好的基础，使建设工程的工期、质量、造价各方面都获得良好的经济效益和社会效益。

### 三、购买和分析招标文件

1. 购买招标文件

当投标单位资格审查获得通过后，应按照投标公告的要求，在规定的时间之内，向招标机构购买招标文件参加投标；但也有权放弃投标资格，不参加投标。有些投标单位对某些认为没有赢利的工程招标，不愿参加投标，但为了维护公司（企业）的名声，同样参加资格审查。

2. 认真研究分析招标文件

投标单位在取得招标文件后，要组织适当的专门人员对文件的内容进行深入研究和分析，主要抓好以下几点：

（1）对招标文件各项要求有充分了解。经过对招标文件及其附件、图纸的仔细阅读、研究、对招标的各项要求、条件都要弄清楚，有全面了解，如对文件任何含糊不清或相互矛盾的内容、不理解的地方，可以在投标截止日期以前用书面方式向招标人询问、澄清。

（2）掌握、熟悉《投标须知》，这是一个预告的附加文件。主要是对如何投标作了规定和说明。例如，投标公司（企业）条件；投标单位对招标文件如有不清楚、不理解的地方，招标单位解答、澄清的截止日期；对投标表格的填写说明；对投标文件递交说明和提交截止日期等。这些内容虽然没有涉及招标项目的具体内容，但它是投标的前提和条件，如果某一项工作疏忽，就可能发生废标，使整个投标工作前功尽弃。

（3）对投标文件影响单价构成的所有要求，予以摘录。这是为了在以后做标时，进行单价分析加以考虑。了解招标项目的技术质量要求，熟悉招标项目的图纸，是投标报价的基础工作，是正确算标的先决条件。只有对招标项目的技术要求和图纸详尽了解，才能避免计算错误带来的损失。在以往的一些投标中，由于投标单位对招标项目的技术要求了解不够透彻，使报价大大低于标底，从而使投标单位蒙受较大损失。

（4）对招标文件中的合同文件、图纸、规范、工程量清单等资料，进行详细分析。因为它关系到整个投标的进程。如合同条款中的一般条款是通用的，要注意招标单位在这些条款中有无改动，这些改动会产生哪些影响；对文件中的专用条款也要慎重研究，如果投标单位要求改动、删除或增加的内容，只能作为报价时的附件。例如，支付条件、预付款、竣工时间等，为了增强企业竞争优势，这些因素虽然不一定体现在正式的报价水平，做到心中有数，以便与竞争对手抗衡，作出报价决策。

（5）严格审查图纸，如果图纸与合同条件、工程项目内容、工程量要求、工程施工的特点、条件及有关规范标准等不符或有含糊不清的地方，应及时提交招标人澄清。

### 四、收集资料、准备做标

1. 成立投标班子

投标班子一般应包括下列三类人员：

（1）经营管理类人员。这类人员一般是从事工程承包经营管理的行家里手，熟悉工程投标活动的筹划和安排，具有相当的决策水平。

（2）专业技术类人员。这类人员是从事各类专业工程技术的人员，如建筑师、监理工程师、结构工程师、造价工程师等。

（3）商务金融类人员。这类人员是从事有关金融、贸易、财税、保险、会计、采购、合同、索赔等项工作的人员。

还可以雇投标代理人，投标代理人的一般职责，主要是：

（1）向投标人传递并帮助分析招标信息，协助投标人办理、通过招标文件所要求的资格审查。

（2）以投标人名义参加招标人组织的有关活动，传递投标人与招标人之间的对话。

（3）提供当地物资、劳动力、市场行情及商业活动经验，提供当地有关政策法规咨询服务，协助投标人做好投标书的编制工作，帮助递交投标文件。

（4）在投标人中标时，协助投标人办理各种证件申领手续，做好有关承包工程的准备工作。

（5）按照协议的约定收取代理费用。通常，如代理人协助投标人中标的，所收的代理费用会高些，一般为合同总价的 $1\%\sim3\%$。

2. 切实做好现场考察工作

投标单位在研究分析投标文件之后，接着要做好现场考察工作。所谓考察是指对开展承包工程业务进行可行性研究。通过考察，对那些承包工程诸方面因素调查研究，进而对承包业务的前景作出正确的判断，这是投标竞争取得成功的前提。因为，承包工程设备中的不可预见因素及承包的风险，多是由于对现场状况考察不深、不细所致。因此，必须搞好对投标项目现场的考察工作。

（1）积极参与招标单位组织的工程项目的现场考察。不管投标文件提供的细节如何，承包单位应通过对工程设备项目的现场进行调查，亲自收集合同协议规定中影响承包责任的一切资料和施工中可能遇到的风险，并收集分析可能产生的任何疏忽、贻误或失误，否则将不能解脱签订合同后应承担的风险。

（2）了解工程项目所在的位置。包括现场的地理位置、地形、地质条件等。招标单位一般在投标文件中提供了工程的地形、地质资料，但承包者不能以此为满足，应对此进行核对，以便能更准确地确定中标后对工程项目的施工方案。

（3）了解并掌握交通情况。包括去现场的厂外道路；施工机械大构件和设备是否可以通行；是否能够修建或整修多少千米的临时道路；施工场地离火车站或可利用的铁路专用线有多远；附近有无河流、海洋，通航能力如何等。

（4）现场的总体规划。工地附近是否有足够的空地，用以布置施工设施，包括材料、设备堆放场地，各种加工厂地，以及仓库、工地办公室、生活设施等。

（5）了解现场临时供水、供电、通信设施，当地劳动力资源、技术手段、工资制度以及施工人员的食宿交通问题；了解当地的气候、多发病及医疗条件等。

（6）了解当地原材料供应情况，运距远近。因为这些因素将影响工程成本，如从远距离以外购买原材料，不但增加了运费，还会因路途过远，材料供不应求，造成停工待料，影响工期。

（7）了解并掌握其他资料。诸如地下管道、电缆的位置图、允许开挖的距离；工程设备的安装条件和生产条件、排放污物的条件、施工地区的有关法律规定等。

通过现场考察，投标单位就易于对投标工程设备项目的前景状况做出预测，对投标的风险度作出判断，并结合过去承包类似项目的历史经验，作出投标的最终判断，同时通过现场考察，还往往能发现成本较低的施工方法和结合采取的施工加工措施，这对中标后用最经济的方法完成承包项目，带来理想的经济效益，创造了重要条件。

3. 对投标环境调查

所谓投标环境，是指工程施工的自然、经济、法律和社会条件。这些条件是影响工程设备制造施工的制约因素，必然影响工程设备的成本或增加工程设备制造的难度。所以，投标单位报价时必须对承包项目的外部环境进行调查了解。

4. 原材料、主要工程设备询价

这是报价所必需的辅助工作。为了以最有利的价格获得原材料和主要配套件，在国内自行组织采购，必须进行"货比三家"比价采购的方法；对要求进口的原材料、专用设备可通过贸易公司利用信函、电报或电传向供货厂商询价。供货厂商的报价通常是到岸价（CIF）即商品售价、保险费与运抵卸货口岸的运费之和，另外还要考虑进口国的关税、进口代理费用以及汇率变动的影响等。

## 五、编制和提交投标文件

经过现场踏勘和投标预备会后，投标人可以着手编制投标文件。投标人着手编制和递交投标文件的具体步骤和要求，主要是：

（1）结合现场踏勘和投标预备会的结果，进一步分析招标文件。招标文件是编制投标文件的主要依据，因此，必须结合已获取的有关信息认真细致地加以分析研究，特别是要重点研究其中的投标须知、专用条款、设计图纸、工程范围以及工程量表等，要弄清到底有没有特殊要求或有哪些特殊要求。

（2）校核招标文件中的工程量清单。投标人是否校核招标文件中的工程量清单或校核的是否准确，直接影响到投标报价和中标机会。因此，投标人应认真对待。通过认真校核工程量，投标人大体确定了工程总报价之后，估计某些项目工程量可能增加或减少的，就可以相应地提高或降低单价。如发现工程量有重大出入的，特别是漏项的，可以找招标人核对，要求招标人认可，并给予书面确认。这对于总价固定合同来说，尤其重要。

(3) 根据工程类型编制施工组织设计。施工组织设计的内容，一般包括施工程序、方案，施工方法，施工进度计划，施工机械、材料、设备的选定和临时生产、生活设施的安排，劳动力计划，以及施工现场平面和空间的布置。施工组织设计的编制依据，主要是设计图纸、技术规范，复核了的工程量，招标文件要求的开工、竣工日期，以及对市场材料、机械设备、劳动力价格的调查。编制施工组织设计，要在保证工期和工程质量的前提下，尽可能使成本最低、利润最大。具体要求是，根据工程类型编制出最合理的施工程序，选择和确定技术上先进、经济上合理的施工方法，选择最有效的施工设备、施工设施和劳动组织，周密、均衡地安排人力、物力和生产，正确编制施工进度计划，合理布置施工现场的平面和空间。

(4) 根据工程价格构成进行工程估价，确定利润方针，计算和确定报价。投标报价是投标的一个核心环节，投标人要根据工程价格构成对工程进行合理估价，确定切实可行的利润方针，正确计算和确定投标报价。投标人不得以低于成本的报价竞标。

(5) 形成、制作投标文件。投标文件应完全按照招标文件的各项要求编制。投标文件应当对招标文件提出的实质性要求和条件作出响应，一般不能带任何附加条件，否则将导致投标无效。投标文件一般应包括以下内容：①投标书；②投标书附录；③投标保证金书；④法定代表人资格证明书；⑤授权委托书；⑥具有标价的工程量清单和报价表；⑦施工组织设计；⑧施工组织机构表及主要工程管理人员人选及简历、业绩；⑨拟分包的工程和分包商的情况；⑩其他必要的附件及资料，如投标保函、承包商营业执照和能确认投标人财产经济状况的银行或其他金融机构的名称及地址等。

(6) 递送投标文件。递送投标文件，也称递标，是指投标人在投标文件要求提交投标文件的截止时间前，将所有准备好的投标文件密封送达投标地点。招标人收到投标文件后，应当签收保存，不得开启。投标人在递交投标文件以后，投标截止时间之前，可以对所递交的投标文件进行补充、修改或撤回，并书面通知招标人，但所递交的补充、修改或撤回通知必须按招标文件的规定编制、密封和标志。补充、修改的内容为投标文件的组成部分。

## 六、出席开标会议，接受评标期间的澄清询问

投标人在编制、递交了投标文件后，要积极准备出席开标会议。参加开标会议对投标人来说，既是权利也是义务。按照惯例，投标人不参加开标会议的，视为弃权，其投标文件将不予启封，不予唱标，不允许参加评标。投标人参加开标会议，要注意其投标文件是否被正确启封、宣读，对于被错误地认定为无效的投标文件或唱标出现的错误，应当现场提出异议。

在评标期间，评标组织要求澄清投标文件中不清楚问题的，投标人应积极予以说明、解释、澄清。澄清投标文件一般可以采用向投标人发出书面询问，由投标人书面作出说明或澄清的方式，也可以采用召开澄清会的方式。澄清会是评标组织为有助于对投标文件的审查、评价和比较，而个别地要求投标人澄清其投标文件（包括单价分析表）而召开的会议。在澄清会上，评标组织有权对投标文件中不清楚的问题，向投标人提出询问。有关澄清的要求和答复，最后均应以书面形式进行。所说明、澄清和确认的问题，经招标人和投

标人双方签字后，作为投标书的组成部分。在澄清会谈中，投标人不得更改标价、工期等实质性内容，开标后和定标前提出的任何修改声明或附加优惠条件，一律不得作为评标的依据。但评标组织按照投标须知规定，对确定为实质上响应招标文件要求的投标文件进行校核时发现的计算上或累计上的计算错误，应进行修改并取得投标人的认可。

### 七、接受中标通知书、签订合同、提供履约担保

经评标，投标人被确定为中标人后，应接受招标人发出的中标通知书。未中标的投标人有权要求招标人退还其投标保证金。中标人收到中标通知书后，应在规定的时间和地点与招标人签订合同。在合同正式签订之前，应先将合同草案报招标投标管理机构审查。经审查后，中标人与招标人在规定的期限内签订合同。结构不太复杂的中小型工程一般应在7天以内，结构复杂的大型工程一般应在14天以内，按照约定的具体时间和地点，根据《合同法》等有关规定，依据招标文件、投标文件的要求和中标的条件签订合同。同时，按照招标文件的要求，提交履约保证金或履约保函，招标人同时退还中标人的投标保证金。中标人如拒绝在规定的时间内提交履约担保和签订合同，招标人报请招标投标管理机构批准同意后取消其中标资格，并按规定不退还其投标保证金，并考虑在其余投标人中重新确定中标人，与之签订合同，或重新招标。中标人与招标人正式签订合同后，应按要求将合同副本分送有关主管部门备案。

## 任务 2　水利工程投标策略与技巧

投标报价的目标是投标单位以特定的投标经营方式，利用自身的经营条件和优势，通过竞争的手段所求达到的利益目标。这种利益目标是投标单位经营指导思想的具体体现，也是投标报价策略的核心要素和选择竞争对策、报价技巧的依据。研究投标报价策略要从分析投标报价目标开始，研究有关竞争对策，恰当使用报价技巧，形成一套完整的投标报价策略，实现中标的目的。

### 一、工程投标决策的分类

投标决策一般包含标前决策、风险分析、最终报价决策。

**（一）标前决策**

指企业在对某项工程投标前本企业目前状况和即将准备竞标的工程特点进行综合分析，决定是否对该工程进行投标。一般从以下几个方面分析：

（1）同类项目目前任务储备情况。这是指即将决策的工程项目类型公司目前任务储备是否饱和，有没有即将完工的类似项目。

（2）估算该项目总价，并调查该项目有无后续工程。

（3）管理及技术人员条件，指管理及技术人员水平、人数能否满足该工程的要求。

（4）机械设备条件。该工程需要投入施工机械设备的品种、数量能否满足要求；新购该类设备是否符合公司长期利益。

（5）对该项目有关情况的熟悉程度。包括对项目本身、业主和监理情况、当地市场情

况等以及该项目是否通过审批、资金是否到位。

（6）项目的工期要求及是否采用先进工艺，本公司有无可能达到。

（7）以往对同类工程的经验。

（8）竞争对手的情况。包括竞争对手的多少、实力以及外围环境。

（9）该工程给公司带来的影响和机会。

从以上几个方面决定公司对该项目参与或放弃。

## （二）风险分析

在决定了对工程项目进行参与后，应该对项目进行详细风险分析。风险分析主要是在购买招标文件后到投标前这段时期，应分析的风险因素包括：经济方面、技术方面、管理方面、其他方面等。如在此段时间发现该项工程风险相当大，也可建议公司放弃该项工程的竞争，如公司最终决定参与，在工程报价方面也应充分考虑风险因数。

## （三）最终报价决策

经过前面的一系列分析后，最终的决策即报价决策。一般有以下3种大的策略。

### 1. 高价赢利策略

高价赢利策略就是在报价过程中以较大利润为投标目标的策略。这种策略的使用通常基于以下情况：

（1）施工条件差。

（2）专业要求高、技术密集型工程，而本公司在此方面有专有技术以及良好的声誉。

（3）总价较低的小工程，本公司不是特别想干，报价较高，不中标也无所谓。

（4）特殊工程，如港口海洋工程等，需要特别或专有设备。

（5）业主要求苛刻、且工期相当紧的工程。

（6）竞争对手少。

（7）支付条件不理想。

### 2. 微利保本策略

微利保本策略是指在报价过程中降低甚至不考虑利润。这种策略的使用通常基于以下情况：

（1）工作较为简单，工作量大，但一般公司都可以做，比如大体积的土石方工程。

（2）本公司在此地区干了很多年，现在面临断档，有大量的设备在该地区待处置。

（3）该项目本身前景看好，为本公司创建业绩。

（4）该项目后续项目较多或公司保证能以上乘质量赢得信誉，续签其他项目。

（5）竞争对手多。

（6）有可能在中标后将工程的一部分以更低价格分包给某些专业承包商。

（7）长时间未中标，希望拿下一个项目激励人气，维持日常费用，缓解公司压力。

### 3. 低价亏损策略

低价亏损策略是指对某项目的最终报价低于公司的成本价的一种报价策略。使用该投标策略时应注意：第一，报价低在评标时得分较高；第二，这种报价方法属于正当的商业竞争行为。这种报价策略通常只用于：

(1) 市场竞争激烈，承包商又急于打入该领域创建业绩。

(2) 后续项目多，对前期工程以低价中标，占领阵地，工程完成的好。则能获得业主信任，希望后期工程继续承包，补偿前期低价损失。

(3) 有信心中标后通过变更索赔弥补损失甚至赢利。

## 二、工程投标决策的依据

1. 分析投标人现有的资源条件

投标人现有的资源条件包括企业目前的技术实力、经济实力、管理实力、社会信誉等。

(1) 技术实力方面。是否具有专业技术人员和专家级组织机构、类似工程的承包经验、有一定技术实力的合作伙伴。

(2) 经济实力方面：①有无垫付资金的实力；②有无支付（被占用）一定的固定资产和机具设备及其投入所需资金的能力；③有无一定的资金周转用来支付施工用款或筹集承包工程所需外汇的能力；④有无支付投标保函、履约保函、预付款保函、缺陷责任期保函等各种担保的能力；⑤有无支付关税、进口调节税、营业税、印花税、所得税、建筑税、排污税以及临时进入机械押金等各种税费和保险的能力；⑥有无承担各种风险，特别是不可抗力带来的风险的能力等。

(3) 管理实力方面：成本控制能力和管理水平、管理措施和健全的规章制度。

(4) 社会信誉方面：遵纪守法和履约的情况，施工安全、工期和质量如何，社会形象。

2. 分析与投标工程相关的一切外界信息

与投标工程相关的外界信息包括项目基本情况、业主以及其他合作伙伴的诚信及美誉度情况、竞争对手情况、当地市场环境情况以及法律、法规等。

(1) 项目的难易程度。如质量要求、技术要求、结构形式、工期要求等。

(2) 业主和其他合作伙伴的情况。业主的合法地位、支付能力、履约能力；合作伙伴如监理工程师处理问题的公正性、合理性等。

(3) 竞争对手的实力、优势及投标环境的优劣情况。

(4) 法律、法规的情况。主要是法律适用问题，指招标投标双方当事人发生争议后，应该适用哪一国家的法律作为准据法。

(5) 其他因素。在进行投标决策时，要考虑的因素很多，需要投标人深入的调查研究，系统地积累资料，并作出全面的分析，才能使投标作出正确的决策。

## 三、工程投标策略

(1) 制定投标策略应根据不同招标工程的不同情况和竞争形势，采取不同的投标策略。投标策略是非常灵活且并非不可捉摸的东西，从大量的投标实践中，我们归纳出投标策略的四大原则。

1) 知己知彼。即在具体工程投标活动中，掌握"知己知彼，百战不殆"的原则。在投标报价前要了解竞争对手的历史资料，或者知道竞争对手是谁及竞争者数目等。

2）以长胜短。在知己知彼的基础上，分析本企业和竞争对手在职工队伍素质、技术水平、劳动纪律性、工作效率、施工机械、材料供应、施工方案、管理层次等各方面的优、劣势。

3）掌握主动。在选择投标对象时，做到能投则投，不利则不投。

4）随机应变。这主要包括三方面的内容：一是在某项工程投标过程中，随着竞争对手的变化，如放弃投标、改变投标策略等，必须及时地修正自己的策略；二是在确定投标报价时，必须根据影响报价较大的企业因素和市场信息变化，适时做出决策；三是灵活地采取不同的投标策略，一成不变的策略是很难成功的。

（2）对于一个企业的领导在经营工作中，必须要目光长远，有战略管理的思想。战略管理指的是要从企业的整体和长远利益出发，就企业的经营目标、内部条件、外部备件等方面的问题进行谋划和决策，并依据企业内部的各种资源和备件以实施这些谋划和决策的一系列动态过程。在从事由投标到承包经费的每一项活动中，都必须具有战略管理的思想，因为承包工程的经营策略是一门科学，是研究如何用最小的代价取得最大的、长远的经济利益。投标决策是经营策略中重要的一环，也必须有战略管理的思想

投标按性质分，可分为风险标和保险标；按效益分，可分为赢利标、保本标和亏损标。

1）当明知工程承包难度大、风险大，且技术、设备、资金上都有未解决的问题，但由于队伍窝工，或因为工程赢得利丰厚，或为了开拓新技术领域而决定参加投标，同时设法解决存在的问题，可以投风险标。投标后，如果问题解决的好，取得好的经济效益，并且可以锻炼出一支好的队伍；如果解决得不好，企业信誉受损，严重的可能导致企业亏损以至破产。因此，投风险标必须慎重。

2）在可以预见的，从技术、设备、资金等重大问题都有了解决的对策的情况下，可投保险标。当企业经济实力较弱，经不起失误的打击的时候，则往往投保险标。

3）如果招标项目既是本企业的强项，又是竞争对手的弱项，或建设单位意向明确，或本企业任务饱满，利润丰厚，在这种情况下，可以考虑投赢利标。

4）当企业无后继工程，或已经出现部分窝工，又没有优势可言的情况下，企业应该采取投保本标决策。

5）在企业出现大量窝工、严重亏损，或为了打入新市场，或为了在对手林立的竞争中争得头标等非常情况下时，企业可能采取亏本标方案。

### 四、工程投标技巧

1. 不平衡报价法

不平衡报价法也叫前重后轻法。不平衡报价是指一个工程项目的投标报价，在总价基本确定后，如何调整内部各个项目的报价，以期既不提高总价，不影响中标，又能在结算时得到更理想的经济效益。一般可以在以下几个方面考虑采用不平衡报价法。

（1）能够早日结账收款的项目（如开办费、土石方工程、基础工程等）可以报的高一些，以利资金周转，后期工程项目（如机电设备安装工程，电站厂房外部装修工程等）可适当降低。

(2) 经过工程量核算，预计今后工程量会增加的项目，单价适当提高，这样在最终结算时可多赚钱，而将工程量可能减少的项目单价降低，工程结算时损失不大。

但是上述（1）、（2）两点要统筹考虑，针对工程量有错误的早期工程，如果不可能完成工程量表中的数量，则不能盲目抬高报价，要具体分析后再定。

(3) 设计图纸不明确，估计修改后工程量要增加的，可以提高单价，而工程内容说不清的，则可降低一些单价。

(4) 暂定项目。暂定项目又叫任意项目或备选项目，对这类项目要具体分析，因这一类项目要开工后再由业主研究决定是否实施，由哪一家承包商实施。如果工程不分标，只由一家承包商施工，则其中肯定要做的单价可高一些，不一定做的则应低一些。如果工程分标，该暂定项目也可能由其他承包商实施时，则不宜报高价，以免抬高总包价。

(5) 在单价包干混合制合同中，有些项目业主要求采用包干报价时，宜报高价。一则这类项目多半有风险，二则这类项目在完成后可全部按报价结账，即可以全部结算回来，而其余单价项目则可适当降低。

但是不平衡报价一定要建立在对工程量表中工程量仔细核对分析的基础上，特别是对报低单价的项目，如工程量执行时增多将造成承包商的重大损失，同时一定要控制在合理幅度内（一般可以在10％左右），以免引起业主反对，甚至导致废标。如果不注意这一点，有时业主会挑选出报价过高的项目，要求投标者进行单价分析，而围绕单价分析中过高的内容压价，以致承包商得不偿失。

2. 计日工的报价

如果是单纯报计日工的报价，可以报高一些。以便在日后业主用工或使用机械时可以多赢利。但如果招标文件中有一个假定的"名义工程量"时，则需要具体分析是否报高价。总之，要分析业主在开工后可能使用的计日工数量确定报价方针。

3. 多方案报价法

对一些招标文件，如果发现工程范围不很明确，条款不清楚或很不公正，或技术规范要求过于苛刻时，只要在充分估计投标风险的基础上，按多方案报价法处理。即是按原招标文件报一个价，然后再提出："如某条款（如某规范规定）作某些变动，报价可降低多少……"，报一个较低的价。这样可以降低总价，吸引业主。或是对某些部分工程提出按"成本补偿合同"方式处理。其余部分报一个总价。

4. 增加建议方案

有时招标文件中规定，可以提出建议方案，即是可以修改原设计方案，提出投标者的方案。投标者这时应组织一批有经验的设计和施工工程师，对原招标文件的设计和施工方案仔细研究，提出更合理的方案以吸引业主，促成自己方案中标。这种新的建议方案可以降低总造价或提前竣工或使工程运用更合理。但要注意的是对原招标方案一定要标价，以供业主比较。增加建议方案时，不要将方案写得太具体，保留方案的技术关键，防止业主将此方案交给其他承包商，同时要强调的是，建议方案一定要比较成熟，或过去有这方面的实践经验。因为投标时间不长，如果仅为中标而匆忙提出一些没有把握的建议方案，可能引起很多后患。

### 5. 突然降价法

报价是一件保密性很强的工作，但是对手往往通过各种渠道、手段来刺探情况，因此在报价时可以采取迷惑对方的手法。即选择按一般情况报价或表现出自己对该工程兴趣不大，快到投标截止时，再突然降价。如鲁布革水电站引水系统工程投标，投标人补充投标文件，报价突然降低 8.04%，取得最低标，为以后中标打下基础。采用这种方法时，一定要在准备投标报价的过程中考虑好降价的幅度，在临近投标截止日期前，根据情报信息与分析判断，再作最后决策。如果由于采用突然降价法而中标，因为开标只降总价，在签订合同后可采用不平衡报价的思想调整工程量表内的各项单价或价格，以期取得更高的效益。

### 6. 先亏后盈法

有的承包商，为了将市场扩展到某一地区，依靠国家、某财团和自身的雄厚资本实力，而采取一种不惜代价，只求中标的低价报价方案。应用这种手法的承包商必须有较好的资信条件，并且提出的实施方案也先进可行，同时要加强对公司情况的宣传，否则即使标价低，业主也不一定选中。如果其他承包商遇到这种情况，不一定和这类承包商硬拼，而努力争第二标和第三标，再依靠自己的经验和信誉争取中标。

### 7. 联合保标法

在竞争对手众多的情况下，可以采取几家实力雄厚的承包商联合起来控制标价，一家出面争取中标，再将其中部分项目转让给其他承包商分包，或轮流相互保标。在国际上这种做法很常见，但是如被业主发现，则有可能被取消投标资格。

## 五、对投标报价人员的几点要求

公司的决策主要依据报价人员提供的基础数据及有关建议，故在目前激烈的失常竞争中，每一个水利水电施工单位均应拥有一支优秀的投标报价队伍，建议报价人员在工作实际中注意以下几个方面。

### 1. 认真学习研究，深刻理解招标文件所列各项条款

招标文件许多条款对报价起着极其重要的作用，报价时必须理解各条款的含义，以便在投标中严格按照招标文件要求，避免投标文件因未按照招标文件要求而废标，或因未深刻理解招标文件某些条款，中标后给投标方造成经济损失等。如有些一次性包死的建设工程招标文件中就规定："投标人要认真研究招标文件，应在报价中充分考虑到正常施工情况下可能发生的所有费用（如设计变更、现场签证、固定总价时的工程量清单与实际发生的工程量有偏差以及政策性调价等）。对投标人没有填入的项目，招标人认为投标人的报价已经包括，在实施时招标人将不予另行支付。"对于这些内容，报价时就要逐项研究分析，并根据工程实际情况将可能发生的设计变更及现场签证费用计入报价中。如不认真研究条款，就有可能将应增加的费用未增加，一旦中标后发生上述所列，因为投标文件中标后将是合同的组成部分，将无法向业主追回相关费用，给企业带来不必要的经济损失。另外，招标文件所列的条款，中标后也将成为合同组成部分，同样具有法律效力。因此，准确理解招标文件中的每一条款，对于确定合理的有竞争力的报价是非常重要的。

### 2. 了解施工方案，做到报价与方案的和谐统一

投标环境就是招标工程施工的自然、经济和社会条件。这些条件是工程制约因素，必

然会影响工程成本，是投标报价及编制施工方案时必需的，所以必须了解清楚。施工方案是投标报价的一个前提条件，投标单位制定施工方案时必须采用有效的、先进的施工技术提高工效，同时还要针对招标项目施工的重点提出特殊施工方案，做到技术上、工期上对招标单位有吸引力，同时有助于降低施工成本。还要注意施工方案（技术标）和商务标是相互统一的，二者相关内容要表述一致。参与编制施工方案（技术标）、商务人员要相互兼顾，即技术人员在编制施工方案时要有经济意识，而商务报价人员编制报价时要熟悉施工过程，以便将费用考虑周全，做到准确报价。所以，只有将商务标与施工方案（技术标）有机结合起来，才能增强投标报价的竞争力。

3. 提高投标报价基础计算的准确性

投标计算是投标单位对承建招标工程所要发生的各种费用的计算。投标报价基础性计算的准确与否直接关系到能否制定出正确的投标报价策略，能否作出合理恰当的投标报价决策。所以，计算标价之前，应充分熟悉招标文件和施工图纸，了解设计意图、工程全貌，同时还要了解掌握工程现场情况，对整个计算过程要反复进行审核，保证据以报价的基础和工程总造价的正确无误。

4. 建立公司成本资料库

从购买招标文件到投标，一般时间都较紧，报价人员既要准确计算报价，形成完善的投标文件，还要快速准确测算该项目的成本，强度很大，在时间上满足不了要求。因此，有必要建立公司成本资料库，需要时可从资料库中直接调用或参考、类比：

（1）常规项目单价或工序的成本价格。如土方挖运 1km 成本为多少，增运 1km 成本为多少。

（2）目前的市场价格，包括项目或工序的分包价格。

（3）已完工程结算资料，即根据已建成项目的经验，掌握公司在某些项目上的实际施工成本。

成本库建立后，因市场是不断变化的，报价人员要定期或不定期对成本库进行增补和更新。

5. 提高投标报价人员的自身素质

报价人员应向综合型、复合型方向发展，这也是社会发展的需要。由于报价与技术方案是密切相关的，所以报价人员应懂施工技术，技术人员应懂经营。因此，企业应为报价人员创造更多学习机会，使其更系统全面地学习相关知识。为了应对加入 WTO 后的挑战，还必须认真学习和研究国际惯例、规范和工程定额及投标报价方法，不断增强本单位参与投标报价的竞争实力。

# 任务 3  水利工程投标文件编制

## 一、水利工程投标文件的组成

2007 年版《标准施工招标文件》中规定投标文件应包括下列内容：

（1）投标函及投标函附录。

(2) 法定代表人身份证明或附有法定代表人身份证明的授权委托书。
(3) 联合体协议书。
(4) 投标保证金。
(5) 已标价工程量清单。
(6) 施工组织设计。
(7) 项目管理机构。
(8) 拟分包项目情况表。
(9) 资格审查资料。
(10) 投标人须知前附表规定的其他材料。

投标人须知前附表规定不接受联合体投标的，或投标人没有组成联合体的，投标文件不包括（3）目所指的联合体协议书。

2009年版《水利水电工程标准施工招标文件》规定投标文件应包括下列内容：
(1) 投标函及投标函附录。
(2) 法定代表人身份证明。
(3) 授权委托书。
(4) 联合体协议书。
(5) 投标保证金。
(6) 已标价工程量清单。
(7) 施工组织设计。
(8) 项目管理机构表。
(9) 拟分包项目情况表。
(10) 资格审查资料。
(11) 原件的复印件。
(12) 其他材料。

投标人必须使用招标文件提供的投标文件表格格式，但表格可以按同样格式扩展。招标文件中拟定的供投标人投标时填写的一套投标文件格式，主要有投标函及其附录、工程量清单与报价表、辅助资料表等。

## 二、编制水利工程投标文件的步骤

1. 投标文件的编制步骤

投标人在领取、研究招标文件，并确定项目投标以后，就要进行投标文件的编制工作。编制投标文件的一般步骤是：

(1) 熟悉招标文件、图纸、资料，对图纸、资料有不清楚、不理解的地方，可以用书面或口头方式向招标人询问、澄清。
(2) 参加招标人施工现场情况介绍和答疑会。
(3) 调查当地材料供应和价格情况。
(4) 了解交通运输条件和有关事项。
(5) 编制施工组织设计，复核、计算图纸工程量。

（6）计算取费标准或确定采用取费标准。

（7）编制或套用投标单价。

（8）计算投标造价。

（9）核对调整投标造价。

（10）确定投标报价。

2．编制投标文件的注意事项

（1）投标人编制投标文件时必须使用招标文件提供的投标文件表格格式，但表格可以按同样格式扩展。投标保证金、履约保证金的方式，按招标文件有关条款的规定可以选择。投标人根据招标文件的要求和条件填写投标文件的空格时，凡要求填写的空格都必须填写，不得空着不填；否则，即被视为放弃意见。实质性的项目或数字如工期、质量等级、价格等未填写的，将被作为无效或作废的投标文件处理。将投标文件按规定的日期送交招标人，等待开标、决标。

（2）应当编制的投标文件"正本"仅一份，"副本"则按招标文件前附表所述的份数提供，同时要明确标明"投标文件正本"和"投标文件副本"字样。投标文件正本和副本如有不一致之处，以正本为准。

（3）投标文件正本与副本均应使用不能擦去的墨水打印或书写，各种投标文件的填写都要字迹清晰、端正，补充设计图纸要整洁、美观。

（4）所有投标文件均由投标人的法定代表人签署、加盖印鉴，并加盖法人单位公章。

（5）填报投标文件应反复校核，保证分项和汇总计算均无错误。全套投标文件均应无涂改和行间插字，除非这些删改是根据招标人的要求进行的，或者是投标人造成的必须修改的错误。修改处应由投标文件签字人签字证明并加盖印鉴。

（6）如招标文件规定投标保证金为合同总价的某百分比时，开投标保函不要太早，以防泄漏己方报价。但有的投标商提前开出并故意加大保函金额，以麻痹竞争对手的情况也是存在的。

（7）投标人应将投标文件的正本和每份副本分别密封在内层包封，再密封在一个外层包封中，并在内包封上正确标明"投标文件正本"和"投标文件副本"。内层和外层包封都应写明招标人名称和地址、合同名称、工程名称、招标编号，并注明开标时间以前不得开封。在内层包封上还应写明投标人的名称与地址、邮政编码，以便投标出现逾期送达时能原封退回。如果内外层包封没有按上述规定密封并加写标志，招标人将不承担投标文件错放或提前开封的责任，由此造成的提前开封的投标文件将被拒绝，并退还给投标人。投标文件递交至招标文件前附表所述的单位和地址。

投标文件有下列情形之一的，在开标时将被作为无效或作废的投标文件，不能参加评标：

（1）投标文件未按规定标志、密封的。

（2）未经法定代表人签署或未加盖投标人公章或未加盖法定代表人印鉴的。

（3）未按规定的格式填写，内容不全或字迹模糊辨认不清的。

（4）投标截止时间以后送达的投标文件。

投标人在编制投标文件时应特别注意，以免被判为无效标而前功尽弃。

### 三、水利工程投标文件的递交

投标人应在招标文件规定的投标截止期内将投标文件提交给招标人。

## 任务4　水利工程投标报价

### 一、报价编制基本流程

报价编制流程为投标程序的一部分，具体流程如下。

1. 勘察现场、参加标前会、了解当地材料价格信息

勘察现场常安排在购买招标文件之后，招标单位一般会在投标邀请书中载明勘察现场日期及集中出发的地点，勘察现场一般由招标单位或代理机构主持，设计参与解说，全体投标单位参加。因勘察现场、收集数据对报价编制很重要，如有可能建议由报价负责人亲自前往。在勘察现场中，如有疑问可直接询问业主或设计代表。

现场勘察完毕后，招标单位可能会组织返回召开标前会。主要解答投标单位在勘察现场中或在翻阅招标文件中发现的问题及不明事项，会后招标单位将以书面形式将标前会解答的问题发给每个投标单位。

标前会完毕后，参与勘察现场的报价人员还有一个重要任务，就是了解当地材料价。材料价的来源有两种主要方式：一是从当地造价部门购买造价信息，二是直接询价。建议先购买造价信息，可以获得常规大众材料的价格，然后对一些随市场波动较大的材料再单独询价，如柴油、钢筋、水泥等。

2. 阅读、理解招标文件

在报价编制之前，首先要认真阅读、理解招标文件，包括商务条款、技术条款、图纸及补遗文件，并对招标文件中有疑问地方可以以书面形式向招标单位去函要求澄清。

3. 确定报价编制原则

在对招标文件有了比较详细的了解后，就可开始着手进行报价的编制工作，首先是要确定该工程项目的报价编制原则，即选用何种定额及取费费率等问题。如招标文件对定额及取费费率有要求，就按招标文件要求进行编制；现一般大中型水利水电项目对定额的选取及取费费率不做明确要求，但我们可根据招标文件报价附表隐含要求确定定额及取费费率的选取。如招标文件未做任何要求，则可根据企业经验及习惯来确定定额及取费费率的选取。

4. 基础价格的确定

在确定了报价的编制原则后，则可随后确定报价的基础价格。基础价格包括人工预算单价和风、水、电及材料预算单价。人工预算单价可由编制原则的具体规定及计算方法来确定，风、水、电预算价也可由编制原则规定的计算方法结合施工方案来计算而得。材料预算单价则需根据材料的来源确定原价（如果为业主供应材料，业主供应价作为原价），并计入运杂费、采购及保管费等费用。

5. 施工方案交底

当施工方案编制人员在基本方案已初步形成之后,应向报价编制人员进行技术交底,提供报价编制人员编制报价所需施工工艺、施工手段及其他有关必须数据,以便报价编制人员根据该施工方案编制相应报价。

6. 报价的编制及调整

在上述工作全部完成之后,下一步就可对具体的单价进行编制,由于一般编标时间较短,加上单价的计算工作比较繁复,为提高效率及计算的准确度,现一般采用计算机程序进行报价的编制。只需将基础价格及材料价输入程序,选取相应的费率后,直接从程序中调用定额并自动计算,还可根据需要对报价进行调整。

7. 标书的形成

上述计算工作全部完成后,可对报价进行汇总,并完成招标文件要求的所有报价附录及表格,经检验校对无误后即可形成标书。

8. 投标前修改报价的编制

在递交标书前,如投标单位认为有必要对投标报价进行调整,对标书修改后重新装订显然来不及,可以以修改报价书、降价函、调价函等方式来对总价进行调整,招标文件中明确注明不允许调价的除外。一般要求随调价函附上调价后的工程量清单。

## 二、水利工程投标报价参考的定额

1. 水利水电系统常用的概预算编制办法及规定

目前水利水电系统仍常用的四套概预算编制办法及规定,目前仍常使用的概预算编制办法及定额有以下几种:

(1) 电力工业部 1997 年颁发的《水力发电工程可行性研究报告设计概算编制办法及费用标准》(电水规〔1997〕123 号)。配套使用的定额一般为《水力发电建筑工程概算定额 (1997)》、《水力发电安装工程预算定额 (1999)》。

(2) 水利部 1998 年颁发的《水利水电工程设计概(估)算费用构成及计算标准》(水总〔1998〕15 号文。一般配套使用的定额为《水利水电建筑工程预算定额 (1986)》及《中小型水利水电设备安装工程预算定额 (1992)》。

(3) 水利部 2002 年颁发的《水利工程设计概(估)算编制规定》,(水总〔2002〕116 号),配套使用的定额为《水利建筑工程概、预算定额 (2002)》、《水利水电设备安装工程概、预算定额 (1999)》。

(4) 国家经济贸易委员会 2002 年颁发的《水电工程设计概算编制办法及计算标准 (2002 年版)》,(〔2002〕78 号)。一般配套使用的定额为《水力发电建筑工程概算定额 (2004)》或《水电建筑工程预算定额 (2004)》、《水力发电设备安装工程预算定额 (2003)》。

从以上 4 套编制办法及配套定额可看出:第 1 套和第 4 套是属于原水电系统的取费标准和定额,并且第 4 套是第 1 套的更新,一般以发电为主的工程项目宜采用第 1 套或第 4 套;第 2 套和第 3 套是属于水利系统的取费标准和定额,并且第 3 套是第 2 套的更新,一般以灌溉、防洪为主的水利工程项目宜采用第 2 套或第 3 套。

2. 编制报价时可以遵循的原则

由于《水利水电建筑工程预算定额（1986）》是由原水电部颁发，故现也有采用《水力发电工程可行性研究报告设计概算编制办法及费用标准》（电水规〔1997〕123号）和《水利水电建筑工程预算定额（1986）》配套使用。另外有些省、市也有配套工程定额，大型施工企业还有自己企业定额。针对如此多的编制规定及定额，在编制报价时一般可以遵循如下原则：

（1）招标文件有明确规定的，依据招标文件规定确定报价编制原则。

（2）招标文件没有明确规定，但有隐含要求：如人工单价为"元/工时"，则一般选用第一套定额；如混凝土中模板单列计量，则一般选用第3套定额。

（3）招标文件既没有明确规定，也没有隐含要求，选用编制规定及定额的范围较大，也可遵循如下原则：水利系统工程一般选用第3套定额；发电为主工程一般选用第1套或第3套定额；如属省管项目也可采用该省颁布的编制规定及定额。

（4）如能了解到所投标工程概算编制所采用编制规定及定额，可参照概算制定相应投标报价的编制规定及定额。

（5）在满足上述要求前提下，尽量选用自己经常使用的报价编制规定及定额，以便对报价的总体水平有较好的控制。

## 三、工程量清单计价模式下的报价编制

根据自2007年7月1日起实施的GB 50501—2007《水利工程工程量清单计价规范》进行投标报价。依据招标人在招标文件中提供的工程量清单计算投标报价。

### （一）工程量清单计价的投标报价的构成

工程量清单计价应包括按招标文件规定完成工程量清单所列项目的全部费用，包括分类分项工程费、措施项目费和其他项目费。分类分项工程量清单计价应采用工程单价计价。分类分项工程量清单的工程单价，应根据本规范规定的工程单价组成内容，按招标设计文件、图纸、附录中的"主要工作内容"确定，除另有规定外，对有效工程量以外的超挖、超填工程量，施工附加量，加工、运输损耗量等所消耗的人工、材料和机械费用，均应摊入相应有效工程量的工程单价之内。措施项目清单的金额，应根据招标文件的要求以及工程的施工方案或施工组织设计，以每一项措施项目为单位，按项计价。其他项目清单由招标人按估算金额确定。零星工作项目清单的单价由投标人确定。

（1）分类分项工程量清单应包括序号、项目编码、项目名称、计量单位、工程数量、主要技术条款编码和备注。分类分项工程量清单应根据本规范附录规定的项目编码、项目名称、主要项目特征、计量单位、工程量计算规则、主要工作内容和一般适用范围进行编制。

（2）编制措施项目清单，出现措施项目清单表未列项目时，根据招标工程的规模、涵盖的内容等具体情况，编制人可作补充。

（3）其他项目清单，暂列预留金一项，编制人根据招标工程具体情况进行补充。

（4）零星工作项目清单，编制人应根据招标工程具体情况，对工程实施过程中可能发生的变更或新增加的零星项目，列出人工（按工种）、材料（按名称和规格型号）、机械（按名称和规格型号）的计量单位，并随工程量清单发至投标人。

### (二) 工程量清单计价格式填写规定

(1) 工程量清单应采用统一格式。
(2) 工程量清单格式应由下列内容组成:
1) 封面。
2) 填表须知。
3) 总说明。
4) 分类分项工程量清单。
5) 措施项目清单。
6) 其他项目清单。
7) 零星工作项目清单。
8) 其他辅助表格:
a. 招标人供应材料价格表。
b. 招标人提供施工设备表。
c. 招标人提供施工设施表。
(3) 工程量清单格式的填写应符合下列规定:
1) 工程量清单应由招标人编制。
2) 填表须知除本规范内容,招标人可根据具体情况进行补充。
3) 总说明填写。
a. 招标工程概况。
b. 工程招标范围。
c. 招标人供应的材料、施工设备、施工设施简要说明。
d. 其他需要说明的问题。
4) 分类分项工程量清单填写。
a. 项目编码,按《水利工程工程量清单计价规范》规定填写,本规范附录 A 和附录 B 中项目编码以×××表示的 10~12 位由编制人自 001 起顺序编码。
b. 项目名称,根据招标项目规模和范围,《水利工程工程量清单计价规范》附录 A 和附录 B 的项目名称,参照行业有关规定,并结合工程实际情况设置。
c. 计量单位的选用和工程量的计算应符合《水利工程工程量清单计价规范》附录 A 和附录 B 的规定。
d. 主要技术条款编码,按招标文件中相应技术条款的编码填写。
5) 措施项目清单填写。按招标文件确定的措施项目名称填写。凡能列出工程数量并按单价结算的措施项目,均应列入分类分项工程量清单。
6) 其他项目清单填写。按招标文件确定的其他项目名称、金额填写。
7) 零星工作项目清单填写。
a. 名称及规格型号,人工按工种,材料按名称和规格型号,机械按名称和规格型号,分别填写。
b. 计量单位,人工以工日或工时,材料以 t、$m^3$ 等,机械以台时或台班,分别填写。
8) 招标人供应材料价格表填写。按表中材料名称、型号规格、计量单位和供应价填写，并在供应条件和备注栏内说明材料供应的边界条件。

9）招标人提供施工设备表填写。按表中设备名称、型号规格、设备状况、设备所在地点、计量单位、数量和折旧费填写，并在备注栏内说明对投标人使用施工设备的要求。

10）招标人提供施工设施表填写。按表中项目名称、计量单位和数量填写，并在备注栏内说明对投标人使用施工设施的要求。

### 四、定额计价方式下投标报价的编制

一般是采用预算定额来编制，即按照定额规定的分部分项工程子目逐项计算工程量，套用预算定额和当时当地的市场价格确定直接工程费，然后再套用费用定额计取各项费用，最后汇总形成初步的标价。

### 五、水利工程投标报价审核

（1）以一定时期本地区内各类水利工程建设项目的单位工程造价，对投标报价进行审核。

（2）运用全员劳动生产率即全体人员每工日的生产价值，对投标报价进行审核。

（3）用各类单位工程用工用料正常指标，对投标报价进行审核。

（4）用各分项工程价值的正常比例，对投标报价进行审核。

（5）用各类费用的正常比例，对投标报价进行审核。

（6）用储存的一个国家或地区的同类型工程报价项目和中标项目的预测工程成本资料，对投标报价进行审核。

（7）用个体分析整体综合控制法，对投标报价进行审核。

（8）用综合定额估算法（即以综合定额和扩大系数估算工程的工料数量和工程造价）对投标报价进行审核。

## 任务5 水利工程投标案例

×××市××××水库除险加固工程Ⅰ标
施工招标投标文件

### 投标报价部分（正副本）

投标人： （盖章）

法定代表人或委托代理人： （签字或盖章）

日期： 年 月 日

1. 承诺书格式

## 承 诺 书

××市××水库除险加固工程建设项目部：
  我公司除完全响应本工程施工招标文件的所有条款外，还另作如下承诺：
  一、我单位若出现违标、围标、串标等违规行为，在评标时可视为未入围，并同意被没收投标保证金。
  二、关于支付民工工资
  1. 我单位该工程项目部与各施工班组签订的施工协议、班组负责人姓名及联系电话、支付民工工资的付款计划将报贵部备案。
  2. 我单位保证不拖欠该工程民工工资。如若拖欠，引起纠纷，贵部可直接向民工支付工资，所付款项可从工程款或履约保证金中扣除。
  3. 如因拖欠民工工资引发民工闹事、围攻、上访等事端，本单位除承担法律、经济责任外，每出现一次上述情况，同意罚我单位人民币叁伍万元。该款可从工程款或履约保证金中扣罚。

     投标人：        （盖章）
     法定代表人（或委托代理人）：  （签字或盖章）
     项目经理：       （签字或盖章）

                  _____年_____月_____日

2. 投标报价书

## 投 标 报 价 书

××市××水库除险加固工程建设项目部：
  1. 我方已仔细研究了××水库除险加固工程（×标段）施工招标文件（包括补充通知）的全部内容并踏勘了现场，愿意以人民币（大写）贰亿零伍佰伍拾玖万伍仟陆佰捌拾贰元整的投标总报价（分项报价见已标价的工程量清单）按招标文件规定的条件和要求承包合同规定的全部工作，并承担相关的责任。
  2. 我方提交的投标文件（包括投标报价书、已标价的工程量清单和其他投标文件）在投标截止时间后的 90 天内有效，在此期间被你方接受的上述文件对我方一直具有约束力。我方保证在投标文件有效期内不撤回投标文件，除招标文件另有规定外，不修改投标文件。
  3. 我方已递交投标保证金伍拾万元人民币作为我方投标的担保，我承诺同意执行本工程《招标文件》有关没收投标保证金的规定。
  4. 若我方中标：
  （1）我方保证在收到你方的中标通知书后，按招标文件规定的期限，及时派代表前去签订合同。
  （2）随同投标报价书提交的投标辅助资料中的任何部分，经你方确认后可作为合同文件的组成部分。
  （3）我方保证向你方按时提交招标文件规定的履约担保证件，作为我方的履约担保。
  （4）我方保证按招标文件要求的时间开工，并保证在合同规定的期限内完成合同规定的全部工作。
  5. 我方完全理解你方不保证投标价最低的投标人中标。

投 标 人：
法定代表人（或委托代理人）：
地   址：
网   址：
电   话：
电   传：
传   真：
电报挂号：
邮政编码：

                _____年_____月_____日

3. 法定代表人身份证明书

**法定代表人身份证明书**

单位名称：
地　　址：
姓　　名：　　　性别：　　　年龄：　　　职务：
系　　　　（投标人）　　　的法定代表人。负责施工、竣工和保修××××水库除险加固工程签署投标文件、进行合同谈判、签署合同和处理与之有关的一切事务。
特此证明

　　　　　　　　　　　　　　　投标人：　　　　　　（公章）
　　　　　　　　　　　　　　　日期：＿＿＿年＿＿＿月＿＿＿日

4. 授权委托书格式

**授 权 委 托 书**

××市××水库除险加固工程建设项目部：
　　兹委托　　　（被委托人姓名、职务）（居民身份证编号：　　　　　）为我单位的委托代理人，代表我单位就××水库除险加固工程签署投标文件、进行谈判、签订合同和处理与之有关的一切事务，其签名真迹如本授权委托书末尾所示，特此证明。

授权委托单位：
法定代表人：
委托代理人：
　　　　　　　　　　　　　　　　　　　　＿＿＿年＿＿＿月＿＿＿日

5. 投标报价表及其附件格式

**投标报价表及其附件**

1　报价说明

1.1　投标报价表为所投标工程工程量清单报价金额的汇总表，报价币为人民币。

1.2　投标报价表中的备用金是用于签订合同时尚未确定或不可预见项目的备用金额。

1.3　根据工程量清单要求填写"单价"和"合价"，若某些项目未填报单价和合价，则应认为已包括在其他项目的单价和合价及投标总报价内。

1.4　除合同另有规定外，在投标截止日期前28天所依据的国家法律、行政法规、国务院有关的规章以及××省地方法规和规章中规定应由承包人交纳的税金和其他费用均应计入单价、合价和总报价中。

1.5　单价分析表填表说明如下：

（1）单价应包括直接费、施工管理费、企业利润和税金等，并摊销相应施工风险。

(2) 直接费：包括人工费、材料费和施工机械使用费。

(3) 施工管理费：包括其他直接费、现场经费和间接费。

(4) 其他直接费：包括冬雨季施工增加费、夜间施工增加费、小型临时设施摊销费和其他。

(5) 现场经费和间接费：包括施工现场管理费用、现场的小型临时工程、企业的工程管理费用等。

(6) 施工风险：包括承包商应承担的相应风险费用，由承包商分析并摊入工程单价各项费用中。

(7) 投标人填报单价分析表，必须注明定额用量、基础单价、各项费用的费率，并注明综合费率，以供招标人评标之用。

2 投标报价汇总表

### 投标报价汇总表

合同编号：（　　）

工程名称：（　　）

第 1 页　共 1 页

| 序　号 | 工程项目名称 | 金额（元） |
|---|---|---|
| 一 | 分类分项工程报价 | 171845682.00 |
| 二 | 措施项目报价 | 30750000.00 |
| 三 | 其他项目报价 | 3000000.00 |
|  |  |  |
|  |  |  |
|  | 合计： | 205595682.00 |
|  |  |  |

投标人：（盖单位章）

法定代表人（或委托代理人）：（签名）

　　　　年　　　月　　　日

3 投标报价表附件

附件一　工程量清单报价表

## 分类分项工程量清单报价表

组号：

分组名称：清单 6 标

| 编号 | 项目编号 | 项目名称 | 单位 | 数量 | 单价（元） | 合价（元） | 主要技术条款编码 |
|---|---|---|---|---|---|---|---|
| 1 |  | 土方明挖 |  |  |  | 10286161.00 |  |
| 1.1 |  | 土方开挖 |  |  |  | 8615107.00 |  |
| 1.1.1 | 500101003001 | 输水箱涵工程 | m³ | 359266.00 | 10.94 | 3930370.00 |  |
| 1.1.2 | 500101003002 | Rt67 通气孔工程 | m³ | 3848.00 | 10.94 | 42097.00 |  |

续表

| 编号 | 项目编号 | 项目名称 | 单位 | 数量 | 单价（元） | 合价（元） | 主要技术条款编码 |
|---|---|---|---|---|---|---|---|
| 1.1.3 | 500101003003 | Rt68 通气孔工程 | m³ | 2409.00 | 10.94 | 26354.00 | |
| 1.1.4 | 500101003004 | 子牙河北分流井工程 | m³ | 168263.00 | 10.94 | 1840797.00 | |
| 1.1.5 | 500101003005 | 子牙河倒虹吸工程 | m³ | 225477.00 | 10.94 | 2466718.00 | |
| 1.1.6 | 500101003006 | 子牙河倒虹吸检修闸工程 | m³ | 11622.00 | 10.94 | 127145.00 | |
| 1.1.7 | 500101003007 | 北排干倒虹吸工程 | m³ | 16602.00 | 10.94 | 181626.00 | |
| 1.2 | | 清淤 | | | | 45981.00 | |
| 1.2.1 | 500101010001 | 子牙河北分流井工程退水箱涵出口清淤 | m³ | 517.00 | 11.90 | 6152.00 | |
| 1.2.2 | 500101010002 | 子牙河倒虹吸工程 | m³ | 3187.00 | 11.90 | 37925.00 | |
| 1.2.3 | 500101010003 | 北排干倒虹吸工程 | m³ | 160.00 | 11.90 | 1904.00 | |
| 1.3 | 500101010004 | 开挖弃土（包括淤泥） | m³ | 98549.00 | 16.49 | 1625073.00 | |
| 2 | | 土方填筑 | | | | 11341868.00 | |
| 2.1 | 500103001001 | 输水箱涵工程 D＞0.90 | m³ | 268226.00 | 19.26 | 5166033.00 | |
| 2.2 | 500103001002 | Rt67 通气孔工程 D＞0.90 | m³ | 2842.00 | 19.26 | 54737.00 | |
| 2.3 | 500103001003 | Rt68 通气孔工程 D＞0.90 | m³ | 1930.00 | 19.26 | 37172.00 | |
| 2.4 | | 子牙河北分流井工程 | | | | 2428917.00 | |
| 2.4.1 | 500103001004 | 基坑回填 D＞0.90 | m³ | 55872.00 | 19.26 | 1076095.00 | |
| 2.4.2 | 500103001005 | 基坑回填 D＞0.93 | m³ | 50006.00 | 19.26 | 963116.00 | |
| 2.4.3 | 500103001006 | 基坑回填 D＞0.94 | m³ | 6667.00 | 19.26 | 128406.00 | |
| 2.4.4 | 500103001007 | 厂区回填 D＞0.90 | m³ | 13567.00 | 19.26 | 261300.00 | |
| 2.5 | | 子牙河倒虹吸工程 | | | | 3214398.00 | |
| 2.5.1 | 500103001008 | 基坑回填 D＞0.90 | m³ | 138304.00 | 19.26 | 2663735.00 | |
| 2.5.2 | 500103001009 | 子牙河大堤回填 D＞0.94 | m³ | 28591.00 | 19.26 | 550663.00 | |
| 2.6 | 500103001010 | 子牙河倒虹吸检修闸工程 D＞0.90 | m³ | 9231.00 | 19.26 | 177789.00 | |
| 2.7 | | 北排干倒虹吸工程 | | | | 262822.00 | |
| 2.7.1 | 500103001011 | 基坑回填 D＞0.90 | m³ | 7980.00 | 19.26 | 153695.00 | |
| 2.7.2 | 500103001012 | 基坑回填 D＞0.94 | m³ | 5666.00 | 19.26 | 109127.00 | |
| 3 | | 混凝土工程 | | | | 117350217.00 | |
| 3.1 | | 输水箱涵工程 | | | | 49361772.00 | |
| 3.1.1 | 500109001001 | C10 素混凝土垫层（三孔） | m³ | 1000.00 | 466.98 | 466980.00 | |
| 3.1.2 | 500109001002 | C10 素混凝土垫层（两孔） | m³ | 942.00 | 466.98 | 439895.00 | |
| 3.1.3 | 500109001003 | C30W6F150 箱涵混凝土（三孔） | m³ | 18190.00 | 687.41 | 12503988.00 | |
| 3.1.4 | 500109001004 | C30W6F150 箱涵混凝土（两孔） | m³ | 16362.00 | 687.41 | 11247402.00 | |
| 3.1.5 | 500109008001 | 橡胶止水带 | m | 4239.00 | 130.62 | 553698.00 | |
| 3.1.6 | 500109009001 | 闭孔泡沫塑料板 | m² | 2339.00 | 130.00 | 304070.00 | |
| 3.1.7 | 500109011001 | 双组分聚硫胶 | kg | 5920.00 | 60.00 | 355200.00 | |
| 3.1.8 | 500111001001 | 钢筋（三孔） | t | 1584.30 | 8018.07 | 12703028.00 | |
| 3.1.9 | 500111001002 | 钢筋（两孔） | t | 1345.40 | 8018.07 | 10787511.00 | |
| 3.2 | | Rt67 通气孔工程 | | | | 747171.00 | |
| 3.2.1 | 500109001005 | C30W6F150 混凝土 | m² | 527.00 | 613.75 | 323446.00 | |
| 3.2.2 | 500109001006 | C10 素混凝土垫层 | m² | 23.00 | 466.98 | 10741.00 | |
| 3.2.3 | 500109008002 | 橡胶止水带 | m | 99.00 | 130.62 | 12931.00 | |
| 3.2.4 | 500109011002 | 双组分聚硫胶 | kg | 144.00 | 60.00 | 8640.00 | |
| 3.2.5 | 500109009002 | 闭孔泡沫塑料板 | m² | 56.00 | 130.00 | 7280.00 | |
| 3.2.6 | 500111001003 | 钢筋 | t | 40.79 | 8018.07 | 327057.00 | |

续表

| 编号 | 项目编号 | 项目名称 | 单位 | 数量 | 单价（元） | 合价（元） | 主要技术条款编码 |
|---|---|---|---|---|---|---|---|
| 3.2.7 | 500111002001 | 钢格栅盖板 | t | 1.73 | 10000.00 | 17300.00 | |
| 3.2.8 | 500111002002 | 钢管栏杆 | t | 0.69 | 11269.60 | 7776.00 | |
| 3.2.9 | 500111002003 | 钢梯 | t | 4.00 | 8000.00 | 32000.00 | |
| 3.3 | | Rt68通气孔工程 | | | | 475264.00 | |
| 3.3.1 | 500109001007 | C30W6F150混凝土 | m³ | 306.00 | 613.75 | 187808.00 | |
| 3.3.2 | 500109001008 | C10素混凝土 | m³ | 13.00 | 466.98 | 6071.00 | |
| 3.3.3 | 500109008003 | 橡胶止水带 | m | 58.00 | 130.62 | 7576.00 | |
| 3.3.4 | 500109011003 | 双组分聚硫胶 | kg | 78.00 | 60.00 | 4680.00 | |
| 3.3.5 | 500109009003 | 闭孔泡沫塑料板 | m² | 31.00 | 130.00 | 4030.00 | |
| 3.3.6 | 500111001004 | 钢筋 | t | 28.21 | 8018.07 | 226190.00 | |
| 3.3.7 | 500111002004 | 钢格栅盖板 | t | 0.95 | 10000.00 | 9500.00 | |
| 3.3.8 | 500111002005 | 钢管栏杆 | t | 0.48 | 11269.60 | 5409.00 | |
| 3.3.9 | 500111002006 | 钢梯 | t | 3.00 | 8000.00 | 24000.00 | |
| 3.4 | | 子牙河北分流井工程 | | | | 33251733.00 | |
| 3.4.1 | | ①进口闸段 | | | | 2554009.00 | |
| 3.4.1.1 | | a.进口渐变段 | | | | 507843.00 | |
| 3.4.1.1.1 | 500109001009 | C30W6F150混凝土 | m³ | 361.00 | 623.38 | 225040.00 | |
| 3.4.1.1.2 | 500109001010 | C10素混凝土 | m³ | 17.00 | 466.98 | 7939.00 | |
| ... | ... | | | ... | ... | ... | |
| 11.2 | 500103001013 | 土方回填 | m³ | 7519.00 | 19.62 | 147523.00 | |
| 11.3 | 500101010005 | 弃土 | m³ | 4958.00 | 8.77 | 43482.00 | |
| 11.4 | | 支护工程 | | | | 3473152.00 | |
| 11.4.1 | | 混凝土灌注桩 | | | | 2858629.00 | |
| 11.4.1.1 | 500106017001 | C30混凝土 | m³ | 1158.00 | 1399.13 | 1620193.00 | |
| 11.4.1.2 | 500106017002 | R235钢筋 | t | 18.55 | 8547.42 | 158555.00 | |
| 11.4.1.3 | 500106017003 | HRB335钢筋 | t | 126.34 | 8547.42 | 1079881.00 | |
| 11.4.2 | 500106017004 | 水泥搅拌桩 | m³ | 1458.00 | 248.73 | 362648.00 | |
| 11.4.3 | | 压顶梁 | | | | 251875.00 | |
| 11.4.3.1 | 500109001091 | C30混凝土 | m³ | 131.00 | 692.46 | 90712.00 | |
| 11.4.3.2 | 500111001030 | HRB335钢筋 | t | 20.10 | 8018.07 | 161163.00 | |
| 11.5 | | 混凝土工程 | | | | 5872032.00 | |
| 11.5.1 | 500109001092 | 箱涵C35混凝土（防水混凝土） | m³ | 2247.00 | 677.23 | 1521736.00 | |
| 11.5.2 | 500111001031 | HRB335钢筋 | t | 506.54 | 8018.07 | 4061473.00 | |
| 11.5.3 | 500109001093 | C15混凝土垫层 | m³ | 505.00 | 484.99 | 244920.00 | |
| 11.5.4 | 500109008018 | 止水带 | m | 198.00 | 130.62 | 25863.00 | |
| 11.5.5 | 500109009019 | 聚乙烯闭孔泡沫塑料板 | m² | 130.00 | 130.00 | 16900.00 | |
| 11.5.6 | 500109011018 | 双组分聚硫密封胶 | kg | 19.00 | 60.00 | 1140.00 | |
| 11.6 | | 路面恢复工程 | | | | 270590.00 | |
| 11.6.1 | | 快速车道面积 | | | | 175286.00 | |
| 11.6.1.1 | 500114001133 | 细粒式沥青混凝土 | m³ | 364.00 | 47.33 | 17228.00 | |
| 11.6.1.2 | 500114001134 | 粗粒式沥青混凝土 | m³ | 364.00 | 93.25 | 33943.00 | |
| | | 本组合计：171845682.00 计入报价总表 | | | | | |

投标人：（盖单位章）

法定代表人（或委托代理人）：（签名）

_____年_____月_____日

## 措施项目清单计价表

合同编号:(  )
工程名称:(  )                                              第1页 共1页

| 序号 | 项目名称 | 金额(元) |
|---|---|---|
| 1 | 防水 | 250000.00 |
| 1.1 | 主体工程施工防水 | 250000.00 |
| 2 | 施工供水、供电 | 550000.00 |
| 2.1 | 施工临时供电系统 | 450000.00 |
| 2.2 | 施工临时供水系统 | 100000.00 |
| 3 | 进退场费 | 900000.00 |
| 3.1 | 办理履约保证金手续费用 | 10000.00 |
| 3.2 | 施工临时生产、生活及消防设施 | 200000.00 |
| 3.3 | 施工临时仓库 | 400000.00 |
| 3.4 | 工程测量、放线费用 | 50000.00 |
| 3.5 | 施工场内交通 | 100000.00 |
| 3.6 | 场地清理费 | 40000.00 |
| 3.7 | 其他 | 100000.00 |
| 4 | 施工交通 | 170000.00 |
| 4.1 | 施工进场道路 | 100000.00 |
| 4.2 | 施工期挖断现有交通的辅助道路 | 30000.00 |
| 4.3 | 施工弃土道路 | 40000.00 |
| 5 | 环境保护措施 | 155000.00 |
| 5.1 | 生产废水处置 | 10000.00 |
| 5.2 | 生活污水处理 | 5000.00 |
| 5.3 | 大气降尘措施 | 50000.00 |
| 5.4 | 降噪措施 | 10000.00 |
| 5.5 | 固体废物处置措施 | 20000.00 |
| 5.6 | 生活饮用水水质保障措施 | 10000.00 |
| 5.7 | 生活区卫生消毒 | 10000.00 |
| 5.8 | 杀虫灭鼠措施 | 20000.00 |
| 5.9 | 施工人员检疫 | 20000.00 |
| 6 | 文明施工 | 200000.00 |
| 7 | 安全防护 | 300000.00 |
| 8 | 保险 | 400000.00 |
| 8.1 | 农民工工伤险 | 400000.00 |
| 9 | 工程资料审查及咨询费 | 50000.00 |
| 10 | 招标代理服务费 | 100000.00 |
| 合计 | | 3075000.00 |

法定代表人:
(或代理委托人)

## 零星工程项目计价表

合同编号:( )
工程名称:( )

第1页 共2页

| 序号 | 名称 | 型号规格 | 计量单位 | 单价(元) | 备注 |
|---|---|---|---|---|---|
| 1 | 人工 | | | | |
| | 工长 | | 工时 | 6.31 | |
| | 高级工 | | 工时 | 5.88 | |
| | 中级工 | | 工时 | 5.01 | |
| | 初级工 | | 工时 | 2.71 | |
| | 机械工 | | 工时 | 5.01 | |
| 2 | 材料 | | | | |
| | 水泥 | | t | 400.00 | |
| | 钢筋 | | t | 5175.00 | |
| | 柴油 | | kg | 7.59 | |
| | 碎石 | | m³ | 81.25 | |
| | 汽油 | | kg | 8.00 | |
| | 砂 | | m³ | 81.25 | |
| | 片石 | | m³ | 81.25 | |
| | 块石 | | m³ | 81.25 | |
| | 电 | | kW·h | 1.10 | |
| | 风 | | m³ | 0.19 | |
| | 水 | | m³ | 0.65 | |
| 3 | 机械 | | | | |
| | 单斗挖掘机 | 液压 0.6m | 台时 | 153.80 | |
| | 单斗挖掘机 | 液压 1m | 台时 | 205.68 | |
| | 单斗挖掘机 | 液压 1.6m | 台时 | 264.58 | |
| | 单斗挖掘机 | 液压 2m | 台时 | 350.92 | |
| | 单斗挖掘机 | 液压 3m | 台时 | 598.56 | |
| | 单斗挖掘机 | 液压 4m | 台时 | 752.96 | |
| | 推土机 | 59kW | 台时 | 106.15 | |
| | 推土机 | 74kW | 台时 | 145.80 | |
| | 推土机 | 88kW | 台时 | 178.70 | |
| | 拖拉机 | 履带式 74kW | 台时 | 114.11 | |
| | 压路机 | 内燃 12~15t | 台时 | 95.60 | |
| | 刨毛机 | | 台时 | 92.70 | |
| | 蛙式夯实机 | 2.8kW | 台时 | 14.25 | |

法定代表人:
(或代理委托人)

## 零星工程项目计价表

合同编号:（ ）
工程名称:（ ）

第 2 页 共 2 页

| 序号 | 名称 | 型号规格 | 计量单位 | 单价（元） | 备注 |
|---|---|---|---|---|---|
| 1 | 混凝土搅拌机 | 0.4m³ | 台时 | 28.10 | |
| 2 | 混凝土输送泵 | 30m³/h | 台时 | 107.91 | |
| 3 | 振捣器 | 插入式 1.1kW | 台时 | 2.80 | |
| 4 | 振捣器 | 插入式 1.5kW | 台时 | 4.10 | |
| 5 | 振捣器 | 插入式 2.2kW | 台时 | 4.88 | |
| 6 | 变频机组 | 8.5kVA | 台时 | 21.34 | |
| 7 | 混凝土罐 | 3m³ | 台时 | 15.19 | |
| 8 | 风（砂）水枪 | 6m³/min | 台时 | 41.46 | |
| 9 | 载重汽车 | 5t | 台时 | 87.40 | |
| 10 | 载重汽车 | 10t | 台时 | 126.26 | |
| 11 | 自卸汽车 | 5t | 台时 | 95.69 | |
| 12 | 自卸汽车 | 8t | 台时 | 129.09 | |
| 13 | 自卸汽车 | 10t | 台时 | 149.45 | |
| 14 | 胶轮车 | | 台时 | 1.12 | |
| 15 | 机动翻斗车 | 1t | 台时 | 20.95 | |
| 16 | 门座式起重机 | 10/30t 高架 10～30t | 台时 | 290.10 | |
| 17 | 塔式起重机 | 6t | 台时 | 80.74 | |
| 18 | 塔式起重机 | 10t | 台时 | 130.60 | |
| 19 | 履带起重机 | 油动 10t | 台时 | 139.59 | |
| 20 | 履带起重机 | 油动 20t | 台时 | 193.96 | |
| 21 | 履带起重机 | 油动 30t | 台时 | 257.12 | |
| 22 | 汽车起重机 | 5t | 台时 | 91.61 | |
| 23 | 汽车起重机 | 8t | 台时 | 116.41 | |
| 24 | 桅杆式起重机 | 10t | 台时 | 67.22 | |
| 25 | 桅杆式起重机 | 40t | 台时 | 127.50 | |
| 26 | 卷扬机 | 单筒慢速 5t | 台时 | 20.44 | |
| 27 | 卷扬机 | 单筒慢速 10t | 台时 | 59.82 | |
| 28 | 灰浆搅拌机 | | 台时 | 17.59 | |
| 29 | 空压机 | 电动 移动式 3.0m³/min | 台时 | 29.48 | |
| 30 | 空压机 | 电动 移动式 9.0m³/min | 台时 | 67.91 | |
| 31 | 离心水泵 | 多级 7.0kW | 台时 | 16.80 | |
| 32 | 电焊机 | 交流 25kVA | 台时 | 16.85 | |
| 33 | 电焊机 | 交流 50kVA | 台时 | 41.22 | |
| 34 | 对焊机 | 电弧型 150 | 台时 | 104.49 | |
| 35 | 钢筋弯曲机 | φ6—40 | 台时 | 15.89 | |
| 36 | 钢筋切断机 | 20kW | 台时 | 29.40 | |
| 37 | 钢筋调直机 | 4～14kW | 台时 | 20.35 | |
| 38 | 型钢剪断机 | 13kW | 台时 | 36.21 | |
| 39 | 型材弯曲机 | | 台时 | 20.84 | |
| 40 | 剪板机 | 6.3×2000mm | 台时 | 28.22 | |
| 41 | 落地车床 | φ1500～2000mm | 台时 | 77.25 | |
| 42 | 龙门刨床 | B2016A－S | 台时 | 184.49 | |
| 43 | 压力滤油机 | 150 型 | 台时 | 9.36 | |
| 44 | 鼓风机≤18m³/min | | 台时 | 34.25 | |
| 45 | 喷砂系统 | | 台时 | 4.58 | |
| 46 | 喷锌系统 | | 台时 | 4.58 | |
| 47 | | | | | |

法定代表人：
（或代理委托人）

## 其他项目清单计价表

合同编号：（  ）
工程名称：（  ）

第1页 共1页

| 序 号 | 项目名称 | 金额（元） |
|---|---|---|
| 1 | 备用金 | 3000000.00 |
|  |  |  |
| 合计 |  | 3000000.00 |

法定代表人：
（或代理委托人）

### 附件二  单价计算表

## 工程单价计算表

输水箱涵工程

编号：1.1.1, 1.1.2, 1.1.3, 1.1.4, 1.1.5, 1.1.6, 1.1.7   定额单位：100m³

施工方法：推松、运送、卸除、拖平、空回。
　　　　　挖装、运输、卸除、空回。
　　　　　挖土、装车、重运、卸车、空回。
　　　　　进料、胶带输送机装砂驳、运输、卸除、空回。
　　　　　人工装车、运输、卸车、空回等

| 编 号 | 名　称 | 型号规格 | 计量单位 | 数量 | 单价（元） | 合价（元） |
|---|---|---|---|---|---|---|
| 1 | 直接费 |  |  |  |  | 900.66 |
| 1.1.1 | 人工费 |  |  |  |  | 12.83 |
|  | 初级工 |  | 工时 | 5.53 | 2.32 | 12.83 |
| 1.1.2 | 材料费 |  |  |  |  | 43.70 |
|  | 零星材料费 |  | % | 5.10 | 856.96 | 43.70 |
| 1.1.3 | 机械使用费 |  |  |  |  | 844.13 |
|  | 单斗挖掘机液压 | 1m³ | 台时 | 0.70 | 194.27 | 135.99 |
|  | 推土机 | 59kW | 台时 | 0.35 | 102.00 | 35.70 |
|  | 推土机 | 132kW | 台时 | 0.62 | 251.19 | 155.24 |
|  | 自卸汽车 | 10t | 台时 | 3.67 | 140.87 | 517.20 |
| 2 | 施工管理费 |  | % | 900.66 | 10.00 | 90.07 |
| 3 | 企业利润 |  | % | 990.73 | 7.00 | 69.35 |
| 4 | 税金 |  | % | 1060.08 | 3.22 | 34.13 |
|  | 合计 |  |  |  |  | 1094.21 |
|  | 单价 |  |  |  |  | 10.94 |

投标人：
（或委托代理人）

## 工程单价计算表

### 子牙河北分流井工程退水箱涵出口清淤工程

单价编号：1.2.1，1.2.2，1.2.3  定额单位：1000m³

| 编号 | 名称 | 型号规格 | 计量单位 | 数量 | 单价（元） | 合价（元） |
|---|---|---|---|---|---|---|
| 1 | 直接费 | | | | | 9792.35 |
| 1.1.1 | 人工费 | | | | | 185.60 |
| | 初级工 | | 工时 | 80.00 | 2.32 | 185.60 |
| 1.1.2 | 材料费 | | | | | |
| 1.1.3 | 机械使用费 | | | | | 9606.75 |
| | 单斗挖掘机液压 | 0.6m³ | 台时 | 51.36 | 142.35 | 7311.10 |
| | 推土机 | 74kW | 台时 | 16.64 | 137.96 | 2295.65 |
| 2 | 施工管理费 | | % | 9792.35 | 10.00 | 979.24 |
| 3 | 企业利润 | | % | 10771.59 | 7.00 | 754.01 |
| 4 | 税金 | | % | 11525.60 | 3.22 | 371.12 |
| | 合计 | | | | | 11896.72 |
| | 单价 | | | | | 11.90 |

投标人：

（或委托代理人）

## 工程单价计算表

### 开挖弃土（包括淤泥）工程

编号：1.3  定额单位：100m³

| 编号 | 名称 | 型号规格 | 计量单位 | 数量 | 单价（元） | 合价（元） |
|---|---|---|---|---|---|---|
| 1 | 直接费 | | | | | 1357.63 |
| 1.1.1 | 人工费 | | | | | 18.16 |
| | 初级工 | | 工时 | 7.83 | 2.32 | 18.16 |
| 1.1.2 | 材料费 | | | | | 39.93 |
| | 零星材料费 | | % | 3.03 | 1317.70 | 39.93 |
| 1.1.3 | 机械使用费 | | | | | 1299.54 |

续表

| 施工方法：挖装、运输、卸除、空回 | | | | | |
|---|---|---|---|---|---|
| 编号 | 名称 | 型号规格 | 计量单位 | 数量 | 单价（元） | 合价（元） |
| | 装载机 轮胎式 | 1m² | 台时 | 1.45 | 105.77 | 153.55 |
| | 推土机 | 59kW | 台时 | 0.73 | 102.00 | 74.03 |
| | 自卸汽车 | 10t | 台时 | 7.61 | 140.87 | 1071.96 |
| 2 | 施工管理费 | | % | 1357.63 | 10.00 | 135.76 |
| 3 | 企业利润 | | % | 1493.39 | 7.00 | 104.54 |
| 4 | 税金 | | % | 1597.93 | 3.22 | 51.45 |
| | 合计 | | | | | 1649.38 |
| | 单价 | | | | | 16.49 |

投标人：

（或委托代理人）

## 工程单价计算表

输水箱涵工程 $D>0.90$ 工程

编号：2.1，2.2，2.3，2.4.1，2.4.2，2.4.3，2.4.4，2.5.1，2.5.2，2.6，2.7.1，2.7.2

定额单位：100m³ 实方

| 施工方法：1. 松填不夯实：包括5m以内取土（石渣）回填。2. 夯填土：包括5m内取土、倒土、平土、洒水、夯实（干密度1.6g/cm³以下）。推平、刨毛、压实、削坡、洒水、补边夯、辅助工作。挖装、运输、卸除、空回。装、运、卸、空回 | | | | | | |
|---|---|---|---|---|---|---|
| 编号 | 名称 | 型号规格 | 计量单位 | 数量 | 单价（元） | 合价（元） |
| 1 | 直接费 | | | | | 1585.52 |
| 1.1.1 | 人工费 | | | | | 189.21 |
| | 工长 | | 工时 | 0.46 | 5.40 | 2.48 |
| | 初级工 | | 工时 | 80.49 | 2.32 | 186.73 |
| 1.1.2 | 材料费 | | | | | 74.21 |
| | 零星材料费 | | % | 4.92 | 1508.29 | 74.21 |
| 1.1.3 | 机械使用费 | | | | | 1322.10 |
| | 单斗挖掘机 液压 | 1m³ | 台时 | 0.74 | 194.27 | 143.70 |
| | 推土机 | 59kW | 台时 | 0.44 | 102.00 | 44.38 |
| | 推土机 | 74kW | 台时 | 0.45 | 137.96 | 62.08 |
| | 拖拉机 履带式 | 74kW | 台时 | 1.70 | 111.26 | 189.25 |

续表

| 编号 | 名称 | 型号规格 | 计量单位 | 数量 | 单价（元） | 合价（元） |
|---|---|---|---|---|---|---|
| | 刨毛机 | | 台时 | 0.45 | 89.31 | 40.19 |
| | 蛙式夯实机 | 2.8kW | 台时 | 2.34 | 12.12 | 28.36 |
| | 自卸汽车 | 10t | 台时 | 4.56 | 140.87 | 642.96 |
| | 机动翻斗车 | 1t | 台时 | 8.36 | 20.12 | 168.15 |
| | 其他机械使用费 | | ％ | 0.23 | 1319.08 | 3.03 |
| 2 | 施工管理费 | | ％ | 1585.52 | 10.00 | 158.55 |
| 3 | 企业利润 | | ％ | 1744.07 | 7.00 | 122.08 |
| 4 | 税金 | | ％ | 1866.15 | 3.22 | 60.09 |
| | 合计 | | | | | 1926.24 |
| | 单价 | | | | | 19.26 |

投标人：
（或委托代理人）

## 中间单价分析表

项目编号：001
项目名称：混凝土拌制
单　　价：19.68元/m³

| 编号 | 名称及规格 | 单位 | 数量 | 单价（元） | 合价（元） |
|---|---|---|---|---|---|
| | 直接费 | | | | 1968.17 |
| (1) | 人工费 | | | | 1400.92 |
| | 中级工 | 工时 | 122.50 | 6.12 | 749.70 |
| | 初级工 | 工时 | 162.40 | 4.01 | 651.22 |
| (2) | 材料费 | | | | 38.59 |
| | 零星材料费 | ％ | 2.00 | 1929.58 | 38.59 |
| (3) | 机械使用费 | | | | 528.66 |
| | 混凝土搅拌机0.4 | 台时 | 18.00 | 25.22 | 453.96 |
| | 胶轮车 | 台时 | 83.00 | 0.90 | 74.70 |
| | 合计 | | | | 1968.17 |

投标人：
委托代理人：
　　　　　　　　年　月　日

## 中间单价分析表

项目编号：002
项目名称：混凝土水平运输
单　　价：8.16 元/m³

| 编　号 | 名称及规格 | 单　位 | 数　量 | 单价（元） | 合价（元） |
|---|---|---|---|---|---|
|  | 直接费 |  |  |  | 815.56 |
| （1） | 人工费 |  |  |  | 343.28 |
|  | 中级工 | 工时 | 36.50 | 6.12 | 223.38 |
|  | 初级工 | 工时 | 29.90 | 4.01 | 119.90 |
| （2） | 材料费 |  |  |  | 38.84 |
|  | 零星材料费 | % | 5.00 | 776.72 | 38.84 |
| （3） | 机械使用费 |  |  |  | 433.44 |
|  | 机动翻斗车 1t | 台时 | 19.35 | 22.40 | 433.44 |
|  | 合计 |  |  |  | 815.56 |

投标人：
委托代理人：

年　　月　　日

## 中间单价分析表

项目编号：003
项目名称：混凝土垂直运输
单　　价：6.82 元/m³

| 编　号 | 名称及规格 | 单　位 | 数　量 | 单价（元） | 合价（元） |
|---|---|---|---|---|---|
|  | 直接费 |  |  |  | 682.34 |
| （1） | 人工费 |  |  |  | 98.03 |
|  | 高级工 | 工时 | 3.30 | 7.15 | 23.60 |
|  | 中级工 | 工时 | 10.00 | 6.12 | 61.20 |
|  | 初级工 | 工时 | 3.30 | 4.01 | 13.23 |
| （2） | 材料费 |  |  |  | 38.62 |
|  | 零星材料费 | % | 6.00 | 643.72 | 38.62 |
| （3） | 机械使用费 |  |  |  | 545.69 |
|  | 混凝土罐 3 | 台时 | 2.80 | 12.15 | 34.02 |
|  | 塔式起重机 25t | 台时 | 2.80 | 182.74 | 511.67 |
|  | 合计 |  |  |  | 682.34 |

投标人：
委托代理人：

2007 年 10 月 29 日

## 中间单价分析表

项目编号：004
项目名称：混凝土运输
单　　价：14.98元/m³

| 编　号 | 名称及规格 | 单　位 | 数　量 | 单价（元） | 合价（元） |
|---|---|---|---|---|---|
| | 直接费 | | | | 1497.85 |
| (1) | 人工费 | | | | 441.31 |
| | 高级工 | 工时 | 3.30 | 7.15 | 23.60 |
| | 中级工 | 工时 | 46.50 | 6.12 | 284.58 |
| | 初级工 | 工时 | 33.20 | 4.01 | 133.13 |
| (2) | 材料费 | | | | 77.41 |
| | 零星材料费 | % | 5.45 | 1420.44 | 77.41 |
| (3) | 机械使用费 | | | | 979.13 |
| | 混凝土罐 3 | 台时 | 2.80 | 12.15 | 34.02 |
| | 机动翻斗车 1t | 台时 | 19.35 | 22.40 | 433.44 |
| | 塔式起重机 25t | 台时 | 2.80 | 182.74 | 511.67 |
| | 合计 | | | | 1497.85 |

投标人：

委托代理人：

年　月　日

**附件三　总价承包项目分解表（略）**

**附件四　工程单价组成表**

## 工程单价组成表

| 编号 | 项目编号 | 项目名称 | 数量 | 单位 | 人工费（元） | 材料费（元） | 机械使用费（元） | 企业利润（元） | 税金（元） | 合计（元） |
|---|---|---|---|---|---|---|---|---|---|---|
| 1 | | 土方明挖 | | | | | | | | |
| 1.1 | | 土方开挖 | | | | | | | | |
| 1.1.1 | 500101003001 | 输水箱涵工程 | 359266.00 | m³ | 0.22 | 0.45 | 8.60 | 0.71 | 0.35 | 11.26 |
| 1.1.2 | 500101003002 | Rt67 通气孔工程 | 3848.00 | m³ | 0.22 | 0.45 | 8.60 | 0.71 | 0.35 | 11.26 |
| 1.1.3 | 500101003003 | Rt68 通气孔工程 | 2409.00 | m³ | 0.22 | 0.45 | 8.60 | 0.71 | 0.35 | 11.26 |
| 1.1.4 | 500101003004 | 子牙河北分流井工程 | 168263.00 | m³ | 0.22 | 0.45 | 8.60 | 0.71 | 0.35 | 11.26 |
| 1.1.5 | 500101003005 | 子牙河倒虹吸工程 | 225477.00 | m³ | 0.22 | 0.45 | 8.60 | 0.71 | 0.35 | 11.26 |
| 1.1.6 | 500101003006 | 子牙河倒虹吸检修闸工程 | 11622.00 | m³ | 0.22 | 0.45 | 8.60 | 0.71 | 0.35 | 11.26 |
| 1.1.7 | 500101003007 | 北排干倒虹吸工程 | 16602.00 | m³ | 0.22 | 0.45 | 8.60 | 0.71 | 0.35 | 11.26 |

续表

| 编号 | 项目编号 | 项目名称 | 数量 | 单位 | 人工费（元） | 材料费（元） | 机械使用费（元） | 企业利润（元） | 税金（元） | 合计（元） |
|---|---|---|---|---|---|---|---|---|---|---|
| 1.2 | | 清淤 | | | | | | | | |
| 1.2.1 | 500101010001 | 子牙河北分流井工程退水箱涵出口清淤 | 517.00 | m³ | 0.32 | | 9.92 | 0.79 | 0.39 | 12.44 |
| 1.2.2 | 500101010002 | 子牙河倒虹吸工程 | 3187.00 | m³ | 0.32 | | 9.92 | 0.79 | 0.39 | 12.44 |
| 1.2.3 | 500101010003 | 北排干倒虹吸工程 | 160.00 | m³ | 0.32 | | 9.92 | 0.79 | 0.39 | 12.44 |
| 1.3 | 500101010004 | 开挖弃土（包括淤泥） | 98549.00 | m³ | 0.31 | 0.41 | 13.23 | 1.07 | 0.53 | 16.96 |
| 2 | | 土方填筑 | | | | | | | | |
| 2.1 | 500103001001 | 输水箱涵工程 $D>0.90$ | 268226.00 | m³ | 3.26 | 0.83 | 13.76 | 1.37 | 0.68 | 21.69 |
| 2.2 | 500103001002 | Rt67通气孔工程 $D>0.90$ | 2842.00 | m³ | 3.26 | 0.83 | 13.76 | 1.37 | 0.68 | 21.69 |
| 2.3 | 500103001003 | Rt68通气孔工程 $D>0.90$ | 1930.00 | m³ | 3.26 | 0.83 | 13.76 | 1.37 | 0.68 | 21.69 |
| 2.4 | | 子牙河北分流井工程 | | | | | | | | |
| 2.4.1 | 500103001004 | 基坑回填 $D>0.90$ | 55872.00 | m³ | 3.26 | 0.83 | 13.76 | 1.37 | 0.68 | 21.69 |
| 2.4.2 | 500103001005 | 基坑回填 $D>0.93$ | 50006.00 | m³ | 3.26 | 0.83 | 13.76 | 1.37 | 0.68 | 21.69 |
| 2.4.3 | 500103001006 | 基坑回填 $D>0.94$ | 6667.00 | m³ | 3.26 | 0.83 | 13.76 | 1.37 | 0.68 | 21.69 |
| 2.4.4 | 500103001007 | 厂区回填 $D>0.90$ | 13567.00 | m³ | 3.26 | 0.83 | 13.76 | 1.37 | 0.68 | 21.69 |
| 2.5 | | 子牙河倒虹吸工程 | | | | | | | | |
| 2.5.1 | 500103001008 | 基坑回填 $D>0.90$ | 138304.00 | m³ | 3.26 | 0.83 | 13.76 | 1.37 | 0.68 | 21.69 |
| 2.5.2 | 500103001009 | 子牙河大堤回填 $D>0.94$ | 28591.00 | m³ | 3.26 | 0.83 | 13.76 | 1.37 | 0.68 | 21.69 |
| 2.6 | 500103001010 | 子牙河倒虹吸检修闸工程 $D>0.90$ | 9231.00 | m³ | 3.26 | 0.83 | 13.76 | 1.37 | 0.68 | 21.69 |
| 2.7 | | 北排干倒虹吸工程 | | | | | | | | |
| 2.7.1 | 500103001011 | 基坑回填 $D>0.90$ | 7980.00 | m³ | 3.26 | 0.83 | 13.76 | 1.37 | 0.68 | 21.69 |
| 2.7.2 | 500103001012 | 基坑回填 $D>0.94$ | 5666.00 | m³ | 3.26 | 0.83 | 13.76 | 1.37 | 0.68 | 21.69 |
| 3 | | 混凝土工程 | | | | | | | | |
| 3.1 | | 输水箱涵工程 | | | | | | | | |
| 3.1.1 | 500109001001 | C10素混凝土垫层（三孔） | 1000.00 | m³ | 19.64 | 339.06 | 39.87 | 30.69 | 15.11 | 484.22 |
| 3.1.2 | 500109001002 | C10素混凝土垫层（两孔） | 942.00 | m³ | 19.64 | 339.06 | 39.87 | 30.69 | 15.11 | 484.22 |
| 3.1.3 | 500109001003 | C30W6F150箱涵混凝土（三孔） | 18190.00 | m³ | 64.98 | 453.16 | 76.49 | 45.79 | 22.54 | 722.42 |
| 3.1.4 | 500109001004 | C30W6F150箱涵混凝土（两孔） | 16362.00 | m³ | 64.98 | 453.16 | 76.49 | 45.79 | 22.54 | 722.42 |
| 3.1.5 | 500109008001 | 橡胶止水带 | 4239.00 | m | 9.68 | 100.91 | | 8.52 | 4.19 | 134.35 |
| 3.1.6 | 500109009001 | 闭孔泡沫塑料板 | 2339.00 | m² | | | | | | 130.00 |
| 3.1.7 | 500109011001 | 双组分聚硫胶 | 5920.00 | kg | | | | | | 60.00 |

续表

| 编号 | 项目编号 | 项 目 名 称 | 数量 | 单位 | 人工费（元） | 材料费（元） | 机械使用费（元） | 企业利润（元） | 税金（元） | 合计（元） |
|---|---|---|---|---|---|---|---|---|---|---|
| 3.1.8 | 500111001001 | 钢筋(三孔) | 1584.30 | t | 616.82 | 5854.02 | 330.08 | 523.67 | 257.75 | 8262.43 |
| 3.1.9 | 500111001002 | 钢筋(两孔) | 1345.40 | t | 616.82 | 5854.02 | 330.08 | 523.67 | 257.75 | 8262.43 |
| 3.2 | | Rt67 通气孔工程 | | | | | | | | |
| 3.2.1 | 500109001005 | C30W6F150 混凝土 | 527.00 | m³ | 45.58 | 428.16 | 54.26 | 40.66 | 20.01 | 641.46 |
| 3.2.2 | 500109001006 | C10 素混凝土垫层 | 23.00 | m³ | 19.64 | 339.06 | 39.87 | 30.69 | 15.11 | 484.22 |
| 3.2.3 | 500109008002 | 橡胶止水带 | 99.00 | m | 9.68 | 100.91 | | 8.52 | 4.19 | 134.35 |
| 3.2.4 | 500109011002 | 双组分聚硫胶 | 144.00 | kg | | | | | | 60.00 |
| 3.2.5 | 500109009002 | 闭孔泡沫塑料板 | 56.00 | m² | | | | | | 130.00 |
| 3.2.6 | 500111001003 | 钢筋 | 40.79 | t | 616.82 | 5854.02 | 330.08 | 523.67 | 257.75 | 8262.43 |
| 3.2.7 | 500111002001 | 钢格栅盖板 | 1.73 | t | | | | | | 10000.00 |
| 3.2.8 | 500111002002 | 钢管栏杆 | 0.69 | t | 1760.04 | 7779.48 | 313.81 | 758.71 | 373.44 | 11970.81 |
| 3.2.9 | 500111002003 | 钢梯 | 4.00 | t | | | | | | 8000.00 |
| 3.3 | | Rt68 通气孔工程 | | | | | | | | |
| 3.3.1 | 500109001007 | C30W6F150 混凝土 | 306.00 | m³ | 45.58 | 428.16 | 54.26 | 40.66 | 20.01 | 641.46 |
| 3.3.2 | 500109001008 | C10 素混凝土 | 13.00 | m³ | 19.64 | 339.06 | 39.87 | 30.69 | 15.11 | 484.22 |
| 3.3.3 | 500109008003 | 橡胶止水带 | 58.00 | m | 9.68 | 100.91 | | 8.52 | 4.19 | 134.35 |
| 3.3.4 | 500109011003 | 双组分聚硫胶 | 78.00 | kg | | | | | | 60.00 |
| 3.3.5 | 500109009003 | 闭孔泡沫塑料板 | 31.00 | m² | | | | | | 130.00 |
| 3.3.6 | 500111001004 | 钢筋 | 28.21 | t | 616.82 | 5854.02 | 330.08 | 523.67 | 257.75 | 8262.43 |
| 3.3.7 | 500111002004 | 钢格栅盖板 | 0.95 | t | | | | | | 10000.00 |
| 3.3.8 | 500111002005 | 钢管栏杆 | 0.48 | t | 1760.04 | 7779.48 | 313.81 | 758.71 | 373.44 | 11970.81 |
| 3.3.9 | 500111002006 | 钢梯 | 3.00 | t | | | | | | 8000.00 |
| 3.4 | | 子牙河北分流井工程 | | | | | | | | |
| 3.4.1 | | ①进口闸段 | | | | | | | | |
| 3.4.1.1 | | a. 进口渐变段 | | | | | | | | |
| 3.4.1.1.1 | 500109001009 | C30W6F150 混凝土 | 361.00 | m³ | 41.82 | 432.81 | 59.76 | 41.15 | 20.25 | 649.24 |
| 3.4.1.1.2 | 500109001010 | C10 素混凝土 | 17.00 | m³ | 19.64 | 339.06 | 39.87 | 30.69 | 15.11 | 484.22 |
| 3.4.1.1.3 | 500111001005 | 进口渐变段钢筋 | 30.70 | t | 616.82 | 5854.02 | 330.08 | 523.67 | 257.75 | 8262.43 |
| 3.4.1.1.4 | 500109008004 | 橡胶止水带 | 89.00 | m | 9.68 | 100.91 | | 8.52 | 4.19 | 134.35 |
| 3.4.1.1.5 | 500109011004 | 双组分聚硫胶 | 128.74 | kg | | | | | | 60.00 |
| 3.4.1.1.6 | 500109009004 | 闭孔泡沫塑料板 | 72.00 | m² | | | | | | 130.00 |
| 3.4.1.2 | | b. 进口闸闸室 | | | | | | | | |
| 3.4.1.2.1 | 500109001011 | C30W6F150 混凝土 | 1378.00 | m³ | 33.09 | 432.81 | 50.51 | 39.76 | 19.57 | 627.39 |
| 3.4.1.2.2 | 500112001001 | C30W6F150 混凝土预制盖板 | 7.00 | m³ | 179.73 | 477.22 | 146.33 | 61.85 | 30.44 | 975.91 |

续表

| 编号 | 项目编号 | 项目名称 | 数量 | 单位 | 人工费（元） | 材料费（元） | 机械使用费（元） | 企业利润（元） | 税金（元） | 合计（元） |
|---|---|---|---|---|---|---|---|---|---|---|
| 3.4.1.2.3 | 500109006001 | C30W6F150 二期混凝土 | 27.00 | m³ | 249.46 | 643.05 | 134.29 | 79.06 | 38.92 | 1247.47 |
| 3.4.1.2.4 | 500109001012 | C10 素混凝土 | 28.00 | m³ | 19.64 | 339.06 | 39.87 | 30.69 | 15.11 | 484.22 |
| 3.4.1.2.5 | 500111001006 | 进口闸闸室钢筋 | 127.42 | t | 616.82 | 5854.02 | 330.08 | 523.67 | 257.75 | 8262.43 |
| 3.4.1.2.6 | 500109008005 | 橡胶止水带 | 42.00 | m | 9.68 | 100.91 | | 8.52 | 4.19 | 134.35 |
| 3.4.1.2.7 | 500109011005 | 双组分聚硫胶 | 59.93 | kg | | | | | | 60.00 |
| 3.4.1.2.8 | 500109009005 | 闭孔泡沫塑料板 | 34.00 | m² | | | | | | 130.00 |
| 3.4.1.2.9 | 500111002007 | 钢管栏杆(高1.5m) | 0.08 | t | 1760.04 | 7779.48 | 313.81 | 758.71 | 373.44 | 11970.81 |
| 3.4.1.2.10 | 500111002008 | 钢爬梯 | 0.21 | t | | | | | | 8000.00 |
| 3.4.1.2.11 | 500111002009 | 钢格栅盖板 | 12.53 | t | | | | | | 10000.00 |
| 3.4.2 | | ②出口闸段 | | | | | | | | |
| 3.4.2.1 | | a.出口渐变段 | | | | | | | | |
| 3.4.2.1.1 | 500109001013 | C30W6F150 混凝土 | 506.00 | m³ | 41.82 | 432.81 | 59.76 | 41.15 | 20.25 | 649.24 |
| 3.4.2.1.2 | 500109001014 | C10 素混凝土 | 24.00 | m³ | 19.64 | 339.06 | 39.87 | 30.69 | 15.11 | 484.22 |
| 3.4.2.1.3 | 500111001007 | 出口渐变段钢筋 | 45.54 | t | 616.82 | 5854.02 | 330.08 | 523.67 | 257.75 | 8262.43 |
| 3.4.2.1.4 | 500109008006 | 橡胶止水带 | 119.00 | m | 9.68 | 100.91 | | 8.52 | 4.19 | 134.35 |
| 3.4.2.1.5 | 500109011006 | 双组分聚硫胶 | 170.78 | kg | | | | | | 60.00 |
| 3.4.2.1.6 | 500109009006 | 闭孔泡沫塑料板 | 84.00 | m² | | | | | | 130.00 |
| 3.4.2.2 | | b.出口闸闸室 | | | | | | | | |
| 3.4.2.2.1 | 500109001015 | C30W6F150 混凝土 | 2034.00 | m³ | 33.09 | 432.81 | 50.51 | 39.76 | 19.57 | 627.39 |
| 3.4.2.2.2 | 500112001002 | C30W6F150 混凝土预制盖板 | 20.00 | m³ | 179.73 | 477.22 | 146.33 | 61.85 | 30.44 | 975.91 |
| 3.4.2.2.3 | 500109006002 | C30W6F150 二期混凝土 | 31.00 | m³ | 249.46 | 643.05 | 134.29 | 79.06 | 38.92 | 1247.47 |
| 3.4.2.2.4 | 500109001016 | C10 素混凝土 | 42.00 | m³ | 19.64 | 339.06 | 39.87 | 30.69 | 15.11 | 484.22 |
| 3.4.2.2.5 | 500111001008 | 出口闸闸室钢筋 | 185.00 | t | 616.82 | 5854.02 | 330.08 | 523.67 | 257.75 | 8262.43 |
| 3.4.2.2.6 | 500109008007 | 橡胶止水带 | 45.00 | m | 9.68 | 100.91 | | 8.52 | 4.19 | 134.35 |
| 3.4.2.2.7 | 500109011007 | 双组分聚硫胶 | 64.11 | kg | | | | | | 60.00 |
| 3.4.2.2.8 | 500109009007 | 闭孔泡沫塑料板 | 36.00 | m² | | | | | | 130.00 |
| 3.4.2.2.9 | 500111002010 | 钢爬梯 | 0.29 | t | | | | | | 8000.00 |
| 3.4.2.2.10 | 500111002011 | 钢格栅盖板 | 10.71 | t | | | | | | 10000.00 |
| 3.4.2.2.11 | 500111002012 | 钢管栏杆(高1.5m) | 0.27 | t | 1760.04 | 7779.48 | 313.81 | 758.71 | 373.44 | 11970.81 |
| 3.4.3 | | ③分流井段 | | | | | | | | |
| 3.4.3.1 | | a.左侧挡土墙 | | | | | | | | |
| 3.4.3.1.1 | 500109001017 | C30W6F150 混凝土 | 3685.00 | m³ | 34.35 | 437.73 | 56.98 | 40.74 | 20.05 | 642.76 |
| 3.4.3.1.2 | 500109001018 | C10 素混凝土 | 131.00 | m³ | 19.64 | 339.06 | 39.87 | 30.69 | 15.11 | 484.22 |
| 3.4.3.1.3 | 500111001009 | 左侧挡土墙钢筋 | 332.92 | t | 616.82 | 5854.02 | 330.08 | 523.67 | 257.75 | 8262.43 |

续表

| 编号 | 项目编号 | 项目名称 | 数量 | 单位 | 人工费（元） | 材料费（元） | 机械使用费（元） | 企业利润（元） | 税金（元） | 合计（元） |
|---|---|---|---|---|---|---|---|---|---|---|
| 3.4.3.1.4 | 500109008008 | 橡胶止水带 | 235.00 | m | 9.68 | 100.91 | | 8.52 | 4.19 | 134.35 |
| 3.4.3.1.5 | 500109011008 | 双组分聚硫胶 | 337.68 | kg | | | | | | 60.00 |
| 3.4.3.1.6 | 500109009008 | 闭孔泡沫塑料板 | 130.00 | m² | | | | | | 130.00 |
| 3.4.3.1.7 | 500111002013 | 钢管栏杆(高1.5m) | 1.65 | t | 1760.04 | 7779.48 | 313.81 | 758.71 | 373.44 | 11970.81 |
| 3.4.3.2 | | b.分流井底板 | 0.00 | | | | | | | |
| 3.4.3.2.1 | 500109001019 | C30W6F150混凝土 | 2608.00 | m³ | 36.55 | 412.78 | 47.77 | 38.28 | 18.84 | 603.92 |
| 3.4.3.2.2 | 500109001020 | C10素混凝土 | 274.00 | m³ | 19.64 | 339.06 | 39.87 | 30.69 | 15.11 | 484.22 |
| 3.4.3.2.3 | 500111001010 | 分流井底板钢筋 | 130.80 | t | 616.82 | 5854.02 | 330.08 | 523.67 | 257.75 | 8262.43 |
| 3.4.3.2.4 | 500109008009 | 橡胶止水带 | 375.00 | m | 9.68 | 100.91 | | 8.52 | 4.19 | 134.35 |
| 3.4.3.2.5 | 500109011009 | 双组分聚硫胶 | 540.30 | kg | | | | | | 60.00 |
| 3.4.3.2.6 | 500109009009 | 闭孔泡沫塑料板 | 225.00 | m² | | | | | | 130.00 |
| 3.4.3.3 | | c.保水堰 | | | | | | | | |
| 3.4.3.3.1 | 500109001021 | C30W6F150混凝土 | 687.00 | m³ | 30.33 | 435.87 | 50.06 | 39.75 | 19.57 | 627.21 |
| 3.4.3.3.2 | 500109001022 | C10素混凝土 | 29.00 | m³ | 19.64 | 339.06 | 39.87 | 30.69 | 15.11 | 484.22 |
| 3.4.3.3.3 | 500111001011 | 保水堰钢筋 | 18.32 | t | 616.82 | 5854.02 | 330.08 | 523.67 | 257.75 | 8262.43 |
| 3.4.3.3.4 | 500109008010 | 橡胶止水带 | 21.00 | m | 9.68 | 100.91 | | 8.52 | 4.19 | 134.35 |
| 3.4.3.3.5 | 500109011010 | 双组分聚硫胶 | 30.67 | kg | | | | | | 60.00 |
| 3.4.3.3.6 | 500109009010 | 闭孔泡沫塑料板 | 28.00 | m² | | | | | | 130.00 |
| 3.4.4 | | ④退水系统 | | | | | | | | |
| 3.4.4.1 | | a.分水闸 | | | | | | | | |
| 3.4.4.1.1 | 500109001023 | C30W6F150混凝土 | 1056.00 | m³ | 33.09 | 432.81 | 50.51 | 39.76 | 19.57 | 627.39 |
| 3.4.4.1.2 | 500109001024 | C30W6F150混凝土机架桥 | 6.00 | m³ | 86.94 | 538.16 | 55.27 | 52.39 | 25.79 | 826.58 |
| 3.4.4.1.3 | 500112001003 | C30W6F150混凝土预制盖板 | 2.00 | m³ | 179.73 | 477.22 | 146.33 | 61.85 | 30.44 | 975.91 |
| 3.4.4.1.4 | 500109006003 | C30W6F150二期混凝土 | 6.00 | m³ | 249.46 | 643.05 | 134.29 | 79.06 | 38.92 | 1247.47 |
| 3.4.4.1.5 | 500109001025 | C10素混凝土 | 28.00 | m³ | 19.64 | 339.06 | 39.87 | 30.69 | 15.11 | 484.22 |
| 3.4.4.1.6 | 500111001012 | 分水闸钢筋 | 96.03 | t | 616.82 | 5854.02 | 330.08 | 523.67 | 257.75 | 8262.43 |
| 3.4.4.1.7 | 500109008011 | 橡胶止水带 | 71.00 | m | 9.68 | 100.91 | | 8.52 | 4.19 | 134.35 |
| 3.4.4.1.8 | 500109011011 | 双组分聚硫胶 | 101.52 | kg | | | | | | 60.00 |
| 3.4.4.1.9 | 500109009011 | 闭孔泡沫塑料板 | 51.00 | m² | | | | | | 130.00 |
| 3.4.4.1.10 | 500111002014 | 栏杆(高1.5m) | 0.53 | t | 1760.04 | 7779.48 | 313.81 | 758.71 | 373.44 | 11970.81 |
| 3.4.4.1.11 | 500111002015 | 钢梯 | 0.87 | t | | | | | | 8000.00 |
| 3.4.4.2 | | b.退水泵房 | | | | | | | | |
| 3.4.4.2.1 | 500109001026 | C30W6F150混凝土 | 848.00 | m³ | 51.99 | 454.97 | 53.01 | 43.12 | 21.22 | 680.31 |
| 3.4.4.2.2 | 500112001004 | C30W6F150混凝土预制盖板 | 18.00 | m³ | 179.73 | 477.22 | 146.33 | 61.85 | 30.44 | 975.91 |

续表

| 编号 | 项目编号 | 项 目 名 称 | 数量 | 单位 | 人工费（元） | 材料费（元） | 机械使用费（元） | 企业利润（元） | 税金（元） | 合计（元） |
|---|---|---|---|---|---|---|---|---|---|---|
| 3.4.4.2.3 | 500109006004 | C30W6F150 二期混凝土 | 2.00 | m³ | 249.46 | 643.05 | 134.29 | 79.06 | 38.92 | 1247.47 |
| 3.4.4.2.4 | 500109001027 | C10 素混凝土 | 21.00 | m³ | 19.64 | 339.06 | 39.87 | 30.69 | 15.11 | 484.22 |
| 3.4.4.2.5 | 500111001013 | 退水泵房钢筋 | 77.93 | t | 616.82 | 5854.02 | 330.08 | 523.67 | 257.75 | 8262.43 |
| 3.4.4.2.6 | 500103007003 | 碎石垫层 | 200.86 | m³ | 20.12 | 178.22 |  | 15.27 | 7.52 | 240.97 |
| 3.4.4.3 |  | c.溢流侧槽 |  |  |  |  |  |  |  |  |
| 3.4.4.3.1 | 500109001028 | C30W6F150 混凝土 | 2897.00 | m³ | 38.62 | 447.06 | 61.05 | 42.10 | 20.72 | 664.22 |
| 3.4.4.3.2 | 500109001029 | C10 素混凝土 | 89.10 | m³ | 19.64 | 339.06 | 39.87 | 30.69 | 15.11 | 484.22 |
| 3.4.4.3.3 | 500111001014 | 溢流侧槽钢筋 | 260.75 | t | 616.82 | 5854.02 | 330.08 | 523.67 | 257.75 | 8262.43 |
| 3.4.4.3.6 | 500109008012 | 橡胶止水带 | 170.00 | m | 9.68 | 100.91 |  | 8.52 | 4.19 | 134.35 |
| 3.4.4.3.7 | 500109011012 | 双组分聚硫胶 | 244.57 | kg |  |  |  |  |  | 60.00 |
| 3.4.4.3.8 | 500109009012 | 闭孔泡沫塑料板 | 135.00 | m² |  |  |  |  |  | 130.00 |
| 3.4.4.3.9 | 500111002016 | 钢管栏杆(高1.5m) | 1.85 | t | 1760.04 | 7779.48 | 313.81 | 758.71 | 373.44 | 11970.81 |
| 3.4.4.3.10 | 500111002017 | 钢爬梯 | 0.14 | t |  |  |  |  |  | 8000.00 |
| 3.4.4.4 |  | d.防洪闸 |  |  |  |  |  |  |  |  |
| 3.4.4.4.1 | 500109001030 | C30W6F150 混凝土 | 296.00 | m³ | 45.40 | 439.99 | 62.80 | 42.21 | 20.78 | 666.00 |
| 3.4.4.4.2 | 500109001031 | C30W6F150 混凝土机架桥 | 9.00 | m³ | 86.94 | 538.16 | 55.27 | 52.39 | 25.79 | 826.58 |
| 3.4.4.4.3 | 500109006005 | C30W6F150 二期混凝土 | 8.00 | m³ | 249.46 | 643.05 | 134.29 | 79.06 | 38.92 | 1247.47 |
| 3.4.4.4.4 | 500109001032 | C10 素混凝土 | 10.00 | m³ | 19.64 | 339.06 | 39.87 | 30.69 | 15.11 | 484.22 |
| 3.4.4.4.5 | 500111001015 | 防洪闸钢筋 | 29.03 | t | 616.82 | 5854.02 | 330.08 | 523.67 | 257.75 | 8262.43 |
| 3.4.4.4.6 | 500109008013 | 橡胶止水带 | 18.00 | m | 9.68 | 100.91 |  | 8.52 | 4.19 | 134.35 |
| 3.4.4.4.7 | 500109011013 | 双组分聚硫胶 | 26.50 | kg |  |  |  |  |  | 60.00 |
| 3.4.4.4.8 | 500109009013 | 闭孔泡沫塑料板 | 11.00 | m² |  |  |  |  |  | 130.00 |
| 3.4.4.4.9 | 500111002018 | 钢管栏杆(高1.5m) | 0.50 | t | 1760.04 | 7779.48 | 313.81 | 758.71 | 373.44 | 11970.81 |
| 3.4.4.4.10 | 500111002019 | 钢爬梯 | 0.07 | t |  |  |  |  |  | 8000.00 |
| 3.4.4.4.11 | 500105003001 | M10 浆砌石 | 400.00 | m³ | 41.55 | 392.36 | 2.50 | 33.60 | 16.54 | 530.19 |
| 3.4.4.4.12 | 500111002020 | 旋转钢梯 | 0.87 | t |  |  |  |  |  | 8000.00 |
| 3.4.4.5 |  | e.退水箱涵 |  |  |  |  |  |  |  |  |
| 3.4.4.5.1 | 500109001033 | C30W6F150 混凝土 | 7369.00 | m³ | 54.77 | 446.27 | 69.11 | 43.90 | 21.61 | 692.68 |
| 3.4.4.5.2 | 500109001034 | C10 素混凝土 | 351.00 | m³ | 19.64 | 339.06 | 39.87 | 30.69 | 15.11 | 484.22 |
| 3.4.4.5.3 | 500111001016 | 退水箱涵钢筋 | 663.20 | t | 616.82 | 5854.02 | 330.08 | 523.67 | 257.75 | 8262.43 |
| 3.4.4.3.4 | 500109008014 | 橡胶止水带 | 810.00 | m | 9.68 | 100.91 |  | 8.52 | 4.19 | 134.35 |
| 3.4.4.5.5 | 500109011014 | 双组分聚硫胶 | 1165.82 | kg |  |  |  |  |  | 60.00 |
| 3.4.4.5.6 | 500109009014 | 闭孔泡沫塑料板 | 486.00 | m² |  |  |  |  |  | 130.00 |
| 3.4.4.5.7 | 500103007004 | 碎石垫层 | 223.00 | m³ | 20.12 | 178.22 |  | 15.27 | 7.52 | 240.97 |

167

续表

| 编号 | 项目编号 | 项目名称 | 数量 | 单位 | 人工费（元） | 材料费（元） | 机械使用费（元） | 企业利润（元） | 税金（元） | 合计（元） |
|---|---|---|---|---|---|---|---|---|---|---|
| 3.4.4.5.8 | 500105003002 | M10浆砌石护砌 | 936.00 | m³ | 41.55 | 392.36 | 2.50 | 33.60 | 16.54 | 530.19 |
| 3.5 | | 子牙河倒虹吸工程 | | | | | | | | |
| 3.5.1 | 500109001035 | C30W6F150箱涵混凝土 | 19672.00 | m³ | 64.99 | 453.20 | 76.50 | 45.79 | 22.54 | 722.49 |
| 3.5.2 | 500109001036 | C10垫层混凝土 | 1189.00 | m³ | 19.64 | 339.06 | 39.87 | 30.69 | 15.11 | 484.22 |
| 3.5.3 | 500109001037 | C30W6F150挡墙素混凝土压顶 | 5.30 | m³ | 102.93 | 498.07 | 75.58 | 52.10 | 25.64 | 821.98 |
| 3.5.4 | 500109008015 | 橡胶止水带 | 2571.00 | m | 9.68 | 100.91 | | 8.52 | 4.19 | 134.35 |
| 3.5.5 | 500109011015 | 双组分聚硫胶 | 3757.10 | kg | | | | | | 60.00 |
| 3.5.6 | 500109009015 | 闭孔泡沫塑料板 | 1332.00 | m² | | | | | | 130.00 |
| 3.5.7 | 500111001017 | 钢筋 | 1868.80 | t | 616.82 | 5854.02 | 330.08 | 523.67 | 257.75 | 8262.43 |
| 3.6 | | 子牙河倒虹吸检修闸工程 | | | | | | | | |
| 3.6.1 | 500109001038 | C30W6F150混凝土 | 1189.00 | m³ | 30.24 | 427.06 | 56.08 | 39.53 | 19.46 | 623.70 |
| 3.6.2 | 500109001039 | C30W6F150排架柱混凝土 | 8.00 | m³ | 162.92 | 643.46 | 126.58 | 71.84 | 35.36 | 1133.47 |
| 3.6.3 | 500109001040 | C30W6F150机架桥混凝土 | 20.00 | m³ | 86.94 | 538.16 | 55.27 | 52.39 | 25.79 | 826.58 |
| 3.6.4 | 500109001041 | C10素混凝土 | 46.00 | m³ | 19.64 | 339.06 | 39.87 | 30.69 | 15.11 | 484.22 |
| 3.6.5 | 500109008016 | 橡胶止水带 | 122.00 | m | 9.68 | 100.91 | | 8.52 | 4.19 | 134.35 |
| 3.6.6 | 500109011016 | 双组分聚硫胶 | 160.00 | kg | | | | | | 60.00 |
| 3.6.7 | 500109009016 | 闭孔泡沫塑料板 | 90.00 | m³ | | | | | | 130.00 |
| 3.6.8 | 500109006006 | C30W6F150二期混凝土 | 14.00 | m³ | 249.46 | 643.05 | 134.29 | 79.06 | 38.92 | 1247.47 |
| 3.6.9 | 500111001018 | 钢筋 | 100.00 | t | 616.82 | 5854.02 | 330.08 | 523.67 | 257.75 | 8262.43 |
| 3.6.10 | 500111002021 | 钢格栅盖板 | 1.90 | t | | | | | | 10000.00 |
| 3.6.11 | 500111002022 | 钢管栏杆(高1.2m) | 1.50 | t | 1760.04 | 7779.48 | 313.81 | 758.71 | 373.44 | 11970.81 |
| 3.6.12 | 500111002023 | 钢梯 | 6.00 | t | | | | | | 8000.00 |
| 3.7 | | 北排干倒虹吸工程 | | | | | | | | |
| 3.7.1 | 500109001042 | C10素混凝土垫层 | 68.00 | m³ | 19.64 | 339.06 | 39.87 | 30.69 | 15.11 | 484.22 |
| 3.7.2 | 500109001043 | C30W6F150箱涵混凝土 | 1364.00 | m³ | 64.99 | 453.20 | 76.50 | 45.79 | 22.54 | 722.49 |
| 3.7.3 | 500109008017 | 橡胶止水带 | 176.00 | m | 9.68 | 100.91 | | 8.52 | 4.19 | 134.35 |
| 3.7.4 | 500109009017 | 闭孔泡沫塑料板 | 109.00 | m² | | | | | | 130.00 |
| 3.7.5 | 500109011017 | 双组分聚硫胶 | 320.00 | kg | | | | | | 60.00 |
| 3.7.6 | 500111001019 | 钢筋 | 123.00 | t | 616.82 | 5854.02 | 330.08 | 523.67 | 257.75 | 8262.43 |
| 4 | | 砌筑工程 | | | | | | | | |
| 4.1 | | 子牙河北分流井工程 | | | | | | | | |
| 4.1.1 | 500105011001 | 生态护坡 | 1021.00 | m³ | | | | | | 300.00 |
| 4.2 | | 子牙河倒虹吸工程 | | | | | | | | |
| 4.2.1 | 500105003003 | M10浆砌石挡墙 | 230.00 | m³ | 40.04 | 389.83 | 2.45 | 33.29 | 16.38 | 525.23 |

续表

| 编号 | 项目编号 | 项 目 名 称 | 数量 | 单位 | 人工费（元） | 材料费（元） | 机械使用费（元） | 企业利润（元） | 税金（元） | 合计（元） |
|---|---|---|---|---|---|---|---|---|---|---|
| 4.2.2 | 500105002001 | 雷诺护垫(厚170mm) | 4433.00 | m³ | | | | | | 15.00 |
| 4.3 | | 北排干倒虹吸工程 | | | | | | | | |
| 4.3.1 | 500105003004 | M10浆砌石护砌 | 445.00 | m³ | 41.55 | 392.36 | 2.50 | 33.60 | 16.54 | 530.19 |
| 4.3.2 | 500103007005 | 碎石垫层 | 103.00 | m³ | 20.12 | 178.22 | | 15.27 | 7.52 | 240.97 |
| 4.3.3 | 500109009018 | 闭孔泡沫塑料板 | 65.00 | m² | | | | | | 130.00 |
| 5 | | 桩基工程 | | | | | | | | |
| 5.1 | | 子牙河北分流井进口闸 | | | | | | | | |
| 5.1.1 | 500108004001 | C30F50φ800 灌注桩混凝土 | 402.00 | m³ | 177.19 | 493.88 | 499.28 | 90.12 | 44.36 | 1421.86 |
| 5.1.2 | 500111001020 | 灌注桩钢筋 | 40.21 | t | 777.99 | 5877.23 | 676.54 | 564.55 | 277.87 | 8907.36 |
| 5.2 | | 子牙河北分流井出口闸 | | | | | | | | |
| 5.2.1 | 500108004002 | C30F50φ1000 灌注桩混凝土 | 785.00 | m³ | 164.74 | 470.36 | 415.89 | 80.93 | 39.83 | 1276.85 |
| 5.2.2 | 500111001021 | 灌注桩钢筋 | 78.54 | t | 777.99 | 5877.23 | 676.54 | 564.55 | 277.87 | 8907.36 |
| 5.3 | | 子牙河北分流井左侧挡土墙 | | | | | | | | |
| 5.3.1 | 500108004003 | C30F50φ800 灌注桩混凝土 | 997.00 | m³ | 177.19 | 493.88 | 499.28 | 90.12 | 44.36 | 1421.86 |
| 5.3.2 | 500108004004 | C30F50φ1000 灌注桩混凝土 | 679.00 | m³ | 164.74 | 470.36 | 415.89 | 80.93 | 39.83 | 1276.85 |
| 5.3.3 | 500111001022 | 灌注桩钢筋 | 199.25 | t | 777.99 | 5877.23 | 676.54 | 564.55 | 277.87 | 8907.36 |
| 5.4 | | 子牙河北分流井分水闸 | | | | | | | | |
| 5.4.1 | 500108004005 | C30F50φ800 灌注桩混凝土 | 281.00 | m³ | 177.19 | 493.88 | 499.28 | 90.12 | 44.36 | 1421.86 |
| 5.4.2 | 500111001023 | 灌注桩钢筋 | 28.15 | t | 777.99 | 5877.23 | 676.54 | 564.55 | 277.87 | 8907.36 |
| 5.5 | | 子牙河北分流井退水系统 | | | | | | | | |
| 5.5.1 | 500108004006 | C30F50φ800 灌注桩混凝土 | 1287.00 | m³ | 177.19 | 493.88 | 499.28 | 90.12 | 44.36 | 1421.86 |
| 5.5.2 | 500111001024 | 灌注桩钢筋 | 128.68 | t | 777.99 | 5877.23 | 676.54 | 564.55 | 277.87 | 8907.36 |
| 5.6 | | 分流井底板 | | | | | | | | |
| 5.6.1 | 500108004007 | C30F50φ600 灌注桩混凝土 | 1790.00 | m³ | 235.27 | 548.83 | 748.31 | 118.00 | 58.08 | 1861.72 |
| 5.6.2 | 500111001025 | 灌注桩钢筋 | 180.00 | t | 777.99 | 5877.23 | 676.54 | 564.55 | 277.87 | 8907.36 |
| 6 | | 水机设备采购及安装工程 | | | | | | | | |
| 6.1 | 500201011001 | 自耦导轨 | 6.00 | 套 | 654.86 | 256.93 | 177.10 | 106.71 | 52.52 | 1683.68 |
| 6.2 | 500201002001 | 电动葫芦(3t) | 1.00 | 台 | 724.02 | 360.29 | 310.67 | 136.71 | 67.29 | 2156.97 |
| 6.3 | 500201010001 | 潜水泵(900QZB-85) | 2.00 | 台 | 23703.23 | 4104.03 | 2978.95 | 3017.05 | 1484.99 | 47602.73 |
| 6.4 | 500201013005 | 浮箱拍门(DN1200) | 2.00 | 个 | | | | | | 100.00 |
| 6.5 | 500201002002 | 法兰(DN350) | 2.00 | 个 | | | | | | 350.00 |
| 6.6 | 500201013006 | 法兰(DN1200) | 8.00 | 个 | | | | | | 2000.00 |
| 6.7 | 500201002003 | 钢管(DN350) | 90.00 | m | | | | | | 580.00 |
| 6.8 | 500201013007 | 钢管(DN1200 δ=9mm) | 25.00 | m | | | | | | 2320.00 |

续表

| 编号 | 项目编号 | 项目名称 | 数量 | 单位 | 人工费(元) | 材料费(元) | 机械使用费(元) | 企业利润(元) | 税金(元) | 合计(元) |
|---|---|---|---|---|---|---|---|---|---|---|
| 6.9 | 500201013008 | 电动葫芦轨道 | 22.00 | m | 46.51 | 283.42 | 16.26 | 26.66 | 13.12 | 420.59 |
| 6.10 | 500201013009 | 钢结构埋件 | 1.40 | t | 1244.64 | 10903.61 | 463.52 | 971.11 | 477.98 | 15322.04 |
| 7 | | 金属结构设备的制造与安装工程 | | | | | | | | |
| 7.1 | 500202005001 | 进口闸钢闸门(3套,9.1t/套) | 27.30 | t | 569.40 | 13932.53 | 251.51 | 1136.01 | 559.15 | 17923.94 |
| 7.2 | 500202005002 | 进口闸钢闸门埋件(3套,8t/套) | 24.00 | t | 884.40 | 13156.39 | 615.28 | 1128.52 | 555.46 | 17805.66 |
| 7.3 | 500202003001 | 进口闸 QPQ2×160kN 固定卷扬式启闭机 | 3.00 | 台 | 2925.60 | 61377.94 | 1139.92 | 5039.15 | 2480.27 | 79507.23 |
| 7.4 | 500202005003 | 出口闸(向外环河)钢闸门(2套,7.7t/套) | 15.40 | t | 569.40 | 13932.53 | 251.51 | 1136.01 | 559.15 | 17923.94 |
| 7.5 | 500202005004 | 出口闸(向外环河)闸门埋件(2套,6.5t/套) | 13.00 | t | 569.40 | 13932.53 | 251.51 | 1136.01 | 559.15 | 17923.94 |
| 7.6 | 500202005005 | 出口闸(向西河泵站)钢闸门(2套,8t/套) | 16.00 | t | 569.40 | 13932.53 | 251.51 | 1136.01 | 559.15 | 17923.94 |
| 7.7 | 500202005006 | 出口闸(向西河泵站)闸门埋件(2套,7.5t/套) | 15.00 | t | 884.40 | 13156.39 | 615.28 | 1128.52 | 555.46 | 17805.66 |
| 7.8 | 500202003002 | 出口闸 QPQ1×250kN 固定卷扬式启闭机(慢速) | 4.00 | 台 | 2925.60 | 53672.94 | 1139.92 | 4445.86 | 2188.25 | 70146.42 |
| 7.9 | 500202005007 | 分水闸钢闸门(2套,7.2t/套) | 14.40 | t | 569.40 | 13932.53 | 251.51 | 1136.01 | 559.15 | 17923.94 |
| 7.10 | 500202005008 | 分水闸钢闸门埋件(2套,6t/套) | 12.00 | t | 884.40 | 13156.39 | 615.28 | 1128.52 | 555.46 | 17805.66 |
| 7.11 | 500202003003 | 分水闸 QPQ2×100kN 固定卷扬式启闭机 | 1.00 | 台 | 2925.60 | 43667.94 | 1139.92 | 3675.48 | 1809.07 | 57991.36 |
| 7.12 | 500202005009 | 防洪闸钢闸门(1套,8t/套) | 8.00 | t | 569.40 | 13932.53 | 251.51 | 1136.01 | 559.15 | 17923.94 |
| 7.13 | 500202005010 | 防洪闸钢闸门埋件(1套,7t/套) | 7.00 | t | 884.40 | 13156.39 | 615.28 | 1128.52 | 555.46 | 17805.66 |
| 7.14 | 500202003004 | 防洪闸 QPQ1×250kN 固定卷扬式启闭机 | 1.00 | 台 | 2925.60 | 53672.94 | 1139.92 | 4445.86 | 2188.25 | 70146.42 |
| 7.15 | 500202005011 | 退水闸 1.5m×2.0m PGZ 铸铁闸门 | 1.00 | 套 | | | | | | 11000.00 |
| 7.16 | 500202003005 | 退水闸 LQ50kN－11m 手动螺杆启闭机 | 1.00 | 台 | 2925.60 | 36077.94 | 1139.92 | 3091.05 | 1521.41 | 48770.27 |
| 7.17 | 500202005012 | 子牙河倒虹吸出口闸钢闸门(2套,6t/套) | 12.00 | t | 569.40 | 13932.53 | 251.51 | 1136.01 | 559.15 | 17923.94 |
| 7.18 | 500202005013 | 子牙河倒虹吸出口闸钢闸门埋件(2套,6t/套) | 12.00 | t | 884.40 | 13156.39 | 615.28 | 1128.52 | 555.46 | 17805.66 |

续表

| 编号 | 项目编号 | 项 目 名 称 | 数量 | 单位 | 人工费（元） | 材料费（元） | 机械使用费（元） | 企业利润（元） | 税金（元） | 合计（元） |
|---|---|---|---|---|---|---|---|---|---|---|
| 7.19 | 500202003006 | 子牙河倒虹吸出口闸QPQ1×250kN固定卷扬式启闭机 | 2.00 | 台 | 2925.60 | 53672.94 | 1139.92 | 4445.86 | 2188.25 | 70146.42 |
| 8 | | 供电工程 | | | | | | | | |
| 8.1 | 500201022001 | 10kV环网开关柜 | 4.00 | 面 | 287.96 | 23.75 | 125.24 | 42.82 | 21.08 | 675.63 |
| 8.2 | 500201021001 | 干式变压器(SCB-125kVA/10kV) | 1.00 | 台 | 417.89 | 240.08 | 168.81 | 81.02 | 39.88 | 1278.39 |
| 8.3 | 500201016001 | 低压配电柜(GCS) | 3.00 | 面 | 123.81 | 33.84 | 57.19 | 21.05 | 10.36 | 332.19 |
| 8.4 | 500201014001 | 柴油发电机(75kW/0.4kV) | 1.00 | 台 | 748.10 | 389.99 | 47.00 | 116.14 | 57.16 | 1832.43 |
| 8.5 | 500201014002 | 移动箱式变电站(630kVA) | 1.00 | 台 | 990.73 | 6013.66 | 723.75 | 757.36 | 372.77 | 11949.53 |
| 8.6 | 500201016002 | 配电箱 | 5.00 | 面 | 123.81 | 33.84 | 57.19 | 21.05 | 10.36 | 332.19 |
| 8.7 | 500201024001 | 控制箱 | 1.00 | 面 | 149.30 | 31.64 | 57.19 | 23.34 | 11.49 | 368.21 |
| 8.8 | 500201018001 | 10kV高压电缆(YJV-3×35) | 0.01 | km | 2109.50 | 212759.67 | 187.90 | 16559.39 | 8150.53 | 261272.70 |
| 8.9 | 500201018002 | 低压电缆(VV22-3×70+35) | 0.03 | km | 2109.50 | 181088.67 | 187.90 | 14120.73 | 6950.22 | 222795.63 |
| 8.10 | 500201018003 | 低压电缆(VV22-3×10+6) | 0.50 | km | 2109.50 | 40328.67 | 187.90 | 3282.21 | 1615.95 | 51786.39 |
| 8.11 | 500201018004 | 低压电缆(VV22-3×6+4) | 0.50 | km | 2109.50 | 28598.67 | 187.90 | 2379.00 | 1170.94 | 37535.62 |
| 8.12 | 500201018005 | 低压电缆(VV22-3×4+2.5) | 0.30 | km | 2109.50 | 22147.17 | 187.90 | 1882.23 | 926.43 | 29697.69 |
| 8.13 | 500201018006 | 低压电缆(VV-3×10+6) | 0.05 | km | 2109.50 | 36809.67 | 187.90 | 3011.24 | 1482.13 | 47511.15 |
| 8.14 | 500201018007 | 低压电缆(VV-3×4+2.5) | 0.20 | km | 2109.50 | 18628.17 | 187.90 | 1611.27 | 793.07 | 25422.46 |
| 8.15 | 500201018008 | 控制电缆(kVV22-4×1.5) | 0.05 | km | 2080.01 | 16681.62 | | 1444.65 | 711.05 | 22793.49 |
| 8.16 | 500201018009 | 电缆护管(SC25) | 45.00 | m | | | | | | 21.00 |
| 8.17 | 500201018010 | 电缆护管(SC50) | 215.00 | m | | | | | | 42.00 |
| 8.18 | 500201018011 | 电缆护管(SC70) | 15.00 | m | | | | | | 62.00 |
| 8.19 | 500201018012 | 电缆护管(SC100) | 5.00 | m | | | | | | 94.00 |
| 8.20 | 500201018013 | 电缆槽(200×100) | 80.00 | m | | | | | | 107.00 |
| 8.21 | 500201024002 | 多功能电力监测仪表 | 1.00 | 块 | | | | | | 100.00 |
| 8.22 | 500201024003 | 可编程单相智能仪表(电流) | 14.00 | 块 | | | | | | 100.00 |
| 8.23 | 500201024004 | 可编程三相智能仪表(电流) | 1.00 | 块 | | | | | | 100.00 |
| 8.24 | 500201024005 | 可编程三相智能仪表(电压) | 1.00 | 块 | | | | | | 100.00 |
| 8.25 | | 防雷接地装置 | | | | | | | | |
| 8.25.1 | 500201020001 | 镀锌扁钢(−40×4) | 350.00 | m | | | | | | 9.60 |
| 8.25.2 | 500201020002 | 镀锌角钢(∠50×5×2500) | 20.00 | 根 | | | | | | 1200.00 |
| 8.25.3 | 500201020003 | 镀锌圆钢(ϕ12) | 300.00 | m | | | | | | 7.50 |
| 8.26 | 500201018014 | 低压电缆(YCW-3×16+10) | 0.10 | km | 2109.50 | 60269.67 | 187.90 | 4817.66 | 2371.25 | 76012.69 |
| 8.27 | | 防雷接地装置 | | | | | | | | |
| 8.27.1 | 500201020004 | 镀锌扁钢(−40×4) | 40.00 | m | | | | | | 9.60 |
| 8.27.2 | 500201020005 | 镀锌角钢(∠50×5×2500) | 3.00 | 根 | | | | | | 1200.00 |

续表

| 编号 | 项目编号 | 项 目 名 称 | 数量 | 单位 | 人工费（元） | 材料费（元） | 机械使用费（元） | 企业利润（元） | 税金（元） | 合计（元） |
|---|---|---|---|---|---|---|---|---|---|---|
| 8.27.3 | 500201020006 | 镀锌圆钢($\phi$12) | 10.00 | m | | | | | | 7.50 |
| 9 | | 通信预埋管道 | | | | | | | | |
| 9.1 | 500201034001 | 施工测量通信管道 | 57.00 | 100m | | | | | | |
| 9.2 | 500201034002 | 管道沟和人、手孔坑开挖 | 15.18 | 100m | 523.22 | 20.93 | | 41.90 | 20.62 | 661.09 |
| 9.3 | 500201034003 | 管道沟和人、手孔坑回填（压实度同主体工程） | 9.11 | 100m | 943.19 | 58.41 | 224.93 | 94.44 | 46.48 | 1490.11 |
| 9.4 | 500201034004 | 夯填3:7灰土($D>0.95$) | 15.18 | 100m | 4189.65 | 8266.30 | | 959.11 | 472.07 | 15132.73 |
| 9.5 | 500201034005 | 通信管道的混凝土包封C30 | 62.00 | 个 | 67.84 | 426.22 | 48.98 | 41.81 | 20.58 | 659.74 |
| 9.6 | 500201034006 | 铺设镀锌钢管管道3孔（$\phi$114×4mm镀锌钢管） | 1.20 | 100m | 319.44 | 20782.84 | 84.44 | 1631.38 | 802.96 | 25739.73 |
| 9.7 | 500201034007 | 铺设镀锌钢管管道5孔（$\phi$114×4mm镀锌钢管） | 0.03 | 100m | 576.24 | 50080.65 | 175.78 | 3914.12 | 1926.53 | 61756.58 |
| 9.8 | 500201034008 | 人孔小号四通型 | 1.00 | 个 | 504.37 | 2698.48 | 42.35 | 249.88 | 122.99 | 3942.59 |
| 9.9 | 500201034009 | 手孔1200×1700车行道 | 8.00 | 个 | 116.10 | 773.83 | 5.04 | 68.91 | 33.92 | 1087.30 |
| 9.10 | 5002010340010 | 硅芯管敷设(2孔管) | 2.88 | km | 568.43 | 241.80 | 708.80 | 148.87 | 73.27 | 2348.78 |
| 9.11 | 5002010340011 | 硅芯管敷设(3孔管) | 2.34 | km | 700.53 | 241.80 | 708.80 | 161.81 | 79.64 | 2553.04 |
| 9.12 | 5002010340012 | 钢管径内人工穿放硅芯管 | 0.48 | km | | | | | | 1000.00 |
| 9.13 | 5002010340013 | 塑料管道充气试验(孔 km) | 13.90 | 孔 km | | | | | | 3000.00 |
| 9.14 | 5002010340014 | 手孔及管道基础钢筋 | 7.74 | 100kg | 61.68 | 585.41 | 33.01 | 52.37 | 25.78 | 826.26 |
| 10 | | 建筑与装修工程 | | | | | | | | |
| 10.1 | | 子牙河北分流井工程 | | | | | | | | |
| 10.1.1 | | 进口闸启闭机房 | | | | | | | | |
| 10.1.1.1 | | 砌体工程 | | | | | | | | |
| 10.1.1.1.1 | 500105008001 | 200厚混凝土空心小砌块 | 60.00 | m³ | 47.11 | 189.45 | 1.43 | 18.32 | 9.02 | 289.12 |
| 10.1.1.2 | | 楼地面工程 | | | | | | | | |
| 10.1.1.2.1 | 500114001001 | 水泥砂浆楼面 | 57.00 | m² | 4.71 | 8.31 | 0.46 | 1.04 | 0.51 | 16.38 |
| 10.1.1.2.2 | 500114001002 | 防滑地砖楼面 | 95.00 | m² | 19.44 | 69.78 | 1.08 | 6.95 | 3.42 | 109.70 |
| 10.1.1.2.3 | 500114001003 | 地砖踢脚($h=100$mm) | 5.00 | m² | | | | | | |
| 10.1.1.3 | | 内墙装饰工程 | | | | | | | | |
| 10.1.1.3.1 | 500114001004 | 抹灰喷刷乳胶漆内墙面 | 380.00 | m² | 11.66 | 11.55 | 0.52 | 1.83 | 0.90 | 28.84 |
| 10.1.1.4 | | 顶棚装饰工程 | | | | | | | | |
| 10.1.1.4.1 | 500114001005 | 抹灰喷刷乳胶漆顶棚 | 190.00 | m² | 8.66 | 9.98 | 0.32 | 1.46 | 0.72 | 23.03 |
| 10.1.1.5 | | 外墙装饰工程 | | | | | | | | |
| 10.1.1.5.1 | 500114001006 | 涂料外墙面 | 619.00 | m² | 13.04 | 15.28 | 1.77 | 2.32 | 1.14 | 36.55 |

续表

| 编号 | 项目编号 | 项目名称 | 数量 | 单位 | 人工费（元） | 材料费（元） | 机械使用费（元） | 企业利润（元） | 税金（元） | 合计（元） |
|---|---|---|---|---|---|---|---|---|---|---|
| 10.1.1.5.2 | 500114001007 | 贴外墙饰面砖外墙面 | 309.00 | m² | 26.85 | 168.06 | 13.62 | 16.06 | 7.90 | 253.35 |
| 10.1.1.6 | | 屋面工程 | | | | | | | | |
| 10.1.1.6.1 | 500114001008 | 高聚物改性沥青卷材防水屋面 | 95.00 | m² | | | | | | |
| 10.1.1.6.2 | 500114001009 | UPVC雨水管 | 24.00 | m | | | | | | 20.00 |
| 10.1.1.6.3 | 500114001010 | 雨水口 | 2.00 | 套 | | | | | | 50.00 |
| 10.1.1.7 | 500114001011 | 门窗工程 | | | | | | | | |
| 10.1.1.7.1 | 500114001012 | 铝合金推拉窗 | 45.00 | m² | | | | | | 375.00 |
| 10.1.1.7.2 | 500114001013 | 铝合金卷帘门 | 20.00 | m² | | | | | | 144.00 |
| 10.1.1.7.3 | 500114001014 | 成品保温防盗门 | 2.00 | m² | | | | | | 800.00 |
| 10.1.1.8 | | 其他 | | | | | | | | |
| 10.1.1.8.1 | 500114001015 | 楼梯栏杆 | 72.00 | m | 35.21 | 155.59 | 6.28 | 15.18 | 7.47 | 239.44 |
| 10.1.1.9 | | 钢筋混凝土工程 | | | | | | | | |
| 10.1.1.9.1 | 500109001044 | C30钢筋混凝土框架柱 | 30.00 | m³ | 207.69 | 503.27 | 85.38 | 61.32 | 30.18 | 967.48 |
| 10.1.1.9.2 | 500109001045 | C30钢筋混凝土框架梁 | 74.00 | m³ | 210.25 | 530.37 | 103.46 | 65.00 | 31.99 | 1025.48 |
| 10.1.1.9.3 | 500109001046 | C30现浇钢筋混凝土板 | 41.00 | m³ | 214.67 | 544.31 | 112.23 | 67.08 | 33.02 | 1058.43 |
| 10.1.1.9.4 | 500109001047 | 构造柱 | 2.00 | | | | | | | |
| 10.1.1.9.5 | 500109001048 | C30现浇梁式楼梯 | 34.00 | m³ | 58.95 | 136.55 | 25.35 | 17.01 | 8.37 | 268.31 |
| 10.1.1.9.6 | 500109001049 | 压顶圈梁 | 1.00 | m³ | | | | | | |
| 10.1.1.9.7 | 500111001025 | 钢筋 | 37.00 | t | 616.82 | 5854.02 | 330.08 | 523.67 | 257.75 | 8262.43 |
| 10.1.2 | | 出口闸启闭机房 | | | | | | | | |
| 10.1.2.1 | | 砌体工程 | | | | | | | | |
| 10.1.2.1.1 | 500105008002 | 200厚混凝土空心小砌块 | 70.00 | m³ | 47.11 | 189.45 | 1.43 | 18.32 | 9.02 | 289.12 |
| 10.1.2.2 | | 楼地面工程 | 0.00 | | | | | | | |
| 10.1.2.2.1 | 500114001016 | 水泥砂浆楼面 | 58.00 | m² | 4.71 | 8.31 | 0.46 | 1.04 | 0.51 | 16.38 |
| 10.1.2.2.2 | 500114001017 | 防滑地砖楼面 | 111.00 | m² | 19.44 | 69.78 | 1.08 | 6.95 | 3.42 | 109.70 |
| 10.1.2.2.3 | 500114001018 | 地砖踢脚（h=100mm） | 5.00 | m² | | | | | | |
| 10.1.2.3 | | 内墙装饰工程 | | | | | | | | |
| 10.1.2.3.1 | 500114001019 | 抹灰喷刷乳胶漆内墙面 | 439.00 | m² | 11.66 | 11.55 | 0.52 | 1.83 | 0.90 | 28.84 |
| 10.1.2.4 | | 顶棚装饰工程 | 0.00 | | | | | | | |
| 10.1.2.4.1 | 500114001020 | 抹灰喷刷乳胶漆顶棚 | 222.00 | m² | 8.66 | 9.98 | 0.32 | 1.46 | 0.72 | 23.03 |
| 10.1.2.5 | | 外墙装饰工程 | | | | | | | | |
| 10.1.2.5.1 | 500114001021 | 涂料外墙面 | 653.00 | m² | 13.04 | 15.28 | 1.77 | 2.32 | 1.14 | 36.55 |
| 10.1.2.5.2 | 500114001022 | 贴外墙饰面砖外墙面 | 350.00 | m² | 26.85 | 168.06 | 13.62 | 16.06 | 7.90 | 253.35 |
| 10.1.2.6 | | 屋面工程 | | | | | | | | |

续表

| 编号 | 项目编号 | 项目名称 | 数量 | 单位 | 人工费（元） | 材料费（元） | 机械使用费（元） | 企业利润（元） | 税金（元） | 合计（元） |
|---|---|---|---|---|---|---|---|---|---|---|
| 10.1.2.6.1 | 500114001023 | 高聚物改性沥青卷材防水屋面 | 111.00 | m² | | | | | | |
| 10.1.2.6.2 | 500114001024 | UPVC雨水管 | 24.00 | m | | | | | | 20.00 |
| 10.1.2.6.3 | 500114001025 | 雨水口 | 2.00 | 套 | | | | | | 50.00 |
| 10.1.2.7 | 500114001026 | 门窗工程 | | | | | | | | |
| 10.1.2.7.1 | 500114001027 | 铝合金推拉窗 | 51.00 | m² | | | | | | 375.00 |
| 10.1.2.7.2 | 500114001028 | 铝合金卷帘门 | 20.00 | m² | | | | | | 144.00 |
| 10.1.2.7.3 | 500114001029 | 成品保温防盗门 | 2.00 | m² | | | | | | 800.00 |
| 10.1.2.8 | | 其他 | | | | | | | | |
| 10.1.2.8.1 | 500114001030 | 楼梯栏杆 | 78.00 | m | 35.21 | 155.59 | 6.28 | 15.18 | 7.47 | 239.44 |
| 10.1.2.9 | | 钢筋混凝土工程 | | | | | | | | |
| 10.1.2.9.1 | 500109001050 | C30钢筋混凝土框架柱 | 37.00 | m³ | 207.69 | 503.27 | 85.38 | 61.32 | 30.18 | 967.48 |
| 10.1.2.9.2 | 500109001051 | C30钢筋混凝土框架梁 | 72.00 | m³ | 210.25 | 530.37 | 103.46 | 65.00 | 31.99 | 1025.48 |
| 10.1.2.9.3 | 500109001052 | C30现浇钢筋混凝土板 | 55.00 | m³ | 214.67 | 544.31 | 112.23 | 67.08 | 33.02 | 1058.43 |
| 10.1.2.9.4 | 500109001053 | 构造柱 | 2.00 | m³ | | | | | | |
| 10.1.2.9.5 | 500109001054 | C30现浇梁式楼梯 | 34.00 | m³ | 58.95 | 136.55 | 25.35 | 17.01 | 8.37 | 268.31 |
| 10.1.2.9.6 | 500109001055 | 压顶圈梁 | 1.00 | m³ | | | | | | |
| 10.1.2.9.7 | 500111001026 | 钢筋 | 42.00 | t | 616.82 | 5854.02 | 330.08 | 523.67 | 257.75 | 8262.43 |
| 10.1.3 | | 现地生产用房 | | | | | | | | |
| 10.1.3.1 | | 土方工程 | | | | | | | | |
| 10.1.3.1.1 | 500101002001 | 土方开挖 | 318.00 | m³ | 0.27 | 0.37 | 4.37 | 0.39 | 0.19 | 6.08 |
| 10.1.3.1.2 | 500103016001 | 土方回填 | 217.00 | m³ | 9.43 | 0.58 | 2.25 | 0.94 | 0.46 | 14.90 |
| 10.1.3.2 | | 砌体工程 | | | | | | | | |
| 10.1.3.2.1 | 500105006001 | 360厚实心页岩砖 | 106.00 | m³ | | | | | | |
| 10.1.3.2.2 | 500105006002 | 240厚实心页岩砖 | 25.00 | m³ | | | | | | |
| 10.1.3.2.3 | 500105006003 | 240厚实心页岩砖(女儿墙) | 10.00 | m³ | | | | | | |
| 10.1.3.2.4 | 500105006004 | 120厚实心页岩砖隔墙 | 3.00 | m³ | | | | | | |
| 10.1.3.3 | | 楼地面工程 | | | | | | | | |
| 10.1.3.3.1 | 500114001031 | 水泥地面 | 29.00 | m² | | | | | | |
| 10.1.3.3.2 | 500114001032 | 地砖地面 | 105.00 | m² | | | | | | |
| 10.1.3.3.3 | 500114001033 | 防水地砖地面 | 11.00 | m² | | | | | | |
| 10.1.3.3.4 | 500114001034 | 水泥踢脚($h=120mm$) | 3.00 | m² | | | | | | |
| 10.1.3.3.5 | 500114001035 | 地砖踢脚($h=120mm$) | 11.00 | m² | | | | | | |
| 10.1.3.4 | | 内墙装饰工程 | | | | | | | | |
| 10.1.3.4.1 | 500114001036 | 抹灰喷刷乳胶漆面层 | 495.00 | m² | | | | | | |

续表

| 编号 | 项目编号 | 项目名称 | 数量 | 单位 | 人工费（元） | 材料费（元） | 机械使用费（元） | 企业利润（元） | 税金（元） | 合计（元） |
|---|---|---|---|---|---|---|---|---|---|---|
| 10.1.3.4.2 | 500114001037 | 釉面砖内墙 | 35.00 | m² | | | | | | |
| 10.1.3.5 | | 顶棚装饰工程 | | | | | | | | |
| 10.1.3.5.1 | 500114001038 | 刷浆顶棚 | 97.00 | m² | | | | | | |
| 10.1.3.5.2 | 500114001039 | 铝合金挑板吊顶 | 5.00 | m² | | | | | | |
| 10.1.3.5.3 | 500114001040 | 矿棉吸音板吊顶 | 46.00 | m² | | | | | | |
| 10.1.3.6 | | 外墙装饰工程 | 0.00 | | | | | | | |
| 10.1.3.6.1 | 500114001041 | 涂料外墙 | 210.00 | m² | 13.04 | 15.28 | 1.77 | 2.32 | 1.14 | 36.55 |
| 10.1.3.6.2 | 500114001042 | 面砖墙面 | 251.00 | m² | 26.85 | 168.06 | 13.62 | 16.06 | 7.90 | 253.35 |
| 10.1.3.7 | | 屋面工程 | 0.00 | | | | | | | |
| 10.1.3.7.1 | 500114001043 | 防水屋面 | 163.00 | m² | | | | | | |
| 10.1.3.7.2 | 500114001044 | UPVC雨水管 | 18.00 | m | | | | | | 20.00 |
| 10.1.3.7.3 | 500114001045 | 雨水口 | 4.00 | 套 | | | | | | 50.00 |
| 10.1.3.8 | | 门窗工程 | 0.00 | | | | | | | |
| 10.1.3.8.1 | 500114001046 | 水晶灰色推拉塑钢窗 | 9.00 | m² | | | | | | 270.00 |
| 10.1.3.8.2 | 500114001047 | 实木复合门（含埋件） | 5.00 | m² | | | | | | 260.00 |
| 10.1.3.8.3 | 500114001048 | 三防门（含埋件） | 10.00 | m² | | | | | | |
| 10.1.3.8.4 | 500114001049 | 水晶灰色带通风百叶塑钢门 | 4.00 | m² | | | | | | 300.00 |
| 10.1.3.8.5 | 500114001050 | 甲级防火门（含埋件） | 2.00 | m² | | | | | | 560.00 |
| 10.1.3.9 | | 其他 | 0.00 | | | | | | | |
| 10.1.3.9.1 | 500114001051 | 水泥台阶 | 50.00 | m² | | | | | | |
| 10.1.3.9.2 | 500114001052 | 水泥坡道 | 5.00 | m² | | | | | | |
| 10.1.3.9.3 | 500114001053 | 混凝土散水 | 28.00 | m² | | | | | | |
| 10.1.3.9.4 | 500114001054 | 混凝土雨篷装饰、装修 | 9.00 | m² | | | | | | |
| 10.1.3.9.5 | 500114001055 | 预制水磨石窗台板 | 0.25 | m² | | | | | | |
| 10.1.3.9.6 | 500114001056 | 蹲便器 | 1.00 | 套 | | | | | | 600.00 |
| 10.1.3.9.7 | 500114001057 | 地漏 | 1.00 | 套 | | | | | | 100.00 |
| 10.1.3.9.8 | 500114001058 | 小便器 | 1.00 | 套 | | | | | | 800.00 |
| 10.1.3.9.9 | 500114001059 | 洗手盆 | 1.00 | 套 | | | | | | 200.00 |
| 10.1.3.9.10 | 500114001060 | 拖布池 | 1.00 | 套 | | | | | | 100.00 |
| 10.1.3.9.11 | 500114001061 | 隔断 | 3.24 | m² | | | | | | 500.00 |
| 10.1.3.9.12 | 500114001062 | 大理石台面 | 0.54 | m² | | | | | | 300.00 |
| 10.1.3.9.13 | 500105006005 | 砖砌电缆沟 | 8.95 | m | | | | | | 40.00 |
| 10.1.3.9.14 | 500109001056 | 柴油发电机基础 | 1.50 | m² | | | | | | |
| 10.1.3.10 | | 钢筋混凝土工程 | | | | | | | | |

续表

| 编号 | 项目编号 | 项目名称 | 数量 | 单位 | 人工费（元） | 材料费（元） | 机械使用费（元） | 企业利润（元） | 税金（元） | 合计（元） |
|---|---|---|---|---|---|---|---|---|---|---|
| 10.1.3.10.1 | 500109001057 | C10现浇混凝土垫层 | 17.45 | m³ | 19.64 | 339.06 | 39.87 | 30.69 | 15.11 | 484.22 |
| 10.1.3.10.2 | 500109001058 | C30现浇混凝土条型基础 | 37.38 | m³ | | | | | | |
| 10.1.3.10.3 | 500109001059 | C30现浇混凝土基础梁 | 21.90 | m³ | | | | | | |
| 10.1.3.10.4 | 500109001060 | 砌砖基础 | 24.40 | m³ | | | | | | |
| 10.1.3.10.5 | 500109001061 | C30现浇混凝土柱及构造柱 | 15.95 | m³ | | | | | | |
| 10.1.3.10.6 | 500109001062 | C30现浇混凝土圈梁 | 10.75 | m³ | | | | | | |
| 10.1.3.10.7 | 500109001063 | C30现浇混凝土过梁 | 1.20 | m³ | | | | | | |
| 10.1.3.10.8 | 500109001064 | C30现浇混凝土梁 | 17.10 | m³ | | | | | | |
| 10.1.3.10.9 | 500109001065 | C30现浇混凝土雨篷梁 | 1.25 | m³ | | | | | | |
| 10.1.3.10.10 | 500109001066 | C30现浇混凝土有梁板 | 8.43 | m³ | | | | | | |
| 10.1.3.10.11 | 500109001067 | C30现浇混凝土无梁板 | 14.86 | m³ | | | | | | |
| 10.1.3.10.12 | 500109001068 | C30现浇混凝土雨篷板 | 1.10 | m³ | | | | | | |
| 10.1.3.10.13 | 500111001027 | 钢筋 | 9.55 | t | 616.82 | 5854.02 | 330.08 | 523.67 | 257.75 | 8262.43 |
| 10.1.4 | | 厂区工程 | | | | | | | | |
| 10.1.4.1 | | 厂区外连接道路 | | | | | | | | |
| 10.1.4.1.1 | 500109001069 | C30混凝土路面 | 50.40 | m³ | 51.98 | 400.84 | 26.25 | 36.89 | 18.16 | 582.01 |
| 10.1.4.1.2 | 500103016004 | 基层 | 120.40 | m² | 0.90 | 14.77 | 3.49 | 1.47 | 0.73 | 23.27 |
| 10.1.4.1.3 | 500101002004 | 路基开挖 | 420.00 | m³ | 0.27 | 0.37 | 4.37 | 0.39 | 0.19 | 6.08 |
| 10.1.4.1.4 | 500103016008 | 路基回填 | 244.00 | m³ | 0.92 | 0.76 | 6.68 | 0.64 | 0.32 | 10.16 |
| 10.1.4.1.5 | 500109009020 | 闭孔泡沫塑料板(厚2cm) | 2.16 | m² | | | | | | 80.00 |
| 10.1.4.2 | | 厂区内环境道路 | | | | | | | | |
| 10.1.4.2.1 | 500109001070 | C30混凝土路面 | 535.00 | m³ | 51.98 | 400.84 | 26.25 | 36.89 | 18.16 | 582.01 |
| 10.1.4.2.2 | 500103016005 | 基层 | 742.00 | m³ | 0.90 | 14.77 | 3.49 | 1.47 | 0.73 | 23.27 |
| 10.1.4.2.3 | 500101002005 | 路基开挖 | 4043.00 | m³ | 0.27 | 0.37 | 4.37 | 0.39 | 0.19 | 6.08 |
| 10.1.4.2.4 | 500103016009 | 路基回填 | 2767.00 | m³ | 0.92 | 0.76 | 6.68 | 0.64 | 0.32 | 10.16 |
| 10.1.4.2.5 | 500109009021 | 闭孔泡沫塑料板(厚2cm) | 23.00 | m² | | | | | | 80.00 |
| 10.1.4.3 | 500105007001 | 广场砖铺装 | 167.00 | m² | | | | | | |
| 10.1.4.4 | 500105007002 | 路缘石 | 1211.00 | m | | | | | | 15.00 |
| 10.1.4.5 | 500105006006 | 厂区砖砌围墙 | 560.00 | m | | | | | | |
| 10.1.4.6 | 500114001063 | 厂区大门及门柱 | 1.00 | 套 | | | | | | 2000.00 |
| 10.1.5 | | 照明工程 | | | | | | | | |
| 10.1.5.1 | 500201016003 | 配电箱 | 1.00 | 个 | | | | | | 2500.00 |
| 10.1.5.2 | 500201017001 | 塑料电线 | 200.00 | m | | | | | | 5.00 |
| 10.1.5.3 | 500201017002 | 塑料电线 | 400.00 | m | | | | | | 5.00 |

续表

| 编号 | 项目编号 | 项目名称 | 数量 | 单位 | 人工费（元） | 材料费（元） | 机械使用费（元） | 企业利润（元） | 税金（元） | 合计（元） |
|---|---|---|---|---|---|---|---|---|---|---|
| 10.1.5.4 | 500201017003 | 塑料电线 | 200.00 | m | | | | | | 5.00 |
| 10.1.5.5 | 500201017004 | 电线护管 | 250.00 | m | | | | | | 10.00 |
| 10.1.5.6 | 500201017005 | 电线护管 | 100.00 | m | | | | | | 10.00 |
| 10.1.5.7 | 500201017006 | 电缆护管 | 50.00 | m | | | | | | 10.00 |
| 10.1.5.8 | 500201018015 | 电缆 | 150.00 | m | | | | | | 8.00 |
| 10.1.5.9 | 500201018016 | 电缆 | 550.00 | m | | | | | | 8.00 |
| 10.1.5.10 | 500201017007 | 防爆灯 | 3.00 | 盏 | | | | | | 280.00 |
| 10.1.5.11 | 500201017008 | 吸顶灯 | 2.00 | 盏 | | | | | | 90.00 |
| 10.1.5.12 | 500201017009 | 庭院灯 | 25.00 | 套 | | | | | | 150.00 |
| 10.1.5.13 | 500201017010 | 荧光灯 | 37.00 | 盏 | | | | | | 130.00 |
| 10.1.5.14 | 500201017011 | 开关 | 10.00 | 个 | | | | | | 50.00 |
| 10.1.5.15 | 500201017012 | 插座 | 8.00 | 个 | | | | | | 50.00 |
| 10.1.5.16 | 500201017013 | 应急灯 | 5.00 | 盏 | | | | | | 30.00 |
| 10.1.6 | | 消防工程 | | | | | | | | |
| 10.1.6.1 | 500201030001 | 磷酸铵盐干粉灭火器 | 18.00 | 具 | | | | | | 400.00 |
| 10.1.6.2 | 500201030002 | 排烟风机 $Q=1800m^3/h$ $P=120Pa$ | 3.00 | 台 | | | | | | 1000.00 |
| 10.1.6.3 | 500201030003 | 铝合金风口 400×400 | 3.00 | 个 | | | | | | 100.00 |
| 10.1.6.4 | 500201030004 | 光电感烟探测器 | 4.00 | 个 | | | | | | 200.00 |
| 10.1.6.5 | 500201030005 | 手动报警按钮 | 3.00 | 个 | | | | | | 100.00 |
| 10.1.6.6 | 500201030006 | 消防报警电话 | 1.00 | 部 | | | | | | 300.00 |
| 10.1.6.7 | 500201030007 | 移动消防报警电话 | 1.00 | 部 | | | | | | 1500.00 |
| 10.1.6.8 | 500201030008 | 区域报警控制器 | 1.00 | 个 | | | | | | 200.00 |
| 10.1.6.9 | 500201030009 | 电缆 | 860.00 | m | | | | | | 8.00 |
| 10.1.7 | | 给排水工程 | | | | | | | | |
| 10.1.7.1 | 500201034008 | PP-R 给水管 De50 | 50.00 | m | | | | | | |
| 10.1.7.2 | 500201034009 | PP-R 给水管 De40 | 230.00 | m | | | | | | |
| 10.1.7.3 | 500201034010 | PP-R 给水管 De32 | 80.00 | m | | | | | | |
| 10.1.7.4 | 500201034011 | PP-R 给水管 De25 | 96.00 | m | | | | | | |
| 10.1.7.5 | 500201034012 | 铸铁排水管 DN100 | 65.00 | m | | | | | | |
| 10.1.7.6 | 500201034013 | 双壁玻纹管 DN200 | 130.00 | m | | | | | | |
| 10.1.7.7 | 500201034014 | 双壁玻纹管 DN300 | 240.00 | m | | | | | | |
| 10.1.7.8 | 500201034015 | 变频给水设备 $Q=14m^3/h$ $H=12m$ $N=1.1kW$ | 1.00 | 套 | | | | | | |
| 10.1.7.9 | 500201034016 | 化粪池 | 1.00 | 个 | | | | | | |

续表

| 编号 | 项目编号 | 项目名称 | 数量 | 单位 | 人工费（元） | 材料费（元） | 机械使用费（元） | 企业利润（元） | 税金（元） | 合计（元） |
|---|---|---|---|---|---|---|---|---|---|---|
| 10.1.7.10 | 500201034017 | 洒水栓井 | 7.00 | 个 | | | | | | |
| 10.1.7.11 | 500201034018 | 检查井 | 16.00 | 个 | | | | | | |
| 10.1.7.12 | 500201034019 | 雨水口 | 14.00 | 个 | | | | | | |
| 10.1.7.13 | 500201034020 | 深水井 | 1.00 | 眼 | | | | | | |
| 10.1.7.14 | 500201034021 | 给水箱 | 1.00 | 个 | | | | | | |
| 10.1.8 | | 暖通工程 | 0.00 | | | | | | | |
| 10.1.8.1 | 500201031001 | 分体空调 $Q=3500W$ | 4.00 | 台 | | | | | | 7000.00 |
| 10.1.8.2 | 500201031002 | 分体空调 $Q=2500W$ | 1.00 | 台 | | | | | | 5000.00 |
| 10.2 | | 子牙河倒虹吸检修闸管理厂区 | | | | | | | | |
| 10.2.1 | | 监测站 | | | | | | | | |
| 10.2.1.1 | | 土方工程 | | | | | | | | |
| 10.2.1.1.1 | 500101002002 | 土方开挖 | 40.00 | m³ | 0.27 | 0.37 | 4.37 | 0.39 | 0.19 | 6.08 |
| 10.2.1.1.2 | 500103016002 | 土方回填 | 30.00 | m³ | 9.43 | 0.58 | 2.25 | 0.94 | 0.46 | 14.90 |
| 10.2.1.2 | | 砌体工程 | 0.00 | | | | | | | |
| 10.2.1.2.1 | 500105006007 | 360 厚实心页岩砖 | 10.00 | m² | | | | | | |
| 10.2.1.2.2 | 500105006008 | 240 厚实心页岩砖 | 3.00 | m² | | | | | | |
| 10.2.1.3 | | 楼地面工程 | | | | | | | | |
| 10.2.1.3.1 | 500114001064 | 地砖地面 | 6.29 | m² | | | | | | |
| 10.2.1.3.2 | 500114001065 | 地砖踢脚（$h=120mm$） | 1.20 | m² | | | | | | |
| 10.2.1.4 | | 内墙装饰工程 | | | | | | | | |
| 10.2.1.4.1 | 500114001066 | 抹灰喷刷乳胶漆面层 | 26.34 | m² | | | | | | |
| 10.2.1.5 | | 顶棚装饰工程 | | | | | | | | |
| 10.2.1.5.1 | 500114001067 | 矿棉吸音板吊顶 | 6.38 | m² | | | | | | |
| 10.2.1.6 | | 外墙装饰工程 | | | | | | | | |
| 10.2.1.6.1 | 500114001068 | 涂料外墙 | 9.76 | m² | | | | | | |
| 10.2.1.6.2 | 500114001069 | 面砖墙面 | 51.50 | m² | | | | | | |
| 10.2.1.7 | | 屋面工程 | | | | | | | | |
| 10.2.1.7.1 | 500114001070 | 防水屋面 | 8.00 | m² | | | | | | |
| 10.2.1.7.2 | 500114001071 | UPVC 雨水管 | 3.00 | m | | | | | | 20.00 |
| 10.2.1.7.3 | 500114001072 | 雨水口 | 1.00 | 套 | | | | | | 50.00 |
| 10.2.1.8 | 500114001073 | 门窗工程 | 0.00 | m² | | | | | | |
| 10.2.1.8.1 | 500114001074 | 水晶灰色推拉塑钢窗 | 2.40 | m² | | | | | | 300.00 |
| 10.2.1.8.2 | 500114001075 | 三防门（含埋件） | 2.10 | m² | | | | | | |
| 10.2.1.9 | | 其他 | | | | | | | | |

续表

| 编号 | 项目编号 | 项目名称 | 数量 | 单位 | 人工费（元） | 材料费（元） | 机械使用费（元） | 企业利润（元） | 税金（元） | 合计（元） |
|---|---|---|---|---|---|---|---|---|---|---|
| 10.2.1.9.1 | 500114001076 | 水泥台阶 | 8.50 | m² | | | | | | |
| 10.2.1.9.2 | 500114001077 | 混凝土散水 | 6.65 | m² | | | | | | |
| 10.2.1.9.3 | 500114001078 | 混凝土雨篷装饰、装修 | 1.61 | m² | | | | | | |
| 10.2.1.9.4 | 500114001079 | 预制水磨石窗台板 | 0.32 | m² | | | | | | |
| 10.2.1.10 | | 钢筋混凝土工程 | | | | | | | | |
| 10.2.1.10.1 | 500109001071 | C10 现浇混凝土垫层 | 2.40 | m³ | | | | | | |
| 10.2.1.10.2 | 500109001072 | C30 现浇混凝土条型基础 | 4.10 | m³ | | | | | | |
| 10.2.1.10.3 | 500109001073 | 砌砖基础 | 6.80 | m³ | | | | | | |
| 10.2.1.10.4 | 500109001074 | C30 现浇混凝土构造柱 | 0.98 | m³ | | | | | | |
| 10.2.1.10.5 | 500109001075 | C30 现浇混凝土圈梁 | 1.50 | m³ | | | | | | |
| 10.2.1.10.6 | 500109001076 | C30 现浇混凝土过梁 | 0.38 | m³ | | | | | | |
| 10.2.1.10.7 | 500109001077 | C30 现浇混凝土雨篷梁 | 0.25 | m³ | | | | | | |
| 10.2.1.10.8 | 500109001078 | C30 现浇混凝土无梁板 | 1.21 | m³ | | | | | | |
| 10.2.1.10.9 | 500109001079 | C30 现浇混凝土雨篷板 | 0.22 | m³ | | | | | | |
| 10.2.1.10.10 | 500111001028 | 钢筋 | 0.63 | t | | | | | | |
| 10.2.2 | | 厂区工程 | | | | | | | | |
| 10.2.2.1 | | 厂区外连接道路 | | | | | | | | |
| 10.2.2.1.1 | 500109001080 | C30 混凝土路面 | 43.20 | m³ | 51.98 | 400.84 | 26.25 | 36.89 | 18.16 | 582.01 |
| 10.2.2.1.2 | 500103016006 | 基层 | 60.00 | m³ | | | | | | |
| 10.2.2.1.3 | 500101002006 | 路基开挖 | 360.00 | m³ | 0.27 | 0.37 | 4.37 | 0.39 | 0.19 | 6.08 |
| 10.2.2.1.4 | 500103016010 | 路基回填 | 209.00 | m³ | 0.92 | 0.76 | 6.68 | 0.64 | 0.32 | 10.16 |
| 10.2.2.1.5 | 500109009022 | 闭孔泡沫塑料板(厚2cm) | 2.16 | m² | | | | | | 80.00 |
| 10.2.2.2 | | 厂区内环境道路 | | | | | | | | |
| 10.2.2.2.1 | 500109001081 | C30 混凝土路面 | 151.00 | m³ | 51.98 | 400.84 | 26.25 | 36.89 | 18.16 | 582.01 |
| 10.2.2.2.2 | 500103016007 | 基层 | 210.00 | m³ | | | | | | |
| 10.2.2.2.3 | 500101002007 | 路基开挖 | 1173.00 | m³ | 0.27 | 0.37 | 4.37 | 0.39 | 0.19 | 6.08 |
| 10.2.2.2.4 | 500103016011 | 路基回填 | 669.00 | m³ | 0.92 | 0.76 | 6.68 | 0.64 | 0.32 | 10.16 |
| 10.2.2.2.5 | 500109009023 | 闭孔泡沫塑料板(厚2cm) | 7.20 | m² | | | | | | 80.00 |
| 10.2.2.3 | 500105007003 | 广场砖铺装 | 273.00 | m² | | | | | | |
| 10.2.2.4 | 500105007004 | 路缘石 | 456.00 | m | | | | | | 72.00 |
| 10.2.2.5 | 500105006009 | 厂区砖砌围墙 | 245.00 | m | | | | | | |
| 10.2.2.6 | 500114001080 | 厂区大门及门柱 | 1.00 | 套 | | | | | | |
| 10.2.3 | | 消防工程 | | | | | | | | |
| 10.2.3.1 | 500201030010 | 磷酸铵盐干粉灭火器 | 2.00 | 具 | | | | | | 400.00 |

续表

| 编号 | 项目编号 | 项目名称 | 数量 | 单位 | 人工费（元） | 材料费（元） | 机械使用费（元） | 企业利润（元） | 税金（元） | 合计（元） |
|---|---|---|---|---|---|---|---|---|---|---|
| 10.3 | | 通气孔(Rt67) | | | | | | | | |
| 10.3.1 | | 厂区工程 | | | | | | | | |
| 10.3.1.1 | 500105007005 | 广场砖铺装 | 274.25 | m² | | | | | | |
| 10.3.1.2 | 500105006010 | 砖围墙（带刺网） | 70.00 | m | | | | | | |
| 10.3.1.3 | 500114001081 | 大门、门柱 | 1.00 | 套 | | | | | | |
| 10.4 | | 通气孔(Rt68) | | | | | | | | |
| 10.4.1 | 500105007006 | 广场砖铺装 | 203.38 | m² | | | | | | |
| 10.4.2 | 500105006011 | 砖围墙（带刺网） | 56.00 | m | | | | | | |
| 10.4.3 | 500114001082 | 大门、门柱 | 1.00 | 套 | | | | | | |
| 10.5 | | 京沪铁路穿越 | | | | | | | | |
| 10.5.1 | | 监测站 | | | | | | | | |
| 10.5.1.1 | | 土方工程 | | | | | | | | |
| 10.5.1.1.1 | 500101002003 | 土方开挖 | 40.00 | m³ | 0.27 | 0.37 | 4.37 | 0.39 | 0.19 | 6.08 |
| 10.5.1.1.2 | 500103016003 | 土方回填 | 30.00 | m³ | 9.43 | 0.58 | 2.25 | 0.94 | 0.46 | 14.90 |
| 10.5.1.2 | | 砌体工程 | | | | | | | | |
| 10.5.1.2.1 | 500105006012 | 360厚实心页岩砖 | 10.26 | m³ | | | | | | |
| 10.5.1.2.2 | 500105006013 | 240厚实心页岩砖 | 3.17 | m³ | | | | | | |
| 10.5.1.3 | | 楼地面工程 | | | | | | | | |
| 10.5.1.3.1 | 500114001083 | 地砖地面 | 6.29 | m² | | | | | | |
| 10.5.1.3.2 | 500114001084 | 地砖踢脚($h=120mm$) | 1.20 | m² | | | | | | |
| 10.5.1.4 | | 内墙装饰工程 | 0.00 | | | | | | | |
| 10.5.1.4.1 | 500114001085 | 抹灰喷刷乳胶漆面层 | 26.34 | m² | | | | | | |
| 10.5.1.5 | | 顶棚装饰工程 | | | | | | | | |
| 10.5.1.5.1 | 500114001086 | 矿棉吸音板吊顶 | 6.38 | m² | | | | | | |
| 10.5.1.6 | | 外墙装饰工程 | | | | | | | | |
| 10.5.1.6.1 | 500114001087 | 涂料外墙 | 9.76 | m² | | | | | | |
| 10.5.1.6.2 | 500114001088 | 面砖墙面 | 51.50 | m² | | | | | | |
| 10.5.1.7 | | 屋面工程 | | | | | | | | |
| 10.5.1.7.1 | 500114001089 | 防水屋面 | 8.00 | m² | | | | | | |
| 10.5.1.7.2 | 500114001090 | UPVC雨水管 | 3.00 | m | | | | | | 20.00 |
| 10.5.1.7.3 | 500114001091 | 雨水口 | 1.00 | 套 | | | | | | 50.00 |
| 10.5.1.8 | 500114001092 | 门窗工程 | | | | | | | | |
| 10.5.1.8.1 | 500114001093 | 水晶灰色推拉塑钢 | 2.40 | m² | | | | | | 300.00 |
| 10.5.1.8.2 | 500114001094 | 三防门（含埋件） | 2.10 | m² | | | | | | |

续表

| 编号 | 项目编号 | 项 目 名 称 | 数量 | 单位 | 人工费（元） | 材料费（元） | 机械使用费（元） | 企业利润（元） | 税金（元） | 合计（元） |
|---|---|---|---|---|---|---|---|---|---|---|
| 10.5.1.9 | | 其他 | | | | | | | | |
| 10.5.1.9.1 | 500114001095 | 水泥台阶 | 8.50 | m² | | | | | | |
| 10.5.1.9.2 | 500114001096 | 混凝土散水 | 6.65 | m² | | | | | | |
| 10.5.1.9.3 | 500114001097 | 混凝土雨篷装饰、装修 | 1.61 | m² | | | | | | |
| 10.5.1.9.4 | 500114001098 | 预制水磨石窗台板 | 0.32 | m² | | | | | | |
| 10.5.1.10 | | 钢筋混凝土工程 | | | | | | | | |
| 10.5.1.10.1 | 500109001082 | C10 现浇混凝土垫层 | 2.40 | m³ | 19.64 | 339.06 | 39.87 | 30.69 | 15.11 | 484.22 |
| 10.5.1.10.2 | 500109001083 | C30 现浇混凝土条型基础 | 4.10 | m³ | | | | | | |
| 10.5.1.10.3 | 500109001084 | 砌砖基础 | 6.80 | m³ | | | | | | |
| 10.5.1.10.4 | 500109001085 | C30 现浇混凝土构造柱 | 0.98 | m³ | | | | | | |
| 10.5.1.10.5 | 500109001086 | C30 现浇混凝土圈梁 | 1.50 | m³ | | | | | | |
| 10.5.1.10.6 | 500109001087 | C30 现浇混凝土过梁 | 0.38 | m³ | | | | | | |
| 10.5.1.10.7 | 500109001088 | C30 现浇混凝土雨篷梁 | 0.25 | m³ | | | | | | |
| 10.5.1.10.8 | 500109001089 | C30 现浇混凝土无梁板 | 1.21 | m³ | | | | | | |
| 10.5.1.10.9 | 500109001090 | C30 现浇混凝土雨篷板 | 0.22 | m³ | | | | | | |
| 10.5.1.10.10 | 500111001029 | 钢筋 | 0.63 | t | 616.82 | 5854.02 | 330.08 | 523.67 | 257.75 | 8262.43 |
| 10.5.2 | | 消防工程 | | | | | | | | |
| 10.5.2.1 | 500201030011 | 磷酸铵盐干粉灭火器 | 2.00 | 具 | | | | | | 400.00 |
| 10.6 | | 工程标识 | | | | | | | | |
| 10.6.1 | 500114001099 | 里程碑 | 6.00 | 个 | | | | | | 150.00 |
| 10.6.2 | 500114001100 | 镀铜制标牌 | 65.00 | 个 | | | | | | 40.00 |
| 10.6.3 | 500114001101 | 标志牌 | 5.00 | 个 | | | | | | 100.00 |
| 10.6.4 | 500114001102 | 警示牌 | 1.00 | 个 | | | | | | 400.00 |
| 10.7 | | 绿化工程 | | | | | | | | |
| 10.7.1 | | 子牙河北分流井管理厂区 | | | | | | | | |
| 10.7.1.1 | 500114001103 | 毛白杨 | 123.00 | 株 | | | | | | 40.00 |
| 10.7.1.2 | 500114001104 | 梓树 | 1.00 | 株 | | | | | | 180.00 |
| 10.7.1.3 | 500114001105 | 柿树 | 6.00 | 株 | | | | | | 300.00 |
| 10.7.1.4 | 500114001106 | 法国梧桐 | 15.00 | 株 | | | | | | 400.00 |
| 10.7.1.5 | 500114001107 | 龙爪槐 | 8.00 | 株 | | | | | | 80.00 |
| 10.7.1.6 | 500114001108 | 梨花海棠 | 6.00 | 株 | | | | | | 300.00 |
| 10.7.1.7 | 500114001109 | 红碧桃 | 6.00 | 株 | | | | | | 100.00 |
| 10.7.1.8 | 500114001110 | 榆叶梅 | 43.00 | 株 | | | | | | 70.00 |
| 10.7.1.9 | 500114001111 | 华北珍珠梅 | 7.00 | 株 | | | | | | 25.00 |

续表

| 编号 | 项目编号 | 项目名称 | 数量 | 单位 | 人工费（元） | 材料费（元） | 机械使用费（元） | 企业利润（元） | 税金（元） | 合计（元） |
|---|---|---|---|---|---|---|---|---|---|---|
| 10.7.1.10 | 500114001112 | 卫矛 | 6.00 | 株 | | | | | | 5.00 |
| 10.7.1.11 | 500114001113 | 金心大叶黄杨球 | 4.00 | 株 | | | | | | 50.00 |
| 10.7.1.12 | 500114001114 | 小叶黄杨 | 100.00 | 株 | | | | | | 35.00 |
| 10.7.1.13 | 500114001115 | 五叶地锦 | 1180.00 | 株 | | | | | | 3.00 |
| 10.7.1.14 | 500114001116 | 冷地型草坪 | 10000.00 | m² | | | | | | 5.00 |
| 10.7.1.15 | 500114001117 | 替换种植土 | 2400.00 | m² | 0.27 | 0.41 | 10.03 | 0.82 | 0.41 | 13.01 |
| 10.7.1.16 | 500114001118 | 景石 | 10.00 | m² | | | | | | 5000.00 |
| 10.7.2 | | 子牙河倒虹吸检修闸 | | | | | | | | |
| 10.7.2.1 | 500114001119 | 毛白杨 | 16.00 | 株 | | | | | | 40.00 |
| 10.7.2.2 | 500114001120 | 法国梧桐 | 15.00 | 株 | | | | | | 400.00 |
| 10.7.2.3 | 500114001121 | 红果树 | 5.00 | 株 | | | | | | 300.00 |
| 10.7.2.4 | 500114001122 | 柿树 | 5.00 | 株 | | | | | | 300.00 |
| 10.7.2.5 | 500114001123 | 桃树 | 8.00 | 株 | | | | | | 200.00 |
| 10.7.2.6 | 500114001124 | 金心大叶黄杨球 | 2.00 | 株 | | | | | | 50.00 |
| 10.7.2.7 | 500114001125 | 小叶黄杨 | 90.00 | 株 | | | | | | 35.00 |
| 10.7.2.8 | 500114001126 | 小叶黄杨 | 16.00 | 株 | | | | | | 35.00 |
| 10.7.2.9 | 500114001127 | 金叶女贞 | 30.00 | 株 | | | | | | 160.00 |
| 10.7.2.10 | 500114001128 | 紫叶矮樱 | 6.00 | 株 | | | | | | 25.00 |
| 10.7.2.11 | 500114001129 | 五叶地锦 | 390.00 | 株 | | | | | | 3.00 |
| 10.7.2.12 | 500114001130 | 冷地型草坪 | 2300.00 | m² | | | | | | 5.00 |
| 10.7.2.13 | 500114001131 | 替换种植土 | 520.00 | m² | 0.27 | 0.41 | 10.03 | 0.82 | 0.41 | 13.01 |
| 10.7.2.14 | 500114001132 | 景石 | 10.00 | m³ | | | | | | 5000.00 |
| 11 | | 西青道穿越及路面恢复工程 | | | | | | | | |
| 11.1 | 500101003008 | 土石开挖 | 13803.00 | m³ | 0.27 | 0.41 | 10.03 | 0.82 | 0.41 | 13.01 |
| 11.2 | 500103001013 | 土方回填 | 7519.00 | m³ | 1.93 | 0.90 | 14.60 | 1.34 | 0.66 | 21.19 |
| 11.3 | 500101010005 | 弃土 | 4958.00 | m³ | 0.14 | 0.67 | 6.59 | 0.57 | 0.28 | 9.00 |
| 11.4 | | 支护工程 | | | | | | | | |
| 11.4.1 | | 混凝土灌注桩 | | | | | | | | |
| 11.4.1.1 | 500106017001 | C30 混凝土 | 1158.00 | m³ | 192.72 | 500.44 | 551.52 | 95.84 | 47.17 | 1512.16 |
| 11.4.1.2 | 500106017002 | R235 钢筋 | 18.55 | t | 777.99 | 5877.23 | 676.54 | 564.55 | 277.87 | 8907.36 |
| 11.4.1.3 | 500106017003 | HRB335 钢筋 | 126.34 | t | 777.99 | 5877.23 | 676.54 | 564.55 | 277.87 | 8907.36 |
| 11.4.2 | 500106017004 | 水泥搅拌桩 | 1458.00 | m³ | 18.94 | 147.87 | 49.48 | 16.65 | 8.20 | 262.77 |

续表

| 编号 | 项目编号 | 项 目 名 称 | 数量 | 单位 | 人工费（元） | 材料费（元） | 机械使用费（元） | 企业利润（元） | 税金（元） | 合计（元） |
|---|---|---|---|---|---|---|---|---|---|---|
| 11.4.3 | | 压顶梁 | 0.00 | | | | | | | |
| 11.4.3.1 | 500109001091 | C30 混凝土 | 131.00 | m³ | 85.38 | 457.91 | 62.28 | 46.63 | 22.95 | 735.71 |
| 11.4.3.2 | 500111001030 | HRB335 钢筋 | 20.10 | t | 616.82 | 5854.02 | 330.08 | 523.67 | 257.75 | 8262.43 |
| 11.5 | | 混凝土工程 | 0.00 | | | | | | | |
| 11.5.1 | 500109001092 | 箱涵 C35 混凝土（防水混凝土） | 2247.00 | | 64.98 | 444.77 | 76.50 | 45.14 | 22.22 | 712.23 |
| 11.5.2 | 500111001031 | HRB335 钢筋 | 506.54 | t | 616.82 | 5854.02 | 330.08 | 523.67 | 257.75 | 8262.43 |
| 11.5.3 | 500109001093 | C15 混凝土垫层 | 505.00 | m³ | 19.64 | 353.88 | 39.87 | 31.83 | 15.67 | 502.23 |
| 11.5.4 | 500109008018 | 止水带 | 198.00 | m | 9.68 | 100.91 | | 8.52 | 4.19 | 134.35 |
| 11.5.5 | 500109009019 | 聚乙烯闭孔泡沫塑料板 | 130.00 | m² | | | | | | 130.00 |
| 11.5.6 | 500109011018 | 双组分聚硫密封胶 | 19.00 | kg | | | | | | 60.00 |
| 11.6 | | 路面恢复工程 | | | | | | | | |
| 11.6.1 | | 快速车道面积 | | | | | | | | |
| 11.6.1.1 | 500114001133 | 细粒式沥青混凝土 | 364.00 | m³ | 2.07 | 35.74 | 1.96 | 3.06 | 1.51 | 48.30 |
| 11.6.1.2 | 500114001134 | 粗粒式沥青混凝土 | 364.00 | m³ | 4.13 | 70.98 | 3.20 | 6.03 | 2.97 | 95.14 |
| 11.6.1.3 | 500114001135 | 石灰粉煤灰碎石（二步） | 333.00 | m³ | 1.00 | 53.45 | 3.92 | 4.49 | 2.21 | 70.92 |
| 11.6.1.4 | 500114001136 | 石灰粉煤灰碎石（一步） | 302.00 | m³ | 1.00 | 53.45 | 3.92 | 4.49 | 2.21 | 70.92 |
| 11.6.1.5 | 500114001137 | 石灰粉煤灰土 | 271.00 | m³ | 1.53 | 28.84 | 3.93 | 2.64 | 1.30 | 41.66 |
| 11.6.1.6 | 500114001138 | 玻纤格栅 | 294.00 | m³ | 1.78 | 16.23 | | 1.39 | 0.68 | 21.88 |
| 11.6.1.7 | 500114001139 | 路基回填 C15 素混凝土 | 130.00 | m³ | 17.89 | 350.73 | 38.54 | 31.35 | 15.43 | 494.64 |
| 11.6.2 | | 辅道面积 | | | | | | | | |
| 11.6.2.1 | 500114001140 | 细粒式沥青混凝土 | 212.00 | m³ | 2.07 | 35.74 | 1.96 | 3.06 | 1.51 | 48.30 |
| 11.6.2.2 | 500114001141 | 中粒式沥青混凝土 | 212.00 | m³ | 4.13 | 70.98 | 3.20 | 6.03 | 2.97 | 95.14 |
| 11.6.2.3 | 500114001142 | 石灰粉煤灰碎石 | 194.00 | m³ | 0.96 | 50.64 | 3.83 | 4.27 | 2.10 | 67.35 |
| 11.6.2.4 | 500114001143 | 石灰粉煤灰碎石 | 176.00 | m³ | 0.96 | 50.64 | 3.83 | 4.27 | 2.10 | 67.35 |
| 11.6.2.5 | 500114001144 | 石灰粉煤灰土 | 158.00 | m³ | 1.31 | 24.03 | 3.78 | 2.24 | 1.10 | 35.37 |
| 11.6.3 | 500114001145 | 人行道面积 | 53.00 | m³ | 7.58 | 260.07 | 6.88 | 21.14 | 10.40 | 333.53 |
| 11.6.4 | 500114001146 | 侧石 | 70.00 | m | 88.91 | 104.17 | 2.14 | 15.03 | 7.40 | 237.16 |
| 11.6.5 | 500114001147 | 缘石 | 18.00 | m | 88.91 | 104.17 | 2.14 | 15.03 | 7.40 | 237.16 |
| 11.7 | 500114001148 | 临时便桥 | 1.00 | 项 | | | | | | 150000.00 |
| 12 | | 路面恢复工程 | | | | | | | | |
| 12.1 | | 北排干倒虹吸左侧堤顶公路 | | | | | | | | |
| 12.1.1 | 500101010006 | 路面拆除 | 260.00 | m³ | 1.66 | 0.04 | 2.45 | 0.32 | 0.16 | 5.06 |
| 12.1.2 | 500114001149 | 路面恢复 | 260.00 | m³ | 8.43 | 140.83 | 17.35 | 12.83 | 6.31 | 202.41 |
| 12.2 | | 铁锅店公路 | 0.00 | | | | | | | |

续表

| 编号 | 项目编号 | 项目名称 | 数量 | 单位 | 人工费(元) | 材料费(元) | 机械使用费(元) | 企业利润(元) | 税金(元) | 合计(元) |
|---|---|---|---|---|---|---|---|---|---|---|
| 12.2.1 | 500101010007 | 路面拆除 | 400.00 | m³ | 1.66 | 0.04 | 2.45 | 0.32 | 0.16 | 5.06 |
| 12.2.2 | 500114001150 | 路面恢复 | 400.00 | m³ | 8.43 | 140.83 | 17.35 | 12.83 | 6.31 | 202.41 |
| 12.3 | | 杨柳青农场公路 | 0.00 | | | | | | | |
| 12.3.1 | 500101010008 | 路面拆除 | 420.00 | m³ | 1.66 | 0.04 | 2.45 | 0.32 | 0.16 | 5.06 |
| 12.3.2 | 500114001151 | 路面恢复 | 420.00 | m³ | 8.43 | 140.83 | 17.35 | 12.83 | 6.31 | 202.41 |
| 13 | | 环境保护和水土保持 | | | | | | | | |
| 13.1 | | 水土保持 | | | | | | | | |
| 13.1.1 | | 植物工程 | | | | | | | | |
| 13.1.1.1 | 500101001001 | 平整土地 | 24321.00 | m² | 0.01 | 0.03 | 0.24 | 0.02 | 0.01 | 0.34 |
| 13.1.1.2 | 500114002001 | 撒播草籽 | 24321.00 | m² | 0.77 | 3.23 | | 0.31 | 0.15 | 4.85 |
| 13.1.1.3 | 500114002002 | 紫花苜蓿 | 37.00 | kg | | | | | | 1.50 |
| 13.1.1.4 | 500114002003 | 无芒雀麦 | 37.00 | kg | | | | | | 26.00 |
| 13.1.1.5 | 500114002004 | 扁穗冰草 | 37.00 | kg | | | | | | 35.00 |
| 13.1.2 | | 临时工程 | | | | | | | | |
| 13.1.2.1 | 500114002005 | 非汛期及村镇附近堆土临时防护(尼龙布) | 108337.00 | m³ | | | | | | 1.00 |
| 13.1.2.2 | 500114002006 | 汛期临时堆土编织袋围挡与拆除 | 1728.00 | m³ | 46.88 | 45.25 | | 7.09 | 3.49 | 111.93 |

投标人:
委托代理人:
_____年_____月_____日

## 附件五 主要施工机械台班费分解表

### 施工机械台(组)班(时)费计算表

| 序号 | 机械名称 | 单位 | 预算单价(元) | 其中 | | | | | | | | | | 使用量 |
|---|---|---|---|---|---|---|---|---|---|---|---|---|---|---|
| | | | | 折旧费(元) | 修理及替换设备费(元) | 安装拆卸费(元) | 机械工(元) | 汽油 | 柴油(元) | 电 | 风 | 水 | 煤 | |
| 10004 | 稳定土拌和机(230kW) | 台时 | 319.27 | 66.10 | 88.93 | | 12.24 | | 152.00 | | | | | |
| 10008 | 叉式起重机 5t | 台时 | 50.66 | 7.74 | 9.80 | | 6.12 | | 27.00 | | | | | |
| 1008 | 单斗挖掘机 液压 0.6m³ | 台时 | 147.07 | 32.74 | 20.21 | 1.60 | 16.52 | | 76.00 | | | | | |
| 1009 | 单斗挖掘机 液压 1m³ | 台时 | 198.99 | 35.63 | 25.46 | 2.18 | 16.52 | | 119.20 | | | | | |
| 1028 | 装载机 轮胎式 1m³ | 台时 | 108.05 | 13.15 | 8.54 | | 7.96 | | 78.40 | | | | | |
| 1042 | 推土机 59kW | 台时 | 106.20 | 10.80 | 13.02 | 0.49 | 14.69 | | 67.20 | | | | | |

续表

| 序号 | 机械名称 | 单位 | 预算单价（元） | 其中 ||||||||| 使用量 |
|------|---------|------|----------|--------|----------|--------|--------|------|--------|----|----|----|----|------|
|      |         |      |          | 折旧费（元） | 修理及替换设备费（元） | 安装拆卸费（元） | 机械工（元） | 汽油 | 柴油（元） | 电 | 风 | 水 | 煤 |      |
| 1043 | 推土机 74kW | 台时 | 142.16 | 19.00 | 22.81 | 0.86 | 14.69 |  | 84.80 |  |  |  |  |  |
| 1047 | 推土机 132kW | 台时 | 255.39 | 43.54 | 44.24 | 1.72 | 14.69 |  | 151.20 |  |  |  |  |  |
| 1062 | 拖拉机 履带式 74kW | 台时 | 115.46 | 9.65 | 11.38 | 0.54 | 14.69 |  | 79.20 |  |  |  |  |  |
| 1075 | 自行式平地机 118kW | 台时 | 233.58 | 38.54 | 41.15 |  | 14.69 |  | 139.20 |  |  |  |  |  |
| 1090 | 压路机 内燃 6~8t | 台时 | 55.79 | 5.49 | 10.01 |  | 14.69 |  | 25.60 |  |  |  |  |  |
| 1092 | 压路机 内燃 12~15t | 台时 | 94.09 | 10.12 | 17.28 |  | 14.69 |  | 52.00 |  |  |  |  |  |
| 1094 | 刨毛机 | 台时 | 93.51 | 8.36 | 10.87 | 0.39 | 14.69 |  | 59.20 |  |  |  |  |  |
| 1095 | 蛙式夯实机 2.8kW | 台时 | 15.62 | 0.17 | 1.01 |  | 12.24 |  |  | 2.20 |  |  |  |  |
| 2001 | 混凝土搅拌机 0.25 | 台时 | 15.74 | 1.30 | 2.25 | 0.45 | 7.96 |  |  | 3.78 |  |  |  |  |
| 2002 | 混凝土搅拌机 0.4m³ | 台时 | 25.22 | 3.29 | 5.34 | 1.07 | 7.96 |  |  | 7.57 |  |  |  |  |
| 2006 | 强制式混凝土搅拌机 0.35m³ | 台时 | 37.98 | 3.99 | 6.18 | 1.55 | 7.96 |  |  | 18.30 |  |  |  |  |
| 2032 | 混凝土输送泵 30m³/h | 台时 | 91.39 | 30.48 | 20.63 | 2.10 | 14.69 |  |  | 23.50 |  |  |  |  |
| 2047 | 振捣器 插入式 1.1kW | 台时 | 2.24 | 0.32 | 1.22 |  |  |  |  | 0.70 |  |  |  |  |
| 2048 | 振捣器 插入式 1.5kW | 台时 | 3.28 | 0.51 | 1.80 |  |  |  |  | 0.97 |  |  |  |  |
| 2049 | 振捣器 插入式 2.2kW | 台时 | 3.90 | 0.54 | 1.86 |  |  |  |  | 1.50 |  |  |  |  |
| 2051 | 振捣器 平板式 2.2kW | 台时 | 3.17 | 0.43 | 1.24 |  |  |  |  | 1.50 |  |  |  |  |
| 2052 | 变频机组 8.5kVA | 台时 | 17.07 | 3.48 | 7.96 |  |  |  |  | 5.63 |  |  |  |  |
| 2065 | 切缝机 EX-100 | 台时 | 141.60 | 35.27 | 23.93 | 1.64 | 7.96 |  | 72.80 |  |  |  |  |  |
| 2077 | 混凝土罐 3m³ | 台时 | 12.15 | 6.31 | 5.84 |  |  |  |  |  |  |  |  |  |
| 2080 | 风（砂）水枪 6m³/min | 台时 | 43.24 | 0.24 | 0.42 |  |  |  |  |  | 38.48 | 4.10 |  |  |
| 3003 | 载重汽车 4t | 台时 | 86.04 | 7.04 | 9.84 |  | 7.96 | 61.20 |  |  |  |  |  |  |
| 3004 | 载重汽车 5t | 台时 | 87.79 | 7.77 | 10.86 |  | 7.96 | 61.20 |  |  |  |  |  |  |
| 3007 | 载重汽车 10t | 台时 | 120.93 | 20.95 | 20.82 |  | 7.96 |  | 71.20 |  |  |  |  |  |
| 3012 | 自卸汽车 5t | 台时 | 96.86 | 10.73 | 5.37 |  | 7.96 |  | 72.80 |  |  |  |  |  |
| 3013 | 自卸汽车 8t | 台时 | 125.70 | 22.59 | 13.55 |  | 7.96 |  | 81.60 |  |  |  |  |  |
| 3015 | 自卸汽车 10t | 台时 | 143.15 | 30.49 | 18.30 |  | 7.96 |  | 86.40 |  |  |  |  |  |
| 3054 | 洒水车 4.8 | 台时 | 101.93 | 11.86 | 14.11 |  | 7.96 | 68.00 |  |  |  |  |  |  |
| 3074 | 胶轮车 | 台时 | 0.90 | 0.26 | 0.64 |  |  |  |  |  |  |  |  |  |
| 3075 | 机动翻斗车 1t | 台时 | 22.40 | 1.22 | 1.22 |  | 7.96 |  | 12.00 |  |  |  |  |  |
| 4025 | 门座式起重机 10/30t 高架 10~30t | 台时 | 240.31 | 102.67 | 33.87 | 23.87 |  |  |  | 79.90 |  |  |  |  |
| 4030 | 塔式起重机 10t | 台时 | 110.18 | 41.37 | 16.89 | 3.10 | 16.52 |  |  | 32.30 |  |  |  |  |
| 4032 | 塔式起重机 25t | 台时 | 182.74 | 70.30 | 26.66 |  | 16.52 |  |  | 69.26 |  |  |  |  |
| 4051 | 桥式起重机 单小车 16(t) | 台时 | 26.38 |  | 4.34 |  | 7.96 |  |  | 14.08 |  |  |  |  |

续表

| 序号 | 机械名称 | 单位 | 预算单价（元） | 折旧费（元） | 修理及替换设备费（元） | 安装拆卸费（元） | 机械工（元） | 汽油 | 柴油（元） | 电 | 风 | 水 | 煤 | 使用量 |
|---|---|---|---|---|---|---|---|---|---|---|---|---|---|---|
| 4074 | 履带起重机 油动 10t | 台时 | 132.75 | 31.79 | 18.69 | 1.18 | 14.69 | | 66.40 | | | | | |
| 4085 | 汽车起重机 5t | 台时 | 91.16 | 12.92 | 12.42 | | 16.52 | 49.30 | | | | | | |
| 4087 | 汽车起重机 8t | 台时 | 113.68 | 20.90 | 14.66 | | 16.52 | | 61.60 | | | | | |
| 4088 | 汽车起重机 10t | 台时 | 120.65 | 25.08 | 17.45 | | 16.52 | | 61.60 | | | | | |
| 4091 | 汽车起重机 20t | 台时 | 184.40 | 46.14 | 28.94 | | 16.52 | | 92.80 | | | | | |
| 4092 | 汽车起重机 25t | 台时 | 230.67 | 74.64 | 40.31 | | 16.52 | | 99.20 | | | | | |
| 4143 | 卷扬机 单筒慢速 5t | 台时 | 19.09 | 2.97 | 1.16 | 0.05 | 7.96 | | | 6.95 | | | | |
| 6006 | 冲击钻机 CZ-22 | 台时 | 81.11 | 16.50 | 23.42 | 6.19 | 17.75 | | | 17.25 | | | | |
| 6020 | 泥浆搅拌机 | 台时 | 29.61 | 3.21 | 6.51 | 0.58 | 7.96 | | | 11.35 | | | | |
| 6021 | 灰浆搅拌机 | 台时 | 16.81 | 0.83 | 2.28 | 0.20 | 7.96 | | | 5.54 | | | | |
| 6023 | 泥浆泵 HB80/10 型 3PN | 台时 | 12.35 | 0.45 | 1.16 | 0.23 | 7.96 | | | 2.55 | | | | |
| 6027 | 灰浆泵 4kW | 台时 | 20.48 | 1.78 | 6.33 | 0.89 | 7.96 | | | 3.52 | | | | |
| 8008 | 空压机 电动 移动式 0.6m³/min | 台时 | 12.96 | 0.32 | 0.89 | 0.10 | 7.96 | | | 3.70 | | | | |
| 8009 | 空压机 电动 移动式 3.0m³/min | 台时 | 26.32 | 1.52 | 3.13 | 0.43 | 7.96 | | | 13.29 | | | | |
| 9021 | 离心水泵 单级 5~10kW | 台时 | 17.55 | 0.19 | 1.08 | 0.32 | 7.96 | | | 8.01 | | | | |
| 9124 | 电焊机 直流 20kW | 台时 | 19.31 | 0.94 | 0.60 | 0.17 | | | | 17.60 | | | | |
| 9125 | 电焊机 直流 30kW | 台时 | 28.30 | 1.03 | 0.68 | 0.19 | | | | 26.40 | | | | |
| 9126 | 电焊机 交流 25kVA | 台时 | 13.48 | 0.33 | 0.30 | 0.09 | | | | 12.76 | | | | |
| 9136 | 对焊机 电弧型 150 | 台时 | 88.19 | 1.69 | 2.56 | 0.76 | 7.96 | | | 70.49 | 1.54 | 3.20 | | |
| 9143 | 钢筋弯曲机 φ6~40mm | 台时 | 15.46 | 0.53 | 1.45 | 0.24 | 7.96 | | | 5.28 | | | | |
| 9146 | 钢筋切断机 20kW | 台时 | 26.26 | 1.18 | 1.71 | 0.28 | 7.96 | | | 15.14 | | | | |
| 9147 | 钢筋调直机 4~14kW | 台时 | 19.02 | 1.60 | 2.69 | 0.44 | 7.96 | | | 6.34 | | | | |
| 9148 | 型钢剪断机 13kW | 台时 | 31.71 | 8.65 | 4.89 | 1.33 | 7.96 | | | 8.89 | | | | |
| 9150 | 型材弯曲机 | 台时 | 19.41 | 1.18 | 2.94 | 0.47 | 7.96 | | | 6.86 | | | | |
| 9170 | 普通车床 φ400~600mm | 台时 | 25.84 | 5.88 | 4.91 | 0.05 | 7.96 | | | 7.04 | | | | |
| 9180 | 摇臂钻床 φ35~50mm | 台时 | 19.28 | 4.45 | 2.71 | 0.03 | 7.96 | | | 4.14 | | | | |
| 9198 | 牛头刨床 B=650mm | 台时 | 14.48 | 2.26 | 2.09 | 0.15 | 7.96 | | | 2.02 | | | | |
| 9202 | 圆盘锯 | 台时 | 22.56 | 0.40 | 1.17 | 0.05 | 14.69 | | | 6.25 | | | | |
| 9204 | 双面刨床 | 台时 | 18.14 | 1.01 | 1.10 | 0.15 | 7.96 | | | 7.92 | | | | |
| 9219 | 压力滤油机 150 型 | 台时 | 10.23 | 1.04 | 0.34 | 0.10 | 7.96 | | | 0.79 | | | | |
| PB003 | 双头搅拌桩机 | 台时 | 100.16 | 19.03 | 16.78 | | 23.26 | | | 41.10 | | | | |

投标人：
委托代理人：

_____年_____月_____日

## 附件六  主要材料预算价格汇总表

# 主要材料预算价格汇总表

| 序 号 | 名 称 及 规 格 | 单 位 | 预算价（元） | 备注 |
|---|---|---|---|---|
| 1 | 白灰 | t | 290.00 | |
| 2 | 土工布 400g/m² | m² | 4.60 | |
| 3 | 碎石 | | 173.00 | |
| 4 | 红砖 240mm×115mm×53mm | 千块 | 250.00 | |
| 5 | 木材（综合） | m³ | 1700.00 | |
| 6 | 原木 | m³ | 800.00 | |
| 7 | 钢板（综合） | kg | 6.00 | |
| 8 | 空心钢 | kg | 6.00 | |
| 9 | 垫板 | kg | 5.00 | |
| 10 | 钢垫板（综合） | kg | 7.50 | |
| 11 | 铁垫块 | kg | 6.00 | |
| 12 | 电焊条 | kg | 6.38 | |
| 13 | 钢管 $\phi$50mm | kg | 7.20 | |
| 14 | 汽油（综合） | kg | 8.50 | |
| 15 | 汽油 60～70 号 | kg | 6.40 | |
| 16 | 煤油 | kg | 7.50 | |
| 17 | 机油 | kg | 9.00 | |
| 18 | 黄油 | kg | 9.00 | |
| 19 | 环氧富锌漆 | kg | 15.00 | |
| 20 | 酚醛磁漆 | kg | 12.70 | |
| 21 | 调和漆 | kg | 16.80 | |
| 22 | 油漆（综合） | kg | 16.80 | |
| 23 | 标志牌 | 个 | 2.00 | |
| 24 | 电力复合脂（一级） | kg | 11.85 | |
| 25 | 橡皮绝缘线 BX-16 | m | 5.00 | |
| 26 | 滤油纸 300mm×300mm | 张 | 1.00 | |
| 27 | 滑石粉 | kg | 0.10 | |
| 28 | 锌丝 | kg | 32.00 | |
| 29 | 镀锌铁丝 13～17 号 | kg | 11.50 | |
| 30 | 镀锌铁丝 8～12 号 | kg | 6.70 | |
| 31 | 石英砂 | m³ | 432.00 | |
| 32 | 塑料绝缘线 BLV-2.5 | m | 1.40 | |
| 33 | 塑料绝缘线 BLV-6 | m | 4.90 | |
| 34 | 木螺钉 $\phi$4.5～6×(15～100) | 10 个 | 0.40 | |
| 35 | 木螺钉 $\phi$4×65 | 10 个 | 0.40 | |
| 36 | 镀锌扁钢－40×4 | kg | 7.20 | |

续表

| 序 号 | 名 称 及 规 格 | 单 位 | 预算价（元） | 备注 |
|---|---|---|---|---|
| 37 | 带帽螺栓 M12×100 | 10套 | 22.00 | |
| 38 | 带帽螺栓 M16×100 | 10套 | 20.00 | |
| 39 | 带帽螺栓 M18×100 | 10套 | 80.00 | |
| 40 | 带帽螺栓 M8×100 | 10套 | 50.00 | |
| 41 | 木螺钉（综合） | 10个 | 0.40 | |
| 42 | 镀锌铁丝 18～22号 | kg | 5.80 | |
| 43 | 镀锌电缆卡子 2×35 | 套 | 2.70 | |
| 44 | 镀锌圆钢 $\phi 10 \sim 14$ | kg | 4.80 | |
| 45 | 镀锌接地板 40×5×20 | 个 | 0.15 | |
| 46 | 镀锌U形抱箍 | 套 | 13.00 | |
| 47 | 镀锌角铁横担 | 套 | 76.00 | |
| 48 | 卡盘 | 块 | 85.00 | |
| 49 | 底盘 | 块 | 25.00 | |
| 50 | 花线 2×23/0.15 | m | 1.35 | |
| 51 | 圆木台 63～138×22 | 块 | 4.00 | |
| 52 | 水泥 32.5 | t | 450.00 | |
| 53 | 水泥 42.5 | t | 450.00 | |
| 54 | 钢筋 | t | 5600.00 | |
| 55 | 钢筋 $\phi 18$ | kg | 5.00 | |
| 56 | 钢筋 $\phi 20$ | kg | 5.00 | |
| 57 | 钢筋 $\phi 22$ | kg | 5.00 | |
| 58 | 钢筋 $\phi 25$ | kg | 5.00 | |
| 59 | 钢板 | t | 6000.00 | |
| 60 | 钢板 $\delta =4mm$ | t | 245.00 | |
| 61 | 型钢 | t | 6000.00 | |
| 62 | 圆钢 | t | 5600.00 | |
| 63 | 镀锌型钢 | kg | 6.00 | |
| 64 | 镀锌扁钢 | kg | 7.20 | |
| 65 | 型钢 | kg | 6.00 | |
| 66 | 镀锌钢管 | t | 8500.00 | |
| 67 | 钢管 | m | 18.80 | |
| 68 | 钢导管 | kg | 5.50 | |
| 69 | 镀锌钢管 $\phi 70$ | m | 25.00 | |
| 70 | 钢材 | t | 6000.00 | |
| 71 | 钢垫板 | kg | 10.00 | |
| 72 | 空心钢 | kg | 6.00 | |
| 73 | 钢绞线 | t | 5500.00 | |
| 74 | 钢板垫板 | kg | 4.20 | |
| 75 | 组合钢模板 | kg | 7.90 | |

续表

| 序 号 | 名 称 及 规 格 | 单 位 | 预算价（元） | 备注 |
|---|---|---|---|---|
| 76 | 木材 | m³ | 1700.00 | |
| 77 | 锯材 | m³ | 1700.00 | |
| 78 | 炸药 | t | 7000.00 | |
| 79 | 雷管 | 个 | 1.30 | |
| 80 | 火雷管 | 个 | 1.30 | |
| 81 | 电雷管 | 个 | 1.30 | |
| 82 | 导火线 | m | 0.70 | |
| 83 | 导电线 | m | 0.50 | |
| 84 | 汽油 | kg | 8.50 | |
| 85 | 汽油70号 | t | 8500.00 | |
| 86 | 柴油 | kg | 8.00 | |
| 87 | 柴油0号 | t | 8000.00 | |
| 88 | 机油 | kg | 8.00 | |
| 89 | 黄油 | kg | 9.00 | |
| 90 | 变压器油 | kg | 5.99 | |
| 91 | 砂 | m³ | 147.00 | |
| 92 | 砂砾料 | m³ | 35.00 | |
| 93 | 中（粗）砂 | m³ | 81.00 | |
| 94 | 碎石 | m³ | 173.00 | |
| 95 | 卵石 | m³ | 65.00 | |
| 96 | 砾石 | m³ | 35.00 | |
| 97 | 片石 | m³ | 65.00 | |
| 98 | 毛条石 | m³ | 230.00 | |
| 99 | 块石 | m³ | 270.00 | |
| 100 | 青（红）砖 | 千块 | 280.00 | |
| 101 | 细料石 | m³ | 260.00 | |
| 102 | 膨润土 | t | 30.00 | |
| 103 | 石屑 | m³ | 173.00 | |
| 104 | 黏土 | m³ | 10.00 | |
| 105 | 黏土 | t | 5.00 | |
| 106 | 土工布 | m² | 5.80 | |
| 107 | 复合土工膜 | m² | 10.80 | |
| 108 | 编织袋 | 条 | 1.00 | |
| 109 | 草皮 | m² | 3.50 | |
| 110 | 油毛毡 | m² | 2.50 | |
| 111 | 草籽 | kg | 60.00 | |
| 112 | 外加剂 | kg | 3.26 | |
| 113 | 粉煤灰 | t | 125.00 | |
| 114 | 混凝土预制块 | m³ | 100000.00 | |
| 115 | 预制混凝土柱 | m³ | 350.00 | |
| 116 | 金刚石钻头 | 个 | 250.00 | |

续表

| 序 号 | 名 称 及 规 格 | 单 位 | 预算价（元） | 备 注 |
|---|---|---|---|---|
| 117 | 合金钻头 | 个 | 50.00 | |
| 118 | 潜孔钻钻头 150 型 | 个 | 300.00 | |
| 119 | 潜孔钻钻头 100 型 | 个 | 210.00 | |
| 120 | 冲击钻头 $\phi 6 \sim 8$ | 个 | 4.00 | |
| 121 | 岩芯管 | m | 80.00 | |
| 122 | 钻杆 | m | 50.00 | |
| 123 | 钻杆接头 | 个 | 5.00 | |
| 124 | 锚杆附件 | kg | 5.00 | |
| 125 | 工作锚具 QM15～7 | 套 | 120.00 | |
| 126 | 镀锌螺栓 M10×75 | 套 | 1.50 | |
| 127 | 镀锌螺栓 M12×120 | 套 | 2.30 | |
| 128 | 镀锌螺栓 M14×70 | 套 | 1.80 | |
| 129 | 镀锌螺栓 M14×75 | 套 | 1.80 | |
| 130 | 镀锌螺栓 M16×70～140 | 套 | 3.00 | |
| 131 | 镀锌螺栓 M18×100～150 | 套 | 2.00 | |
| 132 | 精制螺栓 M18×95 | 套 | 9.00 | |
| 133 | 锁紧螺母 32～100mm | 个 | 1.20 | |
| 134 | 膨胀螺栓 M6～8 | 套 | 0.95 | |
| 135 | 电线 | m | 2.00 | |
| 136 | 电缆 | m | 20.00 | |
| 137 | 电缆吊挂 | 套 | 3.00 | |
| 138 | 电缆卡子 1.5×32 | 个 | 1.30 | |
| 139 | 电缆卡子 3×50 | 个 | 3.60 | |
| 140 | 电缆卡子 3×80 | 个 | 2.00 | |
| 141 | 铁丝 | kg | 9.50 | |
| 142 | 铁丝网 | m$^2$ | 15.00 | |
| 143 | 镀锌铁丝 8～10 号 | kg | 11.00 | |
| 144 | 铁件及预埋铁件 | kg | 7.50 | |
| 145 | 铁件 | kg | 7.50 | |
| 146 | 铁钉 | kg | 10.00 | |
| 147 | 垫铁 | kg | 9.00 | |
| 148 | 预埋铁件 | kg | 7.50 | |
| 149 | 紫铜片 | kg | 100.00 | |
| 150 | 铜电焊条 | kg | 55.00 | |
| 151 | 裸铜线 10mm$^2$ | m | 2.20 | |
| 152 | 裸铜线 20mm$^2$ | m | 14.30 | |
| 153 | 铜接线端子 DT-10 | 只 | 2.80 | |
| 154 | 紫铜片 厚15mm | kg | 22.00 | |
| 155 | 铅丝 8 号 | kg | 4.50 | |

续表

| 序号 | 名 称 及 规 格 | 单 位 | 预算价（元） | 备注 |
|---|---|---|---|---|
| 156 | 铅油 | kg | 6.50 | |
| 157 | 铝接线端子 ≤35mm² | 个 | 1.20 | |
| 158 | 铝接线端子 ≤120mm² | 个 | 1.10 | |
| 159 | 铝接线端子 ≤240mm² | 个 | 1.50 | |
| 160 | 铝接管 ≤35mm² | 个 | 1.90 | |
| 161 | 角钢 | kg | 3.60 | |
| 162 | 专用钢模板 | kg | 7.00 | |
| 163 | 镀锌管接头 32～100mm | 个 | 2.60 | |
| 164 | 锯条 | 根 | 0.30 | |
| 165 | 拦污栅 | t | 4000.00 | |
| 166 | 土工布（250g/m²） | m² | 4.50 | |
| 167 | 手摆块石 | m³ | 75.00 | |
| 168 | 轻型井点总管 | m | 15.00 | |
| 169 | 轻型井点管 | m | 6.00 | |
| 170 | 土工膜 300g/m² | m² | 7.00 | |
| 171 | C15 二级配素混凝土 | m³ | 220.39 | |
| 172 | 闭孔泡沫板 | m² | 3500.00 | |
| 173 | 双组分聚硫密封胶 | t | 70000.00 | |
| 174 | 电力电缆（ZR-VV22-3×120+1×70，400V） | m | 301.00 | |
| 175 | 电力电缆（ZR-YJV22-3×35，10kV） | m | 80.00 | |
| 176 | 电力电缆（ZR-VV22-3×16+1×10，400V） | m | 40.00 | |
| 177 | 电力电缆（ZR-VV22-3×10+1×6，400V） | m | 30.00 | |
| 178 | 电力电缆（ZR-VV22-4×50，400V） | m | 140.00 | |
| 179 | 控制电缆 | m | 15.00 | |
| 180 | 光缆 | m | 15.00 | |
| 181 | 合金耐磨块 | kg | 250.00 | |
| 182 | 固化剂 | kg | 0.30 | |
| 183 | 合金片 | kg | 250.00 | |
| 184 | 土工膜 300g/m²（两布一膜，布各 150g/m²） | m² | 9.60 | |
| 185 | U 形钉 | kg | 10.00 | |
| 186 | 玻纤格栅 | m² | 14.50 | |
| 187 | 荷兰砖（5×10×20） | 块 | 5.00 | |
| 188 | 钢结构埋件 | t | 9000.00 | |
| 189 | 钢闸门 | t | 12000.00 | |
| 190 | 闸门埋件 | t | 11000.00 | |
| 191 | QPQ2×160kN 固定卷扬式启闭机 | 台 | 52000.00 | |
| 192 | QPQ1×250kN 固定卷扬式启闭机（慢速） | 台 | 45300.00 | |
| 193 | QPQ2×100kN 固定卷扬式启闭机 | 台 | 36600.00 | |

续表

| 序号 | 名称及规格 | 单位 | 预算价（元） | 备注 |
|---|---|---|---|---|
| 194 | LQ50kN-11m 手动螺杆启闭机 | 台 | 30000.00 | |
| 195 | 10kV 高压电缆（YJV-3×35） | m | 180.00 | |
| 196 | 低压电缆（VV22-3×70+35） | m | 153.00 | |
| 197 | 低压电缆（VV22-3×10+6） | m | 33.00 | |
| 198 | 低压电缆（VV22-3×6+4） | m | 23.00 | |
| 199 | 低压电缆（VV22-3×4+2.5） | m | 17.50 | |
| 200 | 低压电缆（VV-3×10+6） | m | 30.00 | |
| 201 | 低压电缆（VV-3×4+2.5） | m | 14.50 | |
| 202 | 控制电缆（KVV22-4×1.5） | m | 13.00 | |
| 203 | 卡扣件 | kg | 5.80 | |
| 204 | 扩孔器 | 个 | 150.00 | |
| 205 | 低压电缆（YCW-3×16+10） | m | 50.00 | |
| 206 | 铸铁 | kg | 4.50 | |
| 207 | 轨道 | kg | 10.00 | |
| 208 | 108胶 | kg | 2.00 | |
| 209 | 防水涂料 | kg | 6.00 | |
| 210 | 碎石土 | m³ | 45.00 | |
| 211 | 胶木线夹 | 个 | 0.50 | |
| 212 | 过渡接线柱 35~240mm² | 个 | 7.00 | |
| 213 | 木柴 | kg | 0.50 | |
| 214 | 枕木 2500mm×200mm×160mm | 根 | 125.00 | |
| 215 | 塑料手套 ST 型 | 个 | 10.30 | |
| 216 | 塑料绝缘线 | m | 1.40 | |
| 217 | 塑料胶黏带 20mm×50m | 卷 | 6.30 | |
| 218 | 塑料胶黏带 20mm×5m | 卷 | 8.20 | |
| 219 | 塑料护口 | 个 | 2.00 | |
| 220 | 塑料膨胀管 | 个 | 0.50 | |
| 221 | 塑料软管 | kg | 10.00 | |
| 222 | 塑料异型管 φ5 | 个 | 12.50 | |
| 223 | 塑料带 20m×40m | 卷 | 5.00 | |
| 224 | 塑料布 | m² | 3.00 | |
| 225 | 胶管 | m | 20.00 | |
| 226 | 高压胶管 | m | 30.00 | |
| 227 | 自黏橡胶带 20×5 | 卷 | 6.30 | |
| 228 | 橡胶板 | kg | 12.00 | |
| 229 | 橡胶止水带 | m | 97.00 | |
| 230 | 橡胶止水圈 | 根 | 12.50 | |
| 231 | 橡皮板 | kg | 30.00 | |

续表

| 序 号 | 名 称 及 规 格 | 单 位 | 预算价（元） | 备注 |
|---|---|---|---|---|
| 232 | 橡皮绝缘线 | m | 3.00 | |
| 233 | 玻璃 | m² | 40.00 | |
| 234 | 沥青 | t | 5000.00 | |
| 235 | 沥青绝缘胶 | kg | 8.20 | |
| 236 | 纯硫酸 | kg | 3.00 | |
| 237 | 耐酸漆 | kg | 15.20 | |
| 238 | 磁漆（酚醛） | kg | 12.65 | |
| 239 | 管卡子 32～100mm | 个 | 0.55 | |
| 240 | 喷射管 | m | 60.00 | |
| 241 | 电 | kW·h | 0.88 | |
| 242 | 风 | m³ | 0.19 | |
| 243 | 水 | m³ | 1.00 | |
| 244 | 乙炔气 | m³ | 12.60 | |
| 245 | 氧气 | m³ | 3.60 | |
| 246 | 蒸馏水 | kg | 0.42 | |
| 247 | 焊锡 | kg | 24.10 | |
| 248 | 电焊条 | kg | 6.38 | |
| 249 | 破布 | kg | 2.50 | |
| 250 | 棉纱头 | kg | 5.00 | |
| 251 | 棉纱 | kg | 5.00 | |
| 252 | 黄漆布带 20mm×40mm | 卷 | 2.70 | |
| 253 | 白布 | m | 8.00 | |
| 254 | 半导体布带 20mm×5mm | 卷 | 4.50 | |
| 255 | 滤油纸 | 张 | 1.00 | |
| 256 | 石棉布 | m² | 25.27 | |
| 257 | 工程胶 | kg | 20.00 | |
| 258 | 油漆 | kg | 16.80 | |
| 259 | 封铅 | kg | 11.31 | |
| 260 | 防锈漆 | kg | 12.40 | |
| 261 | 调和漆 | kg | 12.00 | |
| 262 | 碱粉 | kg | 2.00 | |
| 263 | 矿粉 | kg | 0.22 | |
| 264 | 生石灰 | t | 290.00 | |
| 265 | 标志牌 | 个 | 2.00 | |
| 266 | 煤 | kg | 0.80 | |
| 267 | DH6 冲击器 | 套 | 1800.00 | |
| 268 | 膨胀剂 | kg | 0.61 | |
| 269 | 引气减水剂 | kg | 2.60 | |
| 270 | 土工格栅 | m² | 8.00 | |

续表

| 序 号 | 名 称 及 规 格 | 单 位 | 预算价（元） | 备注 |
|---|---|---|---|---|
| 271 | 波纹管钢带 | t | 6000.00 | |
| 272 | 板式橡胶伸缩缝 | m | 900.00 | |
| 273 | 不锈钢板 | kg | 20.00 | |
| 274 | 板式橡胶支座 | d | 45.00 | |
| 275 | 破碎剂 | kg | 3.50 | |
| 276 | 遇水膨胀橡胶止水带 | m | 80.00 | |
| 277 | 复合土工布模袋 | $m^2$ | 12.00 | |
| 278 | 钢筋 $\phi 14$ | kg | 5.00 | |
| 279 | 低压电缆（VV－3×35＋16） | m | 80.00 | |
| 280 | 低压电缆（VV22－3×25＋16） | m | 82.00 | |
| 281 | 低压电缆（VV22－3×10＋6） | m | 32.00 | |
| 282 | 低压电缆（VV22－3×6＋4） | m | 23.00 | |
| 283 | 低压电缆（VV22－3×4＋2.5） | m | 17.50 | |
| 284 | 低压电缆（VV－3×10＋6） | m | 29.00 | |
| 285 | 低压电缆（VV－3×4＋2.5） | m | 14.00 | |
| 286 | 电缆护管（SC25） | m | 10.00 | |
| 287 | 电缆护管（SC50） | m | 28.00 | |
| 288 | 电缆护管（SC70） | m | 40.00 | |
| 289 | 电缆护管（SC100） | m | 62.00 | |
| 290 | 混凝土空心砌块 390mm×190mm×190mm | 千块 | 2200.00 | |
| 291 | 黏土多孔砖 190mm×190mm×90mm | 千块 | 1100.00 | |
| 292 | 防滑地砖 600mm×600mm | 千块 | 18020.00 | |
| 293 | 锯末 | $m^3$ | 20.00 | |
| 294 | 石料切割锯片 | 片 | 111.00 | |
| 295 | 白布 | $m^2$ | 6.60 | |
| 296 | 乳胶漆 | kg | 14.40 | |
| 297 | 砂纸 | 张 | 0.50 | |
| 298 | 瓷质外墙砖 95mm×95mm | 块 | 0.83 | |
| 299 | 干粉型胶黏剂 | kg | 16.20 | |
| 300 | 改性沥青 | t | 6200.00 | |
| 301 | 钢筋混凝土管直径 1000mm | m | 350.00 | |
| 302 | 土 | $m^3$ | 5.00 | |
| 303 | 石灰 | kg | 0.29 | |
| 304 | 草袋 | 个 | 1.50 | |

投标人：（盖单位章）

法定代表人（或委托代理人）：（签名）

_____年_____月_____日

附件七 纯混凝土、砂浆材料单价汇总表

混凝土及砂浆配合比计算表

| 序号 | 混凝土名称 | 预算单价 | 碎石 数量(m³) | 碎石 合计(元) | 水泥32.5 数量(kg) | 水泥32.5 合计(元) | 水泥42.5 数量(kg) | 水泥42.5 合计(元) | 砂 数量(m³) | 砂 合计(元) | 水 数量(m³) | 水 合计(元) | 膨胀剂 数量(kg) | 膨胀剂 合计(元) | 引气减水剂 数量(kg) | 引气减水剂 合计(元) | 石灰 数量(kg) | 石灰 合计(元) |
|---|---|---|---|---|---|---|---|---|---|---|---|---|---|---|---|---|---|---|
| 1 | C10 水泥强度32.5 2级配 | 339.48 | 0.82 | 141.98 | 244.82 | 110.17 | | | 0.59 | 87.16 | 0.18 | 0.18 | | | | | | |
| 2 | C10 水泥强度42.5 2级配 | 324.06 | 0.82 | 141.98 | | | 210.54 | 94.74 | 0.59 | 87.16 | 0.18 | 0.18 | | | | | | |
| 3 | C15 水泥强度32.5 2级配 | 356.32 | 0.84 | 145.56 | 284.83 | 128.18 | | | 0.56 | 82.41 | 0.18 | 0.18 | | | | | | |
| 4 | C15 水泥强度42.5 2级配 | 338.38 | 0.84 | 145.56 | | | 244.96 | 110.23 | 0.56 | 82.41 | 0.18 | 0.18 | | | | | | |
| 5 | C15 水泥强度32.5 3级配 | 345.68 | 1.00 | 172.52 | 236.58 | 106.46 | | | 0.45 | 66.56 | 0.15 | 0.15 | | | | | | |
| 6 | C20 水泥强度32.5 2级配 | 376.45 | 0.84 | 145.56 | 340.15 | 153.07 | | | 0.53 | 77.65 | 0.18 | 0.18 | | | | | | |
| 7 | C20 水泥强度32.5 2级配(C20F150W6) | 384.52 | 0.84 | 145.56 | 300.15 | 135.07 | | | 0.53 | 77.65 | 0.18 | 0.18 | 21.00 | 12.81 | 5.10 | 13.26 | | |
| 8 | C25 水泥强度32.5 2级配 | 384.42 | 0.84 | 145.56 | 364.87 | 164.19 | | | 0.51 | 74.48 | 0.18 | 0.18 | | | | | | |
| 9 | C25 水泥强度32.5 2级配(C25F150W6) | 392.49 | 0.84 | 145.56 | 324.87 | 146.19 | | | 0.51 | 74.48 | 0.18 | 0.18 | 21.00 | 12.81 | 5.10 | 13.26 | | |
| 10 | C25 水泥强度42.5 2级配 | 376.45 | 0.84 | 145.56 | 340.15 | 153.07 | | | 0.53 | 77.65 | 0.18 | 0.18 | | | | | | |
| 11 | C30 水泥强度32.5 1级配(F150W6) | 421.55 | 0.76 | 131.19 | 417.85 | 188.03 | | | 0.52 | 76.06 | 0.20 | 0.20 | | | | | | |
| 12 | C30 水泥强度32.5 2级配 | 398.72 | 0.84 | 145.56 | 403.71 | 181.67 | | | 0.49 | 71.31 | 0.18 | 0.18 | | | | | | |
| 13 | C30 水泥强度32.5 2级配(F150W6) | 406.79 | 0.84 | 145.56 | 363.71 | 163.67 | | | 0.49 | 71.31 | 0.18 | 0.18 | 21.00 | 12.81 | 5.10 | 13.26 | | |
| 14 | C30 水泥强度32.5 1级配(C30F150W8) | 439.38 | 0.76 | 131.01 | 457.81 | 206.01 | | | 0.52 | 76.09 | 0.20 | 0.20 | 21.00 | 12.81 | 5.10 | 13.26 | | |

续表

| 序号 | 混凝土名称 | 预算单价 | 碎石 数量(m³) | 碎石 合计(元) | 水泥32.5 数量(kg) | 水泥32.5 合计(元) | 水泥42.5 数量(kg) | 水泥42.5 合计(元) | 砂 数量(m³) | 砂 合计(元) | 水 数量(m³) | 水 合计(元) | 膨胀剂 数量(kg) | 膨胀剂 合计(元) | 引气减水剂 数量(kg) | 引气减水剂 合计(元) | 石灰 数量(kg) | 石灰 合计(元) |
|---|---|---|---|---|---|---|---|---|---|---|---|---|---|---|---|---|---|---|
| 15 | C30 水泥强度 42.5 1级配 (F150W6) | 405.66 | 0.76 | 131.19 | | | 375.48 | 168.97 | 0.54 | 79.23 | 0.20 | 0.20 | 21.00 | 12.81 | 5.10 | 13.26 | | |
| 16 | C30 水泥强度 42.5 2级配 | 384.42 | 0.84 | 145.56 | | | 364.87 | 164.19 | 0.51 | 74.48 | 0.18 | 0.18 | | | | | | |
| 17 | C30 水泥强度 42.5 2级配 (F150W6) | 392.49 | 0.84 | 145.56 | | | 324.87 | 146.19 | 0.51 | 74.48 | 0.18 | 0.18 | 21.00 | 12.81 | 5.10 | 13.26 | | |
| 18 | C35 水泥强度 32.5 2级配 | 418.44 | 0.82 | 141.98 | 451.97 | 203.39 | | | 0.50 | 72.90 | 0.18 | 0.18 | | | | | | |
| 19 | C40 水泥强度 42.5 2级配 | 418.44 | 0.82 | 141.98 | | | 451.97 | 203.39 | 0.50 | 72.90 | 0.18 | 0.18 | | | | | | |
| 20 | 砂浆 M7.5 | 280.78 | | | 261.00 | 117.45 | | | 1.11 | 163.17 | 0.16 | 0.16 | | | | | | |
| 21 | 砂浆 M10(水泥32.5) | 299.13 | | | 305.00 | 137.25 | | | 1.10 | 161.70 | 0.18 | 0.18 | | | | | | |
| 22 | 砂浆 M10(水泥42.5) | 279.92 | | | | | 262.30 | 118.04 | 1.10 | 161.70 | 0.18 | 0.18 | | | | | | |
| 23 | 砂浆 M15 | 314.27 | | | | | 348.31 | 156.74 | 1.07 | 157.29 | 0.24 | 0.24 | | | | | | |
| 24 | 混合砂浆 1:0.5:3 | 330.82 | | | | | 316.49 | 142.42 | 1.10 | 161.70 | 0.60 | 0.60 | | | | | 90.00 | 26.10 |
| 25 | 混合砂浆 1:1:6 | 285.14 | | | | | 174.59 | 78.56 | 1.20 | 176.40 | 0.60 | 0.60 | | | | | 102.00 | 29.58 |
| 26 | 混合砂浆 1:0.3:3 | 341.31 | | | | | 336.27 | 151.32 | 1.17 | 171.99 | 0.60 | 0.60 | | | | | 60.00 | 17.40 |
| 27 | 水泥砂浆 1:2.5 | 364.40 | | | | | 417.11 | 187.70 | 1.20 | 176.40 | 0.30 | 0.30 | | | | | | |
| 28 | 水泥砂浆 1:3 | 333.05 | | | | | 347.44 | 156.35 | 1.20 | 176.40 | 0.30 | 0.30 | | | | | | |
| 29 | 水泥砂浆 1:1 | 405.36 | | | | | 651.87 | 293.34 | 0.76 | 111.72 | 0.30 | 0.30 | | | | | | |
| 30 | 水泥砂浆 1:2 | 374.85 | | | | | 473.01 | 212.85 | 1.10 | 161.70 | 0.60 | 0.60 | | | | | | |
| 31 | 混合砂浆 1:1:4 | 308.74 | | | | | 236.49 | 106.42 | 1.10 | 161.70 | 0.40 | 0.40 | | | | | 138.00 | 40.02 |
| 32 | 混合砂浆 M7.5 | 256.72 | | | | | 199.53 | 89.79 | 1.05 | 154.35 | 0.30 | 0.30 | | | | | 42.00 | 12.18 |
| 33 | 素水泥浆 | 581.58 | | | | | 1291.72 | 581.28 | | | | | | | | | | |

投标人：

委托代理人：

_____ 年 _____ 月 _____ 日

## 附件八 已计入报价的税金

### 已计入报价的税金

| 税 种 | 税 率 | 税 金（元） | 说 明 |
|---|---|---|---|
| 营业税 | 3% | 187935.75 | 直接工程费＋施工管理＋利润 |
| 城市维护建设税 | 7% | | 营业税额 |
| 教育费附加 | 3% | | 营业税额 |
| 合计 | 3.22% | 187935.75 | |

投标人：（盖单位章）
法定代表人（或委托代理人）：（签名）
＿＿＿年＿＿＿月＿＿＿日

◆ 思 考 题 ◆

1. 简述水利工程投标的基本要求。
2. 简述水利工程投标技巧。
3. 编制水利工程投标报价时，如何选择参考定额？

# 单元4　水利工程开标、评标与定标

## 一、开标评标的内容

### (一) 开标

这是投标须知中对开标的说明。

在所有投标人的法定代表人或授权代表在场的情况下，招标人将于前附表规定的时间和地点举行开标会议，参加开标的投标人的代表应签名报到，以证明其出席开标会议。开标会议在招标投标管理机构监督下，由招标人组织并主持。开标时，对在招标文件要求提交投标文件的截止时间前收到的所有投标文件，都应当众予以拆封、宣读。但对按规定提交合格撤回通知的投标文件，不予开封。投标人的法定代表人或其授权代表未参加开标会议的，视为自动放弃投标。未按招标文件的规定标志、密封的投标文件，或者在投标截止时间以后送达的投标文件将被作为无效的投标文件对待。招标人当众宣布对所有投标文件的核查检视结果，并宣读有效举标的投标人名称、投标报价、修改内容、工期、质量、主要材料用量、投标保证金以及招标人认为适当的其他内容。

### (二) 评标

**1. 评标内容的保密**

公开开标后，直到宣布授予中标人合同为止，凡属于审查、澄清、评价和比较投标的有关资料，和有关授予合同的信息，以及评标组织成员的名单都不应向投标人或与该过程无关的其他人泄露。招标人采取必要的措施，保证评标在严格保密的情况下进行。在投标文件的审查、澄清、评价和比较以及授予合同的过程中，投标人对招标人和评标组织其他成员施加影响的任何行为，都将导致取消投标资格。

**2. 投标文件的澄清**

为了有助于投标文件的审查、评价和比较，评标组织在保密其成员名单的情况下，可以个别要求投标人澄清其投标文件。有关澄清的要求与答复，应以书面形式进行，但不允许更改投标报价或投标的其他实质性内容。但是按照投标须知规定校核时发现的算术错误不在此列。

**3. 投标文件的符合性鉴定**

在详细评标之前，评标组织将首先审定每份投标文件是否在实质上响应了招标文件的要求。

评标组织在对投标文件进行符合性鉴定过程中，遇到投标文件有下列情形之一的，应确认并宣布其无效：

(1) 无投标人公章和设标人法定代表人或其委托代理人的印鉴或签字的。

（2）投标文件标明的投标人在名称上和法律上与通过资格审查时的不一致，且不一致明显不利于招标人或为招标文件所不允许的。

（3）投标人在一份投标文件中对同一招标项目报有两个或多个报价，且未书面声明以哪个报价为准的。

（4）未按招标文件规定的格式、要求填写，内容不全或字迹潦草、模糊，辨认不清的。对无效的投标文件，招标人将予以拒绝。

4. 错误的修正

评标组织将对确定为实质上响应招标文件要求的投标文件进行校核，看其是否有计算上或累计上的算术错误。

修正错误的原则如下：

（1）如果用数字表示的数额与用文字表示的数额不一致时，以大写数额为准。

（2）当单价与工程量的乘积与合价之间不一致时，通常以标出的单价为准，除非评标组织认为有明显的小数点错位，此时应以标出的合价为准，并修改单价。

按上述修改错误的方法，调整投标书中的投标报价。经投标人确认同意后，调整后的报价对投标人起约束作用。如果投标人不接受修正后的投标报价其投标将被拒绝，其投标保证金亦将不予退还。

5. 投标文件的评价与比较

评标组织将仅对按照投标须知确定为实质上响应招标文件要求的投标文件进行评价与比较。评标方法为综合评议法（或单项评议法、两阶段评议法）。投标价格采用价格调整的，在评标时不应考虑执行合同期间价格变化和允许调整的规定。

6. 授予合同

这是投标须知中对授予合同问题的阐释。主要有以下几点：

（1）合同授予标准。招标人将把合同授予其投标文件在实质上响应招标文件要求和按投标须知规定评选出的投标人，确定为中标的投标人必须具有实施合同的能力和资源。

（2）中标通知书。确定出中标人后，在投标有效期截止前，招标人将在招标投标管理机构认同下，以书面形式通知中标的投标人其投标被接受。在中标通知书中给出招标人对中标人按合同实施、完成和维护工程的中标标价（合同条件中称为"合同价格"），以及工期、质量和有关合同签订的日期、地点。中标通知书将成为合同的组成部分。在中标人按投标须知的规定提供了履约担保后，招标人将及时将未中标的结果通知其他投标人。

（3）合同的签署。中标人按中标通知书中规定的时间和地点，由法定代表人或其授权代表前往与招标人代表进行合同签订。

（4）履约担保。中标人应按规定向招标人提交履约担保。履约担保可由在中国注册的银行出具银行保函，银行保函为合同价格的5%；也可由具有独立法人资格的经济实体出具履约担保书，履约担保书为合同价格的10%（投标人可任选一种）。投标人应使用招标文件中提供的履约担保格式。如果中标人不按投标须知的规定执行，招标人将有充分的理由废除授标，并不退还其投标保证金。

工程投标文件评审及定标是一项原则性很强的工作，需要招标人严格按照法规政策组建评标组织，并依法进行评标、定标。所采用的评标定标方法必须是招标文件所规定的，而且也必须经过政府主管部门的严格审定，做到公正性、平等性、科学性、合理性、择优性、可操作性。

评标定标办法是否符合有关法律、法规和政策，体现公开、公正、平等竞争和择优的原则；评标定标组织的组成人员要符合条件和要求；评标定标方法应适当，标底上下浮动指标设置应合理，分值分配应恰当，打分标准科学合理，打分规则清楚等；评标定标的程序和日程安排应当妥当等。

## 二、工程投标文件评审及定标的程序

工程投标文件评审及定标的程序一般如下。

1. 组建评标组织进行评标
2. 进行初步评审

从未被宣布为无效或作废的投标文件中筛选出若干具备评标资格的投标人，并评审下列内容：

（1）对投标文件进行符合性评审。

（2）技术性评审。

（3）商务性评审。

3. 进行终审

终审是指对投标文件进行综合评价与比较分析，对初审筛选出的若干具备评标资格的投标人进行进一步澄清、答辩，择优确定出中标候选人。

应当说明的是，终审并不是每一项评标都必须有的，对于未采用单项评议法的，一般可不进行终审。

4. 编制评标报告及授予合同推荐意见

略。

5. 决标

决标即为确定中标单位。

## 三、评标原则

国家发展计划委员会 2001 年 8 月 1 日发布施行《评标委员会和评标方法暂行规定》指出，评标活动应遵循公平、公正、科学、择优的原则。评标活动依法进行，任何单位和个人不得非法干预或者影响评标过程和结果。实际操作中应做到平等竞争，机会均等，在评标定标过程中，对任何投标者均应采用招标文件中规定的评标定标办法，统一用一个标准衡量，保证投标人能平等地参加竞争。对投标人来说，评标定标办法都是客观的，不存在带有倾向性的、对某一方有利或不利的条款，中标的机会均等。

对投标文件的评价、比较和分析，要客观公正，不以主观好恶为标准，不带成见，真正在投标文件的响应性、技术性、经济性等方面的客观的差别和优劣。采用的评标定标方法，对评审指标的设置和评分标准的具体划分，都要在充分考虑招标项目的具体特征和招标人的合理意愿的基础上，尽量避免和减少人为的因素，做到科学合理。

对投标文件的评审，要从实际出发，尊重现实，实事求是。评标定标活动既要全面，也要有重点，不能泛泛进行。任何一个招标项目都有自己的具体内容和特点，招标人作为合同一方主体，对合同的签订和履行负有其他任何单位和个人都无法替代的责任，在其他条件同等的情况下，应该允许招标人选择更符合过工程特点和自己招标意愿的投标人中标。招标评标办法可根据具体情况，侧重于工期或价格、质量、信誉等一两个重点，在全面评审的基础上作合理取舍。

施工评标定标的主要原则包括：标价合理、工期适当、施工方案科学合理，施工技术先进、质量、工期、安全保证措施切实可行，有良好的施工业绩和社会信誉。

### 四、评标组织的形式及评标形式

1. 评标组织的形式

评标组织由招标人的代表和有关经济、技术等方面的专家组成。其具体形式为评标委员会，实践中也有是评标小组的。

《招投标法》明确规定：评标委员会由招标人负责组建，评标委员会成员名单一般应于开标前确定。评标委员会成员名单在中标结果确定前应当保密。《评标委员会和评标方法暂行规定》规定，依法必须进行施工招标的工程，其评标委员会由招标人的代表和有关技术、经济等方面的专家组成，成员人数为5人以上单数，其中招标人、招标代理机构以外的技术、经济等方面专家不得少于成员总数的2/3。《水利工程招标投标管理办法》规定，依法必须进行施工招标的工程，其评标委员会由招标人的代表和有关技术、经济等方面的专家组成，成员人数为7人以上单数，其中招标人、招标代理机构以外的技术、经济等方面专家不得少于成员总数的2/3。评标委员会的专家成员，应当由招标人从建设行政主管部门及其他有关政府部门确定的专家名册或者工程招标代理机构的专家库内相关专业的专家名单中确定。确定专家成员一般应当采取随机抽取的方式。与投标人有利害关系的人不得进入相关工程的评标委员会。

国家发展计划委员会制定的自2003年4月1日起实施的《评标专家和评标专家库管理暂行办法》做出了组建评标专家库的规定，指出：评标专家库由省级以上人民政府有关部门或者依法成立的招标代理机构依照《招标投标法》的规定自主组建。

评标专家库的组建活动应当公开，接受公众监督。政府投资项目的评标专家，必须从政府有关部门组建的评标专家库中抽取。省级以上人民政府有关部门组建评标专家库，应当有利于打破地区封锁，实现评标专家资源共享。

入选评标专家库的专家，必须具备以下条件：
(1) 从事相关专业领域工作满8年并具有高级职称或同等专业水平。
(2) 熟悉有关招标投标的法律法规。
(3) 能够认真、公正、诚实、廉洁地履行职责。
(4) 身体健康，能够承担评标工作。

《评标委员会和评标方法暂行规定》评标委员应了解和熟悉以下内容：招标的目标；招标项目的范围和性质；招标文件中规定的主要技术要求、标准和商务条款；招标文件规定的评标标准、评标方法和在评标过程中考虑的相关因素。

2. 评标的形式

评标一般采用评标会的形式进行。参加评标会的人员为招标人或其代表人、招标代理人、评标组织成员、招标投标管理机构的监管人员等。投标人不能参加评标会。评标会由招标人或其委托的代理人召集，由评标组织负责人主持。

评标会的程序主要包括：

（1）开标会结束后，投标人退出会场，参加评标会的人员进入会场，由评标组织负责人宣布评标会开始。

（2）评标组织成员审阅各个投标文件，主要检查确认投标文件是否实质上响应招标文件的要求；投标文件正副本之间的内容是否一致；投标文件是否有重大漏项、缺项；是否提出了招标人不能接受的保留条件等。

（3）评标组织成员根据评标定标办法的规定，只对未被宣布无效的投标文件进行评议，并对评标结果签字确认。

（4）如有必要，评标期间评标组织可以要求投标人对投标文件中不清楚的问题作必要的澄清或者说明，但是，澄清或者说明不得超出投标文件的范围或改变投标文件的实质性内容。所澄清和确认的问题，应当采取书面形式，经招标人和投标人双方签字后，作为投标文件的组成部分，列入评标依据范围。在澄清会谈中，不允许招标人和投标人变更或寻求变更价格、工期、质量等级等实质性内容。开标后，投标人对价格、工期、质量等级等实质性内容提出的任何修正声明或者附加优惠条件，一律不得作为评标组织评标的依据。

（5）评标组织负责人对评标结果进行校核，按照优劣或得分高低排出投标人顺序，并形成评标报告，经招标投标管理机构审查，确认无误后，即可据评标报告确定出中标人。至此，评标工作结束。

3．评标期限的有关规定

涉及评标的有关时间问题包括投标有效期、与中标人签订合同的期限、定标的期限、退还投标保证金的期限等。

（1）投标有效期。投标有效期是针对投标保证金或投标保函的有效期间所做的规定，投标有效期从提交投标文件截止日起计算，一般到发出中标通知书或签订承包合同为止。招标文件应当载明投标有效期。

《评标委员会和评标方法暂行规定》第四十条规定，评标和定标应当在投标有效期结束日30个工作日前完成。不能在投标有效期结束日30个工作日前完成评标和定标的，招标人应当通知所有投标人延长投标有效期。拒绝延长投标有效期的投标人有权收回投标保证金。同意延长投标有效期的投标人应当相应延长其投标担保的有效期，但不得修改投标文件的实质性内容。因延长投标有效期造成投标人损失的，招标人应当给予补偿，但因不可抗力需延长投标有效期的除外。中标人确定后，招标人应当向中标人发出中标通知书，同时通知未中标人，并与中标人在30个工作日之内签订合同。招标人与中标人签订合同后5个工作日内，应当向中标人和未中标的投标人退还投标保证金。

（2）定标期限。评标结束应当产生出定标结果。招标人根据评标委员会提出的书面评标报告和推荐的中标候选人确定中标人，也可以授权评标委员会直接确定中标人。定标应当择优，经评标能当场定标的，应当场宣布中标人；不能当场定标的，中小型项目应在开标之后7天内定标，大型项目应在开标之后14天内定标；特殊情况需要延长定标期限的，应经招标投标管理机构同意。招标人应当自定标之日起15天内向招标投标管理机构提交招标投标情况的书面报告。

（3）签订合同的期限。中标人确定后，招标人应当向中标人发出中标通知书，同时通知未中标人，并与中标人在 30 个工作日之内签订合同。

中标通知书对招标人和中标人具有法律约束力，其作用相当于签订合同过程中的承诺。中标通知书发出后，招标人改变中标结果或者中标人放弃中标的，应当承担法律责任。

（4）退还投标保证金的期限。投标有效期届至，招标人应当向未中标的投标人退还投标保证金或投标保函，对中标者可以将投标保证金或投标保函转为履约保证金或履约保函。

4. 关于禁止串标的有关规定

《中华人民共和国建筑法》（以下简称《建筑法》）、《招投标法》、《评标委员会和评标方法暂行规定》、《工程建设项目施工招标投标办法》都有禁止串标的有关规定，其中，《招投标法》第三十二条指出：投标人不得相互串通投标报价，不得排挤其他投标人的公平竞争，损害招标人或者其他投标人的合法权益。投标人不得与招标人串通投标，损害国家利益、社会公共利益或者他人的合法权益。禁止投标人以向招标人或者评标委员会成员行贿的手段谋取中标。第三十三条指出，投标人不得以低于成本的报价竞标，也不得以他人名义投标或者以其他方式弄虚作假，骗取中标。

《工程建设项目施工招标投标办法》第四十七条规定下列行为均属招标人与投标人串通投标：

（1）招标人在开标前开启投标文件，并将投标情况告知其他投标人，或者协助投标人撤换投标文件，更改报价。

（2）招标人向投标人泄露标底。

（3）招标人与投标人商定，投标时压低或抬高标价，中标后再给投标人或招标人额外补偿。

（4）招标人预先内定中标人。

（5）其他串通投标行为。

1998 年 1 月 6 日实施的国家工商局依据《中华人民共和国反不正当竞争法》（以下简称《反不正当竞争法》）的有关规定及《关于禁止串通招标投标行为的暂行规定》第三条指出：投标者不得违反《反不正当竞争法》第十五条第一款的规定，实施下列串通投标行为：

（1）投标者之间相互约定，一致抬高或者压低投标报价。

（2）投标者之间相互约定，在招标项目中轮流以高价位或者低价位中标。

（3）投标者之间先进行内部竞价，内定中标人，然后再参加投标。

（4）投标者之间其他串通投标行为。

第四条又规定投标者和招标者不得违反《反不正当竞争法》第十五条第二款的规定，进行相互勾结，实施下列排挤竞争对手的公平竞争的行为。

（1）招标者在公开开标前，开启标书，并将投标情况告知其他投标者，或者协助投标者撤换标书，更改报价。

（2）招标者向投标者泄露标底。

（3）投标者与招标者商定，在招标投标时压低或者抬高标价，中标后再给投标者或者招标者额外补偿。

(4) 招标者预先内定中标者,在确定中标者时以此决定取舍。
(5) 招标者和投标者之间其他串通招标投标行为。

在评标过程中,评标委员会发现投标人以他人的名义投标、串通投标、以行贿手段谋取中标或者以其他弄虚作假方式投标的,该投标人的投标应作废标处理。

## 五、工程投标文件评审内容

### (一) 初步评审

初步评审主要是包括检验投标文件的符合性和核对投标报价。确保投标文件响应招标文件的要求。剔除法律法规所提出的废标。具体包括下列4项内容。

1. 有关废标的法律规定

投标文件有下述情形之一的,属重大投标偏差,或被认为没有对招标文件作出实质性响应,根据2001年7月5日国家七部委联合颁布的《评标委员会和评标方法暂行规定》,作废标处理。

(1) 关于投标人的报价明显低于其他投标报价等的规定。《评标委员会和评标方法暂行规定》第二十一条规定,在评标过程中,评标委员会发现投标人的报价明显低于其他投标报价或者在设有标底时明显低于标底,使得其投标报价可能低于其个别成本的,应当要求该投标人做出书面说明并提供相关证明材料。投标人不能合理说明或者不能提供相关证明材料的,由评标委员会认定该投标人以低于成本报价竞标,其投标应作废标处理。

(2) 投标人资格条件不符合国家有关规定和招标文件要求的,或者拒不按照要求对投标文件进行澄清、说明或者补正的,评标委员会可以否决其投标。

(3) 评标委员会应当审查每一投标文件是否对招标文件提出的所有实质性要求和条件做出响应。未能在实质上响应的投标,应作废标处理。

评标委员会应当根据招标文件,审查并逐项列出投标文件的全部投标偏差。投标文件存在重大偏差,按废标处理,下列情况属于重大偏差:

1) 没有按照招标文件要求提供投标担保或者所提供的投标担保有瑕疵。
2) 投标文件没有投标人授权代表签字和加盖公章。
3) 投标文件载明的招标项目完成期限超过招标文件规定的期限。
4) 明显不符合技术规格、技术标准的要求。
5) 投标文件载明的货物包装方式、检验标准和方法等不符合招标文件的要求。
6) 投标文件附有招标人不能接受的条件。
7) 不符合招标文件中规定的其他实质性要求。

招标文件对重大偏差另有规定的,从其规定。

2. 评审内容

初步评审的具体内容主要包括下列4项:

(1) 投标书的有效性。审查投标人是否与资格预审名单一致;递交的投标保函的金额和有效期是否符合招标文件的规定;如果以标底衡量有效标时,投标报价是否在规定的标底上下百分比幅度范围内。

(2) 投标书的完整性。投标书是否包括了招标文件规定应递交的全部文件。例如,除报价单外，是否按要求提交了工作进度计划表、施工方案、合同付款计划表、主要施工设备清单等招标文件中要求的所有材料。如果缺少一项内容，则无法进行客观公正的评价。因此，该投标书只能按废标处理。

（3）投标书与招标文件的一致性。如果招标文件指明是反应标，则投标书必须严格地对招标文件的每一空白格做出回答，不得有任何修改或附带条件。如果投标人对任何栏目的规定有说明要求时，只能在原标书完全应答的基础上，以投标致函的方式另行提出自己的建议。对原标书私自作任何修改或用括号注明条件，都将与业主的招标要求不相一致或违背，也按废标对待。

（4）标价计算的正确性。由于只是初步评审，不详细研究各项目报价金额是否合理、准确，而仅审核是否有计算统计错误。若出现的错误在规定的允许范围内，则可由评标委员会予以改正，并请投标人签字确认。若投标人拒绝改正，不仅按废标处理，而且按投标人违约对待。当错误值超过允许范围时，按废标对待。修改报价统计错误的原则如下：

1）如果数字表示的金额与文字表示的金额有出入时，以文字表示的金额为准。

2）如果单价和数量的乘积与总价不一致，要以单价为准。若属于明显的小数点错误，则以标书的总价为准。

3）副本与正本不一致，以正本为准。

经过审查，只有合格的标书才有资格进入下一轮的详评。对合格的标书再按报价由低到高重新排列名次。因为排除了一些废标和对报价错误进行了某些修正，这个名次可能和开标时的名次排列不一致。一般情况下，评标委员会将把新名单中的前几名作为初步备选的潜在中标人，并在详评阶段将他们作为重点评价的对象。

**（二）详细评审**

详细评审的内容一般包括以下 5 个方面（如果未进行资格预审，则在评标时同时进行资格审查）。

1. 价格分析

价格分析不仅要各标书的报价数额进行比较，还要对主要工作内容和主要工程量的单价进行分析，并对价格组成各部分比例的合理性进行评价。分析投标价的目的在于鉴定各投标价的合理性。

（1）报价构成分析。用标底价与标书中各单项合计价、各分项工程的单价以及总价进行比照分析，对差异比较大的地方找出其产生的原因，从而评定报价是否合理。

（2）计日工报价分析。分析投标报价时难以明确计量的工程量，应审查计日工报价的机械台班费和人工费单价的合理性。

（3）分析不平衡报价的变化幅度。虽然允许投标人为了解决前期施工中资金流通的困难采用不平衡报价法投标，但不允许有严重的不平衡报价，否则会大大地提高前期工程的付款要求。

（4）资金流量的比较和分析。审查其所列数据的依据，进一步复核投标人的财务实力和资信可靠程度；审查其支付计划中预付款和滞留金的安排与招标文件是否一致；分析投标人资金流量和其施工进度之间的相互关系；分析招标人资金流量的合理性。

（5）分析投标人提出的财务或付款方面的建议和优惠条件。如延期负款、垫资承包等,并估计接受其建议的利弊,特别是接受财务方面建议后可能导致的风险。

2. 技术评审

技术评审主要对投标人的实施方案进行评定,包括以下内容:

(1) 施工总体布置。着重评审布置的合理性。对分阶段实施还应评审各阶段之间的衔接方式是否合适,以及如何避免与其他承包商之间(如果有的话)发生作业干扰。

(2) 施工进度计划。首先要看进度计划是否满足招标要求,进而再评价其是否科学和严谨,以及是否切实可行。业主有阶段工期要求的工程项目对里程碑工期的实现也要进行评价。评审时要依据施工方案中计划配置的施工设备、生产能力、材料供应、劳务安排、自然条件、工程量大小等诸因素,将重点放在审查作业循环和施工组织是否满足施工高峰月的强度要求,从而确定其总进度计划是否建立在可靠的基础上。

(3) 施工方法和技术措施。主要评审各单项工程所采取的方法、程序技术与组织措施。包括所配备的施工设备性能是否合适、数量是否充分;采用的施工方法是否既能保证工程质量,又能加快进度并减少干扰;安全保证措施是否可靠等。

(4) 材料和设备。规定由承包商提供或采购的材料和设备,是否在质量和性能方面满足设计要求和招标文件中的标准。必要时可要求投标人进一步报送主要材料和设备的样本,技术说明书或型号、规格、地址等资料。评审人员可以从这些材料中审查和判断其技术性能是否可靠和达到设计要求。

(5) 技术建议和替代方案。对投标书中提出的技术建议和可供选择的替代方案,评标委员会应进行认真细致的研究,评定该方案是否会影响工程的技术性能和质量。在分析建议或替代方案的可行性和技术经济价值后,考虑是否可以全部采纳或部分采纳。

3. 管理和技术能力的评价

管理和技术能力的评价重点放在承包商实施工程的具体组织机构和施工鼓励的保障措施方面。即对主要施工方法、施工设备以及施工进度进行评审,对所列施工设备清单进行审核,审查投标人拟投入到本工程的施工设备数是否符合施工进度要求,以及施工方法是否先进、合理,是否满足招标文件的要求,目前缺少的设备是采用购置还是租赁的方法来解决等。此外,还要对承包商拥有的施工机具在其他工程项目上的使用情况进行分析,预测能转移到本工程上的时间和数量,是否与进度计划的需求量相一致;重点审查投标人所提出的质量保证体系的方案、措施等是否能满足本工程的要求。

4. 对拟派该项目主要管理人员和技术人员的评价

要拥有一定数量有资质、有丰富工作经验的管理人员和技术人员。至于投标人的经历和财力,在资格预审时已通过,一般不作为评比条件。

5. 商务法律评审

这部分是对招标文件的响应性检查。主要包括以下内容:

(1) 投标书与招标文件是否有重大实质性偏离。投标人是否愿意承担合同条件规定的全部义务。

(2) 合同文件某些条款修改建议的采用价值。

(3) 审查商务优惠条件的实用价值。

在评标过程中,如果发现投标人在投标文件中存在没有阐述清楚的地方,一般可召开澄清会议,由评标委员会提出问题,要求投标人提交书面正式答复。澄清问题的书面文件不允许对原投标书做出实质上的修改,也不允许变更《招投标法》第二十九条规定,投标人只能在提交投标文件的截止日前才可对招标文件进行修改和补充。

《水利工程招标投标管理办法》第四十三条规定,有下列情形之一的,评标委员会可以要求投标人做出书面说明并提供相关材料:

(1) 设有标底的,投标报价低于标底合理幅度的。

(2) 不设标底的,投标报价明显低于其他投标报价,有可能低于其企业成本的。

经评标委员会论证,认定该投标人的报价低于其企业成本的,不能推荐为中标候选人或者中标人。

6. 评标报告的撰写和提交

根据《招投标法》第四十条规定和《评标委员会和评标方法暂行规定》,委员会完成评标后,应向招标人提出书面评标报告,并推荐合格的中标候选人,后选人数量应限定在1~3人,招标人也可以授权评委会直接确定中标人。评标报告应当如实记载以下内容:

(1) 基本情况和数据表。

(2) 评标委员会成员名单。

(3) 开标记录。

(4) 符合要求的投标人一览表。

(5) 废标情况说明。

(6) 评标标准、评标方法或者评标因素一览表。

(7) 经评审的价格或者评分比较一览表。

(8) 经评审的投标人排序。

(9) 推荐的中标候选人名单与签订合同前要处理的事宜。

(10) 澄清、说明事项纪要。

评标报告由评标委员会全体成员签字。对评标结论持有异议的评标委员会委员可以书面方式阐述其不同意见和理由。评标委员会成员拒绝在评标报告上签字且不陈述其不同意见和理由的,视为同意评标结论。评标委员会应当对此做出书面说明并记录在案。

### 六、工程施工评标办法与选择

#### (一) 评标方法的法律规定

《评标委员会和评标方法暂行规定》第二十九条规定:评标方法包括经评审的最低投标价法、综合评估法或者法律、行政法规允许的其他评标方法。经评审的最低投标价法一般适用于具有通用技术、性能标准或者招标人对其技术、性能没有特殊要求的招标项目。根据经评审的最低投标价法,能够满足招标文件的实质性要求,并且经评审的最低投标价的投标,应当推荐为中标候选人。不宜采用经评审的最低投标价法的招标项目,一般应当采取综合评估法进行评审。根据综合评估法,最大限度地满足招标文件中规定的各项综合评价标准的投标,应当推荐为中标候选人。

衡量投标文件是否最大限度地满足招标文件中规定的各项评价标准,可以采取折算为货币的方法、打分的方法或者其他方法。需量化的因素及其权重应当在招标文件中明确规定。

### （二）经评审的最低投标价法

经评审的最低投标价法是以评审价格作为衡量标准，选取最低评标价者作为推荐中标人。评标价并非投标价，它是将一些因素（不含投标文件的技术部分）折算为价格，然后再计算其评标价。评标价的折算因素主要包括：

(1) 工期的提前量。

(2) 标书中的优惠及其幅度。

(3) 建议导致的经济效益。

### （三）综合评估法

综合评估法，是对价格、施工组织设计（或施工方案）、项目经理的资历和业绩、质量、工期、信誉和业绩等因素进行综合评价，从而确定最大限度地满足招标文件中规定的各项综合评价标准的投标为中标人的评标定标方法。它是适用最广泛的评标定标方法。

1. 评估内容

综合评议法需要综合考虑投标书的各项内容是否同招标文件所要求的各项文件、资料和技术要求相一致。不仅要对价格因素进行评议，还要对其他因素进行评议。主要包括：

(1) 标价（即投标报价）。评审投标报价预算数计算的准确性和报价的合理性。

(2) 施工方案或施工组织设计。评审方案或施工组织设计是否齐全、完整、科学合理，包括施工方法是否先进、合理；施工进度计划及措施是否科学、合理，能否满足招标人关于工期或竣工计划的要求；现场平面布置及文明施工措施是否合理可靠；主要施工机具及设备是否合理；提供的材料设备，能否满是招标文件及设计的要求。

(3) 投入的技术及管理力量。拟投入项目主要管理人员及工程技术人员的数量和资历及业绩等。

(4) 质量。评审工程质量是否达到国家施工验收规范合格标准或优良标准。质量必须符合招标文件要求。质量保证措施是否切实可行；安全保证措施是否可靠。

(5) 工期。指工程施工期，由工程正式开工之日到施工单位提交竣工报告之日止的期间。评审工期是否满足招标文件的要求。

(6) 信誉和业绩。包括投标单位及项目经理部施工经历、近期施工承包合同履约情况（履约率）；是否承担过类似工程；近期获得的优良工程及优质以上的工程情况，优良率；服务态度、经营作风和施工管理情况；近期的经济诉讼情况；企业社会整体形象等。

2. 综合评估法的分类

综合评估法的按其具体分析方式的不同，又可分为定性综合评估法和定量综合评估法。

(1) 定性综合评估法。定性综合评估法，又称评议法。通常的做法是，由评标组织对工程报价、工期、质量、施工组织设计、主要材料消耗、安全保障措施、业绩、信誉等评审指标，分项进行定性比较分析，综合考虑。经过评议后，选择其中被大多数评标组织成员认为各项条件都比较优良的投标人为中标人，也可用记名或无记名投票表决的方式确定投标人。定性综合评议法的特点，是不量化各项评审指标。它是一种定性的优选法。采用定性综合评议法，一般要按从优到劣的顺序，对各投标人排列名次，排序第一名的即为中标人。

这种方法虽然能深入地听取各方面的意见，但由于没有进行量化评定和比较，评标的科学性较差。其优点是评标过程简单、较短时间内即可完成。一般适用于小型工程或规模较小的改扩建项目。

（2）定量综合评议法。

1）定义。定量综合评议法，又称打分法、百分制计分评议法。通常的做法是，事先在招标文件或评标定标办法中将评标的内容进行分类，形成若干评价因素，并确定各项评价因素在评标中所占的比例和评分标准，开标后由评标组织中的每位成员按评标规则，采用无记名方式打分。最后统计投标人的得分，得分最高者（排序第一名）或次高者（排序第二名）为中标人。

2）特点。这种方法的主要特点是，量化各评审因素对工程报价、工期、质量、施工组织设计、主要材料消耗、安全保障措施、业绩、信誉等评审指标确定科学的评分及权重分配，充分体现整体素质和综合实力，符合公平、公正的竞争法则使质量好、信誉高、价格合理、技术强、方案优的企业能中标。

3）评标因素选择及权重确定的原则。影响标书质量的因素很多，评标体系的设计也多种多样，一般需要考虑的原则是：

a. 评标因素在评标因素体系中的地位和重要程度。显然，在所有评标因素中，重要的因素所占的分值应高些，不重要或不太重要的评标因素占的分数应低些。

b. 各评标因素对竞争性的体现程度。对竞争性体现程度高的评标因素，即不只是某一投标人的强项，而一般的投标人都具有较强的竞争性的因素，如价格因素等，所占分值应高些。对竞争性体现程度不高的评标因素，即对所有投标人而言共同的竞争性不太明显的因素，如质量因素等，所占分值应低些。

c. 各评标因素对招标意图的体现程度。招标人的意图即招标人最侧重的择优方面，不同性质的工程、不同实力的投资者可能有很大差异。能明显体现出招标意图的评标因素所占的分值高些，不能体现招标意图的评标因素所占的分值可适当降低。

d. 各评标因素与资格审查内容的关系。对某些评标因素，如在资格预审时已作为审查内容，其所占分值可适当低些；如资格预审未列入审查内容或采用资格后审的，其所占分值就可适当高些。

4）评标因素极其分值界限。不同性质的工程，不同的招标意图将设定不同的评分因素和评分标准，表 4-1 为现实中常用的评标因素极其分值界限。

表 4-1　　　　　　　　　　　　评标因素极其分值界限表

| 序号 | 评标因素 | 分值界限 | 说明 |
|---|---|---|---|
| 1 | 投标报价 | 30～70 | |
| 2 | 主要材料 | 0～10 | |
| 3 | 施工方案 | 5～20 | |
| 4 | 质量 | 5～25 | |
| 5 | 工期 | 0～10 | |
| 6 | 项目经理 | 5～10 | |
| 7 | 业绩 | 5～10 | |
| 8 | 信誉 | 5～10 | |

## 七、工程投标的定标规则

### （一）中标人的投标人应具备的条件

《招投标法》规定，中标人的投标应当符合能够最大限度满足招标文件中规定的各项综合评价标准或是能够满足招标文件的实质性要求，并且经评审的投标价格最低（但是投标价格低于成本的除外）才能中标。在确定中标人之前，招标人不得与投标人就投标价格、投标方案等实质性内容进行谈判。

评标委员会完成评标后，应当向招标人提出书面评标报告，阐明评标委员会对各投标文件的评审和比较意见，并按照招标文件中规定的评标方法，推荐不超过 3 名有排序的合格的中标候选人。招标人根据评标委员会提出的书面评标报告和推荐的中标候选人确定中标人。招标人也可以授权评标委员会直接确定中标人。

使用国有资金投资或者国家融资的项目，招标人应当确定排名第一的中标候选人为中标人。排名第一的中标候选人放弃中标、因不可抗力提出不能履行合同，或者招标文件规定应当提交履约保证金而在规定的期限内未能提交的，招标人可以确定排名第二的中标候选人为中标人。排名第二的中标候选人因前款规定的同样原因不能签订合同的，招标人可以确定排名第三的中标候选人为中标人。

### （二）招标失败的处理

在评标过程中，如发现有下列情形之一不能产生定标结果的，可宣布招标失败：

（1）所有投标报价高于或低于招标文件所规定的幅度的。

（2）所有投标人的投标文件均实质上不符合招标文件的要求，被评标组织否决的。

如果发生招标失败，招标人应认真审查招标文件及标底，做出合理修改，重新招标。在重新招标时，原采用公开招标方式的，仍可继续采用公开招标方式，也可改用邀请招标方式；原采用邀请招标方式的，仍可继续采用邀请招标方式，也可改用议标方式；原采用议标方式的，应继续采用议标方式。

经评标确定中标人后，招标人应当向中标人发出中标通知书，并同时将中标结果通知所有未中标的投标人，退还未中标的投标人的投标保证金。在实践中，招标人发出中标通知书，通常是与招标投标管理机构联合发出或经招标投标管理机构核准后发出。中标通知书对招标人和中标人具有法律效力。中标通知书发出后，招标人改变中标结果的，或者中标人放弃中标项目的，应承担法律责任。

◆ 思 考 题 ◆

1. 评标时，算术错误的修正原则有哪些？
2. 法律法规如何规定评标组织的形成？
3. 采用经评审的最低投标价法评标时要考虑哪些因素？

## 综合案例分析

**案例1**：某重点工程项目计划于 2004 年 12 月 28 日开工，由于工程复杂，技术难度高，一般施工队伍难以胜任，业主自行决定采取邀请招标方式。于 2004 年 9 月 8 日向通过资格预审的 A、B、C、D、E 五家施工承包企业发出了投标邀请书。该五家企业均接受了邀请，并于规定时间 9 月 20～22 日购买了招标文件。招标文件中规定，10 月 18 日 16：00 是招标文件规定的投标截止时间，11 月 10 日发出中标通知书。

在投标截止时间之前，A、B、D、E 四家企业提交了投标文件，但 C 企业于 10 月 18 日 17：00 才送达，原因是中途堵车；10 月 21 日下午由当地招投标监督管理办公室主持进行了公开开标。

评标委员会成员共有 7 人组成，其中当地招投标监督管理办公室 1 人，公证处 1 人，招标人 1 人，技术经济方面专家 4 人。评标时发现 E 企业投标文件虽无法定代表人签字和委托人授权书，但投标文件均已有项目经理签字并加盖了公章。评标委员会于 10 月 28 日提出了评标报告。B、A 企业分别综合得分第一、第二名。由于 B 企业投标报价高于 A 企业，11 月 10 日招标人向 A 企业发出了中标通知书，并于 12 月 12 日签订了书面合同。

（1）企业自行决定采取邀请招标方式的做法是否妥当？说明理由。
（2）C 企业和 E 企业投标文件是否有效？说明理由。
（3）请指出开标工作的不妥之处，说明理由。
（4）请指出评标委员会成员组成的不妥之处，说明理由。

**案例2**：某长江大桥是三峡工程前期准备工程的关键项目之一，三峡工程施工期间承担左、右岸物资、材料、设备的过江运输任务，也是沟通鄂西南长江南、北公路的永久性桥梁。我国建设大跨度悬索桥经验少，具备该长江大桥施工资质的单位不多，根据这一实际情况，决定采取邀请招标方式选择施工单位。

1993 年 7 月下旬，向甲、乙、丙 3 家承包商发了投标邀请书，三峡总公司组织施工单位考察了施工现场，介绍设计情况，并及时以"补遗书"形式回答了施工单位编标期间提出的各类问题。

在离投标截止时间还差 15 天时，三峡公司以书面形式通知甲、乙、丙 3 家承包商，考虑到该长江大桥关键是技术，技术方案如有失误，费用难以控制。因此现将原招标文件中关于评标的内容调整如下：原评标内容总价、单价、技术、资信权数分别由原来的 30%、30%、10%、10% 依次修正为 10%、40%、40%、10%，加大了单价和技术的评分权数。

1993 年 9 月 1～10 日进行评标工作。评委中邀请了多位国内有影响的桥梁专家参加评标，评标前评标组通过了三峡公司编写的评标办法，根据施工单位的总报价、主要分项工程的单价、技术方案和资信四方面来评分。根据专家定量打分和定性的综合评价结果，确定的排队顺序（综合得分从高到低）是：乙、甲、丙。

三峡总公司于 1993 年 9 月 13 日向乙施工单位发出中标通知书，并进行合同谈判。双方认真地讨论了合同条款及合同协议书的有关问题，达成了一致意见，于 1993 年 10 月 11 日签订了施工合同。

问题：

(1) 该长江大桥项目采用邀请招标方式且仅邀请 3 家施工单位投标，是否妥当？为什么？

(2) 假设甲、乙、丙各项评标内容得分如下（表 4-2）：

表 4-2

| 投标单位 | 总价得分 | 单价得分 | 技术方案得分 | 资信得分 |
|---|---|---|---|---|
| 甲 | 95 | 90 | 95 | 93 |
| 乙 | 92 | 93 | 96 | 95 |
| 丙 | 96 | 90 | 98 | 92 |

请问：总价、单价、技术方案、资信各项评审内容的权数从 30%、30%、30%、10% 修正为 10%、40%、40%、10% 时，甲、乙、丙三家施工单位的综合得分会发生怎样变化？

**案例 3**：某国家大型水利工程，由于工艺先进，技术难度大，对施工单位的施工设备和同类工程施工经验要求高，而且对工期的要求也比较紧迫。基于本工程的实际情况，业主决定仅邀请 3 家国有一级施工企业参加投标。

招标工作内容确定为：成立招标工作小组、发出投标邀请书、编制招标文件、编制标底、发放招标文件、招标答疑、组织现场踏勘、接收投标文件、开标、确定中标单位、评标、签订承发包合同、发出中标通知书。

问题：

(1) 如果将上述招标工作内容的顺序作为招标工作先后顺序是否妥当？如果不妥，请确定合理的顺序。

(2) 工程建设项目施工招标文件一般包括哪些内容？

**案例 4**：某建设单位经当地主管部门批准，自行组织某项建设项目施工公开招标工作，招标程序如下：①成立招标工作小组；②发出招标邀请书；③编制招标文件；④编制标底；⑤发放招标文件；⑥投标单位资格预审；⑦组织现场踏勘和招标答疑；⑧接收投标文件；⑨开标；⑩确定中标单位；⑪发出中标通知书；⑫签订承包合同。

该工程有 A、B、C、D、E 五家经资格审查合格的施工企业参加投标。经招标小组确定的评标指标及评分方法为：

1) 评价指标包括报价、工期、企业信誉和施工经验四项，权重分别为 50%、30%、10%、10%。

2) 报价在标底价的 (1±3%) 以内为有效标，报价比标底价低 3% 为 100 分，在此基础上每上升 1% 扣 5 分。

3) 工期比定额工期提前 15% 为 100 分，在此基础上，每延长 10 天扣 3 分。

五家投标单位的投标报价及有关评分如表 4-3。

表 4-3

| 单 位 | 报价（万元） | 工期（天） | 企业信誉评分 | 施工经验得分 |
|---|---|---|---|---|
| A | 3920 | 580 | 95 | 100 |
| B | 4120 | 530 | 100 | 95 |
| C | 4040 | 550 | 95 | 100 |
| D | 3960 | 570 | 95 | 90 |
| E | 3860 | 600 | 90 | 90 |
| 标底 | 4000 | 600 | — | — |

问题：

（1）该工程的招标工作程序是否妥当？为什么？

（2）根据背景资料填写表 4-4，并据此确定中标单位。

表 4-4

| 项目＼投标单位 | A | B | C | D | E | 权重 |
|---|---|---|---|---|---|---|
| 报价得分 | | | | | | |
| 工期得分 | | | | | | |
| 企业信誉得分 | | | | | | |
| 施工经验得分 | | | | | | |
| 总分 | | | | | | |
| 名次 | | | | | | |

注：若报价超出有效范围，注明废标。

**案例 5**：2000 年 5 月，某县污水处理厂为了进行技术改造，决定对污水设备的设计、安装、施工等一揽子工程进行招标。考虑到该项目的一些特殊专业要求，招标人决定采用邀请招标的方式，随后向具备承包条件而且施工经验丰富的 A、B、C 三家承包商发出投标邀请。A、B、C 三家承包单位均接受了邀请并在规定的时间、地点领取了招标文件，招标文件对新型污水设备的设计要求、设计标准等基本内容都做了明确的规定。为了把项目搞好，招标人还根据项目要求的特殊性，主持了项目要求的答疑会，对设计的技术要求作了进一步的解释说明，三家投标单位都如期参加了这次答疑会。在投标截止日期前 10 天，招标人书面通知各投标单位，由于某种原因，决定将安装工程从原招标范围内删除。

接下来三家投标单位都按规定时间提交了投标文件。但投标单位 A 在送出投标文件后发现由于对招标文件的技术要求理解错误造成了报价估算有较严重的失误，遂赶在投标截止时间前 10min 向招标人递交了一份书面声明，要求撤回已提交的投标文件。由于投标单位 A 已撤回投标文件，在剩下的 B、C 两家投标单位中，通过评标委员会专家的综合评价，最终选择了 B 投标单位为中标单位。

问题：

（1）投标单位 A 提出的撤回投标文件的要求是否合理？为什么？

（2）从所介绍的背景资料来看，在该项目的招投标过程中哪些方面不符合《招投标法》的有关规定？

# 单元 5 国际工程招投标

## 任务 1 国际工程招标投标简介

### 一、国际工程的招标程序

#### (一) 确定项目策略

1. 确定采购方式

主要指采用何种项目管理模式,从而才能确定采购方式。

也只有项目管理模式确定后,参与项目各方所扮演的角色就明确了,从而才能确定合同方式、各方的权力、义务和风险分担等,从而确定出采购方式。

2. 确定招标方式

采购方式确定后,就可以确定出哪些采购工作需要招标,以什么方式招标,从而可以确定出招标方式。

3. 项目实施的日程表

采购方式与招标方式的确定就可以确定出整个项目的招标、设计、施工、验收等工作的里程碑日期,同时也就规定招标工程的日程表,即项目实施的日程表得以确定。

项目的安排在开始实施前要得到上级机关的审查批准,如果是国际金融机构贷款,还需要得到该组织的审查批准。在安排日程表时,要充分估计审查批准的时间。

#### (二) 对投标人进行资格预审

对投标人进行资格预审是一个十分重要的环节。因为只有通过投标之前的审查,挑选出一批确有经验、有能力和具备必要的资源以保证能顺利完成项目的公司的获得投标的资格,还要保证招标具有一定的竞争性。因而,在保证公司资格的前提下,一般允许通过资格预审的公司不宜太多,也不宜太少,通常以 6~10 家为宜。

#### (三) 招标和投标

1. 招标

(1) 招标文件的内容。招标是业主方准备在市场中进行采购的一种方法。招标文件可以认为是合同的草案,其中 95% 左右的内容将要进入正式的合同,因而对业主和承包商来说,招标文件十分重要。

招标文件在大多数情况下都是由业主聘请咨询公司编制的。其内容包括:投标邀请书、投标人须知、招标资料表、合同条件、技术规范、图纸、投标书、工程量表、投标保函格式、协议书格式、各种保函格式等。一般投标邀请书和投标人须知不进入合同,其他都将进行正式的合同。

（2）招标文件的颁发。一般采取出售形式，且只出售给那些通过资格预审的公司。

2. 投标人现场考察

投标人现场考察是指业主方在投标人购置招标文件后的一定时间（一般为1个月左右），组织投标人考察项目在现场的一种活动。

其目的是为了让投标人有机会考察了解现场的实际情况。

一般现场考察与投标人会议一并进行，有关组织工作由业主方负责，投标人自费参加该项活动。

3. 投标人质疑

质疑的方式有两种：信函答复或召开投标人会议，或两者同时采有。

一般均采用现场考察与投标人会议相结合的方式。业主在会议上应回答所有的问题，向所有的投标人发关书面的会议纪要以及对所有有关问题的解答，但问题解答中不应提及问题的质疑人。

业主应说明此类书面会议纪要及问题解答是否作为招标文件的补遗。如果是，则应将之视为正式招标文件的内容。

4. 招标文件补遗

招标文件补遗有序号，并应由每个投标人正式签收。其内容多半出于业主方对原有招标文件的解释、修改或增删，也包括在投标人会议上对一些问题的解答和说明。

业主一般应尽量避免在招标后期颁发补遗，这样将使承包商来不及对其投标书进行修改，如果颁发补遗太晚就应延长投标期。

5. 投标书的提交和接收

投标人应在招标文件中规定的投标截止日期之前，将完整的投标书按要求密封、签字之后送交业主方。业主方应有专人签收保存。开标之前不得启封。如果投标书的递交迟于投标截止日期，一般将被原封不动地退回。

## （四）开标

开标指在规定的正式开标日期和时间，业主方在正式的开标会议上启封每一个投标人的投标书，业主方在开标会上只是宣读投标人名称、投标价格、备选方案价格和检查是否提交了投标保证。同时也宣读因迟到等原因而被取消投标资格的投标人的名称。

一般开标应采取公开开标，也可采取限制性开标，只邀请投标人和有关单位参加。

## （五）评标

评标包括以下几部分工作。

1. 评审投标书

主要工作是审查每份投标书是否符合招标文件的规定和要求，也包括核算标报价有无运算方面的错误，如果有，则要求投标人来一同核算并确认改正后的报价。

如果投标文件有原则性的违背招标文件或投标人不确认其投标书报价运算中的错误，则投标书应被拒绝并退还投标人。大多数情况下，投标保证金将被没收。

2. 包含有偏差的投标书

偏差指的是投标书总体符合要求，但个别地方有不合理的要求。也就是说偏差较少的这些标书，业主方可以接受，但在评标时由业主方将此偏差的资金价值采用"折价"方式计入投标价。偏差较大者，退还投标人。

3. 对投标书的裁定

对投标书的裁定也就是决标，指业主方在综合考虑了投标书的报价、技术方案以及商务方面的情况后，最后决定选中哪一家承包商中标。

如果是世行、亚行等贷款项目，则要在贷款方对业主选中的承包商进行认真严格的审查后才能正式决标。

4. 废标

指由于某种原因而宣布此次招标作废，取消所有投标。原因可能是：

（1）每个投标人的报价都大大高于业主的标底。

（2）每一份投标书都不符合招标文件有要求。

（3）收到的投标书太少，一般不多于3份。

出现这种情况，业主应通知所有的投标人，并退还他们的投标保证。

### （六）授予合同

1. 签发中标函

在经过决标确定中标人之后，业主要与中标人进行深入的谈判，将谈判中达到的一致意见写成一份谅解备忘录（Memorandum of Understandin，MOU），此备忘录经双方签字确认后，业主即可向此投标人发出中标函。

如果谈判达不成一致，则业主即与评标价第二低的投标人谈判。

MOU将构成合同协议书的文件之一，并优先于其他合同文件。

2. 履约保证

是指投标人在签订合同协议书时或在规定的时间内，按招标文件规定的格式和金额，向业主提交的一份保证承包商在合同期间认真履约的担保性文件。

如果投标人未能按时提交履约保证，则投标保证将被没收，业主再与第二个标人谈判签约。

3. 编制合同协议书

一般均要求业主与承包商正式签订一份合同协议书，业主方应准备此协议书。协议书中除规定双方基本的权利、义务以外，还应列出所有的合同文件。

4. 通知未中标的投标人

只在承包商与业主签订合同协议书并提交了履约保证后，业主者将投标保证退还给中标和未中标的承包商。

## 二、国际工程的招标方式

### （一）公开招标

公开招标又称无限竞争性公开招标。这种招标方式是业主在国内外主要报纸上及有关刊物上刊登招标广告，凡对此招标项目感兴趣的承包商都有均等的机会购买资格预审文件，参加资格预审，预审合格者均可购买招标文件进行投标。

1. 优点

(1) 承包商的竞争机会是平等的。

(2) 业主可以选择一下比较理想的承包商。

(3) 增加招标透明度，防止或减少不法现象的发生。

2. 缺点

(1) 时间长。

(2) 文件较烦琐。

(3) 可能会增加设备规格多样化，影响标准化和维修。

适应范围：一般各国的政府采购，世行、亚行的绝大部分采购均要求公开招标。

如采用这种方式，业主要加强资格预审，认真评标；防止一些投机商故意压低报价以挤掉其他态度认真且报价合理的承包商，这些投机商很可能在中标后，在某一施工阶段以各种借口要挟业主。

### （二）邀请招标

邀请招标又称有限竞争性选择招标。这种方式一般不在报上登广告，业主根据自己的经验和资料或请咨询公司提供承包商的情况。然后根据企业的信誉、技术水平、过去承担过类似工程的质量、资金、技术力量、设备能力、经营能力等条件，邀请某些承包商来参加投标。

邀请招标一般5~8家为宜，但不能少于3家，因为投标者太少则缺乏竞争力。

优点：邀请的承包商大都有经验，信誉可靠。

缺点：可能漏掉一些在技术上、报价上有竞争力的后起之秀。

适用范围：世行、亚行项目如要采用邀请招标需征求很行同意，一般适用于合同金额较小、供货人数量有限等情况。如为国际邀请招标，国内承包商不享受优惠。

### （三）议标

议标也称谈判招标或指定招标。这种方式一般是业主选择一家或几家（最好代两家）有资格的承包商进行谈判。

优点：节约时间，可以较快地达到协议，开展工作。

缺点：无法获得有竞争力的报价。

适用范围：这种方式适用于工期紧、工程总价较低、专业性强或军事保密工程，有时对专业咨询、设计、指导性服务或专用设备、仪器的采购安装、调试、维修等。

国际工程常用的招标方式除了上述三种通用方式外，还有时采用一些其他的方法，如两阶段招标、双信封投标等。

### （四）两阶段招标

对交钥匙合同以及某些大型复杂的合同，事先要求准备好完整的技术规格是不现实的，此时可采用两阶段招标。

具体做法是：

(1) 先邀请投标人根据概念设计或性能要求提交不带报价的建议书，并要求投标人应遵守其他招标要求。

在业主方对此技术建议书进行仔细评审后，指出其中的不足，并与投标人一同讨论和研究，允许投标人对技术方案进行改进以更好地符合业主的要求。凡同意改进技术方案的投标人均被同意参加第二阶段投标。

(2) 提交最终的技术建议书和带报价的投标书。业主据此进行评标。

世行、亚行的采购指南中均允许采用两阶段招标。

### (五) 双信封投标

双信封投标是指投标人同时递交技术建议书和价格建议书。

对某些形式的机械设备或制造工厂的招标，其技术工艺可能有选择方案时，可以采用以投标方式。

具体做法是：

(1) 在评标时首先开封技术建议书，并审查技术方面是否符合招标的要求，之后再与每一位投标人对其技术建议书讨论，以使所有的投标书达到所要求的技术标准。

(2) 如由于技术方案的修改致使原有已递交的投档价需修改时，将原提交的未开封的价格建议书退还投标人，并要求投标人在规定期间再次提交其价格建议书。当所有价格建议书都提交后，再一并打开进行评标。

亚行允许采用此种方法，但需事先得到批准，并应注意将有关程序在招标文件中写清楚。世行不允许采用此方法。

## 三、国际工程合同类型

### (一) 按工作内容分

(1) 工程咨询服务合同。

1) 设计合同。

2) 监理合同。

(2) 勘察合同。

(3) 工程施工合同。

(4) 货物采购合同。

1) 机械设备采购合同。

2) 材料采购合同。

(5) 安装合同。

### (二) 按承包范围分

(1) 设计—建造合同。

(2) 交钥匙合同。

(3) 施工总承包合同。

(4) 分包合同。

(5) 劳务合同。

(6) 设计—管理合同。

(7) CM合同。

## （三）按支付方式分

（1）总价合同。
（2）单价合同。
（3）成本补偿合同。

## （四）总价合同

总价合同有时称为约定总价合同，或称包干合同。一般要求投标人按照招标文件要求报一个总价，在这个价格下完成合同规定的全部项目。它有以下 4 种方式：

### 1. 固定总价合同

承包商的报价以业主方详细的设计图纸及计算为基础，并考虑到一些费用的上升因素，如图纸及工程要求不变动则总价固定，但当施工中图纸或工程质量要求有变更，或工期要求前提，则总价也应改变。

适用于：工期较短（一般不超过一年），对工程项目要求十分明确的项目。

承包商将承担全部风险，将为许多不可预见的因素付出代价，因而一般报价较高。

### 2. 调价总价合同

在报价及签订合同时，以招标文件的要求及当时的物价计算总价合同。但在合同条款中双方商定：如果在执行合同中由于通货膨胀引起工料成本增加达到某一限度时，合同总价应相应调整。

业方承担因通货膨胀的风险；承包商承担其他风险。

这类合同一般工期较长。

### 3. 固定工程量总价合同

业主要求标人在投标时按单价合同办法分别填报分项工程单价，从而计算出工程总价，据之签订合同。原定工程项目全部完成后，根据合同总价付款给承包商。如果改变设计或增加新项目，则用合同中已确定的单价来计算新的工程量和调整总价。

此种合同适用于工程量变化不大的项目。

这种方式对业主有利，因为：一是便于业主审查投标价；二是在物价上涨情况下，增加新项目时可利用已确定的单价。

### 4. 管理费总价合同

业主雇用某一公司的管理专家对发包合同的工程项目进行管理和协调，由业主付给一笔总的管理费用。这类合同有明确具体的工作范畴。

对于各种总价合同，在投标时投标人必须报出各子项工程价格，在合同执行过程中，对很小的单项工程，在完工后一次支付；对较大的工程则按施工过程分阶段支付或按完成的工程量百分比支付。

总价合同的适用范围一般在两类工程中：一是在房屋建筑中；二是在设计—建造与交钥匙项目中。

## （五）单价合同

当准备发包的工程项目的内容和设计指标一时不能十分确定时，或是工程量可能出入较大，则采用单价合同为宜。它又分为以下 3 种形式。

### 1. 估计工程量单价合同

业主在准备此类合同的招标文件时,委托咨询单位按分部分项工程列出工程量表并填入估算的工程量,承包投标时在工程量表中填入各项的单价,进而计算出总价作为投标报价之用。但在每月结账时,以实际完成的工程量结算。工程全部完成时以竣工图最终结算工程总价格。

有的合同上规定,当某一单项工程的实际工程量比招标文件上的工程量相差一定百分比(一般为15%~30%)时,双方可以讨论改变单价,但单调整的方法和比例最好在订立合同时写明,以免以后发生纠纷。FIDIC中提倡工程结束时总体结算超过15%时再调整的方法。

### 2. 纯单价合同

投标文件只向投标人给出各分项工程中的工作项目一览表、工程范围及必要的说明,而不提供工程量,承包商只要给出表中各项目的单价即可,将来施工时按实施工程量计算。

### 3. 单价与包干混合式合同

以估计工程量单价合同为基础,但对其中某些不易计算工程量的分项工程则采用包干办法,而对能用某种单位计算工程量的,均要求报单价,按实际完成工程量及工程量表中的单价结账。

很多大中型土木工程都采用这种方式。

## (六)成本补偿合同

此合同也称成本加酬金合同,简称CPF,也就是指业主向承包商支付实际工程成本中的直接费,并按事先协议好的某一种方式支付管理费及利润的一种合同方式。

### 1. 成本加固定费用合同

根据双方讨论同意的工程规模、估计工期、技术要求、工作性质及复杂性、所涉及的风险等来考虑确定一笔固定数目的报酬金额作为管理费及利润。对人工、材料、机械台班费等直接成本则实报实销。

如果设计变更或增加新项目,当直接费用超过原定估算成本的10%左右时,固定的报酬费也要增加。

适用范围:工程总成本一开始估计不准,可能变化较大的情况下,采用此合同。

这种方式虽不能鼓励承包商关心降低成本,但为了尽快得到酬金,承包商会关心缩短工期。有时也可在固定费用之外根据工程质量、工期和节约等因素,给承包商另加奖金,以鼓励承包商的积极性。

### 2. 成本加定比费用合同

工程成本中的直接费加一定比例的报酬费,报酬部分的比例在签订合同同时由双方确定。

这种方式报酬费随成本加大而增加,不利于缩短工期和降低成本。一般在工程初期很难描述工作范围和性质、或工期急迫,无法按常规编制招标文件时采用。在国外,除特殊情况外,一般公共项目不采用此形式。

### 3. 成本加奖金合同

奖金是根据报价书中成本概算指标制定的。合同中对这个概算指标规定了一个"底点"(约为工程成本概算的60%~70%)和一个"顶点"(约为工程成本概算的

110%～135%)。

承包商在概算指标的"顶点"之下完成工程则可得到奖金,超过"顶点"则要对超出部分支付罚款。如果成本控制在"底点"之下,则可加大酬金值。

采用这种方式通常规定,当实际成本超过"顶点"对承包商罚款时,最大罚款限额不超过原先议定的最高酬金值。

适用范围:当招标前设计图纸、规范等准备不充分,不能据以确定合同价格,而仅能制定一个概算指标时。

4. 成本加保证最大酬金合同

即成本加固定奖金合同。订立合同同时,双方协商一个保证最大酬金额,施工过程中完工后,业主偿付给承包商花费在工程中的直接成本、管理费及利润。但最大限度不得超过成本加保证最大酬金。

如实施过程中工程范围或设计有较大变更,双方可协商新的保证最大酬金。

适应范围:工程设计已达到一定深度,工作范围已明确的工程。

5. 最大成本加费用合同

在工程成本总价合同基础上加上固定酬金费用的方式。即是设计深度已达到可以报总价的深度,投标人报一个工程成本总价,再报一个固定的酬金。

合同规定,若实际成本超过合同中的工程成本总价,由承包商承担所有的额外费用;若承包商在实际施工中节约了工程成本,节约的部分由业主和承包商分享,在订合同时要明确节约分成比例。

适应范围:工程设计深度已达到可以报总价的深度。

6. 工时及材料补偿合同

用一个综合的工时费率(包括基本工资、保险、纳税、工具、监督管理、现场及办公室各项开支以及利润等),来计算支付人员费用,材料则以实际支付材料费为准支付费用。

适应范围:招标聘请专家或管理代理人等。

**(七)在签订成本补偿合同时,业主和承包商应注意以下问题**

(1)必须有一个明确的如何向承包商支付酬金的条款,包括支付时间和金额百分比。如果发生变更或其他变化,酬金支付规定应相应调整。

(2)做好数据统计,防止数据的不一致和纠纷。

(3)应在承包商和业主之间建立起相互信任的关系,有时在合同中往往写上这一条。

# 任务 2 国际工程招标

## 一、概述

### (一)工程采购招标文件编制的原则和分标

工程采购:指业主通过招标或其他方式选择一家或数家合格的承包商来完成工程项目的全过程。

招标：是业主对将实施的工程项目某一阶段特定任务的实施者采用市场采购方式来进行选择的方式和过程，也可以说是业主对自愿参加某一特定任务的承包商或供货商的审查、评比和选用的过程。

1. 招标文件编制的原则
(1) 遵守法律和法规。
(2) 遵守国际组织规定。
(3) 风险的合理分担。
(4) 反映项目的实际情况。
(5) 文件内容力求统一。

2. 工程的分析

工程的分析指的是业主对准备招标的工程项目分成几个部分单独招标，即对几个部分都编写独立的招标文件进行招标。这几个分即可同时招标，也可分批招标，可以由数家承包商分别承包，也可由一家承包商全部中标总承包。

分标的原则：有利于吸引更多的投标人参与投标，以发挥各个专业承包商的专长，降低造价，保证质量，加快工程进度。便于施工管理，减少施工干扰，使工程能有条地进行。

分标时考虑的主要因素有：
(1) 工程特点。
(2) 对工程造价的影响。
(3) 有利于发挥承包商的专长。
(4) 工地管理。
(5) 其他因素。

**(二) 世界银行贷款项目的"项目周期"**

世界银行贷款项目，是指将世行贷款资金加上国内配套资金结合使用进行投资的某一固定的投资目标。

世行的每一笔项目贷款的发放，都要经历一个完整的较为复杂的程序，也就是一个项目周期，它一般包括以下 6 个阶段。
(1) 项目选定。
(2) 项目准备。
(3) 项目评估。
(4) 项目谈判。
(5) 项目的执行与监督。
(6) 项目的后评价。

## 二、资格预审

资格预审是国际工程招标中的一个重要程序。是为了挑选出一批确有经验、有能力和具备必要的资源以保证能顺利完成项目的公司的获得投标的资格审定工作。

资格预审的目的主要是：

(1) 选择在财务、技术、施工经验等方面优秀的投标人参加投标。
(2) 淘汰不合格的投标人。
(3) 减少评审阶段的工作时间，减少评审费用。
(4) 为不合格的投标人节约购买招标文件、现场考察及投标等费用。
(5) 减少将合同授予没有经过资格预审的投标人的风险，为业主选择一个较理想的承包商打下良好的基础。

**（一）资格预审的程序**

1. 编制资格预审文件

由业主委托设计单位或咨询公司编制资格预审文件。其主要内容包括：
(1) 工程项目简介。
(2) 对投标人的要求。
(3) 各种附表（资格预审申请表、公司一般情况表、财务状况表等）。

资格预审文件编好后要报上级批准。如果是利用世行或亚行贷款的项目，要报该组织审查批准后，才能进行下一步的工作。

2. 刊登资格预审广告

应刊登在国内外有影响的、发行面比较广的报纸或刊物上。

广告的内容包括：工程项目名称、资金来源、工程规模、工程量、工程分包情况、投标人的合格条件、购买资格预审文件的日期、地点和价格、递交资格预审文件的日期、时间和地点。

3. 出售资格预审文件

在指定的时间、地点出售资格预审文件。

4. 对资格预审文件的答疑

对资格预审文件中的存在问题，由投标人通过书面形式提出各种质询，业主将以书面文件回答并通知所有购买资格预审文件的投标人，而不涉及这种问题是由哪一家投标人提出的。

5. 报送资格预审文件

投标人应在规定的资格预审截止时间之前报送资格预审文件。

6. 澄清资格预审文件

业主在接受投标人报送的资格预审文件后，可以找投标人澄清资格预审文件中的各种疑点，投标人应按实际情况回答，但不允许投标人修改资格预审文件的实质内容。

7. 评审资格预审文件

由招标单位负责组成的评审委员会，对投标人提交的资格预审文件进行评审。

8. 向投标人通知评审结果

招标单位以书面形式向所有参加资格预审者通知评审结果，在规定的日期、地点向通过资格预审的承包商出售招标文件。

**（二）资格预审文件的内容**

1. 工程项目总体描述

(1) 工程内容介绍。工程的性质、数量、质量、开、竣工时间等。

(2) 资金来源。是政府投资、投入投资还是贷款；落实程度如何？
(3) 工程项目的当地自然条件。当地气候、雨水、温度、风力、水文地质情况等。
(4) 工程合同类型。是单价合同还是总价合同，还是其他，是否允许分包等。

2. 简要合同规定

(1) 投标人的合格条件。
(2) 进口材料和设备的关税。
(3) 当地材料和劳务。
(4) 投标保证和履约保证。
(5) 支付外汇的限制。
(6) 优惠条件。
(7) 联营体的资格预审。
(8) 仲裁条款

联营体的资格预审应遵循下述条件：

(1) 资格预审的申请可以由各公司单独提交，或两个或多个公司作为合伙人联合提交，但应符合下述第（3）款的要求。若联合申请，但不符合联合条件，其申请将被拒绝。
(2) 任何公司可以单独，同时又以联营体的一个合伙人的名义，申请资格预审。
(3) 联营体所递交的申请必须满足下述要求：
1) 联营体的每一方必须递交自身资格预审的完整文件。
2) 资格申请中必须确认联营体各方对合同的所有方面所承担的连带的和各自的义务。
3) 必须包括有关联营体各方所拟承包的工程及其义务的说明。
4) 申请中要指定一个合伙人为负责方，由他代表联营体与业主联系。
(4) 资格预审后联营体的任何变化都必须在投标截止日之前得到业主的书面批准，后组建的或有变化的联营体如果由业主判定将导致下述情况之一者，将不予批准和认可。
1) 从实质上削弱了竞争。
2) 其中一个公司没有预先经过资格预审。
3) 该联营体的资格经审查低于资格预审文件中规定的可以接受的最低标准。

3. 资格预审文件的说明

(1) 准备申请资格预审的投标人必须回答资格预审文件所附的全部提问，并按资格预审文件提供的格式填写。
(2) 业主将投标人提供的资格预审申请文件依据下列 4 个方面来判断投标的资格能力。
1) 财务状况。
2) 施工经验与过去履约情况。
3) 人员情况。
4) 施工设备。
(3) 资格预审的评审前提和标准。投标人要对自己所填写的内容负责。

4. 要求投标人填报的各种报表

(1) 资格预审申请表。

(2) 公司一般情况表。
(3) 年营业数据表。
(4) 目前在建合同/工程一览表。
(5) 财务状况表。
(6) 联营体情况表。
(7) 类似工程合同经验。
(8) 类似现场条件合同经验。
(9) 拟派往本工程的人员表。
(10) 拟派往本工程的关键人员的经验简历。
(11) 拟用于本工程的施工方法和机构设备。
(12) 现场组织计划。
(13) 拟定分包人。
(14) 其他资格表。
(15) 宣誓表（即对填写情况真实性的确认）。

**（三）资格预审的评审**

1. 评审委员会的组成

一般是由招标单位负责组织。参加的人员有：业主方面的代表、招标单位、财务经济方面的专家、技术方面的专家、上级领导单位、资金提供部门、设计咨询等部分。

根据工程项目的规模，评审委员会一般由 7～13 人组成，评审委员会上设商务组、技术组等。

2. 评审标准

主要从财务方面、施工经验、人员、设备进行评审。

此外，还要求投标人守合同、有良好信誉，才能被业主认为是资格预审合格。

各项分值及最低分见表 5－1。

表 5－1　　　　　　　　　　资格预审评分表

| 项 目 名 称 | 满 分 | 最 低 分 数 线 |
| --- | --- | --- |
| 财务状况 | 30 | 15 |
| 施工经验/过去履历情况 | 40 | 20 |
| 人员 | 10 | 5 |
| 设备 | 20 | 10 |
| 总计 | 100 | 60 |

注　每个项目均达到最低分数线（最低分数线的选定是根据参加资格预审的投标人的数量来决定的）；四项累积分数不少于 60 分。

3. 评审方法

(1) 首先对接收到的资格预审文件是否满足要求。
(2) 采用评分法进行资格预审。

4. 资格预审评审报告

资格预审评审委员会对评审结果要写出书面报告，评审报告的主要内容包括：工程项目概要；资格预审简介；评审标准；评审程序；评审结果、委员会名单及附件；评分汇总表；分项评分表等。

如为世行或亚行等贷款项目还要将评审结果报告送该组织批准。

### (四) 资格后审

1. 资格预审与资格后审的区别

对于开工期要求比较早，工程不算复杂的中小型工程项目，为了争取早日开工，可不进行资格预审，而进行资格后审。

资格后审是指在招标文件中加入资格审查的内容，投标人在报送投标书的同时报送资格预审资料，评标委员会在正式评标前先对投标人进行资格审查。

审查合格再进行评标，不合格者不对其进行评标。

2. 资格后审的内容

(1) 投标的组织机构，即公司情况表。

(2) 财务状况表。

(3) 拟派往项目工作的人员情况表。

(4) 工程经验表。

(5) 设备情况表。

(6) 其他情况。

## 三、世界银行贷款项目工程采购标准招标文件

世界银行的招标文件标准文本也是国际上通用的项目管理模式招标文本中高水平、权威性、有代表性的文本，掌握了这些文本有助于理解亚行、非行和各国经常使用的通用项目管理模式的各种热源标文件。

世界银行贷款项目工程采购标准招标文件（Standard Bidding Documents for Works, SBDW）最新版本为 1995 年 1 月编制。我国财政部根据这个标准文本改编出版了适用于中国境内世行贷款项目招标文件范本（Model Bidding Documents，MBD）。

SBDW 中的规定和特点：

(1) SBDW 在全部或部分世行贷款额超过 1000 万美元的项目中必须强制性使用。

(2) SBDW 中的"通用合同条件"对任何工程都是不变的，如要修改可放在"招标资料"和"专用合同条款"中。

(3) 较重要工程均应进行资格预审，否则需经世行同意而进行资格后审。

(4) 对超过 5000 万美元的合同需强制采用 3 人争端委员会（DRB）的方法而不宜由工程师来充当准司法角色。

(5) 对于低于 5000 万美元的争端处理办法由业主自选选择。

(6) 本招标文件适用于单价合同。如欲将之用于总价合同，必须对支付方法、调价方法、工程量表、进度表等重新改编。

SBDW 共包括以下 14 部分内容。

### (一) 投标邀请书

(1) 通知资格预审已合格，准于参加该工程的一个或多个招标项目的招标。

(2) 购买招标文件的地址和费用。
(3) 在投标时应当按招标文件规定的格式和金额递交投标保函。
(4) 召开标前会议的时间、地点,递交投标书的时间、地点以及开标的时间和。
(5) 要求以书面形式确认收到引函,如不参加投标也需要通知业主方。

### (二) 投标人须知

投标人须知的内容应该明确、具体。此部分的内容在签订合同时不属于合同的一部分。它一共包括6部分39条内容。

1. 总则

(1) 招标范围。
(2) 资金来源。
(3) 合格的投标人。
1) 投标人必须来自世行采购指南规定的合格成员国。
2) 投示人不允许与为本项目业主服务的咨询公司和监理单位组成联营体。
3) 必须通过业主方的资格预审。
4) 如被世行公布有过腐败和欺诈行为的公司,不允许参加投标。
(4) 合格的材料、设备、供货和服务。
(5) 投标人的资格。
1) 投标人在单独投标时,①应递交一份公司法人对投标人的书面授权书;②对在资格预审中提交的资料进行必要的更新。
2) 如招标人为联营体时,则要求:①投标书中应包括联营体中指明的全部材料;②所有联营体成员均应在投标书和中标后的协议书上签署,并应声明对合同的实施共同或分别承担责任;③应推荐一定联营体成员作为主协人,并提交联营体全体成员的全法代表签署的授权书。
3) 投标人应提交详细的施工方法和进度安排的建议以满足技术规范和竣工时间要求。
4) 如果国内投标人或联营体申请评标优惠,应提供全部有关资料。
(6) 一个投标人投一个标。
(7) 投标费用。
(8) 现场考察。

2. 招标文件

(9) 招标文件的内容。招标文件包括下述文件,以及业主以补遗方式发布的对招标文件的修改:

第一章　投标邀请书
第二章　投标人须知
第三章　招标资料表
第四章　合同条件第一部分——合同通用条件
第五章　合同条件第二部分——合同专用条件
第六章　技术规范
第七章　投标书、投标书附件和投标保证格式

第八章　工程量表
第九章　协议书格式、履约保证格式与预付款保函格式
第十章　图纸
第十一章　说明性注解
第十二章　资格后审
第十三章　争端解决程序

(10) 招标文件的澄清。
(11) 招标文件的修改。

3. 投标书的准备

(12) 投标书的语言。
(13) 组成投标书的文件。
(14) 投标报价。
(15) 投标和支付的货币。
(16) 投标有效性。
(17) 投标保证。
(18) 投标人的备选方案建议。
(19) 标前会议。
(20) 投标文件的格式和签署。

4. 投标书的递交

(21) 投标文件的密封和印记。
(22) 投标截止日期。
(23) 迟到的投标文件。
(24) 投标文件的修改、替代和撤销。

5. 开标与评标

(25) 开标。
(26) 过程保密。
(27) 投标文件的澄清及同业主的接触。
(28) 投标文件的检查和符合性的确定。
(29) 错误的修正。
(30) 折算成一种货币。
(31) 投标文件的评审和比较。
(32) 本国投标人的优惠。

6. 授予合同

(33) 授予合同。
(34) 业主有权接受任何投标和拒绝任何或所有投标。
(35) 授予合同的通知。
(36) 签订协议。
(37) 履约保证。

(38) 争端审查委员会。

(39) 腐败或欺诈行为。

### (三) 招标资料表

招标资料表将由业主在发售招标文件之前对应投标人须知中有关各条进行编写，为投标人提供具体资料、数据、要求和规定。

投标人须知的文字和规定是不允许修改的，业主方只能针对具体项目在招标资料表中对之进行补充和修改。招标资料表中的内容与投标人须知不一致时，则以招标资料表为准。

### (四) 合同条件第一部分——合同通用条件

国际上通用的合同条件一般分为两大部分，即通用条件（不分具体工程项目，不论项目所在国别均可使用，具有国际普遍适应性）和专用条件（是针对某一特定工程项目合同的有关具体规定，用以将通用条件加以具体，对通用条件进行某些修改和补充）。

国际上最通用的土木工程施工合同条件的标准形式有3种：

(1) 英国"土木工程师协会（ICE）"编写的合同条件。

(2) 美国建筑师协会（AIA）编写的《施工合同通用条件》。

(3) 国际咨询工程师联合会（FIDIC）编写的《土木工程施工合同条件》。国际上通称《红皮书》。此合同条件脱胎于ICE，曾吸收许多国际承包商协会参与讨论修改，为世界各国所普遍采用，世行、亚行、非行等金融组织也都采用。

### (五) 合同条件第二部分——合同专用条件

合同专用条件是针对某一具体工程项目的需要，业主方对合同通用条件进行具体化、修改和补充，以使整个合同条件更加完整、具体和适用。

### (六) 技术规范

技术规范也叫技术规程或简称规范。每一类工程都有专门的技术要求，而每一个项目又有其特定的技术规定。规范和图纸两者均为招标文件中非常重要的组成部分，反映了招标单位对工程项目的技术要求，严格地按规范和图纸施工与验收才能保证最终获得一项合格的工程。它一般包括以下几部分。

1. 总体规定

(1) 工程范围和说明。

(2) 技术标准。

(3) 一般现场设施。

(4) 安全防护设施。

(5) 水土保持与环境。

(6) 测量。

(7) 试验室与试验设备。

2. 技术规范

它是由咨询工程师参照国家的范本和国际上通用规范并结合每一个具体工程项目的自然地理条件和使用要求来拟定的，因而也可以说它体现了设计意图和施工要求，更加具体化，针对性更强。

根据设计要求，技术规范应对工程每一个部分和工种的材料和施工工艺提出明确的要求。还应对计量要求做出明确规定，以避免和减少在实施阶段计算工程量与支付时的争议。

技术规范一般按照施工工种内容和性质来划分，例如，一般土建工种包括土方工种、基础处理、模板、钢筋、混凝土工程、砌体结构、金属结构、装修工种等。

3. 备选的技术建议

在"投标人须知"中提到投标人可提出备选的技术建议，为便于业主进行全面评价，这些技术建议均应包含详细的技术资料，如图纸、计算书、规范、价格分析以及施工方案等。

### （七）投标书格式，投标书附录和投标保函

投标书格式、投标书附录和投标保函这三个文件是投标阶段的重要文件，其中的投标书附录不仅是投标人在投标时要首先认真阅读的文件，而且对整个合同实施期都有约束和指导作用，因而应该仔细研究和填写。

1. 投标书格式

投标书格式是业主在招标文件中为投标人拟定好的统一固定格式，以投标人名义写给业主的一封信，其目的是避免投标人在单独编写投标书时漏掉重要内容和承诺，并防止投标人采用一些含糊的用语，从而导致事后容易产生歧义和争端。

在此要提请注意的是："投标书"（Bid 或 Tender）不等于投标人的全部投标报价资料。"投标书"被认为是正式合同文件之一，而投标人的投标报价资料，除合同协议书中列明者外，均不属于合同文件。

2. 投标书附录

投标书附录是一个十分重要的合同文件，业主对承包商的许多要求和规定都列在此附录中，还有一部分内容要求承包商填写，投标书附录上面的要求、规定和填入的内容，一经合同双方签字后即在整个合同实施期中有约束力。

（1）投标书附录（业主填写有关要求和规定的部分）。

（2）投标书附录（要求投标人在投标时填写的部分）。

（3）投标保函格式。

### （八）工程量表

工程量表就是对合同规定要实施的工程的全部项目和内容按工程部位、性质或工序列在一系列表内。每个表中既有工程部位和该部位需实施的各个项目，又有每个项目的工程量和计价要求，以及每个项目的报价和每个表的总计等，后两个栏目留给投标人投标时去填写。

1. 前言

前言中应说明下述有关问题：

（1）应将工程量表与投标人须知、合同条件、技术规范、图纸等资料综合起来阅读。

（2）工程量表中的工程量是估算的，只能作为投标报价时的依据，付款的依据是实际

完成的工程量和订合同时工程量表中最后确定的费率。

（3）除合同另有规定外，工程量表中提供的单价必须包括全部施工设备、劳力、管理、燃料、材料、运输、安装、维修、保险、利润、税收以及风险费等，所有上述费用均应分摊入单价内。

（4）每一行的项目内容中，不论写入工程数量与否，投标人均应填入单价或价格，如果漏填，则认为此项目的单价或价格已被包含在其他项目之中。

（5）规范和图纸上有关工程和材料的说明一般不必在工程量表中重复和强调。当计算工程量表中每个项目的价格时应参考合同文件中有关章节对有关项目的描述，但也有的招标文件在工程量表的总则中对计算各类工程量（如土方开挖、回填、混凝土、模板、钢结构、油漆等）时应包含什么内容和注意什么问题进行了说明，以避免日后的纠纷。

（6）测量已完成的工程数量用以计算价格时，应根据业主选定的工程测量标准计量方法或以工程量表前所规定的计量方法为准。所有计价支付的工程量均为完工后测量的净值。

（7）BOQ中的暂定金额，为业主方的备用金，按照合同条件的规定使用和支付。

（8）计量单位。建议使用表中所列的计量单位和缩写词（除非在业主所属国有强制性的标准入）。

2. 立项的原则

编制工程量表时要注意将不同等级要求的工程区分开；将同一性质但不属于同一部位的工作区分开；将情况不同，可能要进行不同报价的项目区分开。

编制工程量表划分"项目"时要做到简单明了，善于概括。使表中所列的项目既具有高度的概括性，条目简明，又不漏掉项目和应该计价的内容。例如，港口工程中的沉箱预制，是一个混凝土方量很大的项目，在沉箱预制中有一些小的预埋件，如小块铁板、塑料管等，在编工程量表时不须单列，而应包含在混凝土中，如沉箱混凝土浇筑（包含××号图纸中列举的所有预埋件）。一份善于概括的工程量表既不影响报价和结算，又大大地节省了编制工程量表、计算标底、投标报价、复核报价书，特别是工程实施过程中每月结算和最终工程结算时的工作量。

3. 工程量表

工程量表有两种方式：使用较多的是以作业内容来列表，叫作业顺序工程量表；另一种是以工种内容列表，叫工种工程量表，使用较少。

4. 计日工

计日工也称为按日计工，是指在工程实施过程中，业主有一些临时性的或新增加的项目需要按计日（或计时）使用劳务、材料或施工设备时，按承包商投标时在表中填写的费率计价。在招标文件中一般列有劳务、材料和施工设备3个计日工表。在工程实施过程中任何项目如需采用计日工计价，必须依据工程师的书面指令。

按照有关合同条款规定，计日工一般均由暂定金额中开支，暂定金额是业主的备用金，暂定金额的开支又分为两类：一类叫"规定的暂定金额"，即某些明确规定由暂定金额开支的项目单列在一张表中并加以小计，然后和工程量表汇总在一起；另一类叫"用于不可预见用款的暂定金额"。

有的招标文件不将计日工价格计入总价，这样承包商可以将计日工价格填得很高，一旦使用计日工时，业主需支付高昂的代价。因此，最好在编制计日工表时，估计一下使用劳务、材料和施工机械的数量。这个估计的数量称为"名义工程量"，投标人在填入计日工单价后再乘以"名义工程量"，然后将汇总的计日工总价加入投标总报价中，以限制投标人随意提高计日工价。项目实施过程中支付计日工的数量根据实际使用数量商定，不受名义工程量的限制。这样就使计日工表的填写也符合竞争性投标的要求。

### （九）协议书、履约保证和保函的格式

#### 1. 协议书

投标人接到中标函后应及时与业主谈判，并随后签署协议书。协议书签署时应要求承包商提交履约保证，这时即完成了全部立的手续。也有的国家规定投标人投标书和业主发给他的中标函二者即构成合同，不需另签协议书。但世行贷款项目一般要求签协议书。

协议书的格式均由业主拟定好并附在招标文件中，下面是协议书的格式。

另外，合同协议书中还应列入一项"合向协议书补遗书"；有时也叫备忘录。可以将合同协议书中增加"合同协议书补遗书"这一文件。因为在招标过程中，业主方自己或根据投标人的质询，可能对招标文件进行补充和修改，在签订协议书之前的谈判中，双方都可能提出对合同文件中的某些内容进行补充和修改，这些业主方补充的和双方协商一致同意的补充和修改意见应该整理成补遗书形式附在协议书后，有的合同文件中也叫"谅解备忘录"（Memorandum Of Understanding，MOU）。由于补遗书是对原有文件的补充和修改，所以应该注明补遗书中的哪一条是对原有文件第几卷第几章哪一条的补充和修改，以后遇到矛盾时，则以合同协议书补遗书为准。

#### 2. 履约保证

履约保证是承包商向业主提出的保证认真履行合同的一种经济担保，一般有两种形式，即银行保函，或叫履约保函以及履约担保。我国向世界银行贷款的项目一般规定，履约保函余额为合同总价的10%，履约担保金额则为合同总价的30%。

保函或担保中的"保证金额"由保证人根据投标书附录中规定的合同价百分数折成金额填写，采用合同中的货币或业主可接受的自由兑换货币表示。

采用何种履约保证形式，各国际组织和各国的习惯有所不同。美洲习惯于采用履约担保，欧洲则采用银行保函。只有世界银行贷款项目列入了上述两种保证形式，由投标人自由选择采用其中任一种形式。亚洲开发银行则规定只用银行保函。在编制国际工程的招标文件时应注意这一背景。

（1）银行履约保函。银行保函又分为两种形式：一种是无条件银行保函，另一种是有条件银行保函。

对于无条件银行保函，银行见票即付，不须业主提供任何证据。业主在任何时候提出声明，认为承包商达约，而且提出的索赔的日期和金额在保函有效期和保证金额的限额之内，银行即无条件履行保证，进行支付，承包商不能要求银行业付。当然业主也要承担由此行动引起的争端、仲裁或法律程序裁决的法律后果。对银行而言，他们愿意承担这种保函，既不承担风险，又不卷入合同双方的争端。

有条件银行保函即是银行在支付之前，业主必须提出理由，指出承包商执行合同失

败。不能履行其义务或违约,并由业主和(或)工程师出示证据,提供所受损失的计算数值等,但一般来讲,银行不愿意承担这种保函,业主也不喜欢这种保函。

(2) 履约担保的格式。履约担保一般是由担保公司、保险公司或信托公司开出的保函。担保公司要保证整个合同的忠实履行。一旦承包商违约,业主在要求担保公司承担责任之前,必须证实承包商确已违约。

1) 根据原合同要求完成合同。

2) 为了按原合同条件完成合同,可以另选承包商与业主另签合同完成此工程,在原定合同价以外所增加的费用由担保公司承担,但不能超过规定的担保金额。

3) 按业主要求支付给业主款额,用以完成原订合同。但款额未超过规定的担保金额。

3. 预付款保函格式

在国际招标的工程项目中,除去少数资金匮乏的业生外,大部分业主均对中标的承包商提供预付款,这是为了缓解承包商开工时需要垫付大量资金的困难。预付款额区在投标书附录中规定,一般是合同总价的 10%~15%,如果合同中机电设备采购量大则可能达到 20%。

承包商在签订合同后,应及时到业主同意的银行开一封预付款保函,业主收到此保函后才会支付预付款。

### (十) 图纸

图纸是招标文件和合同的重要组成部分,是投标人在拟定施工方案,确定施工方法、选用施工机械以至提出备选方案,计算投标报价时必不可少的资料。

招标文件应该提供大尺寸的图纸。如把图纸缩得太小、细节看不清楚,将影响投标人投标,特别对大型复杂的工程尤应注意。图纸的详细程度取决于设计的深度与合同的类型。详细的设计图纸能使投标人比较准确地计算报价。但实际上,常常在工程实施过程中需要陆续补充和修改图纸,这些补充和修改的图纸均须经工程师签字后正式下达,才能作为施工及结算的依据。

在国际招标项目中图纸往往都比较简单。仅仅相当于初步设计,从业主方来说,这样既可以提前招标又可以减少开工后在图纸细节上变更,可以减少承包商索赔的机会,把施工样图交给承包商去设计还可以利用承包商的经验。当然这样做必须有高水平的监理工程师把关,对图纸进行认真的检查,以防引起造价增加过多。

业主方提供的图纸中所包括的地质钻孔桩状图。槽坑展视图等均为投标人的参考资料,它提供的水文、气象资料也属于参考资料。业主和工程师应对这些资料的正确性负责。而投标人应根据上述资料做出自己的分析与判断,据之拟定施工方案,确定施工方法,业主和工程师对这类分析与判断不负责任。

### (十一) 说明性注解

(略)

### (十二) 资格后审

(略)

### (十三) 争端解决程序
(略)

### (十四) 世行资助的采购中提供货物、土建和服务的合格性
(略)

## 四、我国利用世行贷款项目的工程采购

### (一) 财政部"世行贷款项目招标文件范本"的特点

财政部于 1997 年 5 月正式出版发行的各类"世行贷款项目招标文件范本"(Model Bidding Documents,MBD) 有以下主要特点:

1. 标准化——与国际接轨

MBD 体现了世行新版 SBDW 规定的经济性、效率性与增加透明度的原则。保留了 SDBW 中"投标人须知"和"合同通用条件",这样就保证了业主和承包商、买方与卖方之间利益与风险的平衡,增加了采购工作的透明度,对国内承包商、咨询公司及制造商熟悉了解国际惯例,参与国际市场竞争可以起到积极的推动作用。

2. 规范化

MBD 中"投标人须知"、"合同通用条件"和财政部统一编制的"标准合同专用条件"是不允许变动的。招标代理机构和项目业主单位只允许根据项目具体情况,按照 MBD 的格式,编写"招标资料表"、"投标书附录"等附表,以及"合同特殊条件"。这样就对中国境内的世行贷款项目招标文件的编制起到一个规范作用。自行编制的部分在向投标人发售前应按规定报国内有关部门和世行审查,但 MBD 的标准合同专用条件则不必报批。

3. 结合中国实际情况

MBD 结合我国实际情况修改和增加了部分条款,如履约保函、装运条件、保险、质量保证、支付、索赔、不可抗力、税费、争端解决等,而且各个文本中的履约保证、不可抗力、税费和争端解决等条款都是一致的。MBD 还规定国际招标时中国承包商如果中标可以签订中文合同。

4. 专业化

MBD 比以前的范本更加专业化,如咨询服务合同包括了四个合同文本以适应不同情况的需要。

### (二) MBD 土建工程国际竞争性招标文件

MBD 土建工程国际竞争性招标文件是基于世行 SBDW 文件编制的,世行要求全部或部分由世界银行贷款支付的项目都必须强制性地使用本范本。

介绍 MBD 土建工程国际竞争性招标文件的总体轮廓。

1. MBD 土建工程国际竞争性招标文件的总体轮廓

这个范本包括以下四卷 11 章。

第 Ⅰ 卷

第 1 章 投标邀请书

第 2 章 投标人须知

A 总则

B 招标文件

C 投标书的编制

D 投标书的递交

E 开标与评标

F 合同授予

第3章 招标资料表

第4章 合同通用条件

第5章 合同专用条件

A 标准合同专用条件

B 项目专用条件

第Ⅱ卷

第6章 技术规范

第Ⅲ卷

第7章 投标书、投标书附录和投标保函的格式

第8章 工程量表

第9章 协议书格式、履约保函格式及预付款保函格式

第10章 世行资助的采购中提供货物、土建和服务的合格性

第Ⅳ卷

第11章 图纸

其中第1章、第2章、第4章、第7章、第9章、第10章各章均与世行的SBDW一致。第3章、第6章、第8章、第11章各章是要结合每一个工程项目的特点来编制的，编制的原则和要求也与世行的SBDW基本一致。

2. MBD土建工程国际竞争性招标文件与世行的工程采购SBDW的不同之处

MBD对SBDW进行的修改主要是合同条件部分，MBD将合同条件分为3个部分：

（1）合同通用条件。和SBDW一样，全文采用FIDIC"红皮书"（1992年订正版）。

（2）合同专用条件。分为两类：

1）标准合同专用条件。是专门用于中国的世行贷款土建工程采购的，是对合同通用条件的修改、补充和具体化。这一部分内容及贷款项目均须遵守、无权改动，如其中内容与通用合同条件有矛盾时，以此专用条件为准。

2）项目专用条件。这一部分是针对每一个具体的工程项目，由项目单位或招标公司编制。项目专用条件可对下述两种条款进行补充和具体化，可对合同通用条件进行改动，但不能与标准合向专用条件矛盾。

标准合同专用条件结合中国情况时FIDIC"红皮书"（第4版1992年订正版）合同通用条件的修改和补充详见财政部范本。

## 五、工程采购招标文件中的几个问题

一般国际工程的招标文件中均涉及到如下几个问题：价格调整问题；期中付款证书的

最低金额的确定；材料和设备采购之后的支付方式；预付款的支付和偿还问题；争端审议委员会（DRB）等，这些问题将在本节中介绍和讨论。

### （一）价格调整问题

工程建设的周期往往都比较长，较高层的房屋建筑需要 2～3 年，大型工业建筑项目、港口工程、高速公路往往需要 3～5 年，而大型水电站工程需要 5～10 年。在这样一个比较长的建设周期中，考虑工程造价时，都必须考虑与工程有关的各种价格的波动，主要是价格上涨。所以下面均从价格上涨角度来讨论，价格下跌时也可同样计算。

在工程招标承包时，施工期限一年左右的项目和实行固定总价合同的项目，一般均不考虑价格调整问题，以签订合同时的单价和总价为准，物价上涨的风险全部由承包商承担。但是对于建设周期比较长的工程项目，则均应考虑下列因素引起的价格变化问题：

（1）劳务工资以及材料费用的上涨。

（2）其他影响工程造价的因素，如运输费，燃料费，电力等价格的变化。

（3）外币汇率的不稳定。

（4）国家或省、市立法的改变引起的工程费用的上涨。

业主方在招标时，一方面在编制工程概（预）算，筹集资金以及考虑备用金额时，均应考虑价格变化问题。另一方面对工期较长、较大型的工程，在编制招标文件的合同条件中应明确地规定出各类费用变化的补偿办法，（一般对前两类因素用调价公式，后两类因素编制相应的合同条款）以使承包商在投标报价时不计入价格波动因素，这样便于业主在评标时对所有承包商的报价可在同一基准线上进行比较，从而优选出最理想的承包商。

在一些发展中国家，有时难以得到官方的确实可靠的物价指数，则无法利用调价公式。有时这些国家的劳务工资和材料价格均由政府明令规定，在这种情况下，合同价格可以根据实际的证明文件来调价。

文件证明法一般包括下列各点：

（1）投标时报价单上的单价是以工程所在国有关地区的工资、有关津贴和开支、材料设备等的基本价格为基础的，这些基本价格均应明确地填入投标书中的有关表格之中。在合同实施过程中，由于政府规定的改变、物价涨落因素的影响，则应按照有关部门发布的现行价格的有关证明文件来调整各月的支付。

（2）如果在投标书递交截止日期前若干天内（一般规定 28 天），在工程所在国，由于国颁或省颁的法令、法规、法律或有关规章及细则发生了变更，导致承包商实施合同时所需支付的各项费用有所增加或减少，则工程师在与业主和承包商协商后，在对承包商的支付中加上或减去这部分金额。

文件证明法属于实报实销性质，为了避免副作用，合同文件中应规定业主和工程师有权指令承包商选择更廉价的供应来源。

### （二）对支付条款和投标书附录中几个问题的讨论

#### 1. 期中支付证书的最低金额

此项规定的目的是为了督促承包商每个月必须达到一定的工程量，否则不予支付。可以规定一个合同总价的百分比，也可以规定一个具体金额。

2. 用于永久工程的材料和工程设备款项的支付

在国际上，对用于永久工程的材料和工程设备（指承包商负责的工程设备的订货、运输和安装）款项的支付。由于业主方的资金等原因，在合同条款和投标书附录中的规定大体可归纳为以下 3 种情况：

（1）工程设备订货后凭发票支付 40% 左右设备款，运到工地经工程师检查验收后支付 30% 左右设备款，待工程设备安装、调试后支付其余款项。

（2）工程设备或材料订货时不支付，运达工地经工程师检查验收后以预付款方式支付 70% 左右的款额，但这笔款在工程设备或材料用于工程时当月扣还（因此时工程设备和材料已成为永久工程的一部分，已由工程量表中有关项目支付），世行 SBDW 即采用这种支付方式。也有的合同在支付后的几个月内即扣回。

（3）工程设备或材料运达工地并安装或成为永久工程的一部分时，按工程量表支付。在此之前，不进行任何支付。

不同的支付方式可反映出业主的资金情况和合同条件的宽严程度。

3. 预付款的支付与偿还

在国际上，一般情况下，业主都在合同签订后向承包商提供一笔无息预付款作为工程开工动员费。预付款金额在投标书附录中规定，一般为合同额的 10%～15%，特殊情况（如工程设备订货采购数量大时）可为 20%、甚至更高，取决于业主的资金情况。

### （三）争端审议委员会

争端审议委员会（Dispute Review Board，DRB）是最早在美国采用的一种解决争端的办法，由于在不少工程中取得成功，所以世行 SBDW1995 年 1 月版中正式将之列为世行贷款工程项目 5000 万美元以上的工程必须采用的争端解决办法，1000 万～5000 万美元的工程可由业主和承包商商定采用下述 3 个方案中的任一个：

方案一：DRB。

方案二：争端审议专家（Dispute Review Expert，DRE）。

方案三：采用 FIDIC "红皮书" 中由工程师解决争端的方法。

世行 SBDW 的第 13 章 "争端解决程序" 中将 DRB 和 DRE 的规则和程序作了详细的规定，在业立方招标时如欲采用 DRB 或 DRE，则应将有关方案的合同条款及相应的规则和程序正式列入 "合同专用条件"。由于 DRB 和 DRE 的规则和程序绝大部分相同，下面仅对采用 DRB 的合同条款内容、规则和程序作一综合性简介。

## 六、开标评标及决标

### （一）开标

开标指在规定的日期、时间、地点当众宣布所有投标文件中的投标人名称和报价，使全体投标人了解各家投标价和自己在其中的顺序。招标单位当场只宣读投标价（包括投标人信函中有关报价内容及备选方案报价），但不解答任何问题。

对某些大型成套设备的采购和安装，可采用双信封投标法。

开标后任何投标人都不允许更改投标书的投标内容和报价，也不允许再增加优惠条件，但在业主需要时可以作一般性说明和疑点澄清。开标后即转入秘密评标阶段，这阶段工作要严格对招标人以及任何不参与评标工作的人保密。

对未按规定日期寄到的投标书，原则上均应视为废标而予以原封退回，但如果迟到日期不长，延误并非由于投标人的过失（如邮政、罢工等原因），招标单位也可以考虑接受该迟到的投标书。

### （二）评标

**1. 评标组织**

评标（Bid Evaluation）委员会一般由招标单位负责组织。为了保证评标工作的科学性和公正性，评标委员会必须具有权威性。一般均由建设单位、咨询设计单位、工程监理单位、资金提供单位、上级领导单位以及邀请的各有关方面（技术、经济、法律、合同等）的专家组成。评标委员会的成员不代表各自的单位或组织，也不应受任何个人或单位的干扰。

**2. 土建工程项目的评标**

土建工程的评标一般可分为审查投标文件和正式评标两个步骤。

（1）对投标文件的初步审核。主要包括投标文件的符合性检验和投标报价的核对。所谓符合性检验，有时也叫实质性响应。即是要检查投标文件是否符合招标文件的要求。

投标文件的要求在招标文件的"投标人须知"中做出了明确的规定，如果投标文件的内容及实质与招标文件不符，或者某些特殊要求和保留条款事先未得到招标单位的同意，则这类投标书将被视作废标。

对投标人的投标报价在评标时应进行认真细致的核对，当数字金额与大写金额有差异时，以大写金额为准；当单价与数量相乘的总和与投标书的总价不符时，以单价乘数量的总和为准（除非评标小组确认是由于小数点错误所致）。所有发现的计算错误均应通知投标人，并以投标人书面确认的投标价为准。如果投标人不接受经校核后的正确投标价格，则其投标书可被拒绝，并可没收其投标保证金。

（2）正式评标。如果由于某些原因，事先未进行资格预审，则在评标时同时要进行资格后审，内容包括财务状况、以往经验与履约情况等。

评标内容一般包含下面4个方面：

1) 价格比较。既要比较总价，也要分析单价、计日工单价等。

对于国际招标，首先要按"投标人须知"中的规定将投标货币折成同一种货币，即对每份投标文件的报价，按某一选择方案规定的办法和招标资料表中规定的汇率日期折算成一种货币，来进行比较。

世界银行贷款项目规定如果公共招标的土木工程是将工程分为几段同时招标，而投标人又通过了这几段工程的资格预审，则可以投其中的几段或全部，即组合投标。这时投标人可能会许诺有条件的折扣（如所投的3个标全中标时可降价3%），谓之交叉折扣，这时，业主方在评标时除了要注意投标人的能力等因素外，应以总合同包成本最低的原则选择授标的最佳组合。如果投标人是本国公司或者是与本国公司联营的公司，并符合有关规定，还可以享受到7.5%的优惠。把各种货币折算成当地币或某种外币，并将享受优惠的"评标价"计算出来之后，即可按照"评标价"排队，对于"评标价"最低的3~5家进行评标。

世行评标文件中还提出一个偏差折价,即虽然投标文件总体符合招标文件要求,但在个别地方有不合理要求(如要求推迟竣工日期),但业主方还可以考虑接受,对此偏差应在评标时折价计入评标价。

2)施工方案比较。对每一份投标文件所叙述的施工方法、技术特点,施工设备和施工进度等进行评议,对所列的施工设备清单进行审核,审查其施工设备的数量是否满足施工进度的要求,以及施工方法是否先进、合理,施工进度是否符合招标文件要求等。

3)对该项目主要管理人员及工程技术人员的数量及其经历的比较。拥有一定数量有资历、有丰富工程经验的管理人员和技术人员,是中标的一个重要因素。至于投标人的经历和财力,因在资格预审时已获通过,故在评标时一般可不作为评比的条件。

4)商务、法律方面。评判在此方面是否符合招标文件中合同条件、支付条件、外汇兑换条件等方面的要求。

以有关优惠条件等其他条件。如软贷款、施工设备赠给、技术协作、专利转让,以及雇用当地劳务等。

在根据以上各点进行评标过程中,必然会发现投标人在其投标文件中有许多问题没有阐述清楚,评标委员会可分别约见每一个投标人,要求予以澄清。并在评标委员会规定时间内提交书面的、正式的答复,澄清和确认的问题必须由授权代表正式签字,并应声明这个书面的正式答复将作为投标文件的正式组成部分。但澄清问题的书面文件不允许对原投标文件作实质上的修改,除纠正在核对价格时发生的错误外,不允许变更投标价格。澄清时一般只限于提问和回答,评标委员在会上不直对投标人的回答作任何评论或表态。

在以上工作的基础上,即可最后评定中标者,评定的方法既可采用讨论协商的方法,也可以采用评分的方法。评分的方法即是由评标委员会在开始评标前事先拟定一个评分标准,在对有关投标文件分析、讨论和澄清问题的基础上由每一个委员采用不记名打分,最后统计打分结果的方式得出建议的中标合。用评分法评标时,评分的项目一般包括:投标价、工期、采用的施工方案、对业主动员预付款的要求等。

世行贷款项目的评标不允许采用在标底上下定一个范围,入围者才能中标的办法。

### (三)决标与废标

1. 决标

决标即最后决定将合同授予某一个投标人。评标委员会作出建议的授标决定后,业主方还要与中标者进行合同谈判。合同谈判以招标文件为基础,双方提出的修改补充意见均应写入合同协议书补遗书并作为正式的合同文件。

双方在合同协议书上签字,同时承包商应提交履约保证,才算正式决定了中标人,至此招标工作方告一段落。业主而及时通知所有未中标的投标人,并退还所有的投标保证。

2. 废标

在招标文件中一般均规定业主方有权应标,一般在下列3种情况下才考虑废标:

(1)所有的投标文件都不符合招标文件要求。

(2)所有的投标报价与概算相比,都高的不合理。

(3)所有的投标人均不合格。

但按国际惯例,不允许为了压低报价而废标。如要重新招标,应对招标义件有关内容如合同范围、合同条件、设计、图纸、规范等重新审订修改后才能重新招标。

## 任务3 国际工程投标

### 一、投标的决策和组织

**(一)投标的决策**

1. 为投标决策进行前期调研阶段的工作

(1) 政治方面。
1) 项目所在国的国内情况。
2) 项目所在国与邻国的情况。
3) 项目所在国与我国的情况。

(2) 法律方面。
1) 项目所在国的民法规定。
2) 项目所在国的经济法规。
3) 项目所在国有关各涉外法律的规定。
4) 项目所在国的其他具体规定。

(3) 市场方面。
1) 当地施工用料供应情况和市场价格。
2) 当地机、电设备采购条件、租赁费用、零配件供应和机械修理能力等。
3) 当地生活用品供应情况,食品供应及价格水平。
4) 当地劳务的技术水平、劳动态度、雇用价格及雇用当地劳务的手续、途径等。
5) 当地运输情况,车辆租赁价格,汽车零配件供应情况,油料价格及供应情况,公路、桥梁管理的有关规定,当地司机水平、雇用价格等。
6) 有关海关、航空港及铁路的装卸能力,费用以及管理的有关规定。
7) 当地近3年的物价指数变化情况等。

(4) 金融情况。

(5) 收集其他公司过去的投标报价资料。

(6) 了解该国或相关项目业主的情况。

2. 项目投标时的决策影响因素

(1) 投标人方面的因素。
1) 本公司的设备能力和特点。
2) 本公司的设备和机构,特别是监近地区有无可供调用的设备和机械。
3) 有无从事过类似工程的经验。
4) 有无垫付资金的来源。
5) 投标项目对本公司今后业务发展的影响。

(2) 工程方面的因素。

1) 工程性质、规模、复杂程度以及自然条件。
2) 工程现场工作条件,特别是道路交通、电力和水源。
3) 工程的材料供应条件。
4) 工期要求。
(3) 业主方面的因素。
1) 业主信誉。
2) 是否要求承包商带资承包,延期支付等。
3) 业主所在国政治、经济形势、货币币值稳定性。
4) 机械、设备人员进出该国有无困难。
3. 项目投标决策的分析方法

决策理论有许多分析方法,下面介绍根据竞争性投标理论进行投标决策时比较适用的分析方法——专家评分比较法。它一般可根据以下 10 项指标来判断是否应该参加投标(表 5-2)。

(1) 管理条件。
(2) 工作条件。
(3) 设计人员条件。
(4) 机械设备条件。
(5) 工程项目条件。

表 5-2

| 投标考虑的指标 | 权数 W | 等级 C | | | | | 得分 WC |
|---|---|---|---|---|---|---|---|
| | | 好 1.0 | 较好 0.8 | 一般 0.6 | 较差 0.4 | 差 0.2 | |
| 管理条件 | 0.15 | √ | | | | | 0.15 |
| 工作条件 | 0.10 | | √ | | | | 0.08 |
| 设计人员条件 | 0.05 | √ | | | | | 0.05 |
| 机械设备条件 | 0.10 | | | √ | | | 0.06 |
| 工程项目条件 | 0.15 | | | | | √ | 0.03 |
| 同类工程经验 | 0.05 | | √ | | | | 0.04 |
| 业主资金条件 | 0.15 | | | √ | | | 0.09 |
| 合同条件 | 0.10 | | √ | | | | 0.08 |
| 竞争对手情况 | 0.10 | | | | √ | | 0.04 |
| 今后的机会 | 0.05 | √ | | | | | 0.05 |
| 合计 | 1.00 | | | | | | 0.67 |

(6) 同类工程经验。
(7) 业主资金条件。
(8) 合同条件。
(9) 竞争对手情况。

(10) 今后的机会。

决策步骤：

第一步：按照 10 项指标各自对企业完成该招标项目的相对重要性，分别确定权数。

第二步：用 10 项指标对项目进行权衡，按照模糊数学概念，将各标准划分为好、较好、一般、较差、差五个等级，各等级赋予定量数值，如可按 1、0.8、0.6、0.4、0.2 打分。

第三步：将每项指标权数与等级分相乘，求出该指标得分。10 项指标之和即为此工程投标机会总分。

第四步：将总得分与过去其他投标情况进行比较或和公司事先确定的准备接受的最低分类相比较，来决策是否参加投标。

### （二）投标的组织

1. 投标班子的组成和要求

(1) 熟悉了解有关外文招标文件。

(2) 对该国有关经济合同方面的法律和法规有一定的了解。

(3) 有丰富的施工经验和施工技术的工程师，还要具有设计经验的工程师参加。

(4) 熟悉物资采购的人员参加。

(5) 有精通工程报价的经济师或会计师参加。

(6) 有较高的外语水平。

2. 联营体

联营体（Joint Venture，JV）是在国际工程承包和咨询是经常采用的一种组织形式，联营体是针对一个工程项目的招标，由一个国家或向个国家的一些公司组成一个临时合伙式的组织去参与投标，并在中标后共同实施项目。一般如果投标不中标，则 JV 即解散。

优点：①可以优势互补；②可以分散风险。

缺点：因为是临时性的合伙，彼此不易搞好协作，有时难以迅速决策。

## 二、投标的技巧

### （一）工程项目投标中应该注意的事项

1. 企业的基本条件

注意扬长避短，发扬长处才能提高利润，创造效益。还要考虑企业本身完成任务的能力。

2. 业主的条件和心理分析

首先要了解业主的资金来源；其次要进行业主心理分析，了解业主的主要着眼点。

3. 质询问题时的策略

(1) 对招标文件中对投标人有利之外或含糊不清的条款，不要轻易提请澄清。

(2) 不要让竞争对手从我方提出的问题中窥探出我方的各种设想和施工方案。

(3) 对含糊不清的重要合同条款、工程范围不清楚、招标文件和图纸相互矛盾、技术规范中明显不合理等，均可要求业主澄清解释，但不要提出修改合同条件或修改技术标准,以防引起误会。

(4) 请业主或咨询工程师对问题所作的答复发出书面文件,并宣布与招标文件具有同样的效力。或是由投标人整理一份谈话记录送交业主,由业主确认签字盖章送回。

千万不能以口头答复为依据来修改投标报价。

4. 采用工程报价宏观审核指标的方法进行分析判断

投标价编好后,是否合理,有无可能中标,要采用某一两种宏观审核方法来校核,如果发现相差较远时需重新全面检查,看是否有漏投或重投的部分并及时纠正。

5. 编制施工进度表时的注意事项

(1) 施工准备工作。

(2) 要有一个合理的施工作业顺序。

(3) 要估计到尾工的复杂性。

(4) 工期中应包括竣工验收时间。

6. 注意工程量表中的说明

投标时,对招标文件工程量表中各项目的含义要弄清楚,以避免在工程开始月结账时产生麻烦,特别在国外承包工程时,更要注意工程量表中各个项目的外文含义,如有含糊不清处可找业主澄清。

7. 分包商的选择

总承包商选择分包商的原因:一是将一部分不是本公司业务专长的工程部位分包出去,以达到既能保证工程质量和工期又能降低造价的目的;二是分散风险,即将某些风险比较大的,施工困难的工程部分分包出去,以减少自己可能承担的风险。

选择分包商,可以在投标过程中或中标以后选择;但是,中标以后选择分包商要经过监理工程师的同意。

在投标过程中选择分包商有两种做法:一种是要求分包商就某一工程部位进行报价,双方就价格、实施要求等达到一致意见后,签订一个协议书;另一种是总承包商打几个分包商询价后,投标时自己确定这部分工程的价格,中标后再最后确定由哪一家分包,签订分包协议。

### (二) 投标的技巧

1. 研究招标项目的整体特点

(1) 一般来说下列情况下报价可高一些。

1) 施工条件差的工程。

2) 专业要求高的技术密集型工程,而本公司这方面有专长,声望也高时。

3) 总价低的小工程,以及自己不愿意做而被邀请投标时,不得不投标的工程。

4) 特殊的工程,如港口码头工程、地下开挖工程等。

5) 业主对于工期要求急的。

6) 投标对手少的。

7) 支付条件不理想的。

(2) 下述情况报价应低一些。

1) 施工条件好的工程,工作简单、工程量大而一般公司都可以做的工程。

2) 本公司目前急于打入某一市场某一地区，或虽已在某地经营多年，但即将面临没有工程的情况，机械设备等无工地转移时。

3) 附近有工程而本项目可利用该项工程的设备、劳务或有条件短期突击完成的。

4) 投标对手多，竞争力强时。

5) 非急需工程。

6) 支付条件好。

**2. 不平衡报价法**

不平衡报价法是指一个工程项目的投标报价，在总价基本确定后，如何调整内部各个子项目的报价，以期既不提高总价，不影响中标，又能在结算时得到更理想的经济效益。

一般可以在以下几个方面考虑采用不平衡报价法。

（1）能够早日结账收款的子项目可以报得较高，以利资金周转，后期工程子项目可适当降低。

（2）经过工程量核算，预计今后工程量会增加的子项目，单价适当提高，这样的最终结算时可多赚钱，而将工程量完不成的子项目单价降低，工程结算时损失不大。

（3）设计图纸不明确，估计修改后工程量要增加的，可以提高单价，而工程内容说不清楚的，则可降低一些单价。

（4）暂定项目。暂定项目又叫任意项目或选择项目，对这类项目要具体分析，因这一类子项目要开工后再由业主研究决策是否实施，由哪一家承包商实施。如果工程不分标，只由一家承包商施工，则其中肯定要做的暂定项目单价可高些，不一定做的则应低些。如果分标，该暂定项目也可能由其他承包商施工，则不宜报高价，以免抬高总报价。

（5）在单价包干混合式合同中，有某些子项目业主要求包干报价时，宜报高价。但不平衡报价一定要建立在对工程量仔细核对分析的基础上，特别是对于单价报得太低的子项目。不平衡报价一定要控制在合理幅度内（一般可在10％左右），以免引起业主反对，甚至导致废标。如果不注意这一点，有时业主会挑出报价过高的项目，要求投标人进行单价分析，而围绕单价分析中过高的内容压价，以致承包商得不偿失。

**3. 计日工的报价**

如果是单纯报计日工的报价，可以高一些，以便在日后业主用工或使用机械时可以多赢利。但如果采用"名义工程量"时，则需具体分析是否报高价，以免抬高总报价。总之，要分析业主在开工后可能使用的计日工数量确定报价方针。

**4. 多方案报价法**

对于一些招标文件，如果发现工程范围不很明确，条款不清楚或很不公正，或技术规范要求过于苛刻时，则要在充分估计投标风险的基础上，按多方案报价法处理，即是按原招标文件报一个价，然后再提出"如某条款作某些变动，报价可按降低多少……"，报一个较低的价。这样可以降低总价，吸引业主。

**5. 增加备选方案**

有时招标文件中，可以提出一个备选方案，即是可以部分或全部修改原设计方案，提出投标人的方案。

投标人这时应组织一批有经验的设计和施工工程师，对原招标文件的设计和施工方案仔细研究,提出更合理的方案以吸引业主,促成自己的方案中标。备选方案必须有一定的优势。

增加备选方案,不要将方案写得太具体,要保留方案的技术关键,以防止业主将此方案交给其他承包商实施。同时要强调的是,备选方案一定要比较成熟,或过去有这方面的实践经验。

6. 突然降价法

就是先按一般情况报价或表现出自己对该工程兴趣不大,到投标快截止时,再突然降价。

采用这种方法时,一定要在准备投标报价的过程中考虑好降价的幅度,在临近投标截止日期前,根据情报信息与分析判断,再作最后决策。

7. 先亏后盈法

有的承包商,为了打进某一地区,依靠国家、某财团或自身的雄厚资本实力,而采取一种不惜代价,只求中标的低价投标方案。

应用这种方案的承包商必须有较好的资信条件,并且提出的施工方案也先进可行,同时要加强对公司情况的宣传,否则即使报价再低,业主也不一定选定。

如果其他承包商遇到这种情况,不一定和这类承包商硬拼,而力争第二、第三标,再依靠自己的经验和信誉争取中标。

8. 联合保标法

在竞争对手众多的情况下,可采取几家实力雄厚的承包商联合起来控制标价,一家出面争取中标,再将其中部分转让其他承包商分包,或轮流相互保标。在国际上这种做法很常见,但是一旦被业主发现,很有可能被取消投标资格。

9. 有二期工程的项目

对大型分期建设工程,可以将部分间接费分摊到第二期工程中去,少计利润以争取中标。这样在二期工程招标时,凭借第一期工程的经验、临时设施以及创立的信誉,比较容易拿到第二期工程。

但应注意分析第二期工程实现的可能性。

10. 关于材料和设备

材料、设备在工程造价中常常占一半以上,对报价影响很大,因而在报价阶段对材料设备供应要十分谨慎。

(1) 询价时最好直接找生产厂家或直接受委托的代理。

(2) 国际市场各国货币币值在不断变化,要注意选择货币贬值国家的机械设备。

(3) 建筑材料价格波动很大,因而在报价时不能只看眼前的建筑材料价格,而应调查了解和分析过去二三年内建材价格变化的趋势,决策采取几年平均单价或当时单价,以减少未来可能的价格波动引起的损失。

11. 如何填"单价分析表"

有的招标文件要求投标人对工程量大的项目报"单价分析表"。投标时可将单价分报表中的人工费及机械设备费报得较高,而材料费算的较低。这主要是为了在今后补充项目报价时可以参考选用的已填报过的"单价分析表"中较高的人工费或机械设备费,而材料则往往采用市场价,因而可以获得较高的收益。

### (三) 辅助中标手段

(1) 许诺优惠条件。
(2) 聘请当地代理人。
(3) 与当地公司联合投标。
(4) 与发达国家联合投标。
(5) 外交活动。
(6) 幕后活动。

◆ 思 考 题 ◆

1. 国际工程招标的方法有哪几种?
2. 简述双信封投标法的做法。
3. 简述国际工程投标技巧。

# 附录 1

# 中华人民共和国招标投标法

(1999 年 8 月 30 日第九届全国人民代表大会
常务委员会第十一次会议通过)

## 第一章 总 则

**第一条** 为了规范招标投标活动，保护国家利益、社会公共利益和招标投标活动当事人的合法权益，提高经济效益，保证项目质量，制定本法。

**第二条** 在中华人民共和国境内进行招标投标活动，适用本法。

**第三条** 在中华人民共和国境内进行下列工程建设项目，包括项目的勘察、设计、施工、监理以及与工程建设有关的重要设备、材料等的采购，必须进行招标：

（一）大型基础设施、公用事业等关系社会公共利益、公众安全的项目；
（二）全部或者部分使用国有资金投资或者国家融资的项目；
（三）使用国际组织或者外国政府贷款、援助资金的项目。

前款所列项目的具体范围和规模标准，由国务院发展计划部门会同国务院有关部门制订，报国务院批准。

法律或者国务院对必须进行招标的其他项目的范围有规定的，依照其规定。

**第四条** 任何单位和个人不得将依法必须进行招标的项目化整为零或者以其他任何方式规避招标。

**第五条** 招标投标活动应当遵循公开、公平、公正和诚实信用的原则。

**第六条** 依法必须进行招标的项目，其招标投标活动不受地区或者部门的限制。任何单位和个人不得违法限制或者排斥本地区、本系统以外的法人或者其他组织参加投标，不得以任何方式非法干涉招标投标活动。

**第七条** 招标投标活动及其当事人应当接受依法实施的监督。

有关行政监督部门依法对招标投标活动实施监督，依法查处招标投标活动中的违法行为。

对招标投标活动的行政监督及有关部门的具体职权划分，由国务院规定。

## 第二章 招 标

**第八条** 招标人是依照本法规定提出招标项目、进行招标的法人或者其他组织。

**第九条** 招标项目按照国家有关规定需要履行项目审批手续的，应当先履行审批手续，取得批准。

招标人应当有进行招标项目的相应资金或者资金来源已经落实，并应当在招标文件中如实载明。

**第十条** 招标分为公开招标和邀请招标。

公开招标，是指招标人以招标公告的方式邀请不特定的法人或者其他组织投标。

邀请招标，是指招标人以投标邀请书的方式邀请特定的法人或者其他组织投标。

**第十一条** 国务院发展计划部门确定的国家重点项目和省、自治区、直辖市人民政府确定的地方重点项目不适宜公开招标的，经国务院发展计划部门或者省、自治区、直辖市人民政府批准，可以进行邀请招标。

**第十二条** 招标人有权自行选择招标代理机构，委托其办理招标事宜。任何单位和个人不得以任何方式为招标人指定招标代理机构。

招标人具有编制招标文件和组织评标能力的，可以自行办理招标事宜。任何单位和个人不得强制其委托招标代理机构办理招标事宜。

依法必须进行招标的项目，招标人自行办理招标事宜的，应当向有关行政监督部门备案。

**第十三条** 招标代理机构是依法设立、从事招标代理业务并提供相关服务的社会中介组织。

招标代理机构应当具备下列条件：

（一）有从事招标代理业务的营业场所和相应资金；

（二）有能够编制招标文件和组织评标的相应专业力量；

（三）有符合本法第三十七条第三款规定条件、可以作为评标委员会成员人选的技术、经济等方面的专家库。

**第十四条** 从事工程建设项目招标代理业务的招标代理机构，其资格由国务院或者省、自治区、直辖市人民政府的建设行政主管部门认定。具体办法由国务院建设行政主管部门会同国务院有关部门制定。从事其他招标代理业务的招标代理机构，其资格认定的主管部门由国务院规定。

招标代理机构与行政机关和其他国家机关不得存在隶属关系或者其他利益关系。

**第十五条** 招标代理机构应当在招标人委托的范围内办理招标事宜，并遵守本法关于招标人的规定。

**第十六条** 招标人采用公开招标方式的，应当发布招标公告。依法必须进行招标的项目的招标公告，应当通过国家指定的报刊、信息网络或者其他媒介发布。

招标公告应当载明招标人的名称和地址、招标项目的性质、数量、实施地点和时间以及获取招标文件的办法等事项。

**第十七条** 招标人采用邀请招标方式的，应当向三个以上具备承担招标项目的能力、资信良好的特定的法人或者其他组织发出投标邀请书。

投标邀请书应当载明本法第十六条第二款规定的事项。

**第十八条** 招标人可以根据招标项目本身的要求，在招标公告或者投标邀请书中，要求潜在投标人提供有关资质证明文件和业绩情况，并对潜在投标人进行资格审查；国家对投标人的资格条件有规定的，依照其规定。

招标人不得以不合理的条件限制或者排斥潜在投标人，不得对潜在投标人实行歧视待遇。

**第十九条** 招标人应当根据招标项目的特点和需要编制招标文件。招标文件应当包括招标项目的技术要求、对投标人资格审查的标准、投标报价要求和评标标准等所有实质性要求和条件以及拟签订合同的主要条款。

国家对招标项目的技术、标准有规定的，招标人应当按照其规定在招标文件中提出相应要求。

招标项目需要划分标段、确定工期的，招标人应当合理划分标段、确定工期，并在招标文件中载明。

**第二十条** 招标文件不得要求或者标明特定的生产供应者以及含有倾向或者排斥潜在投标人的其他内容。

**第二十一条** 招标人根据招标项目的具体情况，可以组织潜在投标人踏勘项目现场。

**第二十二条** 招标人不得向他人透露已获取招标文件的潜在投标人的名称、数量以及可能影响公平竞争的有关招标投标的其他情况。

招标人设有标底的，标底必须保密。

**第二十三条** 招标人对已发出的招标文件进行必要的澄清或者修改的，应当在招标文件要求提交投标文件截止时间至少十五日前，以书面形式通知所有招标文件收受人。该澄清或者修改的内容为招标文件的组成部分。

**第二十四条** 招标人应当确定投标人编制投标文件所需要的合理时间；但是，依法必须进行招标的项目，自招标文件开始发出之日起至投标人提交投标文件截止之日止，最短不得少于二十日。

## 第三章 投　　标

**第二十五条** 投标人是响应招标、参加投标竞争的法人或者其他组织。

依法招标的科研项目允许个人参加投标的，投标的个人适用本法有关投标人的规定。

**第二十六条** 投标人应当具备承担招标项目的能力；国家有关规定对投标人资格条件或者招标文件对投标人资格条件有规定的，投标人应当具备规定的资格条件。

**第二十七条** 投标人应当按照招标文件的要求编制投标文件。投标文件应当对招标文件提出的实质性要求和条件作出响应。

招标项目属于建设施工的，投标文件的内容应当包括拟派出的项目负责人与主要技术人员的简历、业绩和拟用于完成招标项目的机械设备等。

**第二十八条** 投标人应当在招标文件要求提交投标文件的截止时间前，将投标文件送达投标地点。招标人收到投标文件后，应当签收保存，不得开启。投标人少于三个的，招标人应当依照本法重新招标。

在招标文件要求提交投标文件的截止时间后送达的投标文件，招标人应当拒收。

**第二十九条** 投标人在招标文件要求提交投标文件的截止时间前，可以补充、修改或者撤回已提交的投标文件，并书面通知招标人。补充、修改的内容为投标文件的组成部分。

**第三十条** 投标人根据招标文件载明的项目实际情况，拟在中标后将中标项目的部分非主体、非关键性工作进行分包的，应当在投标文件中载明。

**第三十一条** 两个以上法人或者其他组织可以组成一个联合体,以一个投标人的身份共同投标。

联合体各方均应当具备承担招标项目的相应能力;国家有关规定或者招标文件对投标人资格条件有规定的,联合体各方均应当具备规定的相应资格条件。由同一专业的单位组成的联合体,按照资质等级较低的单位确定资质等级。

联合体各方应当签订共同投标协议,明确约定各方拟承担的工作和责任,并将共同投标协议连同投标文件一并提交招标人。联合体中标的,联合体各方应当共同与招标人签订合同,就中标项目向招标人承担连带责任。

招标人不得强制投标人组成联合体共同投标,不得限制投标人之间的竞争。

**第三十二条** 投标人不得相互串通投标报价,不得排挤其他投标人的公平竞争,损害招标人或者其他投标人的合法权益。

投标人不得与招标人串通投标,损害国家利益、社会公共利益或者他人的合法权益。

禁止投标人以向招标人或者评标委员会成员行贿的手段谋取中标。

**第三十三条** 投标人不得以低于成本的报价竞标,也不得以他人名义投标或者以其他方式弄虚作假,骗取中标。

## 第四章 开标、评标和中标

**第三十四条** 开标应当在招标文件确定的提交投标文件截止时间的同一时间公开进行;开标地点应当为招标文件中预先确定的地点。

**第三十五条** 开标由招标人主持,邀请所有投标人参加。

**第三十六条** 开标时,由投标人或者其推选的代表检查投标文件的密封情况,也可以由招标人委托的公证机构检查并公证;经确认无误后,由工作人员当众拆封,宣读投标人名称、投标价格和投标文件的其他主要内容。

招标人在招标文件要求提交投标文件的截止时间前收到的所有投标文件,开标时都应当当众予以拆封、宣读。

开标过程应当记录,并存档备查。

**第三十七条** 评标由招标人依法组建的评标委员会负责。

依法必须进行招标的项目,其评标委员会由招标人的代表和有关技术、经济等方面的专家组成,成员人数为五人以上单数,其中技术、经济等方面的专家不得少于成员总数的 2/3。

前款专家应当从事相关领域工作满八年并具有高级职称或者具有同等专业水平,由招标人从国务院有关部门或者省、自治区、直辖市人民政府有关部门提供的专家名册或者招标代理机构的专家库内的相关专业的专家名单中确定;一般招标项目可以采取随机抽取方式,特殊招标项目可以由招标人直接确定。

与投标人有利害关系的人不得进入相关项目的评标委员会;已经进入的应当更换。

评标委员会成员的名单在中标结果确定前应当保密。

**第三十八条** 招标人应当采取必要的措施,保证评标在严格保密的情况下进行。任何单位和个人不得非法干预、影响评标的过程和结果。

**第三十九条** 评标委员会可以要求投标人对投标文件中含义不明确的内容作必要的澄清或者说明,但是澄清或者说明不得超出投标文件的范围或者改变投标文件的实质性内容。

**第四十条** 评标委员会应当按照招标文件确定的评标标准和方法,对投标文件进行评审和比较;设有标底的,应当参考标底。评标委员会完成评标后,应当向招标人提出书面评标报告,并推荐合格的中标候选人。

招标人根据评标委员会提出的书面评标报告和推荐的中标候选人确定中标人。招标人也可以授权评标委员会直接确定中标人。

国务院对特定招标项目的评标有特别规定的,从其规定。

**第四十一条** 中标人的投标应当符合下列条件之一:

(一) 能够最大限度地满足招标文件中规定的各项综合评价标准。

(二) 能够满足招标文件的实质性要求,并且经评审的投标价格最低;但是投标价格低于成本的除外。

**第四十二条** 评标委员会经评审,认为所有投标都不符合招标文件要求的,可以否决所有投标。

依法必须进行招标的项目的所有投标被否决的,招标人应当依照本法重新招标。

**第四十三条** 在确定中标人前,招标人不得与投标人就投标价格、投标方案等实质性内容进行谈判。

**第四十四条** 评标委员会成员应当客观、公正地履行职务,遵守职业道德,对所提出的评审意见承担个人责任。

评标委员会成员不得私下接触投标人,不得收受投标人的财物或者其他好处。

评标委员会成员和参与评标的有关工作人员不得透露对投标文件的评审和比较、中标候选人的推荐情况以及与评标有关的其他情况。

**第四十五条** 中标人确定后,招标人应当向中标人发出中标通知书,并同时将中标结果通知所有未中标的投标人。

中标通知书对招标人和中标人具有法律效力。中标通知书发出后,招标人改变中标结果的,或者中标人放弃中标项目的,应当依法承担法律责任。

**第四十六条** 招标人和中标人应当自中标通知书发出之日起三十日内,按照招标文件和中标人的投标文件订立书面合同。招标人和中标人不得再行订立背离合同实质性内容的其他协议。

招标文件要求中标人提交履约保证金的,中标人应当提交。

**第四十七条** 依法必须进行招标的项目,招标人应当自确定中标人之日起十五日内,向有关行政监督部门提交招标投标情况的书面报告。

**第四十八条** 中标人应当按照合同约定履行义务,完成中标项目。中标人不得向他人转让中标项目,也不得将中标项目肢解后分别向他人转让。

中标人按照合同约定或者经招标人同意,可以将中标项目的部分非主体、非关键性工作分包给他人完成。接受分包的人应当具备相应的资格条件,并不得再次分包。

中标人应当就分包项目向招标人负责,接受分包的人就分包项目承担连带责任。

## 第五章 法 律 责 任

**第四十九条** 违反本法规定，必须进行招标的项目而不招标的，将必须进行招标的项目化整为零或者以其他任何方式规避招标的，责令限期改正，可以处项目合同金额千分之五以上千分之十以下的罚款；对全部或者部分使用国有资金的项目，可以暂停项目执行或者暂停资金拨付；对单位直接负责的主管人员和其他直接责任人员依法给予处分。

**第五十条** 招标代理机构违反本法规定，泄露应当保密的与招标投标活动有关的情况和资料的，或者与招标人、投标人串通损害国家利益、社会公共利益或者他人合法权益的，处五万元以上二十五万元以下的罚款，对单位直接负责的主管人员和其他直接责任人员处单位罚款数额百分之五以上百分之十以下的罚款；有违法所得的，并处没收违法所得；情节严重的，暂停直至取消招标代理资格；构成犯罪的，依法追究刑事责任。给他人造成损失的，依法承担赔偿责任。

前款所列行为影响中标结果的，中标无效。

**第五十一条** 招标人以不合理的条件限制或者排斥潜在投标人的，对潜在投标人实行歧视待遇的，强制要求投标人组成联合体共同投标的，或者限制投标人之间竞争的，责令改正，可以处一万元以上五万元以下的罚款。

**第五十二条** 依法必须进行招标的项目的招标人向他人透露已获取招标文件的潜在投标人的名称、数量或者可能影响公平竞争的有关招标投标的其他情况的，或者泄露标底的，给予警告，可以并处一万元以上十万元以下的罚款；对单位直接负责的主管人员和其他直接责任人员依法给予处分；构成犯罪的，依法追究刑事责任。

前款所列行为影响中标结果的，中标无效。

**第五十三条** 投标人相互串通投标或者与招标人串通投标的，投标人以向招标人或者评标委员会成员行贿的手段谋取中标的，中标无效，处中标项目金额千分之五以上千分之十以下的罚款，对单位直接负责的主管人员和其他直接责任人员处单位罚款数额百分之五以上百分之十以下的罚款；有违法所得的，并处没收违法所得；情节严重的，取消其一年至二年内参加依法必须进行招标的项目的投标资格并予以公告，直至由工商行政管理机关吊销营业执照；构成犯罪的，依法追究刑事责任。给他人造成损失的，依法承担赔偿责任。

**第五十四条** 投标人以他人名义投标或者以其他方式弄虚作假，骗取中标的，中标无效，给招标人造成损失的，依法承担赔偿责任；构成犯罪的，依法追究刑事责任。

依法必须进行招标的项目的投标人有前款所列行为尚未构成犯罪的，处中标项目金额千分之五以上千分之十以下的罚款，对单位直接负责的主管人员和其他直接责任人员处单位罚款数额百分之五以上百分之十以下的罚款；有违法所得的，并处没收违法所得；情节严重的，取消其一年至三年内参加依法必须进行招标的项目的投标资格并予以公告，直至由工商行政管理机关吊销营业执照。

**第五十五条** 依法必须进行招标的项目，招标人违反本法规定，与投标人就投标价格、投标方案等实质性内容进行谈判的，给予警告，对单位直接负责的主管人员和其他直接责任人员依法给予处分。

前款所列行为影响中标结果的，中标无效。

**第五十六条** 评标委员会成员收受投标人的财物或者其他好处的，评标委员会成员或者参加评标的有关工作人员向他人透露对投标文件的评审和比较、中标候选人的推荐以及与评标有关的其他情况的，给予警告，没收收受的财物，可以并处三千元以上五万元以下的罚款，对有所列违法行为的评标委员会成员取消担任评标委员会成员的资格，不得再参加任何依法必须进行招标的项目的评标；构成犯罪的，依法追究刑事责任。

**第五十七条** 招标人在评标委员会依法推荐的中标候选人以外确定中标人的，依法必须进行招标的项目在所有投标被评标委员会否决后自行确定中标人的，中标无效。责令改正，可以处中标项目金额千分之五以上千分之十以下的罚款；对单位直接负责的主管人员和其他直接责任人员依法给予处分。

**第五十八条** 中标人将中标项目转让给他人的，将中标项目肢解后分别转让给他人的，违反本法规定将中标项目的部分主体、关键性工作分包给他人的，或者分包人再次分包的，转让、分包无效，处转让、分包项目金额千分之五以上千分之十以下的罚款；有违法所得的，并处没收违法所得；可以责令停业整顿；情节严重的，由工商行政管理机关吊销营业执照。

**第五十九条** 招标人与中标人不按照招标文件和中标人的投标文件订立合同的，或者招标人、中标人订立背离合同实质性内容的协议的，责令改正；可以处中标项目金额千分之五以上千分之十以下的罚款。

**第六十条** 中标人不履行与招标人订立的合同的，履约保证金不予退还，给招标人造成的损失超过履约保证金数额的，还应当对超过部分予以赔偿；没有提交履约保证金的，应当对招标人的损失承担赔偿责任。

中标人不按照与招标人订立的合同履行义务，情节严重的，取消其二年至五年内参加依法必须进行招标的项目的投标资格并予以公告，直至由工商行政管理机关吊销营业执照。

因不可抗力不能履行合同的，不适用前两款规定。

**第六十一条** 本章规定的行政处罚，由国务院规定的有关行政监督部门决定。本法已对实施行政处罚的机关作出规定的除外。

**第六十二条** 任何单位违反本法规定，限制或者排斥本地区、本系统以外的法人或者其他组织参加投标的，为招标人指定招标代理机构的，强制招标人委托招标代理机构办理招标事宜的，或者以其他方式干涉招标投标活动的，责令改正；对单位直接负责的主管人员和其他直接责任人员依法给予警告、记过、记大过的处分，情节较重的，依法给予降级、撤职、开除的处分。

个人利用职权进行前款违法行为的，依照前款规定追究责任。

**第六十三条** 对招标投标活动依法负有行政监督职责的国家机关工作人员徇私舞弊、滥用职权或者玩忽职守，构成犯罪的，依法追究刑事责任；不构成犯罪的，依法给予行政处分。

**第六十四条** 依法必须进行招标的项目违反本法规定，中标无效的，应当依照本法规定的中标条件从其余投标人中重新确定中标人或者依照本法重新进行招标。

## 第六章 附　则

**第六十五条** 投标人和其他利害关系人认为招标投标活动不符合本法有关规定的，有权向招标人提出异议或者依法向有关行政监督部门投诉。

**第六十六条** 涉及国家安全、国家秘密、抢险救灾或者属于利用扶贫资金实行以工代赈、需要使用农民工等特殊情况，不适宜进行招标的项目，按照国家有关规定可以不进行招标。

**第六十七条** 使用国际组织或者外国政府贷款、援助资金的项目进行招标，贷款方、资金提供方对招标投标的具体条件和程序有不同规定的，可以适用其规定，但违背中华人民共和国的社会公共利益的除外。

**第六十八条** 本法自 2000 年 1 月 1 日起施行。

# 附录 2

# 中华人民共和国招标投标法实施条例

(2011年11月30日国务院第183次常务会议通过)

## 第一章 总 则

**第一条** [立法目的] 为了规范招标投标活动，加强对招标投标活动的监督，保护国家利益、社会公共利益和招标投标活动当事人的合法权益，根据《中华人民共和国招标投标法》(以下简称招标投标法)，制定本条例。

**第二条** [适用范围] 招标投标法第二条所称的招标投标活动，是指采用招标方式采购工程、货物和服务的活动。

**第三条** [工程建设项目] 招标投标法第三条所称的工程建设项目，是指工程以及与工程有关的货物和服务。

前款所称与工程有关的货物，是指构成工程永久组成部分，且为实现工程基本功能所不可或缺的设备、材料等。前款所称与工程有关的服务，是指为完成工程所必需的勘察、设计、监理、项目管理、可行性研究、科学研究等。

**第四条** [强制招标范围和规模标准] 依法必须进行招标的工程建设项目的具体范围和规模标准，由国务院发展改革部门会同国务院有关部门制订并根据实际需要进行调整，报国务院批准后执行。

省、自治区、直辖市人民政府根据实际情况，可以规定本行政区域内必须进行招标的具体范围和规模标准，但不得缩小国务院确定的必须进行招标的范围，不得提高国务院确定的规模标准，也不得授权下级人民政府自行确定必须进行招标的范围和规模标准。

**第五条** [行政监督一般规定] 国务院发展改革部门指导和协调全国招标投标工作，对国家重大建设项目建设过程中的工程招标投标活动进行监督检查。国务院工业和信息化、住房城乡建设、交通运输、铁道、水利、商务等行政主管部门，按照规定的职责分工，分别负责有关行业和产业招标投标活动的监督执法。

县级以上地方人民政府发展改革部门指导和协调本行政区域内的招标投标工作。县级以上地方人民政府发展改革部门和其他有关行政主管部门按照各自职责分工，依法对招标投标活动实施监督，查处招标投标活动中的违法行为。

监察机关依法对参与招标投标活动的行政监察对象实施监察，对有关招标投标执法活动进行监督，并依法查处违纪违法行为。

## 第二章 招 标

**第六条** [招标条件] 开展招标活动应当具备下列条件：

(一) 招标人已经依法成立；

(二) 按照规定需要履行审批、核准或者备案等手续的，已经履行完毕；

(三) 有相应资金或者资金来源已经落实；

（四）有招标所必需的相关资料；
（五）法律法规规章规定的其他条件。

根据前款第（二）项规定报送审批、核准的项目，有关项目申请文件应附招标方案，包括招标范围、招标方式、招标组织形式等内容。

**第七条** ［可以不招标的项目］依法必须招标项目有下列情形之一的，可以不进行招标：

（一）涉及国家安全、国家秘密而不适宜招标的；
（二）应急项目不适宜招标的；
（三）利用政府投资资金实行以工代赈需要使用农民工的；
（四）承包商、供应商或者服务提供者少于三家的；
（五）需要采用不可替代的专利或者专有技术的；
（六）采购人自身具有相应资质，能够自行建设、生产或者提供的；
（七）以招标方式选择的特许经营项目投资人，具有相应资质能够自行建设、生产或者提供特许经营项目的工程、货物或者服务的；
（八）需要从原承包商、供应商、服务提供者采购工程、货物或者服务，否则将影响施工或者功能配套要求的；
（九）法律、行政法规或者国务院规定的其他情形。

依法必须招标项目的招标人以弄虚作假方式证明存在前款规定情形不招标的，属于招标投标法第四条规定的规避招标行为。

**第八条** ［自行招标］招标人满足下列条件的，属于招标投标法第十二条第二款规定的具有编制招标文件和组织评标的能力，可以自行办理招标事宜：

（一）具有与招标项目规模和复杂程度相适应的技术、经济等方面专业人员；
（二）招标专业人员最近三年有与招标项目规模和复杂程度相当的招标经验；
（三）法规规章规定的其他条件。

**第九条** ［招标代理机构］招标代理机构应当遵守招标投标法和本条例关于招标人的规定。招标代理机构不得明知委托事项违法而进行代理，不得在所代理的招标项目中投标或者代理投标，也不得向该项目投标人提供咨询服务。

招标人采用竞争方式选择招标代理机构的，应当从业绩、信誉、从业人员素质、服务方案等方面进行考察。招标人与招标代理机构应当签订书面委托合同。合同约定的收费标准应当符合国家有关规定。

**第十条** ［招标代理机构的资格认定］有关行政主管部门在认定招标代理机构资格时，应当审查其相关代理业绩、信用状况、从业人员素质及结构等内容。招标代理机构应当拥有一定数量获得招标投标职业资格证书的专业人员。从事中央投资项目招标代理业务的招标代理机构，应当获得中央投资项目招标代理资格。

招标代理机构应当在其资格范围内开展招标代理业务，不受任何单位、个人的非法干预或者限制。

招标代理机构不得涂改、倒卖、出租、出借资格证书，或者以其他形式非法转让资格证书。

**第十一条** ［公开招标和邀请招标］全部使用国有资金投资或者国有资金投资占控股或者主导地位的依法必须招标项目，以及法律、行政法规或者国务院规定应当公开招标的其他项目，应当公开招标，但是有下列情形之一的，可以进行邀请招标：

（一）涉及国家安全、国家秘密不适宜公开招标的；

（二）项目技术复杂、有特殊要求或者受自然地域环境限制，只有少量几家潜在投标人可供选择的；

（三）采用公开招标方式的费用占招标项目总价值的比例过大的；

（四）法律、行政法规或者国务院规定不宜公开招标的。

**第十二条** ［招标公告的发布］依法必须招标项目的招标公告，应当在国务院发展改革部门指定的报刊、信息网络等媒介上发布。其中，各地方人民政府依照审批权限审批、核准、备案的依法必须招标民用建筑项目的招标公告，可在省、自治区、直辖市人民政府发展改革部门指定的媒介上发布。

在信息网络上发布的招标公告，至少应当持续到招标文件发出截止时间为止。招标公告的发布应当充分公开，任何单位和个人不得非法干涉、限制招标公告的发布地点、发布范围或发布方式。

**第十三条** ［资格预审公告］招标人根据招标项目的具体特点和实际需要进行资格预审的，应当发布资格预审公告。资格预审公告的发布媒介及内容，应当遵守招标投标法第十六条和本条例第十二条的规定。

**第十四条** ［资格预审文件］资格预审文件应当根据招标项目的具体特点和实际需要编制，具体包括资格审查的内容、标准和方法等，不得含有倾向、限制或者排斥潜在投标人的内容。

自资格预审文件停止发出之日起至递交资格预审申请文件截止之日止，不得少于五个工作日。对资格预审文件的解答、澄清和修改，应当在递交资格预审申请文件截止时间三日前以书面形式通知所有获取资格预审文件的申请人，并构成资格预审文件的组成部分。

**第十五条** ［资格预审审查主体、方法］政府投资项目的资格预审由招标人组建的审查委员会负责，审查委员会成员资格、人员构成以及专家选择方式，依照招标投标法第三十七条规定执行。

资格审查方法分为合格制和有限数量制。一般情况下应当采用合格制，凡符合资格预审文件规定的资格条件的资格预审申请人，都可通过资格预审。潜在投标人过多的，可采用有限数量制，招标人应当在资格预审文件中载明资格预审申请人应当符合的资格条件、对符合资格条件的申请人进行量化的因素和标准，以及通过资格预审申请人的数额，但该数额不得少于九个，符合资格条件的申请人不足该数额的，不再进行量化，所有符合资格条件的申请人均视为通过资格预审。

资格预审应当按照资格预审文件规定的标准和方法进行。资格预审文件未规定的标准和方法，不得作为资格审查的依据。

**第十六条** ［资格预审结果］资格预审结束后，招标人应当向通过资格预审的申请人发出资格预审通过通知书，告知获取招标文件的时间、地点和方法，并同时向未通过资格预审的申请人书面告知其资格预审结果。未通过资格预审的申请人不得参加投标。

通过资格预审的申请人不足三个的，依法必须招标项目的招标人应当重新进行资格预审或者不经资格预审直接招标。

**第十七条** ［对资格预审文件和招标文件的要求］资格预审文件和招标文件的内容不得违反公开、公平、公正和诚实信用原则，以及法律、行政法规的强制性规定，否则违反部分无效。因部分无效影响资格预审正常进行的，依法必须招标项目应当重新进行资格预审或者不经资格预审直接招标；影响招标投标活动正常进行的，依法必须招标项目应当重新招标。

国务院有关行政主管部门制定标准资格预审文件和标准招标文件，由招标人按照有关规定使用。

**第十八条** ［标段划分］需要划分标段或者合同包的，招标人应当合理划分，确定各标段或者各合同包的工作内容和完成期限，并在招标文件中如实载明。

招标人不得利用划分标段或者合同包，规避招标、虚假招标、限制或者排斥潜在投标人投标。

**第十九条** ［投标保证金］招标人可以在招标文件中要求投标人提交投标保证金。投标人应当按照招标文件要求提交投标保证金，否则应当作废标处理。

投标保证金可以是银行保函、转账支票、银行汇票等。投标保证金不得超过投标总价的百分之二。投标保证金有效期应当与投标有效期一致。

除境外投标人外，采用转账支票、汇款等方式的，投标保证金应当从投标人的基本账户转出；采用银行保函、银行汇票等方式的，应由投标人开立基本账户的银行出具。

**第二十条** ［投标有效期］招标人应当在招标文件中规定投标有效期。投标有效期从招标文件规定的提交投标文件截止之日起计算。

在投标有效期结束前出现特殊情况的，招标人可以书面形式要求所有投标人延长投标有效期。投标人同意延长的，不得要求或者被允许修改其投标文件的实质性内容，但应当相应延长其投标保证金的有效期；投标人拒绝延长的，其投标失效，但投标人有权收回其投标保证金。

**第二十一条** ［标底编制］招标人可以根据项目具体特点和实际需要决定是否编制标底。标底由招标人自行编制或者委托中介机构编制。一个招标项目只能有一个标底。任何单位和个人不得强制招标人编制或者报审标底，或者干预其确定标底。

**第二十二条** ［发出招标文件或者资格预审文件］招标人应当按资格预审公告、招标公告或者投标邀请书规定的时间、地点发出资格预审文件或者招标文件。自资格预审文件或者招标文件开始发出之日起至停止发出之日止，最短不得少于五个工作日。资格预审文件或者招标文件发出后，不予退还。

政府投资项目的资格预审文件、招标文件应当自发出之日起至递交资格预审申请文件或者投标文件截止时间止，以适当方式向社会公开，接受社会监督。

对资格预审文件或者招标文件的收费应当限于补偿印刷及邮寄等方面的成本支出，不得以赢利为目的。

依法必须招标项目在资格预审文件或者招标文件停止发出之日止，获取资格预审文件的申请人少于三个的，招标人应当重新进行资格预审或者不经资格预审直接招标；获取招标文件的潜在投标人少于三个的,招标人应当重新招标。

**第二十三条** [踏勘现场] 招标人根据招标项目的具体情况,可以组织潜在投标人踏勘项目现场,向其介绍有关情况,并回答潜在投标人提出的疑问。招标人对其向潜在投标人介绍的有关情况的真实性、准确性负责;潜在投标人对其依据招标人介绍情况作出的判断和决策负责。

招标人不得单独或者分别组织个别潜在投标人踏勘现场。

**第二十四条** [招标文件的澄清与修改] 在提交投标文件的截止时间前,招标人可对已发出的招标文件进行必要的澄清或者修改。澄清或者修改的内容可能影响投标人编制投标文件的,招标人应当在提交投标文件截止时间至少十五日前,以书面形式通知所有获取招标文件的潜在投标人;不足十五日的,招标人应当顺延提交投标文件的截止时间。

**第二十五条** [招标终止] 除因不可抗力或者其他非招标人原因取消招标项目外,招标人不得在发布资格预审公告、招标公告后或者发出投标邀请书后擅自终止招标。

终止招标的,招标人应当及时通过原公告媒介发布终止招标的公告,或者以书面形式通知被邀请投标人;已经发出资格预审文件或者招标文件的,还应当以书面形式通知所有已获取资格预审文件或者招标文件的潜在投标人,并退回其购买资格预审文件或者招标文件的费用;已提交资格预审申请文件或者投标文件的,招标人还应当退还资格预审申请文件、投标文件、投标保证金。

**第二十六条** [限制或者排斥投标人行为] 招标人有下列行为之一的,属于以不合理条件限制或者排斥潜在投标人或者投标人:

(一)不向潜在投标人或者投标人同样提供与招标项目有关信息的;

(二)不根据招标项目的具体特点和实际需要设定资格、技术、商务条件的;

(三)以获得特定区域、行业或者部门奖项为加分条件或者中标条件的;

(四)对不同的潜在投标人或者投标人采取不同审查或者评审标准的;

(五)要求提供与投标或者订立合同无关的证明材料的;

(六)限定或者指定特定的专利、商标、名称、设计、原产地或者生产供应者的;

(七)限制投标人所有制形式或者组织形式的;

(八)以其他不合理条件限制或者排斥潜在投标人或者投标人的。

**第二十七条** [工程总承包招标] 依法必须招标的工程建设项目,招标人可以按照国家有关规定,对工程以及与工程有关的货物、服务采购,全部或者部分实行总承包招标。未包括在总承包范围内的工程以及与工程有关的货物、服务采购,达到国家规定规模标准的,应当由招标人依法组织招标。以暂估价形式包括在总承包范围内的工程以及与工程有关的货物、服务采购达到国家规定规模标准的,应当进行招标。

招标人不得以工程总承包的名义规避招标或者排斥、限制潜在投标人。

**第二十八条** [两阶段招标] 对技术复杂或者无法精确拟定其技术规格的项目,招标人可以采用两阶段招标程序。

第一阶段,潜在投标人按照招标人要求提交不带报价的技术建议。招标人根据潜在投标人提交的技术建议编制招标文件。

第二阶段,招标人应当向在第一阶段提交技术建议的潜在投标人提供招标文件,投标人按照招标文件的要求提交包括最终技术建议和报价的投标文件。

招标人要求投标人提交投标保证金的，应当在第二阶段提交。

## 第三章 投 标

**第二十九条** ［对投标人的限制］与招标人存在利益关系可能影响招标公正性的法人、其他组织或者个人不得参加投标。

单位负责人为同一个人或者存在控股和被控股关系的两个及两个以上单位，不得在同一招标项目中投标，否则均作废标处理。

**第三十条** ［投标活动不受地区或者部门限制］除法律、行政法规另有规定外，投标人参加投标活动不受地区或者部门的限制，任何单位和个人不得干预。

**第三十一条** ［对受委托编制投标文件者的限制］投标人委托他人编制投标文件的，受托人不得向他人泄露投标人的商业秘密，也不得参加同一招标项目投标，或者为同一招标项目的其他投标人编制投标文件或者提供其他咨询服务。

**第三十二条** ［投标截止］投标人撤回已提交投标文件的，应当在投标截止时间之前书面通知招标人。招标人已按照招标文件规定收取投标保证金的，应当自接到投标人书面撤回通知后十日内返还投标保证金。

在投标截止时间之后，除按有关规定进行澄清、说明、补正外，投标人修改投标文件内容的，招标人应当拒绝。投标人在投标有效期内撤销其投标文件的，招标人不予退还其投标保证金。

依法必须招标项目在投标截止时提交投标文件的投标人少于三个的，招标人应当重新招标。

**第三十三条** ［拒收投标文件］投标文件有下列情形之一的，招标人应当拒收：

（一）逾期送达的或者未送达指定地点的；

（二）未密封或者未按招标文件要求密封的。

招标人应当如实记载投标文件的送达时间和密封情况，由接收人签字并存档备查。

**第三十四条** ［联合体投标］招标人不得强制投标人组成联合体共同投标。进行资格预审的，联合体各方应当在资格预审时向招标人提出组成联合体的申请。没有在资格预审时提出联合体申请的投标人，不得在资格预审完成后组成联合体投标。

联合体各方签署联合体协议后，不得在同一招标项目中以自己名义单独投标或者再参加其他联合体投标。否则，以自己名义单独提交的投标文件或者其他联合体提交的投标文件作废标处理。

资格预审后或者提交投标文件截止时间后，不得增减、替换联合体成员，否则招标人应当拒绝其投标文件或者作废标处理。

**第三十五条** ［投标人变更］提交投标文件的截止时间前，通过资格预审的投标人发生合并、分立等可能影响投标资格的重大变化的，应当及时将有关情况书面告知招标人，变化后不再满足资格预审文件规定的标准或者影响公平竞争的，招标人应当拒绝其投标文件。

提交投标文件的截止时间后，投标人发生合并、分立等可能影响投标资格的重大变化的,应当及时将有关情况书面告知招标人,变化后不再满足招标文件规定的资格标准或者影响公平竞争的,作废标处理。

**第三十六条** [招标人与投标人的串通投标] 有下列情形之一的,属于招标投标法第三十二条规定的投标人与招标人之间串通投标的行为:

(一)招标人在开标前开启其他投标人的投标文件并将投标情况告知投标人,或者授意投标人撤换投标文件、更改报价的;

(二)招标人直接或者间接向投标人泄露标底、评标委员会成员名单等应当保密信息的;

(三)招标人明示或者暗示投标人压低或者抬高投标报价,或者对投标文件的其他内容进行授意的;

(四)招标人组织、授意或者暗示其他投标人为特定投标人中标创造条件或者提供方便的;

(五)招标人授意审查委员会或者评标委员会对申请人或者投标人进行区别对待的;

(六)法律法规规章规定的招标人与投标人之间其他串通投标的行为。

**第三十七条** [投标人的串通投标] 有下列情形之一的,属于招标投标法第三十二条、第五十三条规定的串通投标报价、串通投标行为:

(一)投标人之间相互约定抬高或者压低投标报价的;

(二)投标人之间事先约定中标者的;

(三)投标人之间为谋取中标或者排斥特定投标人而联合采取行动的;

(四)属于同一协会、商会、集团公司等组织成员的投标人,按照该组织要求在投标中采取协同行动的;

(五)法律法规规章规定的投标人之间其他串通投标的行为。

投标人之间是否有串通投标行为,可从投标文件是否存在异常一致等方面进行认定。

**第三十八条** [以他人名义投标] 有下列情形之一的,属于招标投标法第三十三条规定的以他人名义投标的行为:

(一)通过转让或者租借等方式从其他单位获取资格或者资质证书投标的;

(二)由其他单位或者其他单位负责人在自己编制的投标文件上加盖印章或者签字的;

(三)项目负责人或者主要技术人员不是本单位人员的;

(四)投标保证金不是从投标人基本账户转出的;

(五)法律法规规章规定的以他人名义投标的其他行为。

投标人不能提供项目负责人、主要技术人员的劳动合同、社会保险等劳动关系证明材料的,视为存在前款第(三)项规定的情形。

**第三十九条** [弄虚作假] 投标人有下列情形之一的,属于招标投标法第三十三条规定的弄虚作假行为:

(一)利用伪造、变造或者无效的资质证书、印鉴参加投标的;

(二)伪造或者虚报业绩的;

(三)伪造项目负责人或者主要技术人员简历、劳动关系证明,或者中标后不按承诺配备项目负责人或者主要技术人员的;

（四）伪造或者虚报财务状况的；

（五）提交虚假的信用状况信息的；

（六）隐瞒招标文件要求提供的信息，或者提供虚假、引人误解的其他信息的；

（七）法律法规规章规定的其他弄虚作假行为。

**第四十条** ［有关投标人规定适用于资格预审申请人］资格预审申请人应当遵守有关投标人的规定。

## 第四章 开标、评标和定标

**第四十一条** ［开标］投标人有权决定是否派代表参加开标。投标人未派代表参加开标的，视为默认开标结果。

**第四十二条** ［评标专家管理］依法必须进行招标的项目，其评标委员会中的技术、经济专家，由招标人从国务院有关部门或者省、自治区、直辖市人民政府有关部门提供的专家名册或者招标代理机构的专家库内的相关专业的专家名单中确定。

省级以上人民政府可以组建综合性评标专家库，满足不同行业和地区使用的需要，实行统一的专业分类和管理办法。有关部门按照国务院和省级人民政府规定的职责分工，对评标专家库的使用进行监督管理。

**第四十三条** ［评标委员会成员的确定］招标投标法第三十七条第三款所称特殊招标项目，是指技术特别复杂、专业性要求特别高或者国家有特殊要求，评标专家库中没有相应专家的项目。

评标委员会成员有招标投标法第三十七条第四款规定情形的，应当主动回避。

**第四十四条** ［评标］招标人应当向评标委员会提供评标所必需的重要信息和数据，并根据项目规模和技术复杂程度等确定合理的评标时间；必要时可向评标委员会说明招标文件有关内容，但不得以明示或者暗示的方式偏袒或者排斥特定投标人。

在评标过程中，评标委员会成员因存在回避事由、健康、能力等原因不能继续评标，或者擅离职守的，应当及时更换。评标委员会成员更换后，被更换的评标委员会成员已作出的评审结论无效，由替换其的评标专家重新进行评审。已形成评标报告的，应当作相应修改。

**第四十五条** ［评标标准和方法］评标委员会应当遵循公平、公正、科学、择优的原则，按照招标文件规定的标准和方法对投标文件进行评审。招标文件没有规定的评标标准和方法，不得作为评标的依据。

招标人设有标底的，应在开标时公布。标底只能作为评标的参考因素。招标人不得在招标文件中规定投标报价最接近标底的投标人为中标人，也不得规定投标报价超出标底上下浮动范围的投标直接作废标处理。

招标人不得规定投标报价低于一定金额的投标直接作废标处理。招标人设有最高投标限价的，应当在招标文件中明确最高投标限价或者最高投标限价的计算方法。

**第四十六条** ［应予废标的情形］有下列情形之一的，由评标委员会评审后作废标处理：

（一）投标函无单位盖章且无单位负责人或者其授权代理人签字或者盖章的，或者虽有代理人签字但无单位负责人出具的授权委托书的；

（二）联合体投标未附联合体各方共同投标协议的；

（三）没有按照招标文件要求提交投标保证金的；

（四）投标函未按招标文件规定的格式填写，内容不全或者关键字迹模糊无法辨认的；

（五）投标人不符合国家或者招标文件规定的资格条件的；

（六）投标人名称或者组织结构与资格预审时不一致且未提供有效证明的；

（七）投标人提交两份或者多份内容不同的投标文件，或者在同一份投标文件中对同一招标项目有两个或者多个报价，且未声明哪一个为最终报价的，但按招标文件要求提交备选投标的除外；

（八）串通投标、以行贿手段谋取中标、以他人名义或者其他弄虚作假方式投标的；

（九）报价明显低于其他投标报价或者在设有标底时明显低于标底，且投标人不能合理说明或者提供相关证明材料，评标委员会认定该投标人以低于成本报价竞标的；

（十）无正当理由不按照要求对投标文件进行澄清、说明或者补正的；

（十一）没有对招标文件提出的实质性要求和条件作出响应的；

（十二）招标文件明确规定可以废标的其他情形。

依法必须招标项目的评标委员会认定废标后因有效投标不足三个且明显缺乏竞争而决定否决全部投标的，或者所有投标均被作废标处理的，招标人应当重新招标。

**第四十七条** ［详细评审］经评审合格的投标文件，评标委员会应当根据招标文件确定的评标标准和方法，对其技术部分或者商务部分进一步评审、比较。

**第四十八条** ［澄清、说明与补正］在评标过程中，评标委员会可以书面方式要求投标人对投标文件中含义不明确、对同类问题表述不一致或者有明显文字和计算错误的内容作必要的澄清、说明或者补正，但不得改变投标文件的实质性内容。澄清、说明或者补正应当以书面方式进行。评标委员会不得向投标人提出带有暗示性或者诱导性的问题。

**第四十九条** ［招标失败］根据本条例第二十二条第四款、第三十二条第三款或者第四十六条第二款规定重新招标，再次出现上述条款规定情形之一的，属于需要政府审批、核准的招标项目，报经原审核部门批准后可以不再进行招标，其他招标项目，招标人可自行决定不再进行招标；其中，再次出现本条例第二十二条第四款、第三十二条第三款规定情形之一的，经全体投标人同意，也可以按照招标投标法和本条例规定的程序进行开标、评标、定标。

**第五十条** ［评标报告］评标委员会完成评标后，应当向招标人提交书面评标报告并推荐中标候选人；招标人授权评标委员会直接确定中标人的，也应当提交书面评标报告和中标候选人名单。中标候选人应当限定在一至三个，并标明排列顺序。

评标报告由评标委员会全体成员签字。对评标结论持有异议的评标委员会成员可以书面方式阐述其不同意见和理由。评标委员会成员拒绝在评标报告上签字且不陈述其不同意见和理由的，视为同意评标结论。评标委员会应当对此作出书面说明并记录在案。

**第五十一条** ［评标结果公示］依法必须招标项目采用公开招标的，招标人应当在收到书面评标报告后三日内，将中标候选人在发布本项目资格预审公告、招标公告的指定网络媒介上公示，公示期不得少于三个工作日；采用邀请招标的，招标人应当在收到书面评标报告后三日内，将中标候选人书面通知所有投标人。

投标人或者其他利害关系人在公示期间向招标人提出异议，或者按有关规定向有关行政监督部门投诉的，在招标人作出书面答复或者有关行政监督部门作出处理决定前，招标人或者评标委员会不得确定中标人。

公示期间没有异议、异议不成立、没有投诉或者投诉处理后没有发现问题的，应当根据评标委员会的书面评标报告在中标候选人中确定中标人。招标人不得在评标委员会推荐的中标候选人之外确定中标人。异议成立或者投诉发现问题的，应当及时更正；存在重新进行资格预审、重新招标、重新评标情形的，按照招标投标法和本条例有关规定处理。

第五十二条 ［中标人的确定］全部使用国有资金投资或者国有资金投资占控股或者主导地位的依法必须招标项目，招标人应当确定排名第一的中标候选人为中标人。排名第一的中标候选人放弃中标、因不可抗力提出不能履行合同、招标文件规定应当提交履约保证金而在规定的期限内未能提交，或者被有关部门查实存在影响中标结果的违法行为、不具备中标资格等情形的，招标人可确定排名第二的中标候选人为中标人，也可以重新招标。以此类推，招标人可确定排名第三的中标候选人为中标人或者重新招标。三个中标候选人都存在前述情形的，招标人应当重新招标。

招标人最迟应当在投标有效期届满三十日前发出中标通知书，否则应当按照本条例第二十条第二款规定延长投标有效期。

第五十三条 ［履约能力审查］在发出中标通知书前，中标候选人的组织结构、经营状况等发生变化，或者存在违法行为被有关部门依法查处，可能影响其履约能力的，招标人可以要求中标候选人提供新的书面材料，以确保其能够履行合同。招标人认为中标候选人不能履行合同的，应当由评标委员会按照招标文件规定的标准和条件审查确认。

第五十四条 ［签订合同］中标人确定后，招标人应当向中标人发出中标通知书，并与中标人在三十日内签订合同。招标人和中标人不得提出超出招标文件和中标人投标文件规定的要求，以此作为发出中标通知书或者签订合同的条件。

招标人应当在发出中标通知书的同时，将中标结果通知所有未中标的投标人，并在合同签订后五日内向中标人和未中标人退还投标保证金。

第五十五条 ［履约担保］招标文件要求中标人提交履约保证金或者其他形式履约担保的，中标人应当提交。履约保证金可以是银行保函、转账支票、银行汇票等。履约保证金金额不得超过中标合同价的百分之十。

投标报价明显低于其他投标报价或者在设有标底时明显低于标底，但中标人能够合理说明理由并提供证明材料的，招标人可以按照招标文件的规定适当提高履约担保，但最高不得超过中标合同价的百分之十五。

第五十六条 ［存档及书面报告］招标人或者其委托的招标代理机构应当妥善保管招标过程中的文件资料，存档备查，并至少保存十五年。

依法必须招标项目的招标人应当自确定中标人之日起十五日内，向有关行政监督部门提交招标投标情况的书面报告。报告内容包括：

（一）招标范围、招标方式以及招标组织形式；

（二）发布资格预审公告、招标公告以及公示中标候选人的媒介；

（三）资格预审文件、招标文件、中标人的投标文件；
（四）开标时间、地点；
（五）资格审查委员会、评标委员会的组成和评标报告复印件；
（六）资格审查结果、中标结果；
（七）其他需要说明的事项。

## 第五章 监 督 管 理

**第五十七条** ［行政监督要求］建立健全部门间协作机制，加强沟通协调，维护和促进招标投标法制统一。

行政监督部门及其工作人员应当依法履行职责，不得违法增设审批环节，不得以要求履行资质验证、注册、登记、备案、许可等手续的方式，限制或者排斥本地区、本系统以外的招标代理机构和投标人进入本地区、本系统市场；不得采取暗示、授意、指定、强令等方式，干涉招标人选择招标代理机构、划分标段或者合同包、发布资格预审公告或者招标公告、编制招标文件、组织投标资格审查、确定开标的时间和地点、组织评标、确定中标人等招标投标活动；不得违法收费、收受贿赂或者其他好处。

行政监督部门不得作为本部门负责监督项目的招标人组织开展招标投标活动。行政监督部门的人员不得担任本部门负责监督项目的评标委员会成员。

**第五十八条** ［行政监督措施］行政监督部门在进行监督检查时，有权调取和查阅有关文件，调查、核实有关情况，相关单位和人员应当予以配合。根据实际情况，不采取必要措施将会造成难以挽回后果的，行政监督部门可以采取责令暂停招标投标活动、封存招标投标资料等强制措施。

行政监督部门对招标投标违法行为做出处理决定后，应当按照政府信息公开有关规定及时公布处理结果。

**第五十九条** ［异议］投标人或者其他利害关系人认为招标投标活动不符合有关规定的，有权向招标人提出异议。招标人应当在收到异议后五个工作日内作出答复。

投标人或者其他利害关系人认为资格预审文件、招标文件内容违法或者不当的，应当在递交资格预审申请文件截止时间两日前或者递交投标文件的截止时间五日前向招标人提出异议；认为开标活动违法或者不当的，应当在开标现场向招标人提出异议；认为评标结果不公正的，应当在中标候选人公示期间或者被告知中标候选人后三个工作日内向招标人提出异议。招标人需要对资格预审文件、招标文件进行澄清或者修改的，按照招标投标法和本条例有关规定处理；未对异议作出答复的，招标人不得进行资格审查、开标、评标或者发出中标通知书。

**第六十条** ［投诉］投标人或者其他利害关系人认为招标投标活动不符合有关规定的，可以向有关行政监督部门投诉。投诉应当自知道或者应当知道违法行为之日起十日内提起，有明确的请求和必要的合法证明材料。

就本条例第五十九条第二款规定事项投诉的，应当先按该款规定提出异议。在收到招标人答复前，投标人或者其他利害关系人不得就相关事项向行政监督部门投诉，但招标人无正当理由不在规定时间内答复的除外。异议处理时间不计算在前款规定的十日内。

投标人或者其他利害关系人不得通过捏造事实、伪造证明材料等方式，或者以非法手段或者渠道获取的证据材料提出异议或者投诉，也不得以阻碍招标投标活动正常进行为目的恶意异议或者投诉。

**第六十一条** ［投诉处理］行政监督部门按照职责分工受理投诉并负责处理。行政监督部门处理投诉时，应当坚持公平、公正、高效原则，维护国家利益、社会公共利益和招标投标当事人的合法权益。

投标人或者其他利害关系人就同一事项向两个或者两个以上有权受理的行政监督部门投诉的，由最先收到投诉的行政监督部门负责处理。

行政监督部门应当自受理投诉之日起三十个工作日内，对投诉事项作出处理决定，并以书面形式通知投诉人、被投诉人和其他与投诉处理结果有关的当事人。情况复杂不能在规定期限内作出处理决定的，经本部门负责人批准，可以适当延长，并书面告知投诉人和被投诉人。

**第六十二条** ［招标投标专业人员职业准入制度］国家建立招标投标专业人员职业准入制度，具体办法由国务院人力资源社会保障部门、发展改革部门负责制定并组织实施。

**第六十三条** ［信用制度］建立统一的招标投标信用制度。国务院有关行政主管部门按照职责分工，负责招标投标信用工作。招标投标信用信息应当实现全国范围内的互通互认。

**第六十四条** ［电子招标投标制度］通过电子系统进行全部或者部分招标投标活动的，应当保证电子招标投标活动的安全、高效和便捷，具体办法另行制定。电子招标投标活动与以其他书面形式进行的招标投标活动具有同等法律效力。

**第六十五条** ［招标投标协会］招标投标协会是依法设立的社会团体法人，在政府指导下，加强行业自律与服务，建立健全行业统计等信息体系，规范招标投标行为。

## 第六章 法 律 责 任

**第六十六条** ［虚假招标的责任］依法必须招标项目的招标人虚假招标的，由有关行政监督部门责令限期改正，处项目合同金额千分之五以上千分之十以下的罚款；对全部或者部分使用国有资金投资的项目，项目审核部门可以暂停项目执行或者暂停资金拨付；对单位直接负责的主管人员和其他直接责任人员依法给予处分。

**第六十七条** ［招标代理机构的责任］招标代理机构有下列行为之一的，由有关行政监督部门处五万元以上二十五万元以下罚款，对单位直接负责的主管人员和其他直接责任人员处单位罚款数额百分之五以上百分之十以下的罚款；有违法所得的，并处没收违法所得；情节严重的，资格认定部门可暂停直至取消招标代理资格；给他人造成损失的，依法承担赔偿责任：

（一）在所代理的招标项目中投标或者代理投标，或者向该项目投标人提供咨询服务；

（二）不具备相应招标代理资格而进行代理的；

（三）没有代理权、超越代理权或者代理权终止后进行代理，未被招标人追认的；

（四）知道或者应当知道委托事项违法仍进行代理的；

（五）涂改、倒卖、出租、出借资格证书，或者以其他形式非法转让资格证书的。

**第六十八条** ［违法发布公告的责任］招标人或者其委托的招标代理机构有下列行为之一的，由有关行政监督部门责令限期改正，可以处一万元以上五万元以下罚款：

（一）未在指定媒介发布依法必须招标项目的招标公告或者资格预审公告的；

（二）招标公告或者资格预审公告中有关获取招标文件或者资格预审文件的办法的规定明显不合理的；

（三）在两个以上媒介发布的同一招标项目的招标公告或者资格预审公告的内容不一致，影响潜在投标人申请资格预审或者投标的；

（四）未按规定在指定媒介公示依法必须招标项目中标候选人的。

依法必须招标项目未在指定媒介发布招标公告或者资格预审公告，构成规避招标的，按照招标投标法第四十九条规定处罚；提供虚假招标公告或者资格预审公告的，属于虚假招标，按照本条例第六十六条规定处罚。

**第六十九条** ［指定媒介的责任］指定媒介有下列情形之一的，由指定部门给予警告；情节严重的，取消指定：

（一）违法收取招标公告、资格预审公告发布或者中标候选人公示费用的；

（二）无正当理由拒绝发布招标公告、资格预审公告或者公示中标候选人的；

（三）无正当理由延误或者更改招标公告、资格预审公告发布或者中标候选人公示时间的；

（四）名称、住所发生变更后，没有及时公告并备案的。

**第七十条** ［不合理划分标段或者合同包的责任］招标人不合理划分标段或者合同包，构成规避招标、虚假招标、限制或者排斥潜在投标人投标的，分别按照招标投标法第四十九条、本条例第六十六条、招标投标法第五十一条规定处罚。

**第七十一条** ［擅自终止招标的责任］除因不可抗力或者其他非招标人原因取消招标项目外，招标人擅自终止招标的，由有关行政监督部门予以警告，责令改正；拒不改正的，根据情节可处一万元以上十万元以下罚款；造成投标人损失的，应当承担赔偿责任；对全部或者部分使用国有资金投资的项目，项目审核部门可以暂停项目执行或者暂停资金拨付；对单位直接负责的主管人员和其他直接责任人员依法给予处分。

**第七十二条** ［资格预审违法的情形与责任］招标人有下列情形之一的，由有关行政监督部门责令限期改正，根据情节可处一万元以上十万元以下罚款；情节严重的，对单位直接负责的主管人员和其他直接责任人员依法给予处分：

（一）资格预审文件发出时间、澄清或者修改的通知时间，以及留给资格预审申请人编制资格预审申请文件的时间不符合本条例规定的；

（二）依法必须招标项目资格审查委员会的成员资格、人员构成或者专家选择方式不符合本条例要求的；

（三）使用资格预审文件没有规定的资格审查标准或者方法的；

（四）应当使用标准资格预审文件而未使用，或者资格预审文件的实质性要求和条件违反有关规定的。

**第七十三条** ［招标违法的情形与责任］招标人有下列情形之一的，由有关行政监督部门责令限期改正，根据情节可处一万元以上十万元以下罚款；情节严重的，对单位直接

负责的主管人员和其他直接责任人员依法给予处分:

(一) 依法必须招标项目不具备招标条件而进行招标的;

(二) 未按规定委托招标代理机构的;

(三) 应当公开招标而邀请招标的;

(四) 政府投资项目的资格预审文件和招标文件未按本条例规定向社会公开的;

(五) 招标文件发出时间、澄清或者修改的通知时间,以及留给投标人编制投标文件的时间不符合招标投标法和本条例规定的;

(六) 应当使用标准招标文件而未使用,或者招标文件的实质性要求和条件违反有关规定的。

**第七十四条** [违法收费的责任] 招标代理机构违反国家有关规定收取招标代理费的,招标人违反国家有关收费规定出售招标文件、资格预审文件的,指定媒介违法收取招标公告、资格预审公告发布或者中标候选人公示费用的,行政监督部门在监督管理或者受理投诉过程中违法向招标投标当事人、招标代理机构收取费用的,由价格主管部门责令退还缴费人,无法退还的,予以没收,并可处违法所得五倍以下罚款;给他人造成损失的,依法承担赔偿责任。

**第七十五条** [受托编制投标文件者责任] 受投标人委托编制投标文件的受托人违反本条例第三十一条规定的,参照招标投标法第五十条规定处理。

**第七十六条** [串通投标的法律责任] 招标人、投标人有本条例第三十六条、第三十七条所列行为的,按照招标投标法第五十三条规定予以处罚;涉及价格的,由价格主管部门依法予以处罚。

**第七十七条** [评委违规的情形与责任] 评标委员会成员在评标过程中有以下情形之一的,由有关行政监督部门给予警告,责令限期改正,情节严重的一定期限内禁止参加评标活动,直至取消担任评标委员会成员的资格,不得再参加任何依法必须招标项目的评标,根据情节可处三千元以上五万元以下罚款:

(一) 擅离职守等影响评标程序正常进行的;

(二) 应当回避而不回避的;

(三) 未按招标文件规定的评标标准和方法评标的;

(四) 不客观公正地履行职责的。

**第七十八条** [招标人违规组织评标的情形与责任] 招标人有下列情形之一的,由有关行政监督部门责令限期改正,根据情节可处一万元以上十万元以下罚款,对单位直接负责的主管人员和其他直接责任人员依法给予处分:

(一) 评标委员会的组建及人员组成不符合法定要求的;

(二) 超过评标委员会全体成员总数三分之一的评委认为缺乏足够时间研究招标文件和投标文件或者缺乏评标所必需的重要信息和数据,未按评委意见延长评标时间或者补充提供相关信息和数据的;

(三) 以明示或者暗示的方式偏袒或者排斥特定投标人,影响评标委员会成员评标的。

**第七十九条** [不按规定确定中标人或者不签订合同的责任] 招标人有下列情形之一的,由有关行政监督部门予以警告,责令限期改正,根据情节可处中标项目金额千分之五以上千分之十以下的罚款；造成中标人损失的应当赔偿损失；对单位直接负责的主管人员和其他直接责任人员依法给予处分：

（一）无正当理由不按规定期限发出中标通知书的；

（二）不按本条例第五十一条第三款或者第五十二条第一款规定确定中标人的；

（三）中标通知书发出后无正当理由改变中标结果的；

（四）无正当理由不与中标人签订合同的；

（五）在签订合同时向中标人提出附加条件的。

中标人无正当理由不与招标人签订合同、在签订合同时向招标人提出附加条件，或者不按招标文件要求提交履约担保的，招标人可取消其中标资格，其投标保证金不予退还；给招标人的损失超过投标保证金数额的，中标人应当对超过部分予以赔偿；没有提交投标保证金的，应当对招标人的损失承担赔偿责任。

第八十条 ［恶意异议或者投诉的责任］投标人或者其他利害关系人通过捏造事实、伪造证明材料等方式，或者以非法手段或者渠道获取的证据材料提出异议或者投诉，或者以阻碍招标投标活动正常进行为目的恶意异议或者投诉的，予以警告，处一万元以上十万元以下罚款，情节严重的，取消其二至五年内参加依法必须招标项目的投标资格并予以公告。

第八十一条 ［招标人未履行其他义务的责任］招标人有下列行为之一的，由有关行政监督部门责令限期改正，根据情节可处五万元以下罚款，对单位直接负责的主管人员和其他直接责任人员依法给予处分：

（一）招标人邀请未通过资格预审的申请人参加投标的；

（二）违反本条例第五十九条第二款规定，擅自开标、评标的；

（三）依法必须招标项目的招标人未按本条例第五十一条规定进行公示、未对异议作出书面答复、在有关行政监督部门作出投诉处理决定前，即发出中标通知书的；

（四）招标人与中标人签订合同后未按本条例第五十四条第二款规定向中标人和未中标人退还投标保证金的；

（五）依法必须招标项目的招标人未按照本条例第五十六条规定向有关行政监督部门提交招标投标情况书面报告的。

第八十二条 ［招投标专业人员的法律责任］招标投标专业人员违反招标投标法、本条例和国家有关规定开展招标投标活动的，由有关行政监督部门依法予以处罚；情节严重的，暂停直至取消职业资格；构成犯罪的，依法追究刑事责任。

第八十三条 ［招标项目存在违法情形的处理］依法必须招标项目招标人有本条例第七十二条所列行为之一，拒不改正或者不能改正的，应当重新进行资格预审或者不经资格预审直接招标。

依法必须招标项目有下列情形之一的，应当重新招标：

（一）招标人有本条例第六十六条规定行为，拒不改正或不能改正的；

（二）招标代理机构有本条例第六十七条第（二）项所列行为的；

（三）招标代理机构有本条例第六十七条第（三）项所列行为的，但投标人有理由相信招标代理机构有代理权的除外；

（四）招标人或者招标代理机构有本条例第六十八条第（一）至（三）项所列行为之一，拒不改正或者不能改正的；

（五）招标人有本条例第七十三条所列情形之一，拒不改正或者不能改正的。

招标项目有下列情形之一的，应当重新评标：

（一）评标委员会成员有本条例第七十七条第（二）至（四）项所列情形之一，拒不改正或者不能改正，影响评标结果的；

（二）招标人有本条例第七十八条所列情形之一，拒不改正或者不能改正的；

（三）招标人有本条例第八十一条第（二）项所列行为的。

招标项目有下列情形之一的，应当从符合条件的中标候选人中重新确定中标人，没有符合条件的中标候选人的，依法必须招标项目应当重新招标：

（一）招标代理机构有本条例第六十七条第（一）项所列行为，影响中标结果的；

（二）招标人有本条例第七十九条第一款第（二）项所列情形，拒不改正或者不能改正的；

（三）招标人有本条例第八十一条第（一）项所列行为，影响中标结果的。

**第八十四条** [干涉招标投标活动的责任] 任何单位和个人违反本条例第五十七条规定，干涉招标投标活动的，按照招标投标法第六十二条处罚。

**第八十五条** [不按规定处理投诉的责任] 行政监督部门及其工作人员不按规定处理投诉的，责令改正，对直接负责的主管人员和其他直接责任人员依法给予处分。

## 第七章  附  则

**第八十六条** [术语解释] 本条例所称工程，是指建设工程。

本条例所称货物，是指各种形态和种类的物品，包括原材料、燃料、设备、产品等。

本条例所称服务，是指除货物和工程以外的其他采购对象。

本条例所称招标项目，是指属于采购合同标的的工程、货物或者服务；工程、货物或者服务划分多个标段或者合同包的，指具体的标段或者合同包。

本条例所称政府投资资金，是指在中华人民共和国境内用于固定资产投资活动的政府性资金，包括财政预算内投资资金、各类专项建设基金、国家主权外债资金等。

本条例所称政府投资项目，是指在中华人民共和国境内使用政府投资资金的固定资产投资项目。

本条例所称国有资金，包括政府投资资金以及国有企业事业单位自有资金。

本条例所称项目审核部门，是指负责投资项目审批、核准或者备案管理的部门。

本条例所称单位负责人，是指法人的法定代表人、合伙企业的执行事务合伙人、个人独资企业的负责人等对外代表单位的人。

本条例所称控股，是指持有其他单位百分之五十以上出资额、股份或表决权，或者通过协议或其他安排，能够实际支配其他单位行为的。

**第八十七条** [施行时间] 本条例自2012年2月1日起施行。

**第八十八条** [法制统一] 本条例施行后，地方性法规、国务院部门和地方政府规章中与本条例抵触的内容无效。

# 附录 3

## 水利工程建设项目招标投标管理规定

(水利部发布第 14 号令发布)

目录

第一章　总则
第二章　行政监督与管理
第三章　招标
第四章　投标
第五章　评标标准与方法
第六章　开标、评标和中标
第七章　附则

## 第一章　总　　则

**第一条**　为加强水利工程建设项目招标投标工作的管理，规范招标投标活动，根据《中华人民共和国招标投标法》和国家有关规定，结合水利工程建设的特点，制定本规定。

**第二条**　本规定适用于水利工程建设项目的勘察设计、施工、监理以及与水利工程建设有关的重要设备、材料采购等的招标投标活动。

**第三条**　符合下列具体范围并达到规模标准之一的水利工程建设项目必须进行招标。

（一）具体范围

1. 关系社会公共利益、公共安全的防洪、排涝、灌溉、水力发电、引（供）水、滩涂治理、水土保持、水资源保护等水利工程建设项目；

2. 使用国有资金投资或者国家融资的水利工程建设项目；

3. 使用国际组织或者外国政府贷款、援助资金的水利工程建设项目。

（二）规模标准

1. 施工单项合同估算价在 200 万元人民币以上的；

2. 重要设备、材料等货物的采购，单项合同估算价在 100 万元人民币以上的；

3. 勘察设计、监理等服务的采购，单项合同估算价在 50 万元人民币以上的；

4. 项目总投资额在 3000 万元人民币以上，但分标单项合同估算价低于本项第 1、2、3 目规定的标准的项目原则上都必须招标。

**第四条**　招标投标活动应当遵循公开、公平、公正和诚实信用的原则。建设项目的招标工作由招标人负责，任何单位和个人不得以任何方式非法干涉招标投标活动。

## 第二章　行政监督与管理

**第五条**　水利部是全国水利工程建设项目招标投标活动的行政监督与管理部门，其主要职责是：

（一）负责组织、指导、监督全国水利行业贯彻执行国家有关招标投标的法律、法规、规章和政策；

（二）依据国家有关招标投标法律、法规和政策，制定水利工程建设项目招标投标的管理规定和办法；

（三）受理有关水利工程建设项目招标投标活动的投诉，依法查处招标投标活动中的违法违规行为；

（四）对水利工程建设项目招标代理活动进行监督；

（五）对水利工程建设项目评标专家资格进行监督与管理；

（六）负责国家重点水利项目和水利部所属流域管理机构（以下简称流域管理机构）主要负责人兼任项目法人代表的中央项目的招标投标活动的行政监督。

**第六条** 流域管理机构受水利部委托，对除第五条第六项规定以外的中央项目的招标投标活动进行行政监督。

**第七条** 省、自治区、直辖市人民政府水行政主管部门是本行政区域内地方水利工程建设项目招标投标活动的行政监督与管理部门，其主要职责是：

（一）贯彻执行有关招标投标的法律、法规、规章和政策；

（二）依照有关法律、法规和规章，制定地方水利工程建设项目招标投标的管理办法；

（三）受理管理权限范围内的水利工程建设项目招标投标活动的投诉，依法查处招标投标活动中的违法违规行为；

（四）对本行政区域内地方水利工程建设项目招标代理活动进行监督；

（五）组建并管理省级水利工程建设项目评标专家库；

（六）负责本行政区域内除第五条第六项规定以外的地方项目的招标投标活动的行政监督。

**第八条** 水行政主管部门依法对水利工程建设项目的招标投标活动进行行政监督，内容包括：

（一）接受招标人招标前提交备案的招标报告；

（二）可派员监督开标、评标、定标等活动。对发现的招标投标活动的违法违规行为，应当立即责令改正，必要时可做出包括暂停开标或评标以及宣布开标、评标结果无效的决定，对违法的中标结果予以否决；

（三）接受招标人提交备案的招标投标情况书面总结报告。

## 第三章 招 标

**第九条** 招标分为公开招标和邀请招标。

**第十条** 依法必须招标的项目中，国家重点水利项目、地方重点水利项目及全部使用国有资金投资或者国有资金投资占控股或者主导地位的项目应当公开招标，但有下列情况之一的，按第十一条的规定经批准后可采用邀请招标：

（一）属于第三条第二项第4目规定的项目；

（二）项目技术复杂，有特殊要求或涉及专利权保护，受自然资源或环境限制，新技术或技术规格事先难以确定的项目；

（三）应急度汛项目；

（四）其他特殊项目。

**第十一条** 符合第十条规定，采用邀请招标的，招标前招标人必须履行下列批准手续：

（一）国家重点水利项目经水利部初审后，报国家发展计划委员会批准；其他中央项目报水利部或其委托的流域管理机构批准；

（二）地方重点水利项目经省、自治区、直辖市人民政府水行政主管部门会同同级发展计划行政主管部门审核后，报本级人民政府批准；其他地方项目报省、自治区、直辖市人民政府水行政主管部门批准。

**第十二条** 下列项目可不进行招标，但须经项目主管部门批准：

（一）涉及国家安全、国家秘密的项目；

（二）应急防汛、抗旱、抢险、救灾等项目；

（三）项目中经批准使用农民投工、投劳施工的部分（不包括该部分中勘察设计、监理和重要设备、材料采购）；

（四）不具备招标条件的公益性水利工程建设项目的项目建议书和可行性研究报告；

（五）采用特定专利技术或特有技术的；

（六）其他特殊项目。

**第十三条** 当招标人具备以下条件时，按有关规定和管理权限经核准可自行办理招标事宜：

（一）具有项目法人资格（或法人资格）；

（二）具有与招标项目规模和复杂程度相适应的工程技术、概预算、财务和工程管理等方面专业技术力量；

（三）具有编制招标文件和组织评标的能力；

（四）具有从事同类工程建设项目招标的经验；

（五）设有专门的招标机构或者拥有3名以上专职招标业务人员；

（六）熟悉和掌握招标投标法律、法规、规章。

**第十四条** 当招标人不具备第十三条的条件时，应当委托符合相应条件的招标代理机构办理招标事宜。

**第十五条** 招标人申请自行办理招标事宜时，应当报送以下书面材料：

（一）项目法人营业执照、法人证书或者项目法人组建文件；

（二）与招标项目相适应的专业技术力量情况；

（三）内设的招标机构或者专职招标业务人员的基本情况；

（四）拟使用的评标专家库情况；

（五）以往编制的同类工程建设项目招标文件和评标报告，以及招标业绩的证明材料；

（六）其他材料。

**第十六条** 水利工程建设项目招标应当具备以下条件：

（一）勘察设计招标应当具备的条件

1. 勘察设计项目已经确定；

2. 勘察设计所需资金已落实；

3. 必需的勘察设计基础资料已收集完成。

（二）监理招标应当具备的条件

1. 初步设计已经批准；

2. 监理所需资金已落实；

3. 项目已列入年度计划。

（三）施工招标应当具备的条件

1 初步设计已经批准；

2. 建设资金来源已落实，年度投资计划已经安排；

3. 监理单位已确定；

4. 具有能满足招标要求的设计文件，已与设计单位签订适应施工进度要求的图纸交付合同或协议；

5. 有关建设项目永久征地、临时征地和移民搬迁的实施、安置工作已经落实或已有明确安排。

（四）重要设备、材料招标应当具备的条件

1. 初步设计已经批准；

2. 重要设备、材料技术经济指标已基本确定；

3. 设备、材料所需资金已落实。

**第十七条** 招标工作一般按下列程序进行：

（一）招标前，按项目管理权限向水行政主管部门提交招标报告备案。报告具体内容应当包括：招标已具备的条件、招标方式、分标方案、招标计划安排、投标人资质（资格）条件、评标方法、评标委员会组建方案以及开标、评标的工作具体安排等；

（二）编制招标文件；

（三）发布招标信息（招标公告或投标邀请书）；

（四）发售资格预审文件；

（五）按规定日期接受潜在投标人编制的资格预审文件；

（六）组织对潜在投标人资格预审文件进行审核；

（七）向资格预审合格的潜在投标人发售招标文件；

（八）组织购买招标文件的潜在投标人现场踏勘；

（九）接受投标人对招标文件有关问题要求澄清的函件，对问题进行澄清，并书面通知所有潜在投标人；

（十）组织成立评标委员会，并在中标结果确定前保密；

（十一）在规定时间和地点，接受符合招标文件要求的投标文件；

（十二）组织开标评标会；

（十三）在评标委员会推荐的中标候选人中，确定中标人；

（十四）向水行政主管部门提交招标投标情况的书面总结报告；

（十五）发中标通知书，并将中标结果通知所有投标人；

（十六）进行合同谈判，并与中标人订立书面合同。

**第十八条** 采用公开招标方式的项目,招标人应当在国家发展计划委员会指定的媒介发布招标公告,其中大型水利工程建设项目以及国家重点项目、中央项目、地方重点项目同时还应当在《中国水利报》发布招标公告,公告正式媒介发布至发售资格预审文件(或招标文件)的时间间隔一般不少于 10 日。招标人应当对招标公告的真实性负责。招标公告不得限制潜在投标人的数量。

采用邀请招标方式的,招标人应当向 3 个以上有投标资格的法人或其他组织发出投标邀请书。

投标人少于 3 个的,招标人应当依照本规定重新招标。

**第十九条** 招标人应当根据国家有关规定,结合项目特点和需要编制招标文件。

**第二十条** 招标人应当对投标人进行资格审查,并提出资格审查报告,经参审人员签字后存档备查。

**第二十一条** 在一个项目中,招标人应当以相同条件对所有潜在投标人的资格进行审查,不得以任何理由限制或者排斥部分潜在投标人。

**第二十二条** 招标人对已发出的招标文件进行必要澄清或者修改的,应当在招标文件要求提交投标文件截止日期至少 15 日前,以书面形式通知所有投标人。该澄清或者修改的内容为招标文件的组成部分。

**第二十三条** 依法必须进行招标的项目,自招标文件开始发出之日起至投标人提交投标文件截止之日止,最短不应当少于 20 日。

**第二十四条** 招标文件应当按其制作成本确定售价,一般可按 1000 元至 3000 元人民币标准控制。

**第二十五条** 招标文件中应当明确投标保证金金额,一般可按以下标准控制:

(一)合同估算价 10000 万元人民币以上,投标保证金金额不超过合同估算价的千分之五;

(二)合同估算价 3000 万元至 10000 万元人民币之间,投标保证金金额不超过合同估算价的千分之六;

(三)合同估算价 3000 万元人民币以下,投标保证金金额不超过合同估算价的千分之七,但最低不得少于 1 万元人民币。

## 第四章 投 标

**第二十六条** 投标人必须具备水利工程建设项目所需的资质(资格)。

**第二十七条** 投标人应当按照招标文件的要求编写投标文件,并在招标文件规定的投标截止时间之前密封送达招标人。在投标截止时间之前,投标人可以撤回已递交的投标文件或进行更正和补充,但应当符合招标文件的要求。

**第二十八条** 投标人必须按招标文件规定投标,也可附加提出"替代方案",且应当在其封面上注明"替代方案"字样,供招标人选用,但不作为评标的主要依据。

**第二十九条** 两个或两个以上单位联合投标的,应当按资质等级较低的单位确定联合体资质(资格)等级。招标人不得强制投标人组成联合体共同投标。

**第三十条** 投标人在递交投标文件的同时,应当递交投标保证金。

招标人与中标人签订合同后 5 个工作日内,应当退还投标保证金。

**第三十一条** 投标人应当对递交的资质（资格）预审文件及投标文件中有关资料的真实性负责。

## 第五章 评标标准与方法

**第三十二条** 评标标准和方法应当在招标文件中载明,在评标时不得另行制定或修改、补充任何评标标准和方法。

**第三十三条** 招标人在一个项目中,对所有投标人评标标准和方法必须相同。

**第三十四条** 评标标准分为技术标准和商务标准,一般包含以下内容：

（一）勘察设计评标标准

1. 投标人的业绩和资信；
2. 勘察总工程师、设计总工程师的经历；
3. 人力资源配备；
4. 技术方案和技术创新；
5. 质量标准及质量管理措施；
6. 技术支持与保障；
7. 投标价格和评标价格；
8. 财务状况；
9. 组织实施方案及进度安排。

（二）监理评标标准

1. 投标人的业绩和资信；
2. 项目总监理工程师经历及主要监理人员情况；
3. 监理规划（大纲）；
4. 投标价格和评标价格；
5. 财务状况。

（三）施工评标标准

1. 施工方案（或施工组织设计）与工期；
2. 投标价格和评标价格；
3. 施工项目经理及技术负责人的经历；
4. 组织机构及主要管理人员；
5. 主要施工设备；
6. 质量标准、质量和安全管理措施；
7. 投标人的业绩、类似工程经历和资信；
8. 财务状况。

（四）设备、材料评标标准

1. 投标价格和评标价格；
2. 质量标准及质量管理措施；
3. 组织供应计划；

4. 售后服务；

5. 投标人的业绩和资信；

6. 财务状况。

**第三十五条** 评标方法可采用综合评分法、综合最低评标价法、合理最低投标价法、综合评议法及两阶段评标法。

**第三十六条** 施工招标设有标底的，评标标底可采用：

（一）招标人组织编制的标底 A；

（二）以全部或部分投标人报价的平均值作为标底 B；

（三）以标底 A 和标底 B 的加权平均值作为标底；

（四）以标底 A 值作为确定有效标的标准，以进入有效标内投标人的报价平均值作为标底。

施工招标未设标底的，按不低于成本价的有效标进行评审。

## 第六章 开标、评标和中标

**第三十七条** 开标由招标人主持，邀请所有投标人参加。

**第三十八条** 开标应当按招标文件中确定的时间和地点进行。开标人员至少由主持人、监标人、开标人、唱标人、记录人组成，上述人员对开标负责。

**第三十九条** 开标一般按以下程序进行：

（一）主持人在招标文件确定的时间停止接收投标文件，开始开标；

（二）宣布开标人员名单；

（三）确认投标人法定代表人或授权代表人是否在场；

（四）宣布投标文件开启顺序；

（五）依开标顺序，先检查投标文件密封是否完好，再启封投标文件；

（六）宣布投标要素，并作记录，同时由投标人代表签字确认；

（七）对上述工作进行记录，存档备查。

**第四十条** 评标工作由评标委员会负责。评标委员会由招标人的代表和有关技术、经济、合同管理等方面的专家组成，成员人数为七人以上单数，其中专家（不含招标人代表人数）不得少于成员总数的三分之二。

**第四十一条** 公益性水利工程建设项目中，中央项目的评标专家应当从水利部或流域管理机构组建的评标专家库中抽取；地方项目的评标专家应当从省、自治区、直辖市人民政府水行政主管部门组建的评标专家库中抽取，也可从水利部或流域管理机构组建的评标专家库中抽取。

**第四十二条** 评标专家的选择应当采取随机的方式抽取。根据工程特殊专业技术需要，经水行政主管部门批准，招标人可以指定部分评标专家，但不得超过专家人数的三分之一。

**第四十三条** 评标委员会成员不得与投标人有利害关系。所指利害关系包括：是投标人或其代理人的近亲属；在 5 年内与投标人曾有工作关系；或有其他社会关系或经济利益关系。

评标委员会成员名单在招标结果确定前应当保密。

**第四十四条** 评标工作一般按以下程序进行：

（一）招标人宣布评标委员会成员名单并确定主任委员；

（二）招标人宣布有关评标纪律；

（三）在主任委员主持下，根据需要，讨论通过成立有关专业组和工作组；

（四）听取招标人介绍招标文件；

（五）组织评标人员学习评标标准和方法；

（六）经评标委员会讨论，并经二分之一以上委员同意，提出需投标人澄清的问题，以书面形式送达投标人；

（七）对需要文字澄清的问题，投标人应当以书面形式送达评标委员会；

（八）评标委员会按招标文件确定的评标标准和方法，对投标文件进行评审，确定中标候选人推荐顺序；

（九）在评标委员会三分之二以上委员同意并签字的情况下，通过评标委员会工作报告，并报招标人。评标委员会工作报告附件包括有关评标的往来澄清函、有关评标资料及推荐意见等。

**第四十五条** 招标人对有下列情况之一的投标文件，可以拒绝或按无效标处理：

（一）投标文件密封不符合招标文件要求的；

（二）逾期送达的；

（三）投标人法定代表人或授权代表人未参加开标会议的；

（四）未按招标文件规定加盖单位公章和法定代表人（或其授权人）的签字（或印鉴）的；

（五）招标文件规定不得标明投标人名称，但投标文件上标明投标人名称或有任何可能透露投标人名称的标记的；

（六）未按招标文件要求编写或字迹模糊导致无法确认关键技术方案、关键工期、关键工程质量保证措施、投标价格的；

（七）未按规定交纳投标保证金的；

（八）超出招标文件规定，违反国家有关规定的；

（九）投标人提供虚假资料的。

**第四十六条** 评标委员会经过评审，认为所有投标文件都不符合招标文件要求时，可以否决所有投标，招标人应当重新组织招标。对已参加本次投标的单位，重新参加投标不应当再收取招标文件费。

**第四十七条** 评标委员会应当进行秘密评审，不得泄露评审过程、中标候选人的推荐情况以及与评标有关的其他情况。

**第四十八条** 在评标过程中，评标委员会可以要求投标人对投标文件中含义不明确的内容采取书面方式作出必要的澄清或说明，但不得超出投标文件的范围或改变投标文件的实质性内容。

**第四十九条** 评标委员会经过评审，从合格的投标人中排序推荐中标候选人。

**第五十条** 中标人的投标应当符合下列条件之一：

（一）能够最大限度地满足招标文件中规定的各项综合评价标准；

（二）能够满足招标文件的实质性要求，并且经评审的投标价格合理最低；但投标价格低于成本的除外。

**第五十一条** 招标人可授权评标委员会直接确定中标人，也可根据评标委员会提出的书面评标报告和推荐的中标候选人顺序确定中标人。当招标人确定的中标人与评标委员会推荐的中标候选人顺序不一致时，应当有充足的理由，并按项目管理权限报水行政主管部门备案。

**第五十二条** 自中标通知书发出之日起 30 日内，招标人和中标人应当按照招标文件和中标人的投标文件订立书面合同，中标人提交履约保函。招标人和中标人不得另行订立背离招标文件实质性内容的其他协议。

**第五十三条** 招标人在确定中标人后，应当在 15 日之内按项目管理权限向水行政主管部门提交招标投标情况的书面报告。

**第五十四条** 当确定的中标人拒绝签订合同时，招标人可与确定的候补中标人签订合同，并按项目管理权限向水行政主管部门备案。

**第五十五条** 由于招标人自身原因致使招标工作失败（包括未能如期签订合同），招标人应当按投标保证金双倍的金额赔偿投标人，同时退还投标保证金。

## 第七章 附 则

**第五十六条** 在招标投标活动中出现的违法违规行为，按照《中华人民共和国招标投标法》和国务院的有关规定进行处罚。

**第五十七条** 各省、自治区、直辖市可以根据本规定，结合本地区实际制订相应的实施办法。

**第五十八条** 本规定由水利部负责解释。

**第五十九条** 本规定自 2002 年 1 月 1 日起施行，《水利工程建设项目施工招标投标管理规定》（水建〔1994〕130 号 1995 年 4 月 21 日颁发，水政资〔1998〕51 号 1998 年 2 月 9 日修正）同时废止。

# 参 考 文 献

[1] GF—2007—0211 水利水电工程施工合同和招标文件示范文本 [S]. 北京：中国水利水电出版社，2007.
[2] 水利部建设与管理司. 水利工程建设项目招标投标文件汇编 [M]. 北京：中国水利水电出版社，1999.
[3] 韦景春，等. 水利水电工程合同条件应用于合同实务管理 [M]. 北京：中国水利水电出版社，2005.
[4] 张诗云. 水利水电工程投标报价编制指南 [M]. 北京：中国水利水电出版社，2007.
[5] 水利部建设与管理司. 水利工程建设项目施工招标标底编制指南 [M]. 北京：中国水利水电出版社，2003.
[6] 祈慧增. 工程量清单计价招投标案例 [M]. 郑州：黄河水利出版社，2007.
[7] 王海周，等. 水利工程建设项目招标与投标 [M]. 郑州：黄河水利出版社，2008.
[8] 卢谦. 招投标与合同管理 [M]. 北京：中国水利水电出版社，2001.